高等学校土建类专业"十三五"规划教材

建筑施工安全管理与技术

高向阳　编著

 第2版

化学工业出版社

·北京·

本书就安全系统工程、安全人机环境、建设工程安全生产管理、建筑施工现场机械使用安全技术与管理，建筑施工现场用电动火、高处作业、开挖作业安全技术与管理，文明施工与建筑职业病防治、安全生产保证、安全检查与安全评价、安全事故分析与处理等十一章内容，介绍了有关安全科学的基本知识，安全生产的方针政策、管理制度、安全生产管理原理方法和安全事故的调查处理方法，详细阐述了土方工程、模板工程、脚手架工程、结构吊装工程、电气工程、高处作业、施工现场防火、事故应急预案、文明施工的安全技术与管理，以及职业卫生、职业病防治等方面的内容。

本书提供了丰富的插图和工程实例图片，配合简洁明了的表格和框图，以方便读者自学自修时使用。

本书可作为安全工程专业、土木工程专业（建筑工程、岩土工程、水利工程、道路桥梁工程等各个专业方向）的本科教材，也可供相关专业师生学习和工程技术人员培训参考。

图书在版编目（CIP）数据

建筑施工安全管理与技术/高向阳编著 . —2 版 . —北京：
化学工业出版社，2016.7（2022.2 重印）
高等学校土建类专业"十三五"规划教材
ISBN 978-7-122-27142-6

Ⅰ . ①建… Ⅱ . ①高… Ⅲ . ①建筑工程-工程施工-安全管理-高等学校-教材②建筑工程-工程施工-安全技术-高等学校-教材 Ⅳ . ①TU714

中国版本图书馆 CIP 数据核字（2016）第 114467 号

责任编辑：陶艳玲　　　　　　　　　　　装帧设计：韩　飞
责任校对：王素芹

出版发行：化学工业出版社（北京市东城区青年湖南街 13 号　邮政编码 100011）
印　　装：大厂聚鑫印刷有限责任公司
787mm×1092mm　1/16　印张 23　字数 578 千字　2022 年 2 月北京第 2 版第 7 次印刷

购书咨询：010-64518888　　　　　　　　售后服务：010-64518899
网　　址：http：//www.cip.com.cn
凡购买本书，如有缺损质量问题，本社销售中心负责调换。

定　　价：58.00 元　　　　　　　　　　　版权所有　违者必究

前　言

本书自 2012 年 2 月出版 3 年以来，受到广大师生和读者的喜爱，被几十所各类院校选用作教材。鉴于这几年来我国有关法律、法规、规范、标准有了重大调整，为使高校教学与国家相关文件一致，同时将本书出版以来国内外建设工程安全情况的新变化、新趋势、新技术引进教材，更好地适应教学需要，特进行有关方面的修订。

作为本书的第 2 版，将保留第一版的特点，并从以下几个方面进行调整和修改。

1. 与最新的法律、法规、规范、标准保持一致

自本书出版以来，有关法律法规、规范标准有了重大调整。本次修订仔细对照、核实相关知识点，充分体现国家对安全生产的最新要求，反映国内建筑施工安全技术的最新进展。

2. 增加体现教学需要的形式、内容，扩展新信息

本次修订将增设：

①【本章教学要点】知识要点、掌握程度、相关知识；

②【本章技能要点】技能要点、熟练程度、应用方向；

③【导入案例】与该章内容有关的小故事、历史、生活实例、应用实例等，引出与该章知识点相关的问题，从而带出该章的重点，引起学生的兴趣；

④【本章小结】该章知识点进行归纳总结；

⑤【关键术语】该章内容涉及的关键词汇汇总；

⑥【实际操作训练或案例分析】针对该章内容，安排一些实际工作中需要接触的项目让学生锻炼实际操作能力，包含该章重要知识点的案例；

⑦【习题】设计场景或案例，把知识点的内容插入其中，让学生运用所学的知识分析、判断、提出处理方案，解决问题。

真诚希望本次修订所做努力对读者朋友有帮助，不妥之处敬请斧正。

编著者

2016 年 5 月

第 1 版前言

2002 年《安全生产法》实施以来，工程界已经广泛关注安全生产问题并开展研究，逐年都有一定数量相关专业在各大学设立，急需有关适用教材面世。这也是本教材能有所作为的基础。本教材是根据教育部颁布的专业目录和面向 21 世纪土木工程专业培养方案，并考虑培养创新型应用本科人才的特点和需要编写的。

全书内容基本涵盖安全科学与工程学科所涉及的"建筑工程安全"各主要方面的基本知识。教材在简要介绍讲述安全科学基本知识的基础上，围绕《建设工程安全生产管理条例》，以工程建设参与各方主体的安全生产责任为主线，以施工安全技术与安全生产管理为全书阐述的重点，使"技术"与"管理"有机结合，从理论上做广泛论述；并充分考虑到安全工程专业人员对土木工程专业知识准备不足的情况，对有关问题进行了细致的表述和展示。

本书特别注意到：普遍的土木工程专业课程设置中较少甚至没有开设有关安全工程方面的课程（如安全系统工程学、安全管理学、安全人机工程学）。因此在安排章节时注意适当体现上述课程的必要内容，使得土木工程专业学生更好地理解本书有关知识和理论，并对安全生产管理应具备的基础知识和理论有一个基本掌握，为提高学生对安全管理的认识、加强管理的科学性和有效性，更好地做好施工现场安全生产工作打好基础。

建筑施工现场安全生产管理的学习，要求掌握基本概念和主要原理、提供基本的分析方法和计算手段。因此本书结合专业培养目标和编者多年从事教学的经验，竭力做到理论部分够用为度的同时保持知识体系的连续性，以学生就业所需的专业知识和操作技能为着眼点，在适度的基础知识与理论体系覆盖下，着重讲解应用型人才培养所需的内容和关键点，突出实用性和可操作性；将理论讲解简单化，注重讲解理论和规定的来源、理由以及用处。

建筑施工现场安全生产管理的学习，是对管理能力和技术能力要求都很强的课程，编者在编写时注意了两者的结合，通过对工程问题的分析，将有助于提高学生分析解决实际问题的能力。

在本书的编写过程中参考了大量的资料，作者尽力将有关情况在书后参考文献中有说明，在此表示深深的敬意和感谢！

由于编者的学识有限，能否达到预期的目标尚无把握，恳切希望广大读者和安全工程及土木工程专家、教育界同仁，对书中谬误之处予以指正。

编著者

2011 年 10 月

目　录

第一章　安全系统工程概述 …………… 1
　第一节　安全系统工程的概念 ………… 2
　　一、系统工程 ………………………… 2
　　二、安全系统工程 …………………… 3
　第二节　危险因素、故障、危险性分析 … 10
　　一、危险 ……………………………… 10
　　二、危险因素与故障 ………………… 11
　　三、危险性分析与评价 ……………… 15
　第三节　事故树分析法的定性与定量分析 … 19
　　一、事故树分析法的概念 …………… 19
　　二、事故树的编制 …………………… 20
　第四节　建设工程施工危险源辨识 …… 25
　　一、危险源 …………………………… 25
　　二、安全生产危险源的辨识依据和方法 … 27
　　三、施工生产危险源 ………………… 33
第二章　安全人机环境概述 …………… 38
　第一节　人机系统基本概念 …………… 39
　　一、安全人机工程学 ………………… 39
　　二、人机系统 ………………………… 41
　第二节　人机系统中人的特性 ………… 42
　　一、人的生理特征 …………………… 42
　　二、人的心理特征 …………………… 51
　第三节　人机系统中的作业特性 ……… 55
　　一、作业特性 ………………………… 55
　　二、作业强度及其分级 ……………… 59
　　三、作业疲劳与失误 ………………… 60
　第四节　人机系统中的作业环境 ……… 62
　　一、光环境 …………………………… 62
　　二、温度环境 ………………………… 63
　　三、色彩环境 ………………………… 66
　　四、振动与噪声 ……………………… 69
第三章　建设工程安全生产管理 ……… 74
　第一节　建设工程安全生产法律体系 … 75
　　一、安全生产法律法规及标准基础 … 75
　　二、建设工程安全生产相关法律 …… 76
　　三、建设工程安全生产行政法规 …… 77
　　四、建设工程安全生产行政规章 …… 78
　　五、建设工程安全生产标准的体系 … 79

　第二节　建设工程安全生产管理体系 … 80
　　一、建设工程安全生产管理的原则、
　　　　目标 ……………………………… 80
　　二、管理体制与管理制度 …………… 83
　　三、职业健康安全管理体系 ………… 86
　第三节　建筑安全管理原理和方法 …… 90
　　一、建设工程施工安全生产管理的原理 … 90
　　二、安全管理的方法 ………………… 96
　　三、安全措施 ………………………… 104
　第四节　施工企业安全管理 …………… 107
　　一、施工单位接受安全生产监督管理 … 107
　　二、施工企业安全管理 ……………… 107
第四章　建筑施工现场机械使用安全技术
　　　　与管理 ……………………………… 117
　第一节　起重及垂直运输机械 ………… 119
　　一、吊装机具 ………………………… 119
　　二、垂直运输机械 …………………… 125
　第二节　水平运输机械 ………………… 131
　　一、土石方机械 ……………………… 131
　　二、输送机械 ………………………… 133
　第三节　中小型机械、施工机具安全
　　　　防护 …………………………… 134
　　一、混凝土搅拌机和砂浆搅拌机 …… 135
　　二、混凝土振捣器 …………………… 135
　　三、卷扬机 …………………………… 136
　　四、手持电动工具 …………………… 138
　第四节　吊装工程 ……………………… 138
　　一、起重机安全责任 ………………… 138
　　二、安全技术 ………………………… 139
第五章　建筑施工现场用电、动火安全
　　　　技术与管理 ………………………… 145
　第一节　电气安全基础知识 …………… 146
　　一、线路敷设 ………………………… 146
　　二、一般安全设施 …………………… 148
　第二节　施工现场临时用电及安全防护 … 152
　　一、安全管理 ………………………… 152
　　二、供配电系统的安全要求 ………… 154
　　三、电气设备的安全运行 …………… 158

四、触电及救助 ……………… 162
第三节　现场用火及消防 …… 164
　一、燃烧与火灾常识 ………… 164
　二、现场用火与防火检查 …… 165
　三、施工现场消防 …………… 166

第六章　建筑施工现场高处作业安全技
　　　　术与管理 ………………… 175
第一节　高处作业防护措施 … 177
　一、防护用具 ………………… 177
　二、临边作业 ………………… 180
　三、洞口作业 ………………… 182
　四、攀登作业 ………………… 185
　五、悬空作业的安全防护 …… 188
　六、操作平台的安全防护 …… 189
　七、交叉作业的安全防护 …… 190
第二节　施工脚手架工程 …… 192
　一、脚手架概述 ……………… 192
　二、扣件式钢管脚手架设计 … 201
　三、悬挑式外脚手架 ………… 207
　四、附着升降脚手架 ………… 208
第三节　模板工程 …………… 212
　一、模板 ……………………… 212
　二、设计 ……………………… 214

第七章　建筑施工现场开挖作业安全
　　　　技术与管理 …………… 219
第一节　土石方与降水施工 … 220
　一、挖填方的一般规定及安全措施 … 221
　二、基坑排降水 ……………… 222
第二节　基坑开挖与支护 …… 225
　一、基坑开挖 ………………… 225
　二、基坑支护 ………………… 227
第三节　桩基础施工 ………… 230
　一、人工挖孔桩 ……………… 230
　二、机械入土桩 ……………… 233

第八章　建筑施工现场文明施工与建筑
　　　　职业卫生 ……………… 237
第一节　文明施工现场 ……… 239
　一、施工现场布置 …………… 239
　二、围挡封闭 ………………… 243
　三、现场管理 ………………… 245
第二节　施工环境保护与防治 … 248
　一、环境因素 ………………… 248
　二、环境影响的控制 ………… 252

第三节　职业卫生与急救 …… 255
　一、职业危害防治 …………… 255
　二、建筑行业职业病预防控制 … 257
　三、应急救护及自救技术 …… 262

第九章　建筑施工安全生产保证 … 273
第一节　安全生产保证体系 … 274
　一、要求（要素） …………… 276
　二、基本结构 ………………… 277
　三、体系建立的程序 ………… 280
第二节　安全保证文件 ……… 283
　一、安全生产保证计划 ……… 283
　二、安全施工组织设计 ……… 284
　三、专项安全施工方案 ……… 289
第三节　安全保证措施 ……… 291
　一、安全标志 ………………… 291
　二、安全技术交底 …………… 293
　三、安全记录 ………………… 294
　四、安全检查验收 …………… 299
　五、安全宣传教育培训 ……… 300

第十章　建筑施工安全检查与安全
　　　　评价 …………………… 309
第一节　建筑施工安全检查 … 310
　一、安全检查的形式 ………… 310
　二、安全检查的内容 ………… 311
　三、安全检查的结果 ………… 311
　四、建筑施工安全检查表 …… 312
第二节　施工现场安全资料管理 … 314
　一、安全管理的基础资料 …… 314
　二、施工现场安全资料的管理 … 317
第三节　建筑施工安全生产评价 … 321
　一、评价依据 ………………… 321
　二、评价内容 ………………… 321
　三、评价等级 ………………… 323

第十一章　建筑施工安全事故报告与应
　　　　　急救援 ……………… 326
第一节　安全事故报告 ……… 327
　一、安全事故的定义与分类 … 327
　二、安全事故报告 …………… 330
第二节　安全事故应急预案 … 332
　一、应急救援 ………………… 332
　二、建筑施工安全事故应急救援预案 … 333

习题参考答题要点 …………………… 345

参考文献 ……………………………… 358

第一章　安全系统工程概述

【本章教学要点】

知　识　要　点	相　关　知　识
安全系统工程	系统工程概念、特点以及之间的不同
危险因素	物理性、化学性、生物性危险危害因素 熟悉危险性分析及评价方法之 LEC 法
事故树	掌握事故树分析法的原理，熟悉编制程序，了解有关的定性、定量分析计算
危险源	掌握施工现场危险源种类，熟悉危险源辨识的依据、方法，熟悉危险源的控制方法

【本章技能要点】

技　能　要　点	应　用　方　向
作业条件危险性评价	对事故危险进行评价，包括风险值及其相关参数的确定
事故树编制	绘制事故树及相关参数计算，分析事故原因、对策
危险源辨识	施工现场危险源辨识、评价、对策

【导入案例】

2011 年 7 月 23 日 20 时 30 分，甬温线浙江省温州市境内，由北京南站开往福州站的 D301 次列车与杭州站开往福州南站的 D3115 次列车发生动车组列车追尾事故。事故造成 40 人死亡，172 人受伤，中断行车 32 小时 35 分，直接经济损失 19371.65 万元。该事故原因错综复杂，包括设计缺陷、违规招投标、技术验收不严、雷击事故处置不当、电气设备故障、控制系统故障、通信系统故障、人为失误、管理缺陷等。提出问题：如何分析事故原因及其联系并预防类似事故发生？

传统安全工作方法虽然为防止事故做出了并正在做出重要的贡献，具有纵向分科、单项业务保安、事后处理等特点，它是一种凭经验、孤立、被动的工作方法，使得我们对事故难以做到防患于未然，事故的预防跟不上技术的进步，已经不能满足生产的迅速发展的需要。

安全工作者需要一个能够事先预测事故发生的可能性、掌握事故发生的规律、做出定性和定量评价的方法，以便能在设计、施工和管理中向有关人员预先警告事故的危险性，并根据对危险性的评价结果采取相应的预防措施，以达到控制事故的目的。安全系统工程因此而产生和发展起来了。

第一节　安全系统工程的概念

一、系统工程

1. 系统

（1）系统　是在一定环境和条件下，由具有特定功能的、相互间具有有机联系的许多要素，为完成一个共同目的而构成的一个有机整体。

要素是系统内部相互作用的基本组成部分，是完成某种功能无须再细分的最小单元。它可以是物理的（具体的）对象，如人员、工具、设备、装置和技术软件等；也可以是抽象的对象，如概念、原理、过程、思想体系等。

系统无处不在，一只手表、一台机器、一座城市、一个国家等，大到浩瀚无垠的银河系，小到分子、原子核，都可以看作是一个系统。

（2）形成系统的前提条件

① 必须由两个及以上的要素组成（一个元素构不成系统）；

② 要素间互相联系和作用；

③ 要素有着共同的目的和特定的功能；

④ 要素受外界环境和条件的影响。

输入、处理、输出是组成系统的三个基本要素，加上反馈就构成一个完备的系统。其框图如图 1-1 所示。系统的目的和功能是系统要接受和产生讯息、能量或物质。

图 1-1　系统的基本构成

（3）系统的特征

① 整体性　一个系统的完善与否，主要取决于系统中各要素能否良好的组合，构成一个良好的实现某种功能的整体。

系统整体功能不是个别元素功能的简单叠加，而是通过不同功能不同性能元素的有机联系、互相制约，即使在某些元素功能并不完善的情况下，经过组合也能统一成为具有良好功能的系统。反之，即使每个元素都是良好的，但如果只是简单叠加，而未经过良好组合，则构成整体后并不一定具备某种良好的功能。

② 相关性　系统内各要素之间、要素与子系统之间、系统与环境之间是有机联系和相互作用的，具有相互依赖的特定关系，是互相关联的。通过这些关系，使系统有机地联系在一起，发挥其特定功能。系统的各元素不仅都为完成某种任务而存在，而且任一元素变化也都会影响其他元素完成任务。

系统由要素组成，又具有可分解性。可以认为系统是由较小的分系统有机组合而成，而分系统又由更小的子系统组成，以此类推，直到组成系统的最小单元为止。

③ 目的性　所有系统都为了实现某一特定的目标（某种功能、作用），没有目标就不能称之为系统。设计、制造和使用系统，最后总是希望完成特定的功能，而且要效果最好。

④ 环境适应性　任何一个系统都处于一定的物质环境之中，系统从环境中获取必要的物质、能量和信息，经过系统的加工处理和转化，产生新的物质、能量和信息，然后再提供给环境。环境也会对系统产生干扰或限制，即约束条件。系统必须适应外部环境条件的变化，而且在研究和使用系统时，必须重视环境对系统的作用。

⑤ 有序性　主要表现在系统空间结构的层次性和系统发展的时间顺序性。可分解表现为系统空间结内的层次性。另外，系统的生命过程也是有序的，它总是要经历孕育、诞生、发展、成熟、衰老、消亡的过程，这一过程表现为系统发展的有序性，系统的分析、评价、管理都应考虑系统的有序性。

2. 系统工程

系统工程，是以系统为研究对象，对系统的研究、规划、设计、制造、试验和使用等各个阶段进行有效的组织管理，以求达到所希望得到的效果的科学技术方法。系统工程包括系统和工程两个方面，是系统思想在工程上的实践。1969 年美国的霍尔（A. D. Hall）提出了具体形象的系统工程三维结构，见图 1-2。

（1）系统工程的任务、目的和作用　系统工程的任务，就是从横向方面把纵向科学组织起来的一种科学技术，是用技术方法搞组织管理。其目的，是应用系统的理论和方法去分析、规划、设计新的系统或改造已有的系统，使之达到最优化的目标，并按此目标进行控制和运行。其作用，就是把要组织和管理的事物，应用数学和电子计算机等工具进行分析处理，通过最佳方案的选择，使系统在各种约束条件下，协调系统中各要素或系统间的关系，使系统在技术上最先进、经济上最合算、运行中可靠、时间上最节省，达到最佳的配合，求得系统最佳化的结果。

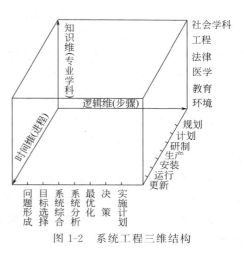

图 1-2　系统工程三维结构

（2）系统工程的组成

① 基本思想　即系统分析或系统方法，是将对象作为系统来考虑，从而进行分析、设计、制作及其运用的方法。

② 程序体系　是从实际经验中总结出来的。在解决一个具体项目时，它要求把项目或过程分成几大步骤，而每个步骤又按一定的程序展开。这就保证了系统思想在每个部分、每个环节上体现出来。

③ 最优化方法　当一个问题按照程序展开、明确具体环节、建立数学模型后，就可以用数学方法进行优化。

系统工程属于工程技术，主要是组织管理的技术；它是解决工程活动全过程的技术，具有普遍的适用性。它的出现，为解决系统中的安全问题提供了先进的思想和方法，并在实践中产生了保证系统安全的一门新的科学技术——安全系统工程。

二、安全系统工程

安全系统工程就是运用系统工程的原理和方法，对系统或生产过程中的危险性进行识别、分析、评价及预测，并根据其结果，采取综合安全措施予以控制或消除系统中存在的危险因素，使事故发生的可能性减少到最低限度，从而达到最佳安全状态的一门科学技术。它对工艺过程、设备、生产周期和资金等因素进行分析和综合处理，研究如何控制和消除导致人员死伤、职业病、设备或财产损失，最终以实现在功能、时间、成本等规定的条件下，使系统中人员和设备所受的伤害和损失为最小。

1. 安全系统工程的内容

在安全系统使用过程中，不仅要用到系统工程的原理和方法，还要熟悉所要研究的系统或生产过程，以及所应采取的安全技术等。安全系统工程主要技术手段有系统安全分析、系统安全评价和安全决策与事故控制；主要任务是发现事故隐患、预测由于事故隐患和认为失误引起的危险、设计和选用安全措施方案、安全决策、组织安全措施和对策的实施、对措施效果做出评价、不断改进以求得最佳效果。安全系统的要素包括：

① 人 人的安全素质（心理与生理素质、安全能力素质、文化素质）；

② 物 设备与环境的安全可靠性（设计安全性、制造安全性、使用安全性）；

③ 能量 生产过程能的安全作用（能的有效控制）；

④ 信息 充分可靠的安全信息流（管理效能的充分发挥）是安全的基础保障。

（1）事故至因理论 就是从事故的角度研究事故的定义、性质、分类和事故的构成要素与原因体系，分析事故成因模型及其静态过程和动态发展规律，阐明事故的预防原则及其措施。它是事故预防工作的基本指导理论。

事故致因理论主要包括以下几种理论。

① 人为失误论 认为事故的发生是来自人的行为与机械特性失配和不协调，是多种因素互相作用的结果。如工人操作失误、管理监督失误、计划设计失误、领导决策失误等。

事故模式是人们对事故处理所作的逻辑抽象或数学抽象，用于描述事故成因、经过和后果，是研究人、物、环境和管理及事故处理这些因素如何作用而形成事故和造成损失的。基于人体信息处理的人失误事故模型有瑟利（J·Surry）模型（图1-3）、劳伦斯（Lawrence）模型（图1-4）。

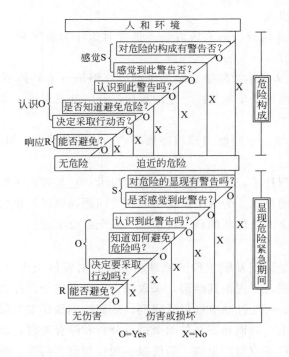

图 1-3 人的失误的瑟利事故模型

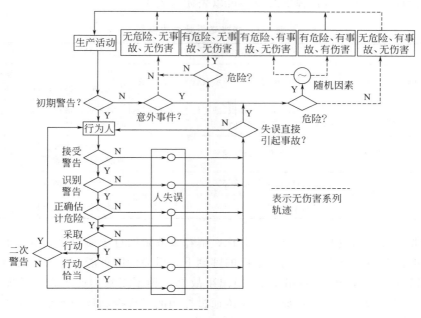

图 1-4　人的失误的劳伦斯事故模型

② 多米诺骨牌论　　海因里希（W. H. Heinrich）认为事故是由物体、动作、危险、事故、伤害 5 张骨牌构成的，若一张骨牌倒下，则依次影响下一张骨牌。只要打破骨牌论的反应链，移去中间的一枚骨牌，则连锁被破坏，事故过程被中止，就不致发生事故，见图1-5。该模型是阐明伤害五因素的事件链的，主要用于事故调查过程中查明因果关系，也可用于加强安全管理。

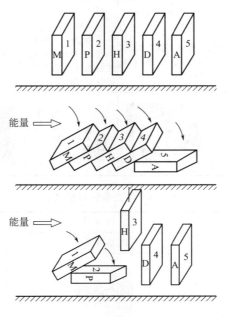

图 1-5　多米诺骨牌论的事故模式

1—M（物体）；2—P（动作）；3—H（危险）；4—D（事故）；5—A（伤害）

细化事故原因，多米诺骨牌事故模型可以表述为表 1-1。

表 1-1　多米诺骨牌事故模型

骨牌顺序五因素		人的系列链	物的系列链
M	背景原因	遗传素质、惰性、社会环境及管理上的欠缺	设计错误，制造不合规格标准，维护不良等，制成的设施、设备有缺陷
P	固有的不安全条件	人的失误：无安全知识，缺乏注意力，精神不好，工作掉以轻心，抑郁消沉	系统或机械设备运行的能量状态和具有的危险源特性等
H	不安全行为	不安全动作如三违反现象	不安全状态如使用中形成的故障、破坏、泄漏、磨损、失效等不安全状态
D	事故	坠落、打击、触电事故等	火灾、爆炸、倒塌、燃烧、污染等事故
A	伤害	轻伤、重伤、死亡	设备损坏、财产损失、环境污染等

该理论把事故致因的事件链过于绝对化，解释事故致因过于简单化。事实上各块骨牌之间的连锁不是绝对的，而是随机的。前面的牌倒下，后面的牌可能倒下，也可能不倒下。

③ 能量转移论　吉布森（Gibson）指出事故是一种不正常的或不希望的能量释放，各种形式的能量是构成伤害的直接原因。应该通过控制能量或控制作为能量达及人体媒介的能量载体来预防伤害事故。

在吉布森的研究基础上，哈登（Haddon）完善了能量意外释放理论，提出"人受伤害的原因只能是某种能量的转移"，并提出了能量逆流于人体造成伤害的分类方法。他将伤害分为两类：第一类伤害是由于施加了超过局部或全身性伤阈值的能量引起的，见表 1-2；第二类伤害是由于影响了局部或全身性能量交换引起的，主要指中毒、窒息和冻伤，如表 1-3。

表 1-2　第一类伤害的实例

施加的能量类型	机械能	热能	电能	电离辐射	化学能
产生的原发性损伤	移位、撕裂、破裂和压挤，主要伤及组织	炎症、凝固、烧焦和焚化，伤及身体任何层次	干扰神经、肌肉功能以及凝固、烧焦和焚化，伤及身体任何层次	细胞核亚细胞成分与功能的破坏	伤害一般要根据每一种或每一组织的具体物质而定
举例					

表 1-3　第二类伤害的实例

影响能量交换的类型	氧的利用	热能
产生的损伤或障碍的种类	生理损害，组织或全身死亡	生理损害，组织或全身死亡
举例		

该理论认为在一定条件下某种形式的能量能否产生伤害造成人员伤亡事件，取决于能量

大小、接触时间和频率，以及力的集中程度。根据能量意外释放论，找出事故因果连锁［札别塔基斯（Michael Zabetakis）］，见图 1-6，就可以利用各种屏蔽来防止意外的能量转移，从而防止事故的发生。

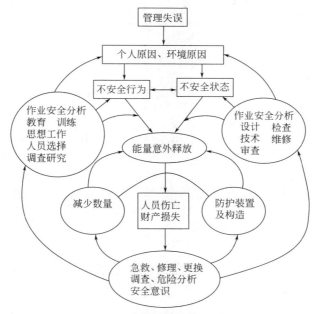

图 1-6　能量观点的事故因果连锁

④ 轨迹交叉论　伤害事故是许多相互关联的事件顺序发展的结果。这些事件可分为人和物（包括环境）两个发展系列。当人的不安全行为和物的不安全状态在各自发展过程中，在一定时间、空间发生了接触，使能量逆流于人体时，伤害事故就会发生。而人的不安全行为和物的不安全状态之所以产生和发展，又是受多种因素作用的结果。

人的事件链。人的不安全行为基于几个方面而产生：A. 生理、先天身心缺陷→B. 社会环境、企业管理上的缺陷→C. 后天的心理缺陷→D. 视、听、嗅、味、触五感能量分配上的差异→E. 行为失误。

物的事件链。物质系列中，从设计开始，经过种种的程序，在生产过程中各个阶段都有可能产生不安全状态。a. 设计上的缺陷→b. 制造工艺上的缺陷→c. 维修保养上的缺陷→d. 使用上的缺陷→e. 作业场所环境上的缺陷。

人的事件链时间进程的运动轨迹按 A—B—C—D—E 的方向顺序进行；物质或机械的事件链随事件进程的运动轨迹按 a—b—c—d—e 的方向线进行。人、物两事件链相交的时间与地点（时空），就是发生伤亡事故的"时空"，见图 1-7。若设法排除机械设备或处理危险物质过程中的隐患，或者消除人为失误、不安全行为，使两事件链连锁中断，则两系列运动轨迹不能相交，危险就不会出现，可达到安全生产。

⑤ 综合论　认为事故是由人的不安全行为和物的不安全状态造成的。是社会因素、管理因素和生产中危险因素被偶然事件触发所造成的结果，见图 1-8。包括直接原因（不安全状态和不安全行为）、间接原因（管理缺陷、管理因素和管理责任）和基础原因（经济、文化、学校教育、民族习惯、社会历史、法律等）。

⑥ 管理失误论　提出以管理失误为主因的事故模型。侧重研究管理上的责任，强调管

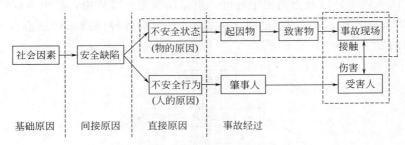

图 1-7　　人与物两系列形成事故的系统

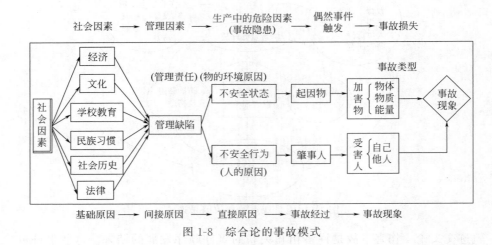

图 1-8　综合论的事故模式

理失误是构成事故的主要原因；事故的直接原因是人的不安全行为和物的不安全状态。但造成"人失误"和"物故障"的这一直接原因的原因却常常是管理上的缺陷。后者虽是间接原因，但它却是背景因素，而又常是发生事故的本质原因。

⑦ 扰动起源论　该理论认为"事件"是构成事故的因素。任何事故当它处于萌芽状态时就有某种非正常的扰动，此扰动为起源事件。它把事故看成从相继事件过程中的扰动开始，最后以伤害或损坏而告终。这可称之为"p 理论"。

⑧ 系统安全理论　包括很多区别于传统安全理论的创新概念。

1) 改变了人们只注重操作人员的不安全行为，而忽略硬件故障在事故致因中的作用的传统观念，开始考虑如何通过改善物的系统可靠性来提高复杂系统的安全性，从而避免事故。

2) 没有任何一种事物是绝对安全的，任何事物中都潜伏着危险因素。通常所说的安全或危险只不过是一种主观的判断。

3) 不可能根除一切危险源，可以减少来自现有危险源的危险性，宁可减少总的危险性而不是只彻底去消除几种选定的风险。

4) 由于人的认识能力有限，有时不能完全认识危险源及其风险，即使认识了现有的危险源，随着生产技术的发展，新技术、新工艺、新材料和新能源的出现，又会产生新的危险源。

因此，安全工作的目标就是控制危险源，努力把事故发生概率减到最低。

(2) 系统安全分析　就是对系统进行深入细致的分析，充分了解和查明系统存在的危险性，预先估计事故发生的概率和可能产生伤害及损失的严重程度，为确定出哪种危险能够通过修改系统设计或改变控制系统运行程序来进行预防提供依据。它是安全评价的基础。这里的"预先"是指无论系统生命过程处于哪个阶段，都要在该阶段开始之前进行系统的安全分析，发现并掌握系统的危险因素。

目前常用的方法有事件树、事故树、故障类型影响分析法、安全检查法、因果分析图法、事故比重图、事故趋势图、事故控制图等。每一种方法都有自己产生的历史和条件，所以并不能处处通用，不少方法是雷同或重复的。这就提醒我们要进行一个准确的分析，需要综合使用多种分析方法，取长补短，相互比较以使和实际情况更吻合；另一方面说明安全系统工程是一门新兴学科，尚处于发展阶段。

（3）安全评价　是对系统存在的危险性进行定性或定量的分析，得出系统存在的危险点、有害因素与发生危险的可能性及程度，以预测出被评价系统的安全状况，与预定的系统安全指标相比较，如果超出指标，则应对系统的主要危险因素采取控制措施，使其降至该标准以下，以达到最低事故率、最少损失和最优的安全投资效益。通过系统安全分析，了解系统中潜在危险和薄弱环节所在，发生事故的概率和可能的严重程度等，这些都是进行评价的依据，见图1-9。

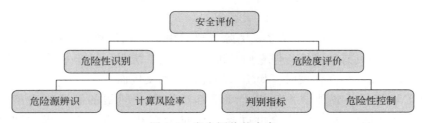

图1-9　安全评价的内容

评价方法等具体问题，参见第十一章相关内容。

（4）安全措施　安全措施是根据评价的结果，针对系统中的薄弱环节或潜在危险，提出调整、修正的合理可行措施，以消除事故的发生或使发生的事故得到最大限度的控制，提高系统的安全性。

主要包括：宏观控制措施（法制、经济和教育手段）、微观控制措施（物的状态、人的行为）、安全目标管理（目标分解、采取措施、控制）。例如增设安全防护装置、改进工艺过程或修改设计、改善作业环境、加强安全教育和管理等。

（5）安全价值分析　当系统中的危险性已被认识，为了控制和消除这些危险因素，以提高系统的安全性时，需要采取各种安全措施，这就需要给予一定的资金投入。为了评价投入资金的合理性，必须进行安全价值分析。

安全投资不同于一般投资。一般而言它不直接产生投资效益，而主要是能减少未来的损失。为了判断安全投资的合理性，需要知道投资前后损失期望值的变化，并考虑时间的价值因素，只有将减少的损失期望值按时间价值进行折算，才能判断出投入的安全资金是否有收益。

2. 安全系统工程的安全活动和作用

为了达到系统安全的目标，贯穿在系统形成和投入使用的各个阶段的，是一系列安全活动。各项活动安排在相应阶段，见表1-4。安全系统工程的作用如下。

表 1-4　主要的系统安全活动

安全活动 ＼ 系统阶段	制订方案	设计	研制	生产	使用维修
制定安全方案	▲				
提出安全设计标准要求	▲	▲	▲		
进行危险性分析	▲	▲	▲	▲	
设计方案安全审查	▲	▲	▲	▲	
参与故障和风险分析					
鉴定安全设备	▲	▲	▲		
拟定安全试验方案和试验		▲	▲	▲	▲
安全培训			▲	▲	▲
事故调查			▲	▲	▲

① 利用系统的可分割性，可充分地、不遗漏地揭示存在于系统各要素中的危险性，采取措施消除危险性，调整不协调的部分，就可能消除事故的根源并使安全状态达到优化。

② 可以了解各要素间的相互关系，消除各要素由于互相依存、互相接合而产生的危险性。要素本身可能不具有危险性，但它们有机结合构成系统时，便产生了危险性，并往往发生在子系统的交接面或相互作用时。如工人和搅拌机的交接面。

③ 系统工程使用的各种学科知识，几乎都适用安全问题的解决。决策论可以预测发生事故的可能性的大小；排队论可以减少能量的贮积危险；线性规划和动态规划可以选择合理的防止事故的手段；数理统计、概率论、可靠性和模糊数学可应用于预测和评价等。

第二节　危险因素、故障、危险性分析

要提高系统的安全性，前提条件就是辨别和分析系统存在的危险性，明确其对系统安全性影响量，及其发展成事故的可能性。

一、危险

1. 危险的定义

危险，指造成事故的一种现实的或潜在的条件。系统危险程度的客观量用危险概率和危险严重度来描述，称危险性。危险概率是指发生危险的可能性，一般用时间、事件、人员、项目或活动的危险可能出现概率表示。危险严重程度是指由危害造成的最坏结果的定性评价，它可以用工伤、职业病、财产损失或设备损坏的最终可能出现的程度来度量。

2. 危险性等级

在分析系统危险性时，为了衡量危险性的大小及其对系统破坏的影响程度，按照轻重缓急采取安全防护措施，对预计到的危险因素加以控制，就要按其形成事故的可能性和损失严重程度确定危险等级。一般等级划分见表 1-5。

表 1-5　危险性等级划分

等级	状态	可能导致的后果	处理
1 级	安全的	不会造成人员伤亡及系统损坏,尚不能造成事故	
2 级	临界的	处于事故的边缘状态,暂时还不会造成人员伤亡、系统损坏或降低系统性能和财产损失	应排除或采取控制措施
3 级	危险的	必然会造成人员伤亡、系统损坏和财产损失	要立即采取防范对策措施
4 级	破坏性的	会造成灾难性事故(多人伤亡、系统损毁)	必须立即排除并进行重点防范

二、危险因素与故障

1. 危险因素辨识

（1）危险因素　就是在一定条件下能够导致事故发生的潜在因素。指能造成人的伤亡、物的突发性损坏或影响人的身体健康导致疾病、对物造成慢性损坏的因素。由于其潜在性,辨识它就需要有丰富的知识和实践经验。

生产中不安全、不卫生诸因素,是在生产过程中的单元作业出现的,安全危险五因素同心圆（图 1-10）圆心处的单元作业是发生工伤事故和职业病的危害源。

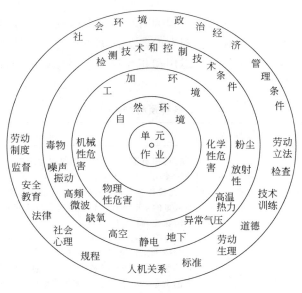

图 1-10　危险因素层次示意

查出危险因素可用以下几方面理论作为指导。

① 能量转移论　人类的生产活动和生活实践都离不开能源,能量在受控情况下可以做有用功,制造产品或提供服务;一旦失控,能量就会做破坏功,转移到人就造成伤亡,转移到物就造成财产损失或环境破坏。事故来自于能量的非正常转移。

预防能量转移的安全措施可用屏障树（防护系统）的理论加以阐明,屏障设置得越早效果越好,见图 1-11。

从系统安全观点研究能量转移的另一概念是,一定量的能量集中于一点要比它大而铺开所造成的伤害程度更大。因此,可以通过延长能量释放时间或使能量在大面积内消散的方法来降低其危害的程度。对于需要保护的人和物应远离释放能量的地点,以此来控制由于能量

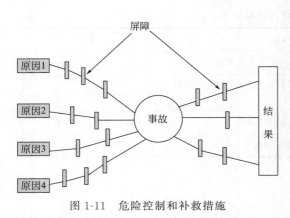

图 1-11 危险控制和补救措施

转移而造成的事故。

② 人的操作失误 由于受科技水平和经济状况的限制，多数机械设备达不到本质安全的地步，在系统运行过程中必然存在程度不同的危险性，人的操作行为可靠度因而对系统安全性有着更加重要的影响。人作为系统的一个组成部分，其失误概率要比机械、电气、电子元件高几个数量级，这就需要从操作标准查找可能偏离正常的损失危险。

对此，系统安全分析方法中有人的差错分析、可操作性研究等方法，人机工程、行为科学也有成熟的经验。

③ 外界危险影响 系统安全不仅取决于系统内部人、机、环境因素及其配合状况，外界发生事故对系统也会造成影响，如火灾、爆炸等，还有自然灾害对系统的影响，如地震、洪水、雷击、飓风等。它们发生的可能性很小但危害很大，因此在辨识系统危险性时应考虑这些因素。

（2）危险因素辨识方法 安全系统工程为辨识事故危险提供了许多科学的方法，既有定性的又有定量的方法。据不完全统计，现有的各类预测方法达 300 种之多，而且现代预测方法的发展，往往是各种预测方法的交叉运用和相互渗透，因此难以进行绝对化的划分。当前常见的事故预测方法概括为表 1-6。

表 1-6　各种预测方法的对比

预测方法	预测范围	适用情况	特　点
情景分析法	短中长期	缺少历史统计资料或趋势面临转折的事件	1）适用范围很广，不受任何假设条件的限制，只要是对未来的分析，均可使用。2）考虑问题周全，具有灵活性。在一定程度上受到人的知识、经验和能力大小的限制。3）定性分析与定量分析相结合。但缺乏对数量的精确描述。4）能及时发现未来可能出现的难题，便于采取行动消除或减轻它们的影响
回归预测法	短中期	样本量大且分布规律、随机不确定性小	1）技术比较成熟，预测过程简单，但条件假定严格。2）将预测对象的影响因素分解，考察各因素的变化情况，从而估计预测对象未来的数量状态。具有一定的局限性。3）回归模型误差较大，外推特性差
时间序列法	短期	因变量随时间而变化	不同于回归模型，是根据预测对象过去的变化规律来预测其未来的变化，即认为时间序列中每一时刻的数值都是事物内部状态的过去变化与外部所有因子共同作用的结果，至于影响因素的具体种类和数量以及如何产生作用并不重要。对时间序列的 4 种变动因素有侧重地进行预处理，从而派生出具体预测方法。每一种模型往往只强调了系统的一个侧面，缺乏对系统演化较全面的描述，在中长期预测实践中会产生较大偏差
马尔可夫链状预测法	短中长期	数据在时间轴上离散状态，随机波动性较大	需满足马尔可夫特性，即系统将来所处的状态只与现在系统状态有关，而与系统过去的状态无关，这种特性称为无后效性。因此应用范围有一定的局限，容易忽略其他概率的影响

续表

预测方法	预测范围	适用情况	特　点
灰色预测法	短中期	既含有已知信息又含有不确定信息的灰色系统	灰色建模理论应用数据生成手段,弱化了系统的随机性,使紊乱的原始序列呈现某种规律,规律不明显的变得较为明显,建模后能进行残差辨识。即使只有较少的历史数据,任意随机分布,也能得到较好的预测精度。引入灰导数和背景值的概念,虽然简化了计算,但由于利用了不是对应于同一点的函数值和导数值去辨识微分方程中的参数,导致误差较大
神经网络法	短中长期	存在非线性系和不确定性	通过对实例训练自动获取知识,　不需要分析和整理,对难以用数学方法建立精确模型的问题能够进行有效建模。具有表示任意非线性关系和自组织、自学习的能力。缺点是推理路线固定不灵活,隐藏节点层的感知器在系统中不能解释
贝叶斯网络法	短中长期	存在非线性关系和不确定性	贝叶斯网络与回归模型相比:1)对线性、可加性等统计假设没有严格的要求;2)能够有效处理变量较多且变量之间存在交互作用的情况;3)能够从大量复杂的数据中发现知识和结构。与神经网络相比,贝叶斯网络中的所有节点都表示某领域中一个确定的概念,构建需要研究领域比较详细的知识,训练更加复杂,推理路线比较灵活,但是缺少动态机制

在危险因素辨识中得到广泛应用的系统安全分析方法,主要有安全检查表法(SCL)、预先危险性分析(PHA)、故障类型和影响分析(FMEA)、危险性和可操作性研究(HAZOP)、事件树分析(ETA)、事故树分析(FTA)、因果分析(CCA)等。系统寿命周期内各阶段适用的方法见表1-7。

表 1-7　系统安全分析方法选用

分析方法	开发研制	方案设计	样机	详细设计	建造投产	日常运行	改建扩建	事故调查	拆除
SCL		▲		▲		▲	▲		▲
PHA	▲	▲		▲			▲		
HAZOP			▲	▲		▲	▲	▲	
FMEA			▲	▲		▲	▲	▲	
FTA		▲				▲	▲	▲	
ETA			▲			▲	▲	▲	
CCA			▲	▲		▲	▲	▲	

主要的实用方法大致有统计图表分析法[事故比重图(图1-12)、事故趋势图(图1-13)、主次图(图1-14)、控制图(图1-15)、事故时间空间分布图]、文字表格法[安全检查表、因果分析图(图1-16)、预计危险分析法、事故类型影响和致命度分析法]、逻辑分析法(事件树分析法、事故树分析法、管理失误和风险树分析法)、调查实验法(抽样判别法、危险预知法、行为分析法)、数学解析法(统计分析法)。

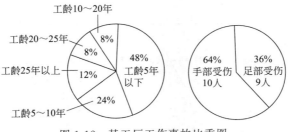

图 1-12　某工厂工伤事故比重图

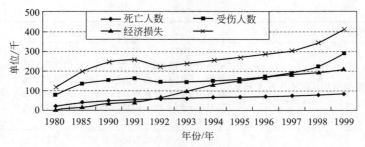

图 1-13　道路交通事故发生趋势图

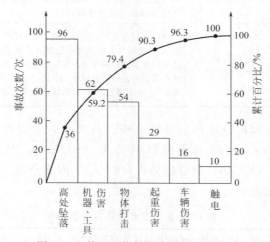

图 1-14　某工程指挥部事故类型主次图

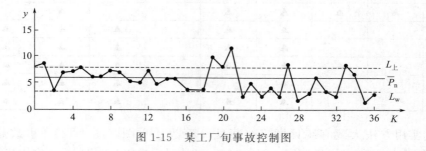

图 1-15　某工厂旬事故控制图

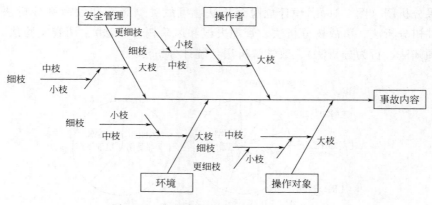

图 1-16　安全事故因果分析图（鱼刺图）

2. 故障类型及影响

故障是指元件、子系统或系统在运行时达不到设计规定的要求，因而完不成规定的任务或完成得不好。它们发生的每一种故障，用故障类型表示，例如阀门发生故障，可能有内漏、外漏、打不开、关不严四种故障类型。

根据故障类型对子系统或系统影响程度的不同而划分的等级，称为故障类型。根据故障类型对子系统或系统的影响程度不同，划分为四个故障等级，如表1-8。

表1-8　故障等级划分

等级	状　态	后　　果
Ⅰ级	致命的	可能造成死亡或系统损失
Ⅱ级	严重的	可能造成重伤、严重的职业病或主系统损坏
Ⅲ级	临界的	可能造成轻伤、轻度的职业病或次要系统损坏
Ⅳ级	可忽略的	不会造成伤害和职业病，系统不会损坏

三、危险性分析与评价

系统危险性分析是在各种工程活动之前进行的，旨在事先发现系统存在的危险，采取防止事故发生或减少事故损失的措施，以防患于未然。它的基本任务有：

① 辨识系统存在的危险性；

② 确定危险性转化为事故的条件；

③ 评价危险性对系统安全影响的大小；

④ 确定消除或控制危险性的措施。

1. 危险性分析和防范

风险防范包括危害辨识、风险评价和风险控制三个基本环节，见图1-17。

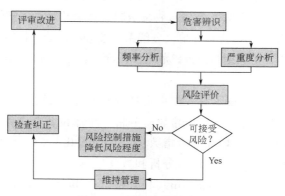

图1-17　风险防范的流程

（1）危险性预分析　进行危险性预分析，一般采取以下几个步骤。

① 通过经验判断、技术诊断或其他方法调查确定危险源（即危险因素存在于哪个子系统中），对所需分析系统的生产目的、物料、装置及设备、工艺过程、操作条件以及周围环境等进行充分详细的调查了解。

② 根据过去的经验教训及同类行业生产中发生的事故（或灾害）情况，对系统的影响、损坏程度，类比判断所要分析的系统中可能会出现的情况，查找能够造成系统故障、物质损失和人员伤害的危险性，分析事故（或灾害）的可能类型。

③ 对确定的危险源分类，制成预先危险性分析表。

④ 识别转化条件。即研究危险因素转变为危险状态的触发条件和危险状态转变为事故（或灾害）的必要条件，并进一步寻求对策措施，检验对策措施的有效性。

⑤ 进行危险性分级，排列出重点和轻重、缓急次序，以便处理。

⑥ 制定事故（或灾害）的预防性对策措施，避免事故的发生及发生之后减少损失。

（2）危险性评价　也称安全评价，指在计划、设计、建设、生产等各阶段，对系统存在的危险充分地进行定性、定量分析，见图 1-18。包括对工艺过程和生产装置的危险所作出的综合评价；针对存在的问题，根据当前科技水平和经济条件，提出有效的安全措施，以便消除危险或将危险降到最低限度等内容。

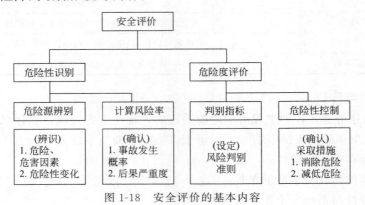

图 1-18　安全评价的基本内容

危险性评价的标准，应在力求"危险与控制的平衡"的原则下建立。首先评价系统目前的安全水平，给出一个人们希望的安全期望值（目标值），按照所期望的安全目标，合理地对系统进行调整和改造。在评价时目标值不是以零为标准的。

危险性评价的步骤分六个阶段：准备（收集资料、熟悉政策和了解情况）、定性评价（用安全检查表进行检查和粗略估计）、定量评价（分解系统按分项计分，评定危险等级）、拟定安全措施、通过事故讯息进行再评价、编制报告。危险性评价（安全评价）一般程序见图 1-19。

2. 评价技术

国内外对事故危险的评价技术有 4 类：定性评价技术（经验型、技术型和管理型）、定量评价技术（罗氏危险评价法、海恩里希风险分析、单体设备安全评价、一般作业的危险评价、社会风险评价法等）、火灾爆炸危险指数法（美国道化学公司评价法、英国蒙德法、日本劳动省评价法）、解析评价技术（逻辑分析和数学计算）。

美国的格雷厄姆（Keneth. J. Graham）和金尼（Gilbert. F. kinney）提出的作业条件危险性评价法（也称 LEC 法），是对具有潜在危险的环境中作业的危险性进行定性评价的一种方法。此方法是对于一个具有潜在危险性的作业条件，用 3 个影响危险性的主要因素来确定作业条件的危险性。用公式来表示，则为

$$D = L \times E \times C \tag{1-1}$$

式中　D——作业条件的危险性（风险值）；

L——事故或危险事件发生的可能性（Likelihood）；

E——暴露（Exposure）于危险环境的频率（频繁程度）；

C——发生事故或危险事件的可能结果（Consequences）。

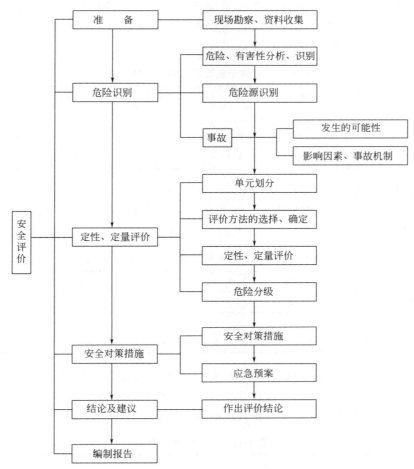

图 1-19　危险性评价程序

　　根据实际经验，给出三个因素在不同情况下的分数值，采取对所评价对象进行"打分"的办法，计算出危险性分数值，用 L、E、C 三种因素的乘积 D 来评价作业条件的危险性，对照危险程度等级表将其危险性进行分级。D 值越大，作业条件的危险性越大。

　　LEC 法评价方法可做定性和定量分析评价，特点是比较简单，容易在企业内部实行，作为班组危险源风险评价的方法。通过对员工综合素质、评价方法的评价针对性和评价方法掌握难易程度等方面考虑，它有利于掌握企业内部各危险点的危险状况，有利于整改措施的实施。

　　（1）事故或危险事件发生的可能性（L 值）　可能性与其实际发生的概率有关。绝对不可能发生的概率为 0；但从一个系统的危险性分析，绝对不可能发生事故是不确切的，所以将发生事故可能性的极小分值定为 0.1，把完全可以预料到的分值定为 10（取值范围见表 1-9）。

表 1-9　事故或危险事件发生的可能性分值 L

分数值	事故发生的可能性	分数值	事故发生的可能性
10	完全可以预料到	0.5	很不可能,可以设想
6	相当可能	0.2	极不可能
3	不经常,但可能	0.1	实际不可能
1	可能性小,完全意外		

（2）暴露于危险环境的频率（E 值）　作业人员暴露在危险环境中的时间越长，受到伤害的可能性越大。将作业人员连续暴露在危险环境的分值定为 10，非常罕见的在危险环境中暴露的分值定为 0.5（取值范围见表 1-10）。

表 1-10　暴露于危险环境的频率分值 E

分数值	暴露于危险环境的频繁程度	分数值	暴露于危险环境的频繁程度
10	连续暴露在危险环境	2	每月 1 次暴露在危险环境
6	每天工作时间内暴露在危险环境	1	每年几次暴露在危险环境
3	每周 1 次，或偶然暴露在危险环境	0.5	非常罕见地暴露在危险环境

（3）发生事故或危险事件的可能结果（C 值）　造成人身伤害事故或物质损失可在很大范围内变化。把轻微伤害，需要救护的分值定为 1，把可能造成多人死亡的分值定为 100（取值范围见表 1-11）。

表 1-11　发生事故或危险事件可能结果的分值 C

分数值	发生事故产生的可能后果	分数值	发生事故产生的可能后果
100	大灾难，多人死亡（死亡 3 人以上）	7	严重，重伤
40	灾难，死亡 2 人	3	重大，致残
15	非常严重，死亡 1 人	1	引人注目，需要救护，不利于基本的健康安全要求

（4）危险性（D 值）　危险性分值在 20 以下为低危险性，这样的危险比骑自行车等日常生活活动的危险还要低；危险分值在 320 分值以上时，表示该作业条件极其危险，应立即停止工作，直到作业条件彻底改善为止（取值范围见表 1-12）。

表 1-12　危险性分值 D

D 值	危险程度	D 值	危险程度
大于 320	极其危险，不能继续作业	20～70	一般危险，需要注意
160～320	高度危险，要立即整改	小于 20	稍有危险，或许可以接受
70～160	显著危险，需要整改		

（5）评价　根据上述原理，就可进行风险评价了，当评价系统内不同作业条件的危险性以确定采取整改措施的轻重缓急时，可以把算得的危险分数直接比较，哪个危险分数高，哪个应优先被整改。可以采用表 1-13 形式。具体的操作步骤如下。

表 1-13　风险评价表

序号	作业名称	危险源名称	不符合性类别	涉及相关方	风险评价					现有控制措施			计划控制措施				备注
					事故发生的可能性（L）	暴露于环境的频繁程度（E）	发生事故产生的后果（C）	危险程度$(D)=L\times E\times C$	风险等级	程序	操作规程	应急方案	目标方案	程序操作规程	安全技术措施	应急方案	保持原有措施	

① "作业名称"、"危险源名称"中填入相应内容。

② "不符合性类别"按危险源的实际情况填入。

③ "涉及相关方"填入员工、外来人员、供应商等进入企业现场的人员。也可直接

选取。

④ 然后便是风险评价的过程了。管理人员根据危险源的实践情况，分别在"事故发生的可能性（L）"、"暴露于环境的频繁程度（E）"、"发生事故产生的后果（C）"中填入相应的分数值。

⑤ 根据公式"$D=L\times E\times C$"，将计算好的 D 值填入"危险程度（D）"，并确定该危险源的风险等级。

⑥ 余下的几栏，"现有控制措施"、"计划控制措施"和"备注"，管理人员应该根据企业的实际情况填写。

为了实际应用方便，根据前面的表格和公式作出图 1-20 那样的危险性评价诺模图。用四条竖线分别表示三个主要影响因素及其危险性。在这些竖线上分别按比例标记分数点（选择图中黑点）并注明相应的情况。使用时按各因素的情况在图上找出相应的点，再通过这些点画出两条直线，最后与危险分数线的交点即为求解的结果。

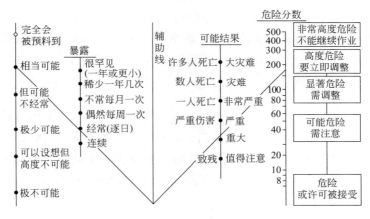

图 1-20　危险性评价诺模图

（6）风险控制　　所有危险性评价为 20 以上分值的危险源，必须制定可靠的控制措施并实施监控，使危险源受控，遏止危险后果的发生。160 分值高风险的危险源，要由单位或部门制定管理方案消除或降低其危险性。

风险控制措施首先要考虑消除风险（本质安全的投入），如停用、改造、增设或完善设施等；其次考虑降低风险措施（现场管理和行为控制管理，如报警、警示标志、警告提醒等），再次考虑对员工的教育和个体防护措施。

第三节　事故树分析法的定性与定量分析

一、事故树分析法的概念

1. 事故树

是一种特殊的倒立树状逻辑因果关系图，也是分析事故因果关系的布尔模型。树的"根部"（顶节点）表示系统的某个事故，树的"梢"（底部节点）表示事故发生的基本原因，树的"枝杈"（中间节点）表示有基本原因促成的事故结果，又是系统事故的中间原因。它用事件符号、逻辑门符号和转移符号描述系统中各种事件之间的因果关系。

2. 事故树分析法

事故树分析法（Fault Tree Analysis，缩写为 FTA），为美国贝尔电话研究所的沃森（H. A. Watson）和默恩斯（A. B. Mearns）于 1961 年首次提出并应用于分析民兵式导弹发射控制系统的。是把系统最不希望发生的事故状态作为逻辑分析的目标，在事故树中称为顶事件；继而找出导致这一事故状态发生的所有可能直接原因，称为中间事件；再跟踪找出导致这些中间事故事件发生的所有可能直接原因，追寻到引起中间事件发生的全部部件状态，称为底事件。通过对可能造成系统事故的各种因素（包括硬件、软件、环境、人为因素）进行分析，用相应的代表符号及逻辑们把顶事件、中间事件、底事件连接成树形逻辑图，画出逻辑框图（事故树），从而确定系统事故原因的各种可能组合方式或其发生概率，以计算系统事故概率，采取相应的纠正措施，以提高系统可靠性的一种设计分析方法。

通过事故树的分析，达到以下目的。

① 复杂系统的功能逻辑分析，识别导致事故的基本事件（基本的设备故障与人为失误）的组合，分析同时发生的非关键事件对顶事件的综合影响，可为人们提供设法避免或减少导致事故基本原因的线索，从而降低事故发生的可能性；

② 根据系统可能发生的事故或已经发生的事故结果，去寻找与该事故发生有关的原因、条件和规律，对导致灾害事故的各种因素及逻辑关系能做全面、简洁和形象的描述；

③ 便于查明系统内固有的或潜在的各种危险因素，为设计、施工和管理者提供科学的依据；

④ 使有关人员、作业人员全面了解和掌握各项防灾要点，评价采用的纠正措施；

⑤ 便于进行逻辑运算，进行定性、定量分析和系统评价，从而达到最佳安全状态。

事故树分析法利用事故树模型定性和定量地分析系统的事故，方法简便、形象、直观，逻辑严密，可利用计算机运算。所以它是安全系统工程重要的分析方法之一，具有推广应用的价值。

二、事故树的编制

1. 事故树使用符号

事故树分析所用符号有三类，即事件符号，逻辑门符号，转移符号。

（1）事件符号　事故树分析常用事件符号见表 1-14。

表 1-14　事故树分析常用符号（事件符号）

符号名称	定　义
底事件	底事件是事故树分析中仅导致其他事件的原因事件
基本事件	圆形符号是事故树中的基本原因事件，是分析中无需探明其发生原因的事件。它可以是人的差错，也可以是机械、元件的故障，或环境不良因素等。它表示最基本的、不能继续再往下分析的事件
未探明事件	菱形符号是故障树分析中的未探明事件，原则上应进一步探明其原因但暂时不必或暂时不能探明的事件。它又代表省略事件，一般表示那些可能发生，但概率值微小的事件；或对此系统到此为止不需要再进一步分析的事件；由于信息不足，不能进一步分析的事件。这些事件在定性分析或定量计算中一般都可以忽略不计
结果事件	矩形符号是事故树分析中的结果事件，可以是顶事件或中间事件，由其他事件或事件组合所导致的中间事件和矩形事件的下端与逻辑门连接，表示该事件是逻辑门的一个输入
顶事件	顶事件是事故树分析中所关心的结果事件

续表

符 号 名 称	定　　义
中间事件	中间事件是位于顶事件和底事件之间的结果事件
开关事件	房形符号是开关事件，是在正常工作条件下必然发生或必然不发生的事件，当房形中所给定的条件满足时，房形所在门的其他输入保留，否则除去。根据事故要求，可以是正常事件，也可以是事故事件
条件事件	扁圆形符号式条件事件，是描述逻辑门起作用的具体限制的事件

（2）逻辑门符号　事故树分析常用逻辑门符号见表1-15。

表 1-15　事故树分析常用符号（逻辑门符号）

符 号 名 称	符 号 图 示	定　　义
与门		与门表示仅当所有输入事件发生时，输出事件才发生的逻辑关系。表示输入事件 B_1、B_2 同时发生时，输出事件 A 才会发生，表达式：$A = B_1 \cdot B_2$
或门		或门表示至少一个输入事件发生时，输出事件就发生。表示输入事件 B_1 或 B_2 任何一个事件发生，A 就发生，表达式：$A = B_1 + B_2$
非门		非门表示输出事件是输入事件的对立事件
表决门		表决门表示仅当 n 个输入事件中有 $m(m \leqslant n)$ 个或 m 个以上的事件发生时，输出事件才发生
条件与门		表示 B_1、B_2 不仅同时发生，而且还必须再满足条件 a，输出事件 A 才会发生的逻辑关系
条件或门		表示任一输入事件发生时，还必须满足条件 a，输出事件 A 才发生的逻辑关系。表示 B_1 或 B_2 任一事件发生并满足该条件 a 时，A 才会发生
顺序与门		顺序与门表示仅当输入事件既要都发生，又要按规定的顺序发生时，输出事件才发生
异或门（排斥或门）		异或门表示几个事件当中，仅当单个输入事件发生时，输出事件才发生
禁门（限制门）		禁门表示仅当条件发生时输入事件的发生方导致输出事件的发生。表示当输入事件 B 发生，且满足条件 a 时，输出事件 A 才会发生，否则，输出事件不发生。限制门仅有一个输入事件

（3）转移符号　事故树分析常用转移符号见表 1-16。

表 1-16　事故树分析常用转移符号

符号名称	符号图示	定　义
相同转入和转出	（子树代号字母）　（子树代号字母） 转入符号转出符号	相同转移符号用以指明子树的位置，转入和转出字母代号相同。转入符号表示转入上面以对应的字母或数字标注的子事故树部分符号。转出符号表示该部分事故树由此转出
相似转入和转出	（子树代号字母）　（子树代号字母） 不同的事件标号：**—**	相似转移符号用以指明相似子树的位置，转入和转出字母代号相同，事件的标号不同

2. 事故树的编制方法

（1）事故树的编制规则　事故树的编制，是一个严密的逻辑推理过程。应遵循以下规则。

① 确定顶上事件应优先考虑风险大的事故事件　能否正确选择顶上事件，直接关系到分析的结果，是事故树分析的关键。在系统危险分析的结果中，不希望发生的事件不止一个，每一个不希望发生的事件都可以作为顶上事件。但是，应当把易于发生且后果严重的事件优先作为分析的对象，即顶上事件。当然，也可把发生频率不高但后果严重、后果虽不太严重但发生非常频繁的事故作为顶上事件。

② 测定边界条件的规则　在确定了顶上事件之后，为了不致使事故树过于繁琐、庞大，应明确规定被分析系统与其他系统的界限，以及一些必要的合理的假设条件。

③ 循序渐进的规则　事故树分析是一种演绎的方法，在确定了顶上事件后，要逐级展开。首先，分析顶上事件发生的直接原因，在这一级的逻辑门的全部输入事件已无遗漏地列出之后，再继续对这些输入事件的发生原因进行分析，直至列出引起顶上事件发生的全部基本原因事件为止。

④ 不允许门与门直接相连的规则　在编制事故树时，任何一个逻辑门的输出都必须有一个结果事件，不允许不经过结果事件而将门与门直接相连。只有这样做，才能保证逻辑关系的准确性。

⑤ 给事故事件下定义的规则　只有明确地给出事故事件的定义及其发生条件，才能正确地确定事故事件发生的原因。给事故事件下定义，就是要用简洁、明了的语句描述事故事件的内涵，即它是什么。

（2）事故树建树步骤　FTA 分析应进行建立事故树、事故树的规范化、简化和模块分解、事故树的定性分析和定量分析等过程。建树步骤如下。

① 选择和确定顶事件　顶事件（某一影响最大的系统事故）是系统最不希望发生的事件，或是指定进行逻辑分析的事故事件。

② 分析顶事件　寻找引起顶事件发生的直接的必要和充分的原因。将顶事件作为输出事件，将所有直接原因作为输入事件，并根据这些事件实际的逻辑关系用适当的逻辑门相联系。

③ 分析每一个与顶事件直接相联系的输入事件 如果该事件还能进一步分解，则将其作用下一级的输出事件，如同②中对顶事件那样进行处理。

④ 重复上述步骤 将造成系统事故的原因逐级分解为中间事件，逐级向下分解，直到底事件（所有的输入事件不能再分解或不必要再分解）为止，即构成一张树状的逻辑图（一棵倒置的事故树）。

（3）事故树建树特点 主要采用从顶上事件开始一步步地向下演绎分析的方法。

① 正确确定顶上事件 顶上事件是事故树分析的起点和主体，确定顶上事件应针对分析对象的特点，抓住主要的危险（事故状态），按照一种事故编制一个树的原则，进行具体分析，不能搞笼统的概略分析。用一个矩形表示并把内容摘要计入方框内，且放置于最上层。

② 详细分析系统的事故及其构成要素 对每一种事故形式都要给以确切的定义，说明是什么类型的事故以及在什么条件下发生的。为了在进行事故树分析时不致遗漏，可预先编制出事故类型及原因一览表，以备查阅。

③ 准确判断各事件间的因果关系和逻辑关系 每个事故事件所包含的原因事件都是事故事件的输入，其间逻辑门的种类则应根据"与门"和"或门"的意义具体地加以分析。

④ 确定展开分析的程度 即预先划定树的边界和范围，以免编出的树过于繁琐和庞杂。

⑤ 从顶上事件向下逐级进行分析，直至找出最基本的事件为止 对每一个中间事件，必须找出它的全部输入事件并标示在树上，然后才可以进一步展开，这样做可以避免发生遗漏。依据上下层各事件的逻辑关系，用"逻辑门"把它们连接起来。

上层各事件的所有直接原因写在对应事件的下面（下层事件），用适当的逻辑门把相邻两层事件连接起来。把若下层事件必须全部发生上层事件才发生，就用"与门"连接；若下层任一事件发生上层事件就发生，就用"或门"连接。这样层层往下，直至最基本的原因事件，或根据需要分析到必要的事件为止，这样就构成了一株完整的事故树。需要注意的是，任何一个逻辑门的输出，都应有明确的事件，而不能门与门直接相连。

⑥ 整理和简化事故树的层次 事故树的简化整理，主要应用集合及布尔代数的有关知识实现。主要是除掉多余的事件和逻辑门。如对中间没有逻辑门而直接相连的一串事件，可只保留最下面的一个事件。对于上下两极的逻辑门相同的，可以合并成一级。凡有两个相同的子树，都可以用转移符号，省略其中一个。

【例 1-1】 某一事故树如图 1-21 所示。设顶上事件为 T，基本事件 X_1、X_2、X_3 为独立事件，令其发生概率为 $q_1 = q_2 = q_3 = 0.1$。求其化简前后顶上事件的发生概率。

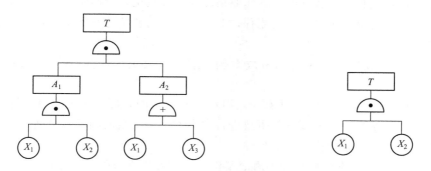

图 1-21 例 1-1 事故树示意图及其简化后的等效图

【解】　① 简化前的发生概率

按事故树结构列出算式　$T = A_1 \cdot A_2 = X_1 \cdot X_2(X_1 + X_3)$

按概率和与积的计算公式代入数值为

$q_T = q_1 \cdot q_2 \cdot [1 - (1 - q_1)(1 - q_3)] = 0.1 \times 0.1 \times [1 - (1 - 0.1)(1 - 0.1)] = 0.0019$

② 简化后的发生概率

$$T = A_1 \cdot A_2 = X_1 \cdot X_2(X_1 + X_3) = X_1X_2 + X_1X_2X_3 = X_1X_2$$

$$q_T = q_1 \cdot q_2 = 0.1 \times 0.1 = 0.01$$

③ 讨论

由上述两种计算结果可见，两种算法得到不同结果。因事故树中存在着多余事件 X_3，人们把这种多余事件称为与顶上事件发生无关的事件。从化简后的式子可见，只要 X_1、X_2 同时发生，则不管 X_3 是否发生，顶上事件必然发生。然而当 X_3 发生时，要使顶上事件发生，则仍需 X_1、X_2 同时发生。因此 T 的发生仅取决于 X_1 和 X_2 的发生，X_3 是多余的。其正确的概率应该是化简后的概率。由此可见，为求得正确的分析结果，简化是必要的。

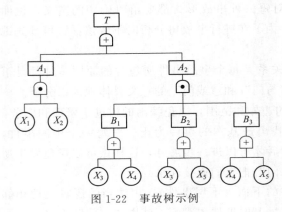

图 1-22　事故树示例

（4）事故树的数字表达　事故树按其事件的逻辑关系，自上（顶上事件开始）而下逐级运用布尔代数展开，进一步进行整理、化简，以便于进行定性、定量分析。

【例 1-2】　有一事故树，如图 1-22 所示，用布尔代数写出其结构函数表达式。

【解】　上图为未经简化的事故树，运用布尔代数其结构函数表达式为

$T = A_1 + A_2$

$= A_1 + B_1B_2B_3$

$= X_1X_2 + (X_3 + X_4)(X_3 + X_5)(X_4 + X_5)$

$= X_1X_2 + X_3X_3X_4 + X_3X_4X_4 + X_3X_4X_5 + X_4X_4X_5 + X_4X_4X_5 + X_3X_3X_5 + X_3X_5X_5 + X_3X_4X_5$

（5）事故树分析的基本程序

① 熟悉系统　就是要确定被分析的对象，并且要确实掌握被分析系统的工艺和操作内容。要详细了解系统状态、各种参数、作业情况及环境状况，绘出工艺流程图或布置图。一般对于一个生产系统要熟悉它的工艺流程，对于一台设备要熟悉它的结构，对于一种作业形式要熟悉它的操作程序。

② 调查事故　收集同类系统的事故案例，进行事故统计，设想给定系统可能发生的事故。

③ 确定顶上事件　要分析的对象（人们不期望发生的）即为顶上事件，即系统可能发生的或实际的事故结果。对所调查的事故进行损失大小、发生的频率等全面分析，从中找出后果严重且较易发生的事故作为顶上事件。

④ 确定目标值　根据经验教训和事故案例、可能发生事故的危险程度，经统计分析后，求解事故发生的概率（频率），以此作为要控制的事故目标值。反映的是事故发生概率必须

降低到什么程度，才是我们所能允许的这样一个值。

⑤ 调查原因事件 调查与事故（不仅要包括过去已发生的事故，还要包括未来可能发生的事故）有关的所有原因事件和各种因素，先找出系统内固有的或潜在的危险因素，如设备、设施、认为失误、管理、环境等，还要包括同类系统发生事故的原因。为下一步编制事故树而作准备。

⑥ 画出事故树 从顶上事件起，逐级找出直接原因的事件，直至所要分析的深度，按其逻辑关系，画出事故树。在事故树中，上一层事件是下一层事件的必然结果，下一层事件是造成上一层事件的充分原因。每层之间按照它们的相互关系，即输入（原因）与输出（结果）的逻辑关系，用规定的逻辑符号加以连接。

⑦ 定性分析 列出布尔表达式，按事故树结构进行简化，求出最小割集和最小径集，确定各基本事件的结构重要度，即事故原因的主次关系。

⑧ 求事故发生概率 根据调查材料，确定所有基本事件的发生概率，标在事故树上，并进而求出顶上事件（事故）的发生概率。把求出的概率与通过统计分析得出的概率进行比较，如果两者不符，必须重新分析研究已构造的事故树是否正确完整，各基本事件的概率是否估计有偏差等。

⑨ 比较 比较分可维修系统和不可维修系统进行讨论，前者要进行对比，后者求出顶上事件发生概率即可。把计算所得的事故发生概率与可采用的目标值进行比较。如果比较的结果相差很大，就要对基本原因状态加以调整，改变顶上事件的发生概率，使之符合目标值的要求。

⑩ 定量分析 当计算出的事故发生率，超过原定指标时，则研究措施降低原因事件发生的概率，并找出最佳方案。分析有无根除事故的可能性，如果有则找到最佳方案。对暂时不能治理的原因事件，按主次进行排列，编出安全检查表，进行人为控制。

上述 10 个步骤，在分析时可视具体问题灵活掌握，如果事故树规模很大，可借助计算机进行。目前我国事故树分析一般都考虑到第 7 步进行定性分析为止，也能取得较好效果。

第四节 建设工程施工危险源辨识

一、危险源

1. 危险源概念

《职业健康安全管理体系规范》（GB/T 28001—2001）："危险源是可能导致伤害或疾病、财产损失、工作环境破坏或这些情况形成的根源或状态"。

危险源区分为重大危险源和一般危险源，提出重大危险源的概念是在 20 世纪初叶工业高速发展的欧美国家。我国重大危险源控制的研究工作始于 20 世纪 90 年代，颁布了《危险化学品重大危险源辨识》（GB 18218—2009）的国家标准。

《安全生产法》中指出：重大危险源指长期地或者临时地生产、搬运、使用或者储存危险物品，且危险物品的数量等于或者超过临界的单元（包括场所和设施）。与之配套的识别标准为《危险化学品重大危险源辨识》，但此标准仅适用于易燃、易爆、有毒类的化学物质。它的局限性较大，不适用于核设施、矿业、建筑业、水利工程、航天发射等，也没有涉及存在能量的装置（设施、作业活动）等。

　　迄今为止，对于非化学品品类的重大危险源尚未提出明确标准和定义，例如施工项目中存在的重大危险源。对这类重大危险源的辨识依据，目前是参考原建设部建质安函［2006］145 号转发《南京市建筑工程重大危险源安全监控管理暂行办法》，办法所称重大危险源是指存在重大施工危险的分部分项工程。我们把一旦发生事故，将会造成重大人身伤亡、火灾、爆炸、重大机械、设备损坏以及对社会产生重大影响的（分部分项工程的）施工活动、设备、设施、场所、危险品等，称之为建筑工程重大危险源。

　　（1）危险源的内容　　危险源包括危险因素和危害因素两个方面。

　　① 施工危险因素　　是指施工场所、设备设施的不安全状态，人的不安全行为和管理上的缺陷，这是引发安全事故的直接原因。

　　危险因素的分类方法有很多，《生产过程危险和有害因素分类与代码》（GB 13816—92）的将生产过程中的危险因素分为六类：物理性危险因素（防护缺陷、噪声危害等）、化学性危险因素（自燃性物质、有毒物质等）、生物性危险因素（致害动物、植物等）、心理、生理性危险因素（负荷超限、从事禁忌作业等）、行为性危险因素（指挥失误、操作错误等）、其他危险因素。

　　② 施工危害因素　　是指存在于施工作业环境中可能引起的人身伤害、职业病变、危害身体健康等有害因素。如：施工活动中发生坍塌、坠落、触电（击）、物体打击、火灾、爆炸、中毒等意外，造成现场人员伤亡，环境意外污染造成的伤害和疾病等。

　　（2）危险源分类　　危险源一般分为两大类。

　　① 第一类危险源　　指系统中存在的，可能意外释放的能量（能量源或能量载体）或危险物质。常见的第一类危险源如下。

　　1）产生、供给能量的装置、设备，如变电所、供热锅炉等运转时供给或产生很高的能量；

　　2）使人体或物体具有较高势能的装置、设备、场所，如起重、提升机械、高度差较大的场所等，使人体或物体具有较高的势能；

　　3）能量载体，如机械的运动部件、带电的导体、飞驰的车辆等，本身具有较大能量；

　　4）一旦失控可能产生能量蓄积或突然释放的装置、设备、场所，如各种压力容器、受压设备、容易发生静电蓄积的装置和场所等；

　　5）一旦失控可能产生巨大能量的装置、设备、场所，如强烈放热反应的化工装置等；

　　6）危险物质，具有化学能的危险物质分为可燃烧爆炸危险物质和有毒、有害危险物质两类。前者指能够引起火灾、爆炸的物质，按其物理化学性质分为可燃气体、可燃液体、易燃固体、可燃粉尘、易爆化合物、自燃性物质、忌水性物质和混合危险物质八类；后者指直接加害于人体，造成人员中毒、致病、致畸、致癌等的化学物质；

　　7）生产、加工、储存危险物质的装置、设备、场所，在意外情况下可能引起其中的危险物质起火、爆炸或泄漏。例如炸药的生产、加工、储存设施，化工、石油化工生产装置等；

　　8）人体一旦与之接触将导致人体能量意外释放的物体，如物体的棱角、工件的毛刺、锋利的刃等，一旦运动的人体与之接触，人体的动能意外释放而遭受伤害。

　　② 第二类危险源　　指导致能量或危险物质约束或限制措施破坏或失效的各种因素。包括物的不安全状态、人的不安全行为、管理缺陷。

　　一起事故发生是两类危险源共同作用的结果，第一类危险源的存在是发生事故的前提，第二类危险源的出现是第一类危险源导致事故的必要条件，往往是一些围绕第一类危险源随机发生的现象，它们出现的情况决定事故发生的可能性。第二类危险源出现得越频繁，发生事故的可能性越大。两类危险源分别决定事故的严重程度和可能性大小，并共同决定危险源的危险程度。

2. 危险源基本要素

（1）潜在危险性　危险源的潜在危险性是指一旦触发事故，可能带来的危害程度或损失大小，或者说危险源可能释放的能量强度或危险物质量的大小。

（2）存在条件　危险源的存在条件是指危险源所处的物理、化学状态和约束条件状态。包括：

① 储存条件　如堆放方式、数量、通风、隔离等；

② 理化性能　如温度、压力、状态、闪点、燃点、爆炸极限、有毒、有害特性等；

③ 设备状态完好程度，缺陷、维护保养、使用年限等；防护条件如防护措施、故障处理措施、安全装置及标志等；

④ 操作条件　如操作技术水平、操作失误率等；管理条件，如组织、指挥、协调、控制、计划等。

（3）触发因素

① 人为因素　如不正确操作、粗心大意、漫不经心、心理因素、生理因素等；

② 管理因素　如不正确管理、不正确的训练、指挥失误、判断决策失误、设计差错、错误组织安排等；

③ 自然因素　包括引起危险源转化的各种自然条件及其他变化，如气温、气压、湿度、温度、风速、雷电、雨雪、振动、地震、滑坡等。

触发因素虽然不属于危险源的固有属性，但它是危险源转化为事故的外因，而且每一类型的危险源都有相应的敏感触发因素。如对于易燃易爆物质，热能是其敏感的触发因素，又如压力容器，压力升高是其敏感触发因素。在触发因素的作用下，危险源转化为危险状态，继而转化为事故。

3. 建设工程施工安全危险源

施工安全危险源是指建设施工活动中可能导致的人员伤亡、财产及物质损坏、环境破坏等意外潜在的不安全因素，包括管理者和作业人员等的不安全意识、情绪和行为；机具、材料、施工设施及辅助设施等的不安全状态；环境、气候、季节及地质条件等的不安全因素，以及这些因素间的相互影响和作用。

在建设工程施工过程中，危险源或事故，既单独出现又相互影响、互为因果。同一个危险源对于不同地域、不同环境、不同建设条件、不同建设者、不同作业技术水平、不同工程建设阶段出现的概率及导致的事故风险不尽相同。不同的建设工程，其危险源之间的相关性、因果性及由此导致的事故风险也不尽相同。

建筑施工现场安全管理所面对的问题是广泛和复杂的。我们必须建立一套系统的、科学的、先进的安全管理模式来预控和管理施工现场的危险源，防止和减少安全事故的发生。

二、安全生产危险源的辨识依据和方法

1. 体系标准对危害辨识的要求

《职业健康安全管理体系规范》为工业生产危险源的辨识、风险评价和管理，控制重大危险源提供了具体指标、一般方法和工作程序。其中的 4.3.1 条款"对危险源辨识、风险评价和风险控制的策划"，对风险管理过程提出了明确的要求。在实际工作中，此条款要求主要可归结为以下几个方面。

① 对危险源辨识与风险评价范围提出要求，即全员性和全过程；

② 明确工作原则，即组织要根据生产经营特点主动性地进行风险控制，选择适应的方法；

③ 对识别的方法和控制措施提出要求，即风险分级，并采取多方面的针对性消除和控制措施；

④ 对结果提出要求，即对危险源识别、风险评价和风险控制形成文件，并根据情况变化进行补充和更新。

2. 危险辨识内容与方法

（1）危险源辨识　是识别危险源的存在并确定其特征的过程。可以理解为从企业的施工生产活动中，识别出可能导致人员伤害、财产损失、环境破坏的因素，并判定其可能导致的事故类别、事故直接原因及其过程。

危险源既存在于施工场所和施工过程，也存在于可能影响到的施工场所周围。这就要求各生产单位组织各岗位职工，结合各自工作实际，将可能威胁施工生产安全、造成事故的危险源进行认真排查；生产一线职工对本专业的危险源进行辨识、熟记，做到预先有效地发现、鉴别和判明可能导致事故的各种危险因素，防止和避免发生灾害事故，形成一个危险源持续改进机制，见图1-23。

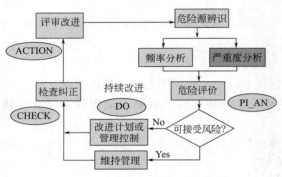

图 1-23　危险源持续改进的 PDCA 循环机制

（2）危险源辨识的范围　施工现场危险源辨识的范围，可根据现行的国家标准、行业规范、操作规程、产品使用说明书上的技术要求及以前一些事故案例，结合施工现场的分部分项工程的施工工艺、方法进行确定。危险源的识别要根据各个工程自身的情况和特点，全面的深入、细化，识别越全面，风险控制就越可靠。

（3）常用的危险辨识方法

施工危险源辨识工作，可采用询问、交谈、讨论；现场观察、了解；查阅事故案例、职业病的纪录；对施工工艺流程及过程分析；采用安全检查表对安全问题进行过滤，由经验丰富的安全专家和管理人员进行评议等形式。

辨识方法大致可分为直观经验法和系统安全分析方法两大类。选用辨识方法时要考虑作业场所危险源与危险的范围、性质和时限及其所适用法律法规的要求，具有预防性；能够提供危险级别，确定危险控制的优先序；简单、实用、具有可操作性。

① 经验分析法　适用于有可供参考的先例、有以往经验可以借鉴的危险识别过程，不能应用在没有可供参考先例的新系统中，包括对照、经验法和类比源辨识方法。

1）对照分析法　是对照有关标准、法规、检查表或依靠分析人员的观察能力，借助于经验和判断能力直观地对评价对象的危险因素进行分析的方法。其优点是简便、易行，缺点是容易受到分析人员的经验和知识等方面的限制，可能出现遗漏。为弥补个人判断的不足，常采取专家会议的方式来相互启发、交换意见，使危险、危害因素的辨识更加细致、具体，或采用检查表的方法加以弥补。

2）类比法　是利用相同或类似工程及作业条件的经验和劳动安全卫生的事故类型统计资料，来类推、分析评价对象的危险因素。对于施工作业，它们在事故类别、伤害方式、事故概率等方面极其相似，作业环境中所得到的监测数据也具有很好地相似性。并由于遵守相同的规律，其危险源和导致的后果也可以类推，具有较高的置信度。

在施工过程中，我们更多的是针对专门的施工类型、规模、位置或特征的工程进行总结，参考施工企业或者当地主管部门近几年的事故记录、事故产生的原因分析及其他有价值的资料，包括施工项目在过去的安全会议上讨论过的违章行为、安全整改通知和相关记录等，来进行危险源的经验方法自辨识。

② 系统安全分析方法　指应用系统安全工程评价方法的部分方法进行危险源辨识。该类分析方法多达几十种常用于复杂系统、没有事故经验的新开发系统。对于施工项目较为适用的可以归纳为以下几种类别。

1）能量分析方法　从项目的不同层面来进行系统能量分析。包括宏观层面的系统（整个施工项目）自然环境因素、系统周边环境分析，寻找影响系统大环境的能量来源；微观层面的系统使用全部资源分析，考察系统内资源的相互作用，分析可能造成伤害的能量流动。在施工组织设计的安全规划中，我们可以列出能量产生的项目，同时，时刻注意新的能量源产生的时间、地点和条件，不断评审对危险源的辨识。

2）子系统安全性分析方法　对于复杂的施工项目系统，需要逐一对系统进行分解辨识每一个子系统内部的危险源。可以较为全面地看清楚每个危险源在整个系统中的地位、产生的影响和需要采取的措施。

3）作业安全分析方法　它是危险源分析最容易上手的一种分析方式。在施工作业安全分析阶段，对各道工序，包括操作步骤、施工工艺、操作人员、使用机械设备、材料等逐个进行分析，辨识每个工序单元所具有的危险源。该类方法特别适用于操作变化固定，程序化的工作。

4）交接面分析方法　在一个系统中，找出各个工序、任务之间的交接面、交叉部位的各种配合的不恰当和不相容之处，分析它们在各种操作下会产生哪些相互作用的危险性及可能造成的事故。该交接面可以是工作班组之间、也可以是人与机械之间，乃至人与环境之间。

5）意外事故分析方法　找出系统中最容易偶然发生的事故类型，研究紧急措施和防护设备，以便控制事故并避免人员和财物的损失。该方法根据事故的偶发特性、需要和可能，有针对性地选用一个或一组分析方法，可以广泛应用于系统、子系统、任务内部和交接面等处。

（4）危险源确定程序

① 找出可能引发事故的生产材料、物品、某个系统、生产过程、设施或设备、各种能源（如电、磁、射线等）及进入施工现场所有人员的活动。

② 危险区域的界定。危险源一旦引发事故，它会有一个影响的范围，这个范围之内的人员和财产会遭受伤害和损失，我们把这个影响范围称为危险区域。不同的危险源，其危险特性并不相同，其引发事故影响的范围也不同。

施工项目危险源的危险区域，可以在工作系统内部，例如机具伤害；也可以产生在整个施工项目的系统范围内，例如触电、窒息等；也有可能涵盖系统之外的环境，例如日渐增多的城市施工，市政施工，由于施工环境与周边环境紧密连接，甚至无法分离。因此，在危险区域界定时，要将周边影响范围作为一个整体考虑；对于蔓延性和扩散性的危险源如火灾和爆炸事故等，要模拟事故发生当时的环境条件来确定。在必要的时候，某些施工项目中的应急危险源事故，需要城市乃至国家的应急救援力量介入，这些危险源将纳入到整个城市或国家的快速应急救援系统中来研究，确定危险区域。

③ 存在条件的分析。危险源存在条件分析主要是针对第一类危险源，由于第一类危险源是固有存在的，在一定的触发条件下，这类危险源可能导致实际的伤害事故。因此，我们多从技术的角度，对第一类危险源进行本质安全化处理或者运用防护技术等提高危险源触发阈值，降低危险源爆发的可能性和爆发后的危险程度，增加系统整体安全性。

④ 对危险辨识找出的因素，分析可能引发事故的结果和原因。危险源只有在一定的触发条件下，才会爆发产生事故。触发因素虽然经常存在并产生作用，但事故并不当场发生，而在积累一定程度后，事故必然爆发。如果对危险源的触发因素加以研究，减少触发因素，就可以减少系统危险性。

触发因素主要来自于第二类危险源，管理失误导致的人的失误是最大的触发因素。因此，进行触发因素的分析，对有效提高管理水平，降低人为因素从而最大限度地减少触发因素很有帮助。

⑤ 将危险源分出层次，找出最危险的关键单元。在对危险源作了上述系统辨识和分析后，我们需要将可能带来实际伤害或造成无法承受损失的危险加以控制。

对危险源进行评价，按照可能造成事故的大小危害来进行等级划分，是控制主要危险源，抓重点环节控制的一种策略。不同的行业，根据自身特点制定不同的评价标准，对辨识得到的危险源进行分析计算，才可以得到危险源等级划分。

⑥ 确定是否属于"重大危险源"。通过对危险源伤害范围、性质和时效性的分析，将其中导致事故发生的可能性较大且事故发生后会造成严重后果的危险源定义为重大危险源。

现场可能引起高处坠落、物体打击、坍塌、触电、中毒以及其他群体伤害事故状态的，如深基坑开挖与支护、脚手架搭拆、模板支架搭拆、大型机械装拆及作业、结构施工中临边与洞口防护、地下工程作业、消防、职业健康和交通运输等施工活动作为重大危险源进行监控。

⑦ 对"重大危险源"进行"危险性评价"和"事故严重度评价"。评价时要考虑三种时态（过去、现在、将来），三种状态（正常、异常、紧急）情况下的危险，通过半定量的评价方法分析导致事故发生的可能性和后果，确定危险大小。

⑧ 确定危险源。按危险性大小依次确定危险源及顺序。

（5）危险源的辨识内容　将危险源根据是否属于直接致因原因还是约束、限制因素，分为第一类危险源和第二类危险源。通过对施工项目各级系统中的"人、机、料、法、环"进行危险辨识和分析，来确定系统中存在的危险源类别（见表1-17）。

表 1-17　施工项目危险源类别表

模　式	第一类危险源		第二类危险源	
	人的不安全行为	物的不安全状态	人的不安全行为	物的不安全状态
人员（班组）	操作不当	—	监控不当	—
机具、设施	—	重大危险源、设备缺陷	—	重大危险源、设备缺陷

续表

模　式	第一类危险源		第二类危险源	
	人的不安全行为	物的不安全状态	人的不安全行为	物的不安全状态
材料	—	重大危险源	—	重大危险源
施工技术、管理方法	技术(工艺)方法不当	技术(工艺)方法不当	管理失误	管理失误
环境	恶劣环境	恶劣环境	恶劣环境	恶劣环境

　　建筑施工企业的全部生产经营活动，是在特定空间进行人、财、物动态组合的过程，见图 1-24。所以应从以下几个方面辨识危险源。

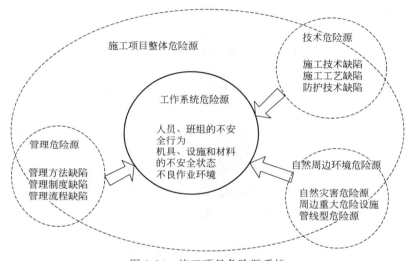

图 1-24　施工项目危险源系统

　　① 工作环境　包括周围环境、工程地质、地形、自然灾害、气象条件、资源交通、抢险救灾、支持条件等；

　　② 平面布局　功能分区（生产、管理、辅助生产、生活区），高温、有害物质、噪声、辐射、易燃、易爆、危险品设施布置，建筑物布置、构筑物布置，风向、安全距离、卫生防护距离等；

　　③ 运输线路　施工便道、各施工作业区、作业面、作业点的贯通道路以及与外界联系的交通路线等；

　　④ 施工工序　物资特性（毒性、腐蚀性、燃爆性）、温度、压力、速度、作业及控制条件、事故及失控状态；

　　⑤ 施工机具、设备　高温、低温、腐蚀、高压、振动、关键部位的备用设备、控制、操作、检修以及故障、失误时的紧急异常情况，机械设备的运动部件和工件、操作条件、检修作业、误运转和误操作，电器设备的断电、触电、火灾、爆炸、误运转和误操作，静电和雷电；

　　⑥ 危险性较大设备和高空作业设备　如提升、起重设备等；

　　⑦ 特殊装置、设备　锅炉房、危险品库房等；

　　⑧ 有害作业部位　粉尘、毒物、噪声、振动、辐射、高温、低温等；

　　⑨ 各种设施　管理设施（指挥机关等）、事故应急抢救设施（医院卫生所等）、辅助生

产、生活设施等；

⑩ 劳动组织生理、心理因素和人机工程学因素等。

（6）施工现场不安全因素　由人员、设备、工具、材料和环境系统产生，并存在于作业过程中。不安全因素一部分产生于本作业过程，一部分产生于前期作业过程并继续存在于本作业过程。

① 产生、供给能量的装置、设备。如龙门井架、卷扬机等。

② 使人体或物体具有较高势能的装置、设备、场所。如超过一定高度的建筑物、吊篮、脚手架等都使人体具有较高势能。

③ 一旦失控可能产生巨大能量的装置、设备、场所。如支撑模板、各类吊车、打桩机械、钢筋机械等。

④ 危险物质。如煤气、地下作业时各种有毒气体等。

⑤ 生产、加工、贮存危险物质的装置、设备、场所。如各类油漆、涂料、氧气瓶、乙炔瓶等。

⑥ 人体一旦与之接触将导致能量意外释放的物体。如施工现场的各类电器设备、电源、高压线路等。

⑦ 人的因素。主要体现为人的不安全行为和人失误两个方面。人的不安全行为是由于人的违章指挥、违规操作等引起的不安全因素，如进入施工现场不配戴安全帽、需要持证上岗的岗位由其他人员替代、未按技术标准操作等；人失误是人行为的结果偏离了预定的标准。如作业人员的判断错误、动作失误等。人的不安全行为可控，并可以完全消除；而人失误可控性较小并不能完全消除，只能通过各种措施降低失误的概率。

⑧ 物的因素。物的因素主要指物的故障。故障是指由于性能低下不能实现预定功能的现象。物的故障可能直接使约束、限制能量或危险物质的措施失效而发生事故。产生物的故障因素有两个，一个是作业过程中产生的物的故障，如模板支撑体系不牢固等；一个是前期作业过程产生的物的故障，在新的作业过程中依然存在，如电梯井洞口没有设置防护等。

⑨ 扰动因素。扰动因素指对其他不安全因素的危险程度起加剧或减缓作用的环境因素。与建筑行业紧密相关的环境，主要指施工作业过程所在的环境，包括温度、湿度、照明、噪声和振动等物理环境，以及企业和社会的软环境。不良的物理环境会引起物的故障和人的失误，如温度和湿度会影响设备的正常运转引起故障，噪声、照明影响人的动作准确性，造成失误；企业和社会的软环境会影响人的心理、情绪等，引起人的失误。

现场到处是施工材料、机具乱摆放、生产及生活用电私拉乱扯，不但给正常生活带来不便，而且会引起人的烦躁情绪，从而增加事故隐患。整洁、有序、精心布置的施工现场的事故发生率肯定较之杂乱的现场低。

在建筑施工过程中，不安全的工作环境因素主要有：施工的空间大小，施工场地越小的工地，发生事故的可能性越大；温度、湿度、粉尘、噪声、振动、肮脏及热辐射等恶劣的环境；劳动与休息情况，工人过度劳累和休息时间不足显著影响人为失误频率发生；人员安排不合适会增加人员心理紧张程度；组织机构、职权范围、责任、思想工作等对心理产生影响；与周围人员的人际关系；报酬、利益状况，建筑工人的低报酬以及不能及时足额获取劳动所得，造成工人紧张、躁动和不安的心情，容易诱发安全事故；工作指令，包括书面规程、口头命令、相互理解、注意、警告等形式，建筑安全事故中有相当比例是由于错误的工作指令所造成。

三、施工生产危险源

1. 施工危险源

（1）安全事故等级　在施工项目中，依据其一旦导致事故发生所造成的严重程度来划分。依据《生产安全事故报告和调查处理条例》（2007 年发布），将工程建设重大事故分为四级，详见第十一章。

（2）施工危险源类型

① 一般危险源　在施工项目中，只要导致事故损失或者预计事故损失小于事故等级规定外的，称为一般危险源。主要是指轻伤事故和部分重伤事故。轻伤事故指只有轻伤的事故，轻伤是指损失工作日低于 105 个工作日的失能伤害。重伤事故指只有重伤无死亡的事故，重伤指损失的工作日等于或超过 105 个工作日的失能伤害。

② 重大危险源　就是建筑企业在施工过程中各类容易构成等级内事故的不安全因素和隐患。存在于施工过程现场的活动，主要与施工分部、分项（工序）工程，施工装置（设施、机械）及物质有关。

重大危险源的确定要防止遗漏，不仅要分析正常施工、操作时的危险因素，更重要的是要分析支护失效，设备、装置破坏及操作失误可能产生严重后果的危险因素。施工现场常见危险因素见表 1-18。

表 1-18　危险因素表

1. 安全设施不完善	20. 机械设备制作、安装不良
2. 恶劣的气候	21. 无安全装置或装置失灵
3. 专业人员的身体素质	22. 潮湿环境导致触电
4. 缺乏专项保护措施	23. 支护系统不良
5. 人在危险区作业	24. 设备老化缺乏检查、维修
6. 地质资料不明	25. 预制构件笨重施工困难
7. 地下出现流沙、管涌	26. 材料体量大形状各异垂直运输
8. 沼气从地下逸出	27. 操作不当
9. 地表水或管道水对土体的侵蚀	28. 无证操作
10. 施工对土地的扰动	29. 违章操作
11. 化学物质等对土体的污染	30. 现场情况不明缺乏了解
12. 地下障碍物	31. 操作人员缺乏专业技术知识
13. 施工造成相邻管线断口、开裂	32. 操作工侥幸图、省事等不良心理
14. 不稳定的供水供电条件	33. 民工多，流动性大
15. 夜间施工、光线不明	34. 检查不力
16. 灰尘、噪声、日晒、雨淋	35. 组织、指挥不当
17. 施工现场路况、场地不良	36. 缺乏安全规程和制度
18. 机械设备等超载运行	37. 抢进度而忽视安全
19. 起重设备等与人交叉作业	38. 设计及其他技术措施错误

（3）施工现场危险源

从企业项目安全管理角度来看，一个施工项目过程包含若干个危险源。存在于分部、分项（工序）工程施工、施工装置运行过程中。在施工过程中，常见的重大危险源主要来源如下。

① 物体打击　物体打击事故是指物体在重力或其他外力的作用下产生运动，打击人体造成的伤害事故。在施工现场，由物体打击而造成的伤亡事故在事故中占很高比例。

主要表现包括：高空作业时的坠落物；路基边坡作业面的滚石及物件；爆破作业中的飞石、崩块以及锤击等可能发生的砸伤、碰伤；进入施工现场不戴安全帽、不按规定戴安全帽、安全帽不合格；在建工程外侧未用密目安全网封闭，安全网不符合标准或无准用证；"四口"（楼梯口、电梯井口、预留洞口、通道口）防护不符合要求，工程材料、构件及设备的堆放与搬（吊）运等发生高空坠落、堆放散落、撞击人员等。

② 高处坠落　施工作业中，由于作业人员的失误和防护措施不到位，易发生作业人员的坠落事故。高处坠落事故被列为建筑行业施工"五大伤害"中第一大伤害。

主要表现包括：高度大于 2m 的作业面（包括高空、洞口、临边作业），安全防护设施不符合规定或无防护设施；攀登与悬空作业的人员未配系防护绳（带）等安全防护不符合规定，造成人员踏空、滑倒、失稳；脚手架（包括落地架、悬挑架、爬架等）、模板和支撑、起重塔吊、物料提升机、施工电梯的安装与运行，操作平台与交叉作业的安全防护不符合规定；作业人员未进行体检。

③ 坍塌事故　主要表现为：土方工程中人工挖孔桩（井）、基坑（槽）施工，边坡不具备放坡条件，地支撑或坡度不符合规定；掏挖或超挖；堆弃物位置不当（坑边 1m 范围内堆土、坑边堆土高度超过 1.5m）；坑边休息；雨季施工无排除坑内积水措施；挖土工人操作间距小于 1.5m；局部结构工程或临时建筑（工棚、围墙等）失稳，造成坍塌、倒塌；隧道掘进方法不对或围岩突然发生变化而未相应改变施工方法。

④ 机械伤害　机械设备在作业过程中，由于操作人员违章驾驶或机械故障未被及时排除，易发生绞、碾、碰、轧、挤等事故。建筑机械与工厂内的机械设备相比有很大的不同，其安全性比厂内设备差得多，发生伤害的概率高得多。

⑤ 起重伤害　在吊装作业中，由于起重设备使用不当、支撑不稳、连接物强度不够、由于人为的操作失误及指挥不当，捆绑不牢或操作人员精力不集中，就很有可能造成人身伤害。

⑥ 触电伤害　主要表现为：施工现场用电不规范，如乱拉乱接；对电闸刀、接线盒、电动机及其传输系统等无可靠的防护；非专业人员进行用电作业；焊接、金属切割、冲击钻孔（凿岩）等施工及各种施工电器设备的安全保护（如漏电、绝缘、接地保护、一机一闸）不符合要求造成人员触电、局部火灾等。

⑦ 爆破事故　工程拆除、人工挖孔（井）、浅岩基及隧道凿进爆破，因误操作、防护不足造成人员伤亡、建筑及设施损坏；易燃、易爆及危险品不按规章制度搬运、使用和保管时易发生安全事故。

⑧ 中毒事故　人工挖孔桩（井）、隧道凿进、室内涂料（油漆）及粘贴等作业时，因通风排气不畅造成人员窒息或气体中毒等。施工用易燃易爆化学物品临时存放或使用不符合要求、防护不到位，造成火灾或人员中毒意外；工地饮食因卫生不符合要求造成集体中毒或疾病等。

2. 施工场所周围地段重大危险源

存在于施工过程现场并可能危害周围社区的活动，主要与工程项目所在社区地址、工程类型、工序、施工装置及物质有关。对于城市建设施工安全管理组织，从可能危害社区安全的角度来看，一个施工项目应当确定为一个重大危险源，应对其进行辨识和监控。

① 邻街或居民聚集、居住区的工程深基坑、隧道、地铁、竖井、大型管沟的施工，因为支护、顶撑等设施失稳、坍塌，不但造成施工场所破坏，往往引起地面、周边建筑和城市运营重要设施的坍塌、塌陷、爆炸与火灾等。

② 基坑开挖、人工挖孔桩等施工降水，造成周围建筑物因地基不均匀沉降而倾斜、开裂、倒塌等。

③ 邻街施工高层建筑或高度大于 2m 的临空（街）作业面，因无安全防护设施或不符合要求造成脚手架、滑模失稳等坠落物体（件）砸死砸伤人员等。

④ 工程拆除、人工挖孔（井）、浅岩基及隧道凿进等爆破，因设计方案、操作、防护等原因造成施工场所及周围已有建筑及设施损坏、人员伤亡等。

【本章小结】

介绍系统工程的基本概念，主要阐述安全系统工程研究的内容、系统运行活动和作用；介绍危险因素概念和危险性分析方法；详细分析事故树分析法的定性与定量分析过程和步骤；介绍建设工程施工危险源的分布情况，介绍危险源的辨识依据和方法。

通过本章学习，学生应对安全系统工程的基本概念、构成、原理有所认识，会用系统工程的观点分析判断施工现场的安全问题和安全隐患。

【关键术语】

系统工程、安全系统工程、危险、危险因素、危险性分析、作业条件危险性评价法、事故树、事故树分析法、布尔代数、危险源、重大危险源

【实际操作训练或案例分析】

事故分析主次图绘制

1. 排列图的作图步骤

① 针对所存在的质量问题收集一定期间的质量特征数据，然后对质量问题进行分类。

② 统计各项目的数据、频数，计算频率和累计百分比。见例表 1-2。

③ 划出左右两边纵坐标线，确定两条纵坐标的适当比例和刻度。见例图 1-1。

④ 根据各种因素发生的频率多少，从左向右排列在横坐标上。各种因素在横坐标上的宽度应相等。

⑤ 根据纵坐标的刻度和各因素发生的频数，画出相应的矩形图。

⑥ 依据调查表中计算的累计百分比按每个因素标注在相应的坐标点上，然后将各点连接起来。图中的点应在矩形之间的交界处或者在矩形宽度的中间，但应保持相对统一和一致。

⑦ 最后在排列图下写明项目标题。

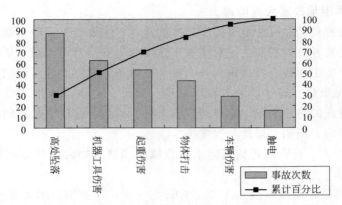

例图 1-1　某企业 5 年内的事故类型情况主次图

2. 作排列图时注意事项

① 一般来说，主要因素最多不超过三个，否则就失去找主要因素的意义，此时就需要重新对因素进行分类。

② 纵坐标可以用"件数"或"金额"表示，原则上以找到的主要因素为准。

③ 不太重要的因素很多时，或是有些原因尚未明确时，通常一并列入"其他"原因内，并排列在横坐标的各因素后面。

④ 确定了主要因素并采取相应措施后，为了分析措施效果，还可以重新作出排列图。

3. 排列图法的分析

排列图中矩形柱的高低，表示影响产品质量因素的大小。矩形柱很高，就是影响质量的主要因素，也就是控制的对象。一般应根据累计百分数来加以区别划分。

① 当累计百分数在 0～80% 之间为 A 类，此间内的因素为**主要因素**，应列为重点进行解决；

② 累计百分数在 80%～90% 之间为 B 类，此间的因素为**次要因素**，应该加以注意和重视；

③ 累计百分数在 90%～100% 之间的为 C 类，为**一般的因素**，不作为解决的重点。

【例】　某企业 5 年内的事故类型情况见例表 1-1 所示，绘出主次图。

例表 1-1　事故情况统计

事故类型	高处坠落	机具伤害	物体打击	起重伤害	车辆伤害	触电
事故次数	87	63	43	54	29	16

【解】

分析过程见例表 1-2 和例图 1-1。

例表 1-2　事故频数、频率分析

序　　号	项　　目	事故频数	事故率/%	累计不良率/%
1	高处坠落	87	30	30
2	机具伤害	63	21	51
3	起重伤害	54	19	70
4	物体打击	43	15	85
5	车辆伤害	29	10	95
6	触电	16	5	100
合　　计		292	100	

据图表分析知，高处坠落、机具伤害、起重伤害为主要事故，物体打击、车辆伤害是次要事故，触电为一般事故。

【习题】

1. 系统的四个基本属性及其含义是什么？

2. 安全检查表是安全日常管理、安全分析和安全评价等工作的有效工具。请问安全检查表都有哪些主要优点？

3. 为什么说用系统工程的方法解决安全问题，能够有效地防患于未然？

4. 某事故树有三个最小割集：$k_1=(x_1)$、$k_2=(x_2,x_3)$，$k_3=(x_4,x_5)$，求顶上事件发生的概率 $Q(t)$。已知：$q_i=0.1$，其中 $i=1,2,3,4,5$。

5. 事件树与事故树有什么区别？

6. 已知起重伤害事故树图如题图 1-1 所示，回答下列问题。

①分析该事故树的最小径集？②对基本事件的结构重要度进行排序？

7. 求如题图 1-2 所示事故树的割集和径集数目，并求出最小割集，然后据最小割集做出等效事故树。

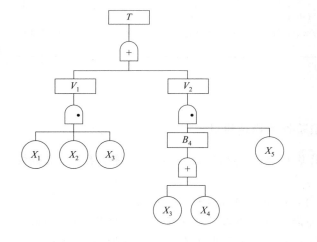

题图 1-1　某事故树

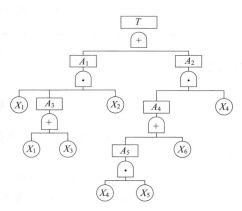

题图 1-2　某事故树

第二章　安全人机环境概述

【本章教学要点】

知 识 要 点	相 关 知 识
人机系统	系统的功能,人-机-环境相互关系
人的特性	人体尺寸,生理和心理特征,人体运动系统
作业的特性	作业特性、强度,作业疲劳及失误
作业环境	光,温度,色彩,振动与噪声

【本章技能要点】

技 能 要 点	应 用 方 向
人的生理、心理	掌握人机工程学的应用,熟悉人的生理、心理特征
作业中影响安全的因素	熟悉作业的强度、分级、疲劳强度,了解作业环境中光、温度、色彩、振动、噪声等对安全生产的影响

【导入案例】

案例一　检验作业岗位设计

为了给检验人员创造一个方便、舒适的作业岗位,以保证检验效能,对检验作业岗位提出相应的设计原则。

① 使检验人员尽可能采用向下的观视角,而不用向前的和向上的观视角。

② 让被检产品向检查人员方向移动而不是离开检查人员方向移动,见例图 2-1。如果产品从右向左或从左向右横过检查人员的视野,不会出现很大差别。对每分钟移动 18m 的产品至少应有 30cm 观视范围,并排除观视范围内的所有障碍物。

例图 2-1　操作台工学设计

③ 工作面高度应由人体肘部高度确定。统计研究指出,人的肘部高度约为人体身高的

63%，而工作面的高度在肘下 25～76mm 是合适的。

④ 坐姿作业比站姿作业要好，因为心脏负担的静压力有所降低，而且坐姿时肌肉可承受部分体重负担。如选择坐姿作业，必须提供舒适且可调节的座椅。

⑤ 选用可调座椅时，可能会造成检验者脚不着地的情况，此时必须使用脚踏板支持下肢的重量。

⑥ 无论坐姿或站姿作业，都应给检查人员用辅助活动来中断检查周期的机会，以便调节视力和体力，减轻作业疲劳。通常一次连续监测时间不超过 30min。

案例二 电视遥控器

电视遥控器是我们生活中必不可少的一样物件，见例图 2-2。但是它的设计确实十分符合人机理念，开关在最起眼的最上角，因为用的最少，所以位置也距离手心较远，而换频与音量按钮则设计在中间，人们习惯用手从中间握着遥控器，而一些复杂的用的少的则设计在最下端，方便人们在调试的时候观察。

例图 2-2 电视遥控器按键布置

第一节 人机系统基本概念

一、安全人机工程学

国际人机学协会（International Ergonomics Association，简称 IEA）对人机学下的定义是：人机学研究的是人在某种环境中的解剖学、生理学和心理学等方面的各种因素，人和机器及环境的相互作用，人在工作中、家庭生活中和休息时怎样统一考虑工作效率、人的健康、安全和舒适等问题。"人机学"名称中的"机"是广义的，这个"机"不只是指狭义的"机器"、"机械"，而是包括"机具"、"工具"、"房屋建筑"、"家具"和"衣物"等在内的，与人的生活有直接关系的所有具物和工程系统。

1. 安全人机工程学研究的目的

安全人机工程学是人机工程学的一个分支，它是从安全工程学的观点出发，为进行系统安全分析和预防伤亡事故和职业病提供人机工程学方面知识的科学体系。其目的主要有：在设计仪器设备或建筑物时，必须考虑人的各种因素（生理的和心理的）；设计出来的机器，使人能准确、省力地操作，并且使用又方便；使人在工作与生活中有舒适的建筑环境和安全感；提高人的工作效能（这也是最终的目的）。

安全人机工程学的主要任务，是建立合理而可行的人机系统，更好地实施人机功能分配，更有效地发挥人的主体作用，并为劳动者创造安全舒适的环境，实现人机系统的"安全、经济、高效"的综合效能。

2. 安全人机工程学的研究范围

（1）人机工程学研究的范围

① 研究人和机器的合理分工及其相互适应的问题。一方面必须对人和机器的潜力进行分析比较，研究人的动作的准确性、速度和范围的大小，以便确定控制系统的最优结构方案。另一方面，人的能力会因劳动工具（机器）的发展而扩大，即新技术和新机器的诞生，会使人在生产过程中的作用和地位发生变化。因此在设计机器时，必须根据人机学的原理解决如何适应于人的特点的问题，以保证最优劳动条件的实现。

② 研究被控对象的状态、信息如何输入以及人的操纵活动的信息如何输出的问题。这里主要是研究人的生理过程（如视觉现象）和心理过程的规律性。显然，也要运用其他技术学科的资料，才能较圆满地解决这些问题。

③ 建立"人-机-环境"系统的原则。根据人的生理和心理特征，阐明对机器和环境应提出什么样的要求，如阐明如何进行作业空间设计、如何改善环境条件，以减少对人的不利影响，等。

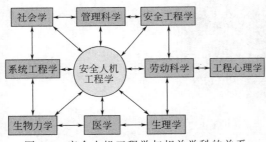

图 2-1　安全人机工程学与相关学科的关系

（2）安全人机工程学研究范围　安全人机工程学是从安全的角度和着眼点，运用人机工程学的原理和方法去解决人机结合面的安全问题的一门新兴学科。它作为人机工程学的一个应用学科分支，以安全为目标、以工效为条件，与以安全为前提、工效为目标的工效人机工程学并驾齐驱。

与安全人机学相关的学科非常多，它们的关系大致见图 2-1。

除人机工程学所研究的内容外，安全人机工程学还研究人机结合面的安全标准依据、人机系统的安全设计等问题，以达到保障人的健康、舒适、愉快地活动的目的，同时提高活动效率。

安全人机工程学的研究范围，主要有下列几个方面。

① 研究人机系统中人的特性，是指人的生理特性和心理特性。生理特性有人体的形态机能、静态及动态人体尺度、人体生物力学参数、人的信息处理的机制和能力、人的操作可靠性的生理因素等。心理特性有人的心理过程与个性心理特征、人在劳动时的心理状态、安全生产的心理因素和事故的心理因素分析等。这些特性是安全人机工程学的基础理论部分，是解决安全工程技术问题的主要依据。

② 研究人机功能合理分配，包括人和机各自的功能特性参数、适应能力和发挥其功能的条件、各种人机系统人机功能分配的方法等。

③ 研究各种人机界面。人机界面就是人机在信息交换或功能上接触或互相影响的领域。控制类人机界面主要研究机器显示装置与人的信息通道特性的匹配、机器操纵器与人体运动特性的匹配和显示器与操纵器性能的匹配等，从而针对不同的系统研究最优的显示——控制方式。对生活和生产领域中数量最多的工具类人机界面，主要研究其适用性和舒适性，即如何使其与人体的形态功能、尺寸范围、手感和体感等相匹配；对环境主要研究作业的物理环

境、化学环境、生物环境和美学环境等对人的影响程度、阈值范围和控制手段；对特殊的环境，还必须研究人的生命保障系统等。

④ 研究作业方法与作业负荷。作业方法研究包括作业的姿势、体位、用力、作业顺序、合理的工作器具和工卡量具等的研究，目的是消除不必要的劳动消耗。作业负荷研究主要侧重于体力负荷的测定、建模（用模拟技术建立各种作业时的生物力学模型）、分析，以确定合适的作业量、作业速率、作息安排以及研究作业疲劳及其与安全生产的关系等。

⑤ 研究分析作业空间。主要研究为保证安全高效作业所需的空间范围。包括人的最佳视区、最佳作业域、最小的装配作业空间以及最低限度的安全防护范围等。

⑥ 研究事故及其预防。研究产生事故的各种人的因素、人的操作失误分析与预防措施等。

研究者们在多米诺事故至因理论的基础上，综合考虑了其他因素，提出在人-机-环境系统中事故发生的因果关系（图 2-2），形成事故致因理论。

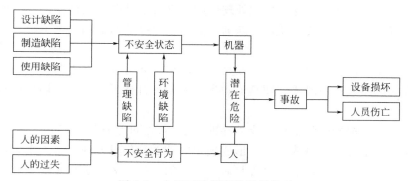

图 2-2　人机工程学事故因果关系

二、人机系统

1. 人机系统概念

人-机-环境系统，是指由共处于同一时间和空间的人与其所使用的机以及他们周围的环境所构成的系统，简称人机系统。在人机系统中，人、机、环境相互依存、相互作用、相互制约完成某一特定的工作或生活过程。

人机学研究的三个主要对象：人（Man），是指活动的人体即安全主体，即操作者或使用者，考虑人的生理需求、心理需求、行为特点和技能限度等；机（Machine），是广义的，泛指人可操作与可使用的物，它包括一切人造的生产工具及其相关设备，如劳动工具、机器（设备）、生活用品、设施、计算机软件、劳动手段和环境条件、原材料、工艺流程等所有与人相关的物质因素；人机结合面（Man-Machine Interface），就是人与机共处的环境，如作业场所和作业空间，自然环境和社会环境等，即人和机在信息交换和功能上接触或互相影响的领域（或称"界面"）。

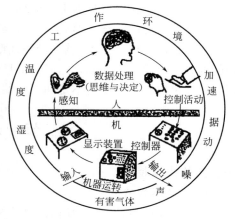

图 2-3　人机系统示意

人机系统是由人和机两个"组件"组成，通过人的感觉器官和运动器官与机器（包括机器本体及其显示器与控制器）的相互作用、相互依赖来完成某一特定生产过程的，如图 2-3 所示。人机系统的范畴是很广的，如人操纵机器、人驾驶汽车、人利用控制器进行自动化生产、人利用雷达跟踪某一目标等。凡是有人操纵控制的系统都属于这种人机系统的范畴。

2. 人机系统的功能

人和机器虽然各有不同的特征，但在人机系统工作中所表现的功能是类似的。这些功能概括起来可分为四大部分：接受信息、信息贮存、信息处理和执行功能。从机器传来的信息，通过"人"这个环节又返回到机器，从而形成一个闭环系统；人机所处的环境因素（如温度、照明、噪声、振动等）影响和干扰此系统的效率。

（1）接受信息　信息是由人或机器的感觉功能接受的。就人来说，信息的接受是通过人的感觉器官，如视觉、听觉和触觉等来完成的；对机器来说，信息的接受则是通过机器的感觉装置，如电子、光学或机械的传感装置等来完成的。当某种信息从外界输入系统时，系统内部就对信息进行加工处理，这些加工处理后的信息可能被贮存或被输出，也可能反馈回到输入端而被重新输入，使人或机器接受新的反馈信息。接受的信息包可不经处理，而直接贮存起来。

（2）信息贮存　对人来说，信息贮存是靠人的记忆能力或借助于照相、录像、文字记录等方式来完成的。而机器一般要靠硬盘、磁带、磁鼓、打孔卡、凸轮、模板等贮存系统来贮存信息。

（3）信息处理　把接受的信息（或贮存的信息），通过某种简单的或复杂的过程（如分析、比较、演绎、推理和运算等）后，形成决定的功能称信息处理。就人来说，信息处理的整个过程往往是不可分割的，前一过程是后一过程的基础，后一过程是前一过程的继续，是连锁反应。信息处理的结果，是决定下一步是否行动（执行）的依据，所以，它是人机系统的重要功能之一。

（4）执行功能　执行信息处理所形成的决定的能力，称为执行功能。一般有两种：一种是由人直接操纵控制器或由机器本身产生控制作用，如操作者转动手轮，车床自动增加或减少铣削深度等；另一种是传送决定，即借助于声、光等信号把决定（指令）从这个环节输送到其他环节。

（5）输入、输出　被加工的信息、物体或其他形式的东西，从输入端输入系统，处理过程改变了输入时的状态，形成系统的成果而输出。

（6）信息反馈　把系统输出端的信息，重新返回输入端称为信息反馈。信息反馈是系统功能的一个重要组成部分，返回的信息是继续控制的基础，也是促使机器自行调节的基础；同时反馈可以弥补系统的不足和纠正偏离标准的作业等情况。

第二节　人机系统中人的特性

一、人的生理特征

1. 人的感知特征

（1）感知（反应）　人体的感官系统又称感觉系统，是人体接受外界刺激，经传入神经和神经中枢产生感觉的机构。

　　当受到外部刺激源刺激时，人体总是通过本身的感受器官，直接地或间接地感知，而且外部信息（各种刺激）不同，人的感知反应也有所不同。刺激经过神经中枢，再下达给运动器官，以改变原来的状态，这就是人的感知反应过程。感知系统在外部刺激作用下，形成的循环调节过程，具有闭环人机系统的性质。

　　① 感知途径　人感知的途径如图 2-4 所示。人和外界接触时，其感知有的可以直接得到（直接感知），有的不能直接得到。

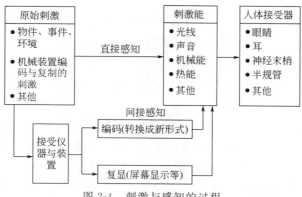

图 2-4　刺激与感知的过程

　　人的各种感受器都有一定的感受性（表 2-1）和感觉阈值（表 2-2）。从人的感觉阈限来看，刺激本身必须达到一定强度才能对感受器官发生作用。

表 2-1　刺激及感觉反应

感觉类型	感觉器官	适宜刺激	刺激起源	识别外界的特征	作用
视觉	眼	波长在 380～780nm 可见光	外部	色彩、明暗、形状、大小、位置、远近、运动方向等	鉴别
听觉	耳	一定频率范围的声波	外部	声音的强弱和高低，声源的方向和位置等	报警、联络
嗅觉	鼻腔顶部嗅细胞	挥发和飞散的物质	外部	香气、臭气、辣气等挥发物的性质	报警、鉴别
味觉	舌面上味蕾	被唾液溶解的物质	接触表面	甜、酸、咸、辣等	鉴别
皮肤感觉	皮肤及皮下组织	物理和化学物质对皮肤的作用	直接和间接接触	触觉、痛觉、温度觉和压力等	报警
深部感觉	神经和关节	物质对肌体的作用	外部和内部	撞击、重力和姿势等	调整
平衡感觉	半规管	运动刺激和位置变化	内部和外部	旋转运动、直线运动和摆动等	调整

表 2-2　人体主要感觉阈值

感　　觉	感　觉　阈	
	下限	上限
视觉	$(2.2\sim5.7)\times10^{-17}$ J	$(2.2\sim5.7)\times10^{-8}$ J
听觉	1×10^{-12} J/m^2	1×10^{2} J/m^2
嗅觉	2×10^{-7} J/m^3	

感　　觉	感　觉　阈	
	下限	上限
味觉	4×10^{-7}（硫酸试剂摩尔浓度）	
触觉	2.6×10^{-9}J	
温度觉	6.28×10^{-9}kg·J/(m²·s)	9.13×10^{-6}kg·J/(m²·s)
振动觉	振幅2.5×10^{-4}mm	

② 感觉途径的特点　外部环境中有许多物质的能量形式，一种感受器官只能接受一种能量形式的刺激和识别某一种特征，如眼睛只接受光刺激，耳朵只接受声刺激，人的各种感受器都有一定的感受性。人的感觉印象80%来自眼睛（视觉通道）、14%来自耳朵（听觉通道）、6%来自其他器官（其他通道）。

同时有多种视觉信息、听觉信息，或视觉与听觉信息同时输入时，人们往往倾向于注意一个而忽视其他信息；如果同时输入的是两个强度相同的听觉信息，则对要听的那个信息的辨别能力将下降50%，并且只能辨别最先输入的或是强度较大的信息。感觉器官经过连续刺激一段时间后，敏感性会降低，产生适应现象。人机系统中的最常用的感觉通道适用场合参见表2-3。

表 2-3　不同感觉通道的适用场合

感觉通道	适用场合	
视觉通道	1. 传递比较复杂的或抽象的信息 2. 传递比较长的或需要延迟的信息 3. 传递的信息以后还要引用 4. 传递的信息与空间方位、空间位置有关	5. 传递不要求立即作出快速响应的信息 6. 所处环境不适合使用听觉通道的场合 7. 虽适合听觉传递，但听觉通道已过载的场合 8. 作业情况允许操作者固定保持在一个位置上
听觉通道	1. 传递比较简单的信息 2. 传递比较短的或无需延迟的信息 3. 传递的信息以后不再需要引用 4. 传递的信息与时间有关	5. 传递要求立即作出快速响应的信息 6. 所处环境不适合使用视觉通道的场合 7. 虽适合视觉传递，但视觉通道已过载的场合 8. 作业情况要求操作者不断走动的场合
触觉通道	1. 传递非常简明的、要求快速传递的信息 2. 经常要用手接触机器或其装置的场合	3. 其他感觉通道已过载的场合 4. 使用其他感觉通道有困难的场合

（2）人的感知（反应）时间　任何操作或识别事物，都有反应时间（或反应速度）问题。从感知过程可知，人的反应时间与外界对人的感觉器官的刺激量和刺激状态、刺激信号的性质和强度有关，并表现在人的感觉器官的反应量上。

从获得信息到发出指令时起，至运动器官执行动作完毕时止所需要的时间称感知时间，或叫反应时间。影响反应时间的因素包括：感觉通道、刺激性质、运动器官、执行器官、刺激数目、颜色、年龄、训练等。

根据对感知时间的测试可知，感知时间有如下特点。

① 感觉通道不同，其感知时间也不同。感觉通道（视觉、听觉、嗅觉、触觉和味觉）中，听觉的感知时间最快，味觉最慢。

② 执行动作的运动器官不同，其感知时间也不同。声刺激情况下，手的感知时间比脚的要短。

③ 当有两个以上刺激时，其感知时间随刺激数和刺激性质的不同而不同。刺激数越多，感知时间越慢；当两种颜色对比强烈时感知时间短，当两种颜色接近时，感知时间长。

④ 感知时间依反应者的性别、年龄而异。儿童、老人和妇女的感知时间一般较长。

（3）人的应激反应

① 应激　"应激之父"塞里（Hans Selye）说"应激的基本概念应为人的有机体对于加在它身上各种激源所引起的非特异性反应的总和。"即指不合乎人们所需要的某些条件、环境、作业或其他冲击个人的因素，使人在生理和心理上发生的反应。

人体受到外部环境的刺激后，就会产生各种反应，这种反应就可能在心理上或生理上表现出来。当人类面临超出适应能力范围的工作负荷时，便会产生应激现象，是一种复杂的心理状态，对人体产生有害或无害的作用，与某些事故、疾病的发生密切相关。

② 应激源　引起应激的那些事因可称为激源，包括环境因素（物理环境和社会环境）、工作因素（劳动速度、工作负荷大小）、组织因素、个性因素，见表2-4。

表 2-4　激源的类型

应激来源	生理激源	心理激源
工作（劳动）	重劳动、固定单调劳动	信息过载、防范心理
环境	大气刺激、眩光、噪声、振动、热或冷	危险感、抑制感
生理节律	失眠	失眠

由应激产生的反应后果称为应损，如噪声（激源）产生应激影响人的情绪、使人心神不定，并引起血压、心率等发生生理异常（应损）现象。在人机学领域里，产生应激的激源主要来自工作与工作环境以及人体生理节律受到影响。

③ 应激效应　指在应激状态下，操作者的身心发生的一系列变化。变化分为四类：生理和身体的、心理和态度的、工作效绩的、行为策略和方式的。应激的表现有表2-5中的几种。

表 2-5　应激表现分类

类型	表现
情绪应激	情绪低落、缺乏自信心、单调心理、疲倦、忧虑、冷漠、压抑、紧张、孤独、羞愧、易怒、甚至欣喜若狂和攻击心理等
行为应激	行为异常、行为多变、感情冲动、坐立不安、狂笑、暴食、厌食、大量吸烟或酗酒、消极怠工、操作出现差错、发生事故等
认知应激	思维困难、反应迟钝、记忆失常、决策困难、无法集中注意力等
工作应激	生产率下降、次品废品率上升、事故增多、工作涣散、人际关系紧张等
生理应激	内分泌系统失常、胸闷、出冷汗、血压升高、心率加快、头昏目眩、四肢酸软无力、动作不协调和不听使唤等

④ 应激的预防与控制　要从应激的来源入手，主要可以采取的措施有三类。

1）改善工作的物理环境（噪声、振动、温度、照明）和物理条件（工具、机器、房屋空间），利用人类工效学的设计向工人提供一个对工人身体的要求减少到最小的工作区。

2）改善心理环境与要求（组织协调、工作安排、人与集体关系、上下级沟通），让工人参与管理，与企业共命运，管理人员应采用能启发工人的积极工作动力并为工人所支持的管理方法。

3）提高或保持现有实际对付应激的能力等。应尽可能充分利用现有的技能，提高工人的自信心和行为能力，利用心理生理学等方法减少应激的产生。

2. 人的视觉特征

在光线的刺激作用下，眼睛对被看对象（外界物质图像）产生反应形成视觉。光、对象、眼睛是构成所谓看见的视觉现象的三要素。但视觉系统并不只是眼睛，从生理学角度说它包括眼睛和脑、从心理学角度说它包括当前的视觉好以往的知识经验。视觉捕捉到的信息，不只是人体自然作用的结果，而且也是人的观察与过去经历的反映。

（1）视野与视角　视野一般是指眼睛观看物体时，头部和眼球固定不动，观看正前方所能看见的空间范围，常以角度来表示。人的直接视野，包括一般视野和色觉视野。

① 一般视野　眼的外侧宽于内侧、眼的下方宽于上方，见图 2-5。一般正常人两眼的总综合视野，在垂直方向约为 120°（视平线上方 50°、下方 70°）；在水平方向约为 190°。

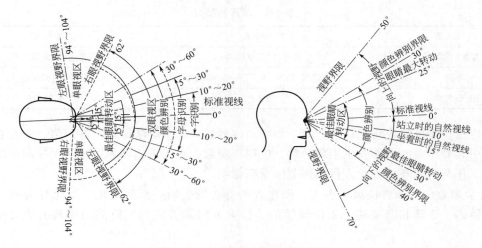

图 2-5　人的水平视野和垂直视野

影像落到黄斑和中央凹的物体，能被看得最为清晰，因此眼睛的最佳视看范围是很有限的。但由于眼球和头部可以转动，因而一个大的被看对象的各部分，就轮流地处于视野中心处，故被看对象虽大大超过视野 1.5°的范围，但因为眼球的转动速度快，所以还是能获得整个物体的清晰形象。人最敏锐的视力是在标准视线两侧各 10°的视野内；人在轻松的时刻观看时，展示物的位置在低于标准视线 30°的区域里。

② 色觉视野　各种颜色对人眼的刺激有所不同，所以色觉视野就不一样，见图 2-6。白色的视野最大，其次为黄、蓝，红、绿色视野最小。色觉视野和被看对象的颜色与其背衬色的对比有关，如以白衬黑和以黑衬白的色觉视野就完全不同。

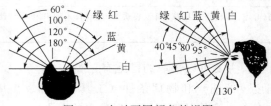

图 2-6　人对不同颜色的视野

③ 视角　是被看对象中的两点光线投入眼球时的相交角度。它与观察距离和被看对象上两点的距离有关。眼睛能分辨被看目标物最近两点的视角，称为临界视角。若视力下降，则临界视角值增大。

（2）视力与视距

① 视力　是眼睛识别物体细节能力的一个生理尺度。它是眼睛能分辨被看对象最近两点的视角（临界视角）的倒数。它用作评价眼睛分辨细小物体（清晰度）的标准。

视力随着照度、背景亮度以及对象与背景对比度（反差）的增加而增大。通常看静止物体的视力高于看运动物体的，年龄越大看运动视标的视力下降越大。

② 视距　是人眼观察操作系统中指示器的正常距离。一般操作的视距在 380～760mm 之间，其中以 560mm 为最佳距离。

（3）适应性　就是对光亮程度变化的适应性。一只眼睛的适应可以影响另一只眼睛。

明适应时，由于是从暗进入光亮，所以瞳孔缩小，进入眼睛的光通量减少。明适应时间较短，一般在 1min 左右就可完全适应。

暗适应时，眼睛的瞳孔放大，进入眼睛的光通量增加。暗适应时间较长，一般要经过 4～6min 才能基本适应，在暗处停留 30min 左右，眼睛才达到完全适应的程度。

如果工作面的亮度不同，则眼睛需要频繁地适应各种不同亮度，这样不但容易疲劳，而且容易产生事故。

（4）视错觉　当人观察外界物体形状注意只集中于某一因素时，由于主观因素的影响，所得的印象与实际形状的差异就是视错觉。视错觉是视觉的正常现象。

① 长度错觉　当判断物体长度时，物体两端的附加物通常可导致我们产生视错觉。如图 2-7 中（a）、（b）所示的，都是一组平行线构成的正方形，但图（a）所示的显得高些，图（b）所示的显得扁些，都有方者不方的感觉；图（c）所示，本来 $AO=OB$，但看起来 AO 短于 OB；图（d）所示的两条垂直线段本来相等，但看起来竖线长于横线。

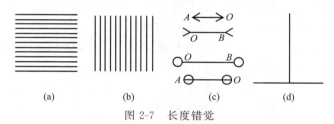

图 2-7　长度错觉

② 方位错觉　图 2-8(a) 所示的斜线段本来是在一条直线上的，但由于受到垂直线或水平线的截割，看起来已错位而不在一条直线上；图（b）所示的若干条相互平行直线，由于在它们上面加了许多短直线而产生了歪曲现象。

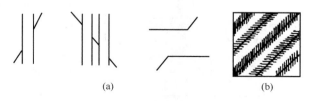

图 2-8　方位错觉

③ 透视错觉　图 2-9 中长方形正六面体的条长棱是互相平行的，但看起来远端线间距比近端线间距宽些；一条竖线分成四等分，但看起来愈上面的线段愈短。

④ 对比错觉　图 2-10(a) 所示的两组圆中，各组的中央圆本来是大小相等的，但看起来用小

圆包围的中央圆显得大些；图（b）的中间的角度本来相等，但看起来上面的比下面的小。

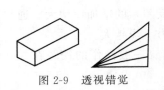

图 2-9　透视错觉

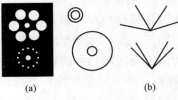

图 2-10　对比错觉

3. 人的听觉特征

（1）声音　声音是信息的载体，人耳是声音的接收器，通过声波人耳具有了听觉功能。人耳就是把外部声波翻译成大脑内部的语言（神经脉冲），即完成信息的听觉传递。

（2）听觉分辨能力　从生理上来说，不同的声波可使不同的人耳基底膜纤维产生共振。低音能使长纤维产生共振，高音能使短纤维产生共振。不同纤维上的听觉细胞产生的兴奋，沿不同神经纤维送到大脑皮层的不同部位，产生高低下同的音调感觉。16Hz 和 20000Hz 分别为人的听觉的下阈限和上阈限，1000～4000Hz 频率的声波，人的感受性最高，低于 16Hz 的次声波和高于 20000Hz 的超声波都不能引起人的听觉。

人耳可分辨不同音调（频率）和不同声强的能力，同时还可判定环境中声源的方向和远近等。

当人听到声响时，依声音到达两耳的强度和时间的先后不同来判定声源的方向。一般对高声是根据声音强度之差，对低声是根据到达先后时间之差来判定声音方向的。

声源方位的判断有时是很重要的。在危险情况下，如能判断出声源的方位，往往可以避免事故的发生。判定声源的距离，主要靠人的主观经验。

（3）听觉传示　听觉传示是通过声音来传递信息的，声音成了信息的载体，信息是声音所表示的内容。通过声音传递的信息叫声信息。

① 声信息的影响　声信息基本上有两类；一类是机械声信息；另一类是语言声信息。前者如铃声、哨声和报警器声等，后者是人的语言声。

音响报警装置能实现语言声所不能达到的要求。常见的音响报警装置强度范围和主要频率如表 2-6 所示。

表 2-6　一般音响报警装置的强度范围和主要频率

使用范围	装置形式	平均声压值/dB		可听到的主要频率/Hz
		距装置 2.5m 处	距装置 1m 处	
用于较大区域（或高噪声场所）	10cm(4 口寸)铃	65～77	75～83	1000
	15cm(6 口寸)铃	74～83	84～94	600
	25cm(10 口寸)铃	85～90	95～100	300
	角笛	90～100	100～110	5000
	汽笛	100～110	110～121	7000
用于较小区域（或低噪声场所）	低音风音器	50～60	70	200
	高音风音器	60～70	70～80	400～1000
	2.5cm(1 口寸)铃	60	70	1100
	5cm(2 口寸)铃	62	72	1000
	7.6cm(3 口寸)铃	63	73	650
	钟	69	78	500～1000

② 掩蔽　指一个声音被另一个声音所掩盖的现象。一个声音的听阈因另一个声音的掩蔽作用而提高的效应，称为掩蔽效应。

应当注意，由于人的听阈的复原需要经历一段时间，掩蔽声去掉以后，掩蔽效应并不立即消除，这个现象称为残余掩蔽或听觉残留。其量值可表示听觉疲劳。掩蔽声对人耳刺激的时间和强度直接影响人耳的疲劳持续时间和疲劳程度，刺激越长、越强，则疲劳越严重。

4. 本体感觉

本体感觉系统包括耳前庭系统（保持身体的姿势及平衡）和运动觉系统（感受并指出四肢和身体不同部分的相对位置），可感受身体和四肢所在位置的信息。

（1）平衡觉　指人对自己头部位置变化及身体平衡状态的感觉。平衡觉感受器位于内耳的前庭器官（半规管和耳石器）中。

影响平衡觉的因素，有酒（当喝多了的时候可引起头晕或失去平衡）、年龄（老年人常有一些内耳神经类型的损伤造成眩晕，迷失方向）、恐惧（害怕高空，在高处时就眩晕）、突然的运动（起床时突然跳起来）、热紧迫（阳光下工作时间太长可引起头晕）、不常有的姿势等。了解这些因素，有助于对某些生产现场发生事故的原因作出全面合理的分析。

（2）运动觉　指人对自己身体各部位的位置及其运动状态的一种感觉。运动觉的感受器有三种：第一类是肌肉内的纺锤体，它能给出肌肉拉伸程度及拉伸速度方面的信息；第二类位于腰中各个不同位置的感受器，它能给出关节运动程度的信息，由此可以指示运动速度和方向；第三类是位于深部组织中的层板小体，埋藏在组织内部的这些小体对形变很敏感，从而能给出深部组织中压力的信息。

运动觉涉及人体的每一个动作，是仅次于视、听觉的感觉。人各种操作技能的形成赖于运动觉信息的反馈调节，使人感知自己在空间的位置、姿势以及身体各部位的运动状况。运动觉在随意运动的精确化和自动化方面有着其他感觉所不能及的作用。

5. 生物节律

能够在生命体内控制时间、空间发生发展的质和量称为"生物钟"。反映着生物为适应昼夜、季节的变化而进行自我调节的规律，因而也称为生物节律。它是一种普遍存在于一切生物体内的自然规律。人的体力、情绪和智力的变化是有规律的，称为"生物三节律"，即体力节律、情绪节律、智力节律。

20 世纪初，德国内科医生威尔赫母·弗里斯和奥地利心理学家赫尔曼·斯瓦波达通过长期的临床观察，发现了人的情绪和体力的周期变化，情绪的变化周期是 28 天，体力的周期变化是 23 天。20 年之后，奥地利的阿尔弗里特·泰尔其尔教授在研究了数百名大中学生后发现人的智力变化周期是 33 天。随后人们又发现在每个周期的中间两三天，人的智力、情绪、体力都不稳定，这几天被称为临界日。临界日以前的半个周期是高潮期，临界日以后的半个周期是低潮期。人从出生开始到离开世界为止，智力、情绪、体力都按照高潮期-临界期-低潮期的顺序，循环往复地发生周期变化，见图 2-11。这个规律自始至终不会有丝毫变化，不受任何后天影响。

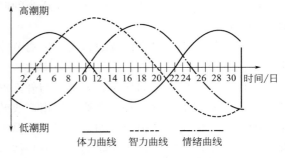

在每一个周期中，上半周期对人的活

图 2-11　生物节律变化曲线

动起到一个积极、良好的作用，称为高潮期。体力表现为体力充沛，情绪表现为有创造力，心情愉快、乐观，智力表现为思维敏捷，更具有逻辑性和解决复杂问题的能力。下半周期对人活动有一个消极、抑制的作用，称为低潮期。体力表现为容易疲劳、做事拖拉，情绪喜怒无常、烦躁、意念沮丧，智力表现为注意力不集中、健忘、判断准确性下降。

（1）事故发生的时间规律　人们通常认为事故是随机或者偶然事件，并不总是随机发生的。在一天中的某几个小时和一周中的某几天，事故发生的概率要大于别的时候。在很大程度上，某个项目上进行的施工作业类型和工人在一天或一周中某些时候的精神状态，可以用来解释特定时刻事故发生的概率不同。

① 一天中的事故分布　劳动生产率最低的时候显然是一天中刚开工、午餐之前、午餐后刚开工和下午停工之前。类似的工作效率的降低也会出现在上午、下午中间休息之前和之后，只是程度较小。

伤害事故最容易在工作最紧张的时候发生，也就是在上午 10:00 左右和下午 2:00～3:00 点。在这些时候，工人最倾向于完成工作任务，伤害事故也最容易发生，工人受伤的概率也是最大的。

由于夜间施工比较普遍，在每天夜间和凌晨都有事故发生，其高峰期一般出现在工人非常疲劳或者交接班的时间；当然，由于夜间施工的人数大大低于白天，不能排除夜间的工时事故率远大于白天的可能性。

② 一周中的事故分布　在正常的建设项目上，工作时间从星期一到星期五。星期一计划一周的工作，工作的步调或在星期三和星期四达到高峰，星期五是一周工作的结束。调查发现星期一比一周中其他的时间发生伤害事故的可能性都大，而接下来的几天事故的发生频率逐渐降低。因为星期一工人们的精神状态需要作最大程度的调整，从周末的休息中转变过来，精神状态是最不适合工作的。因此建议工地主管在星期一上午召开安全会议。

另一方面，事故发生率还和一周的劳动强度分布、工人受到的外部影响等有关，所以对一个具体的项目做判断时，在确定星期一的可能性之前，最好先评价这个项目的具体工作条件。

③ 一年中的事故分布　事故和一年中的作业时间有关，尤其是户外自然状态的施工工作。天气最重要的影响因素是气温。

寒冷的天气对一些工作的作业影响非常大，尤其是那些对技能要求高的工作。与安全有关的是降雪，会使路面和作业平台变得很滑，是导致许多高处坠落和严重伤害事故的主要原因。春夏天气是施工的高峰期，生产效率也最高，夏天过于炎热，热量消耗和脱水时很现实的威胁，工人必须能得到足够的饮水和适当的避免暴露在太阳下的保护措施（戴好头盔、穿衬衫和长裤等）。

（2）生物节律对安全作业的影响　生物节律理论在安全上的应用主要是两个方面：一是事故的回顾分析；二是避开临界日预防事故。

人体 24h 生理节律的作用，表现为与外部的光-暗循环刺激同步。只要外部的刺激存在，这些内部的调节机制就会有规律地起作用，改变外部环境就会使生物钟紊乱。轮班作业会给工人的生物钟造成不良影响。如果一个工人总是上白班，突然调去上夜班，生物钟会使身体保持原来的生理节律，并会在晚上促使他身体入睡，他需要花几个星期的时间来调整生理节律一适应上夜班。如果工人不断地从白班换到夜班，又从夜班换到白班，这时生理节律通常不能完全调节过来，这将对工人产生很不好的影响。因此，项目经理不能在对生理节律的影响一无所知的情况下就安排轮班工作，并在轮班作业开始的头几天和改变班次的头几天要特别注意安全工作，加强额外的预防措施。

二、人的心理特征

心理是人的感觉、知觉、注意、记忆、思维、情感、意志、性格、意识倾向等心理现象总称。心理学家列文（K.Lewin）认为：人与环境密不可分，行为取决于个体本身与其所处的环境。人行为的目的是为实现一定目标、满足一定的需求。行为是人自身动机或需要作出的反映，受客观环境的影响，是对外在环境刺激作出的反应，客观环境可能支持行为，也可能阻碍行为。

人的行为来自于动机，而动机产生于需要。人的需要是从低级到高级排列为层次的。美国学者亚伯拉罕·马斯洛（Abraham Harold Maslow）的《人类动机的理论》中提出需求的5个层次见图2-12。

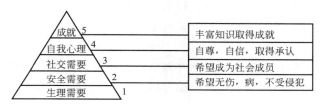

图 2-12　需求层次学说示意

人出自于安全的需要，在生产过程中，其动机一般说来都是想在安全状态下进行生产；在这一动机的指使下，每人必有一个目标而导向自己的行动。但在不同的环境、物质条件下，可能导致不同的行动，而1、2、4、5层次可能导致人为失误的出现。人所处的环境、物质条件、主观素质的不同，将可导致不同的行动结果，这就是一个人的心理系统过程。

1. 人的心理特性对安全生产的影响

人的心理特性对安全生产有着极大的影响，它们可以分为以下几种情况。

（1）注意　当心理活动指向或集中于某一事物时，就是注意。生理和心理上不可能始终集中注意力于一点，不注意的发生是必然的生理和心理现象，不可避免。不安全的行为发生的内在条件是意识水平（警觉度）的降低。

一方面人对于新的刺激，有兴趣的、变化莫测的、奇怪的事情，有趣的工作等所表现的注意力特别集中，身心活力水平也大大提高；相反，对已习惯的事情、单调的工作，其注意力就下降，身心活力水平也变化；另一方面，研究表明30min是人的注意力下降的临界值。

预防不注意产生差错的方法如下。

① 建立冗余系统，为确保操作安全，在重要岗位上，多设1～2个人平行监视仪表的工作；

② 为防止下意识状态下失误，在重要操作之前，如电路接通或断开、阀门开放等采用"指示呼唱"，对操作内容确认后再动作；

③ 改进仪器、仪表的设计，使其对人产生非单调刺激或悦耳、多样的信号，避免误解。

（2）情绪与情感　情绪、情感是人对客观事物的一种特殊反应形式，是对客观事物所持态度的体验，是人对于客观事物是否符合人的需要（自然的、社会的、精神的）而产生的态度（心理反应）。快乐、悲哀、愤怒是最基本的情绪。

产生事故的心理因素之一是心理机制失调，包括人的动机、情绪、个体心理特征等因素失调，人的感知能力水平、判断力、注意力、操作能力都将产生下降趋势或某一方面能力亢进；另一方面能力明显下降。其中，情绪是变化最大、影响最深的因素。在实际工作中表现出来的有如下几种不安全情绪。

① 急躁情绪　人的情绪状况发展到引起人体意识范围变狭窄，判断力降低，失去理智力和自制力。心血活动受抑制等情绪水平失调呈病态时，极易导致发生不安全行为。

② 烦躁情绪　表现沉闷，不愉快，精神不集中，心猿意马，严重时自身器官往往不能很好协调，更谈不上与外界条件协调一致。

情绪激动水平的高低是外界（环境的、社会的）刺激情景引起的，因此改变外界刺激可以改变情绪的倾向和水平。从组织管理上（包括思想工作、安全检查、劳动组织等）及个体主观上若能注意创造健康稳定的心理环境并用理智控制不良情绪，由情绪水平失调导致的不安全行为就可以大幅度下降。

安全检查中调查工人有无家庭纠纷、打架、赌气等事件发生，如影响工人情绪较大，可采取换班休息、谈话等方式，不使工人带着沉重的情绪进入操作岗位。实践证明，这是行之有效的安全措施。

（3）意志　就是人们自觉地确定目的并调节自己的行动去克服困难，以实现预定目的的心理过程，它是意识的能动作用的表现。也可以说是一种规范自己的行为，抵制外部影响，战胜身体失调和精神紊乱的抵抗能力。

（4）态度　是个人对他人、对事物较持久的肯定或否定的内在反应倾向。态度的形成主要受三种因素的影响。

① 知识或信息，主要来自父母、同事和社会生活环境；

② 需要，欢迎态度，相反则不然；

③ 团体的规定或期望，一般说来个人的态度要与他所属的集体的期望和要求相符合。

属于同一集体的人，他们的态度较类似。团体的规定是一种无形的压力影响同一团体的成员。人们对安全工作的态度对搞好安全工作具有重大影响，在安全管理中，应通过宣传、教育、团体作用，使工人对安全工作的态度不仅是正确的，而且要达到内化的程度。

（5）性格　是人们在生活过程中所形成的，对待客观事物的比较稳定的态度，和社会与之相适应的习惯行为的方式中，区别于他人所表现出的那些比较稳定的心理特征的总和。它是一个人有别于他人的最重要、最鲜明的个体心理特征。性格具有鲜明的社会性，是人们在长期的社会生活实践过程中逐渐形成的。已形成的性格，通常是比较稳固的，贯穿并指导着人们的一切行为举止。

有学者将性格分为：冷静型、活泼型、急躁型、轻浮型和迟钝型。前两者中的性格属于安全型，后三种属于非安全型。性格与安全生产有着密切的联系，在其他条件相同的情况下，冷静型性格的人比急躁型性格的人安全性强。对工作马虎的人容易出现失误。实践中不少人因鲁莽、高傲、懒惰、过分自信等不良性格，促成了不安全行为而导致伤亡事故。

（6）能力　是指那些直接影响活动效率，使活动顺利完成的个性心理特征。一般能力包括观察力、记忆力、注意力、思维能力、感觉能力和想象力等，它适用于广泛的活动范围。一般能力和认识活动密切联系就形成了通常所说的智力。特殊能力是指在特殊活动范围内发生作用的能力，如操作能力、节奏感、对空间比例的识别力、对颜色的鉴别力等。

能力的影响因素主要有素质、知识、教育、环境和实践等因素。作业者的能力是有差异的，其差异与安全密切相关，安全管理中要注意：人的能力与岗位职责要求相匹配、发现和挖掘职工潜能、通过培训提高人的能力、团队合作时人事安排应注意人员能力的相互弥补。

（7）气质　是一个人生来就有的心理活动的动力特征。心理活动的动力指心理过程的程度、心理过程的速度和稳定性以及心理活动的指向性。各种气质的人特点见表2-7，从安全工程角度来看，不同气质的人都有其特点和弱点。

表 2-7　气质特点及表现

类型	特　征	表　现	安　全　性
胆汁质的人	直率热情、精力旺盛、情绪易于冲动、心境变化剧烈	外倾性明显、情绪兴奋性高、反应速度快但不灵活，情绪产生速度快，表现明显、急躁，不善于控制自己的情绪和行动；行动精力旺盛，动作迅猛；外倾	易冲动、自制力差、情绪急躁、办事粗心
多血质的人	活泼好动，反应敏感而迅速	喜欢与人交往，注意力容易转移，兴趣容易变换，可塑性强，情绪兴奋性高，情绪产生速度快，表现明显但不稳定，易转变；活泼好动，好与人交际，外倾	缺乏耐心，从事单调重复的工作易产生精神溜号，造成产品质量下降或事故，不宜负安全重任
黏液质的人	安静、稳重、沉默寡言反应缓慢，情绪不外露；注意稳定，善于忍耐	感受性低，耐受性高，不随意反应性和情绪兴奋性都较低，内倾性明显，稳定性高。情绪产生速度慢，也表现不明显，情绪的转变也较慢，易于控制自己的情绪变化；动作平稳，安静	稳重可靠、注意力集中时间长，适于做精细而要求有耐心的工作，有利于安全生产
抑郁质的人	感受性高而耐受性低	不随意反应性低，所以体验观察细微，多愁善感，孤僻呆滞，适应性（可塑性）很差。内倾性明显，往往含而不露，具有稳定性，不易转变情绪和观点。情绪产生速度快，易敏感，表现抑郁，情绪转变慢，活动精力不强，比较孤僻，内倾	不宜于单独操作安全方面的关键设备和工艺过程

（8）需要与动机　需要是人参与社会行动的基础，需要是个体在生活中感到某种欠缺而力求获得满足的一种内心状态，它是机体自身或外部生产条件的要求在脑中的反映。有什么样的需要就决定着有什么样的动机。

马斯洛需要层次论认为，人的需要分为生理需要、安全需要、社交需要、尊重和自我实现的需要，依次由低级到高级。自我实现的需要越强烈，目标越高，对安全的需要也更敏感。

2. 事故心理

（1）事故心理因素　人的事故发生，是由人的事故状态心理造成的，形成人的事故心理有以下主要因素。

① 逆反心理　某些条件下，某些个别人在好胜心、好奇心、求知欲、偏见、对抗情绪等心理状态下，产生与常态心理相对抗的心理状态，偏偏去做不该做的事情。

② 随波逐流心理　有时受社会环境影响，表现为安全工作走形式、应付敷衍、得过且过、不管不问、放任自流。

③ 厌倦心理　有时受恶劣的工作环境影响，如噪声、高温、操作条件不利等；有时受其他部门施加工作以外压力的影响，如要求生产岗位的员工背诵管理岗位的一些文献等。平时表现在心烦意乱、注意力不集中，工作效率低。

④ 恐惧心理　有时与管理环境有关，如纪律督察人员的频繁光顾和怀疑的目光；员工

长时间工作在危险的环境中，倍觉精神压力沉重，心理常处于紧张烦恼、焦虑不安状态，工作中表现为反反复复、疑神疑鬼甚至神经质。

⑤ 不在意心理　这种心理往往是由于岗位劳动防护设施不全，岗位负责人对操作人员的人身安全不管不问，积恶成习。"不注意"常常是事故形成原因的遁词。

⑥ 侥幸心理　人对某种事物的需要和期望总是受到群体效果的影响，在安全事故方面尤其如此。生产中虽有某种危险因素存在，但只要人们充分发挥自己的自卫能力，切断事故链，就不会发生事故，因此事故是小概率事件。多数人违章操作也没发生事故，所以就产生了侥幸心理。在研究分析事故案例中可以发现，明知故犯的违章操作占有相当的比例。

⑦ 省能心理　人总是希望以最小能量获得最大效果，这是人类在长期生活中养成的一种心理习惯。虽有其不断革新的积极一面，但在安全生产上常是造成事故的心理因素。

有了这种心理，如采取安全措施费时、费力，就要产生简化作业的行为，从而形成安全隐患。省能心理还表现为嫌麻烦、怕费劲、图方便、得过且过的惰性心态。

⑧ 凑兴心理　凑兴心理是人在社会群体中产生的一种人际关系的心理反应，多见于精力旺盛、能量有余而又缺乏经验的青年人。从凑兴中得到心理上的满足或发泄剩余精力，常易导致不理智行为。开玩笑过程中导致事故纯属凑兴心理造成的危害。

在相同的客观条件下有一些人总比另一些人更容易出事故，表明事故与人的个性有关，这些人具有"事故倾向性"。企业从事安全管理的人员不但要完成基层的安全基础工作建设，还要在人的事故状态心理上大下工夫，因人而异深入分析，从分析员工性格类型入手，合理安排岗位和分配工作，对关键岗位的操作人员更要特别注意，尤其对重要装置要害岗位的每个员工细致观察，了解他们的性格、情绪、心理状态，最好是安排情绪稳定、心态良好的人去完成生产任务，这对保证企业安全有积极的作用。

（2）心理因素的事故原因　以上人的不良心理导致事故的原因，大致有技术的原因、教育的原因、身体的原因、精神的原因、管理的原因。

在前述各种原因中，技术、教育、管理这三项是构成事故最重要的原因。与这些原因相应的防止对策为技术对策、教育对策以及法制对策，称为防止事故的三根支柱。改进的顺序应该是技术、教育、法制。技术充实之后才能提高教育效果，而技术和教育充实之后，才能实行合理的法制。

3. 不安全行为的心理表现

事故诱因可以分为人的不安全行为、物的不安全状态、工作环境的不安全状态、管理因素等。

不安全行为指在某一时空中，行为者的能力低于人机环境系统本质安全化要求时的行为特征。不安全行为包括两个内涵：一是指肇发事故（积伤）概率较大的行为；二是指在事故（积伤）过程中不利于减少灾害损失的行为。人们的安全行为是从大量的不安全行为中提炼出来的，也是不断提高的过程，安全操作规程就是在不断总结事故（积伤）的经验中不断完善起来的。

不论机具处于什么状态，只要作业者的行为不安全，都会肇发事故（积伤），或在事故（积伤）过程中不利减灾。生产过程中机具与环境必然携载着一定的能量，具有一定的固有危险，处于不安全状态，其本质安全化程度的高低主要表现为与人的安全品质相匹配的程度，而不是自身绝对安全。

"违章作业"不安全行为是造成事故的间接原因，目前所统计的事故表明"违章作业"

所造成事故的比例是相当大的。

违章作业起因与心理因素的关系有相互联系，它分成三大类，见表2-8。

表 2-8　违章作业起因与心理因素关系分类

类型	A	B	C
违章表现心理因素	有意违反安全规程	没经验，不能查知事故危险	激情、冲动、喜冒险
	无意违反安全规程	缓慢的心理反应和心理上的缺陷	训练、教育不够，无上进心
	放纵的喧闹、玩笑、分散本人或他人注意力	各器官缺乏协调	智能低，无耐心，缺乏自信心，无安全感
	安全操作能力低、工作缺乏技巧	疲倦、身体不适	家庭原因，心境不好
	与人争吵，心境下降	工作中找"窍门"，图省事	恐惧，顽固，报复或身心有缺陷
	匆忙的行动，行动草率过速或行动缓慢	注意力不集中，心不在焉	工作单调，或单调的业余生
	无人道感，不警告别人	职业、工种选择不当	轻率，嫉妒
	超负荷的工作，力不胜任	有夸耀心，贪大求全	不受重用，身受挫折，情绪不佳
	承担超心理能力的工作		自卑感，逞能，渴望超群

人不一样，表现的形式也不一样。在三类中是相互交叉的，有的人的违章起因可能仅限于表中的其中某条，有的也许是各类中都有一些。如果我们能了解掌握心理与起因的关系，在日常工作或事故中，就可以有的放矢地做工作，这样对安全是有利的。

第三节　人机系统中的作业特性

一、作业特性

1. 人的作业特征

（1）人体活动范围

① 最有利范围　指可使人在既达到动作目的同时又保证了人的工作轻松、舒适、不疲劳的最佳效果的人体活动范围，亦称顺手可及活动范围。施加的操纵力不大的、使用频率很高的、极重要的操作装置应安装在此范围内。

② 正常范围　指人体一般活动均在此活动范围内进行，如上肢相对于不动的肩膀在肘关节弯曲时外切弧的范围。一般常用的又重要的操作装置应安装在此范围内。

③ 最大可及范围　指肢体长时间处于最大限度伸直状态的活动范围。不常用的费力很大的操作装置应安装在此范围内。

（2）人体各部分的操纵力　运动是人体的主要功能之一。操纵力是指操作者在操作时为达到操作的目的所付出的一定数量的力。肢体的力量来自肌肉收缩，肌肉收缩时所产生的力称为肌力。

在操作活动中，肢体所能发挥的力量大小除了取决人体肌肉的生理特征外，还与施力姿势、施力部位、施力方式和施力方向有密切关系（见图2-13）。

（3）人体活动的速度与准确度

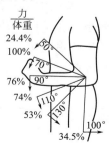

图 2-13　立姿弯臂时
的力量分布

① 肢体的动作速度 肢体动作速度的大小，基本上决定于肢体肌肉收缩的速度、肌力和阻力。对于操作动作速度，还取决于动作方向和动作轨迹等特征。人的无条件反应时间为 0.1～0.15s，听觉反应为 0.1～0.2s，手指叩击速度 1.5～5 次/s，判断时间为 1～5s。

动作频率是指在一定时间内动作所重复的次数。肢体的动作频率取决于动作部位和动作方式。在操作系统中，对操作速度和频率的要求不得超出肢体动作速度和频率的能力限度。

② 人体动作的准确性和灵活性 人体动作的灵活性是指操作时动作速度和频率，由人体的生物力学特性所决定。主要体现在改变操纵方向时，圆形轨迹比直线轨迹灵活；手向着身体比离开身体的动作灵活而准确；前后往复比左右往复动作的速度大；最大动作速度与被移的负载的重量成正比，而达到最大速度所需要的时间与被移动的负载成正比；人体较短部位的动作比较长部位的动作灵活；人体较轻部位的动作比较重部位的动作灵活；人体体积较小部位动作比较大部位动作灵活。

③ 人体运动的精度 通常人体运动的精度比速度更为重要。人体运动的精度主要考虑 2 个方面的内容。

1）具有视觉反馈的运动精度 这种动作如果有足够的时间去完成，就会非常精确。费茨法则（Paul Fitts）指出：移动到一个目标的时间，跟目标尺寸及到目标的距离有关。

2）不具有视觉反馈的运动精度 如果人们不能够看见动作，或者是因为注意力必须放在别的地方，或者因为环境很暗，这种动作很明显不受视觉反馈的控制。此外非常快的动作（低于 200ms）也不受视觉反馈的控制，而是在动作启动之前就已经预制好了。

Brown、Knawft 和 Rosenbaum 研究结果显示，短距离（约 1 英寸或者更少）被过高估计，导致操作超过了目标；长距离（多长才算长看来取决于动作是移近身体还是远离身体）被过低估计，导致没有达到目标。

（4）体力作业 工业领域中的建筑业、采掘业、钢铁冶炼和运输行业等，其重体力作业有一定的比重，农业领域中的重体力作业就更多了。

① 提举作业 是人们运用手和身躯把重物竖直提起到一定高度位置的作业。提举作业效能与提举高度、提举频率和作业姿势等因素有关。

把重物从地面提举至 50cm 高度时的能量消耗，要比把相同重物从 50cm 高度提到 100cm 高度能量消耗多；把重物从 102cm 提举到 152cm 时的能量消耗为最少。

提单的频率高，提举的重量就应轻一些。人们能胜任的提举重量的限度因人而异，因性别和年龄的不同而不同。

② 搬运作业 是人们用手把物体从一个地方不停地搬到另一个地方去的作。搬运作业一般也包含了提举动作。人们能胜任的搬运重量与搬运频率和搬运距离有关，特别是搬运频率的影响更加明显。作业姿势在靠近膝部高度上进行、手臂和膝都稍有一点弯曲的搬运重量最大。改善搬运是建筑工程施工减轻作业量和作业强度的重要方面，具体方法见表 2-9。

表 2-9 改善搬运的原则与方法

因 素	目 标	想 法	改善原则	改善方法
搬运对象	减少总重量、总体积	减少重量体积	尽量废除搬运	调整现场布置
				合并相关作业
			减少搬运量	

续表

因素	目标	想法	改善原则	改善方法
搬运距离	减少搬运总距离	减少回程	废除搬运	调整现场布置
			顺道行走	
		回程顺载	掌握各点相关性	调整单位相关性布置
		缩短距离	直线化、平面化	调整现场布置
		减少搬运次数	单元化	栈板、货柜化
			大量化	利用大型搬运机
				利用中间转运站
搬运空间	降低搬运使用空间	减少搬运	充分利用三度空间	调整现场布置
		缩减移动空间	降低设备回转空间	选用不占空间、不太多辅助设施的设备
			协调错开搬运时机	时程规划安排
搬运时间	缩短搬运总时间	缩短搬运时间	高速化	利用高速设备
			争取时效	搬运均匀化
		减少搬运次数	增加搬运量	利用大型搬运机
	掌握搬运时间	估计预期时间	时程化	时程规划控制
搬运手段	利用经济效率的手段	增加搬运量	机械化	利用大型搬运机
				利用机器设备
			高速化	利用高速设备
			连续化	利用输送管等连续设备
		采用有效管理方式	争取时效	搬运均匀化
				循环、往复搬运
		减少劳力	利用重力	使用斜槽、滚轮输送带等重力设备

③ 负重作业　是搬运作业的一种形式。负重方式及其能量消耗量，与负重物的重量、形式以及民族习惯有关。在不同文明的国家里有着不同的负重方式，据有关统计表明，最常见的负重方式有肩挎、头顶、肩和背背、头额背、双肩扛、肩挑和双手提七种，见图2-14。对其能量消耗（氧耗量）进行测定，

图 2-14　不同负重方法示意

发现最省力最有效而人的能量消耗量又最少的是"肩挎"的负重方式，而能量消耗量最大最吃力的是"双手提"的负重方式。

④ 推运作业　与提单和搬运作业都不同，推运主要是在地面上平移物体。由于完成作业的频率和推运距离的不同，人们"能胜任"的推运重量也不同，如果推运的频率和距离大，推运的重量就应轻，反之就可重些。

2. 作业空间范围

当操作者以站姿或坐姿进行作业时，手和脚在水平面和垂直面内所能触及的最大轨迹范围，称为作业范围。作业范围是构成作业空间的主要部分。

（1）平面作业范围　最典型的平面作业范围，就是人坐在工作台前，在水平台面上运动手臂所形成的运动轨迹范围，如图2-15所示。手向外伸直在台面上所画成的圆弧范围，叫

做最大平面作业范围；手臂自如的弯曲（一般弯曲成手长的五分之三）所画成的圆弧范围，叫做舒适平面作业范围。

（2）空间作业范围　与平面作业范围相对应的是空间作业范围，如图 2-16 所示。任何作业都是动态的，需要一个复合的动作，既有水平方向、又有垂直方向的动作才能完成，上肢在三维空间运动就形成了空间（立体）作业范围。

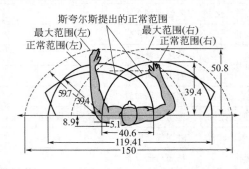

图 2-15　斯夸尔斯（P. C. Squires）
平面作业范围（单位：cm）

图 2-16　空间作业范围

空间作业的舒适范围，一般是介于肩与肘之间的空间范围内，手臂活动路线最短最舒适，在此范围内能迅速而准确地进行操作。手最舒适的抓取作业范围是半径为 300mm 左右的圆弧，当身体向前倾斜时最舒适的作业范围半径可增大至 400mm 左右。

3. 操作动作

（1）定位动作　指在作业过程中，人体朝着所要求的目标移动，并与目标相一致的动作。定位动作如果是在目视的情况下进行的，就叫视觉定位动作；如果不是在目视的情况下进行的，则叫盲目定位动作。在生产过程中，这两种定位动作都是操纵控制的基本动作，但一般是以视觉定位动作为主，辅以盲目定位动作。

盲定位动作的准确度受人的方向感觉和平衡感觉的影响，并且与人的触觉也有关系。它在头部正前方最精确，侧面要差一些；中间和较低位置比高位置更精确。需要在无视觉反馈情况下能够触及到的控制装置或者其他装置应该置于正前方，并且低于肩部高度。此外，操作员侧面的控制之间的空间应该比正面的控制之间的空间要大，这可以减少意外触及错误控制的机会。

对于盲目定位动作，向左右方向定位时，准确性随着角度的增大而逐渐降低，右边定位的准确性比左边定位的略高，下方定位的准确性比正中（与肩平）和上方的高，而上方的最差。

（2）反复动作　在操作过程中，连续不断地重复相同的动作（如用于转动曲柄、敲打物体等动作）叫做反复动作。反复动作在作业中随时可见，最简单的例子是用小锤钉钉子的动作。做这种类似动作最快的人，在 1s 内可以轻敲 13 次，而一般人可敲 1.5～5 次。

（3）连续动作　有些被操作的对象要求人们连续地对它进行控制，即人们在操作时需要连续地进行动作，称连续动作。如工人在钢板上下料时，操纵切割机沿着预先画好的料线进行切割，这时要随时调整切割机，使它对准料线。

（4）逐次动作　这种动作并非一种单独的动作，而是在一定条件下各种基本动作按一定顺序，有次序地进行的。如在雨夜中开动汽车，要打开点火开关、打开车灯、开动雨刷、松开离合器等一连串的动作。

（5）静态调整动作　就是在一定时间内，人体各部位保持在特定位置上的动作。如用双手或单手将物体提持在空间的任意一点。当从侧面看提持物体的人时，可观察到有相当的摇动现象，这种摇动现象主要是由人体肌肉的收缩而产生的，肌肉收缩量越大的工作，摇动现象就愈明显，也愈容易疲劳。

二、作业强度及其分级

1. 劳动强度

劳动强度，可以理解为作业中人在单位时间内做功和机体代谢能力之比。是用来计算单位时间内能量消耗的一个指标。单位时间内能量消耗多，劳动强度就大。如作业密度高，作业虽少但劳动量较大；或者作业强度虽不大、不费力气，但是站着作业或者是作业姿势是强制的，精神非常紧张等，都会被评为重劳动或劳累的工作。这里将作业分为静力作业和动力作业两种。

（1）静力作业　对于脑力劳动、计算机操作、仪器监控、把握工具和支持重物等作业都可归纳为静力作业，或叫静态作业（Static Work）。这种作业主要是依靠肌肉的等长收缩来维持一定的体位，即身体和四肢关节保持不动时所进行的作业。体力劳动中也包含静力作业，如坐位或立位观察仪表、支持重物、把握工具、压紧加工物件等。

（2）动力作业　动力作业是靠肌肉的等张收缩来完成作业动作的，能量消耗较大，即经常说的体力劳动。这里主要讨论体力劳动及其分级。

2. 劳动强度的分级

劳动强度的大小可以用耗氧量、能消耗量、能量代谢率及劳动强度指数等加以衡量。为了区分强度的大小，划分成等级是必要的。

（1）国际劳工局分级标准　一种划分劳动强度的方法是基本按氧耗量划分为 3 级：中等强度作业、大强度作业及极大强度作业。

① 中等强度作业　氧需不超过氧上限。中等强度又分为 6 级：很轻、轻、中等、重、很重和极重 6 级，各级指标见表 2-10。（资料取自国际劳工局，1983）

表 2-10　中等强度作业分级

劳动强度等级	很轻	轻	中等	重	很重	极重
氧需上限的/%	<25	25～37.5	37.5～50	50～75	>75	约 100
耗氧量/(L/min)	约 0.5	0.5～1.0	1.0～1.5	1.5～2.0	2.0～2.5	>2.5
能耗量/(kJ/min)	约 10.5	10.5～21.0	21.0～31.5	31.5～42.0	42.0～52.5	>52.5
心率/(beats/min)	约 75	75～100	100～125	125～150	150～175	>175
直肠温度/℃	—	<37.5	37.5～38	38～38.5	38.5～39.0	39.0
排汗率/(mL/h)	—	—	200～400	400～600	600～800	800 以上

注：排汗率是 8h 工作日内的平均数。

② 大强度作业　指氧需超过氧上限，即在氧债大量积累的情况下作业，如爬坡负重、手工挥镐或煅打。这种作业只能持续 10min 左右，不会更长。

③ 极大强度作业　指完全在无氧条件下的作业，氧债可能等于氧需。只在短跑、游泳比赛时才出现这类情况，持续时间不超过 2min。

（2）我国分级标准　中国医学科学研究院劳动卫生研究所调查测定了 262 个工种的劳动

工时、能量代谢和疲劳感等指标，经过综合分析研究后提出《体力劳动强度分级标准》（GB 3869—1997），它提供了体力劳动强度分级；之后的《工作场所有害因素职业接触限值》（GB Z2—2002）也提出同样的分级，见表 2-11。

表 2-11　体力劳动强度分级

体力劳动强度级别	体力劳动强度指数 I	8h 工作日平均耗能值 /(kcal/人)	劳动时间率 /%	净劳动时间 /min
Ⅰ	≤15	850	61	293
Ⅱ	>15~20	1328	67	322
Ⅲ	>20~25	1746	73	350
Ⅳ	>25	2700	77	370

三、作业疲劳与失误

1. 人体疲劳

疲劳易导致事故的发生，对疲劳问题的探讨是安全工程学的一个基础课题。

（1）疲劳　就是人体内的分解代谢和合成代谢平衡不能维持，由人体外部某种"应激"因素的作用，所引起的人体内部复杂的生理与心理过程，并表现于人体外部的一种现象。疲劳分为个别器官疲劳、全身性疲劳、智力疲劳、技术性疲劳、心理性疲劳。无论什么疲劳，都是人体机能的一种自然性的防护反应，都受到人脑调节机制的控制。

（2）疲劳表现　疲劳是体力和脑力效能暂时的减弱。作业者在作业中表现为作业机能衰退、作业能力下降，并伴有疲倦感等主观症状。

① 外观　当人疲劳时从人的眼睛（眼睑会下垂等）、颜容（面色苍白等）、仪态（垂头丧气等）、动作（迟钝无力等）、行走（步履蹒跚等）等，都可直接看出与平常状态不同。

② 自觉症状　人的疲劳会在人的生理或心理上反映出来，便会在身体、精神和感觉器官上有很多自我感觉症状。如头部沉重、抽筋、周身不适、打哈欠、出冷汗、注意力不集中、着急焦躁、动作不准确、看东西模糊、手足颤抖、手眼不协调等。

（3）疲劳的特点　大脑与疲劳有关的现象，乃是人身疲劳的最大特征。人体疲劳后，具有恢复原状的能力，而不会留下损伤痕迹。由作业内容和环境变化太少引起的疲劳，在当作业内容和环境改变时，疲劳可以减弱或消失。

从有疲倦感到精疲力竭，感觉和疲劳有时并不一定同步发生。限制过度劳累，起着预防机体过劳的警告作用，即具有防护身体安全的作用。

（4）疲劳成因　疲劳的成因是多方面的，既可因生理负荷过重而发生也可因心理刺激而引起。引起疲劳的原因包括：工作单调、脑力劳动和体力劳动的强度大且时间长、环境条件不良、精神素质差、身体素质低下、人机系统设计不合理等。其防止措施也就要针对成因而采取相应的对策。

① 劳动强度和能量消耗　人体劳动负荷是劳动强度和持续时间的函数。劳动强度大，人体消耗的能量也大，不用很长的作业时间人就会产生疲劳；劳动强度小，人体消耗的能量也较少，人的作业时间就可长些。

② 作业方法和速度　作业方法不科学、作业速度不合理，不但使人的工作效能降低，而且很容易使人疲劳。任何作业从作业姿势、作业顺序到操作过程，都必须符合人机学的要求。工作速度应与作业强度相适应，只要强度适当、速度合理，人就不容易产生疲劳。劳动

内容单调极易引起心理性疲劳。

③ 作业环境条件　照明、气候、温度、湿度等作业环境条件恶劣，会增大人的劳动负荷、体力与精神负担，使人较快地进入疲劳状态。

④ 管理　性格差异和智能水平的高低使人们在工作中产生厌倦和疲劳的程度是不同的。生性欢悦好动的人，在工作中易感疲劳；性格沉静安分的人，在工作中不易感疲劳。

2. 疲劳与安全

作业疲劳可使作业者产生一系列精神症状、身体症状和意识症状，这样就必然影响到作业人员的作业行为。研究表明，疲劳可以引起作业能力下降和事故增加。

(1) 睡眠休息不足、困倦引起事故　这类事故多见于夜班或长时间作业未得休息的情况，因为在极度疲劳和困倦时，往往无法自我控制，多造成技术性作业事故。此时体力为主的劳动，事故危险性小；立位工作比座位工作更安全，因为座位技术性作业者更易因困倦而入睡。

(2) 反应和动作迟钝引起的事故　疲劳感越强人的反应速度越慢，手脚动作越迟缓、感官敏感度下降，不能及时觉察危险预兆。

(3) 重体力劳动的省能心理　重体力劳动常给作业人员造成一种特殊的心理状态——省能心理，反映在作业动作上，常因简化而违反操作规程。例如，建筑工地工作空间有限、条件恶劣、照明不良、噪声水平过高等，走进工作场所已感几分疲倦，所以在作业动作上常是粗放、简单的，搬运、移动设备时往往抛上摔下。从而形成事故隐患甚至引发事故。

(4) 疲劳心理作用　疲劳常造成心绪不宁、思想不集中、心不在焉，对事物反应淡漠、不热心，视力听力减退等。

(5) 环境因素加倍疲劳效应　在高温季节（七八月份）事故发生率较高；室外作业则在寒冷季节事故率增大。

(6) 疲劳与机械化程度　分析事故发生率，可以发现：手工劳动时期事故率低，高度机械化、自动化作业事故率也较低，半机械化作业事故率最高，其中包含许多人机学问题。半机械化作业时，人必须围绕机机械进行辅助作业，由于人比机械力气小，动作慢，所以往往用力较大造成疲劳，再加人机界面上存在问题就会导致事故发生。具体事故多在人机配合上，作业人员奋力强作，力所不及情况下发生事故。

3. 减少疲劳伤害的方法

(1) 停留在安全区域内　人的安全区域在人身体的正前方，从大腿中间到肩部高度之间，前臂加手掌宽度以内。人上半身的重量通常是人体重的 2/3。当人弯腰搬动安全区域外的物体时，下半部分背部的脊椎和肌肉必须承受人上半身的重量加上人搬动的物体重量。

(2) 减少重量，少花力气。

(3) 采用适当的方法，少花力气。

(4) 与机械设备打交道的正确方法。

(5) 避免单调的重复作业。

(6) 定时休息　根据工作和疲劳的情况，确定休息时间的长短、休息频率以及如何安排休息。采用休息间隔较短，休息时间也相对较短的方法，而不是只有一次休息，但时间很长。

(7) 休息的正确方法　长时间的坐着对身体的压力比站立时要大。身体是为运动而设计的，如果长时间保持某个姿势，会给椎间盘造成压力，不正确的睡觉姿势也会给身体带来坏处。为了放松，保持良好的体态。

第四节 人机系统中的作业环境

一、光环境

1. 作业环境的光

（1）光的数量要求 光的数量就是指在作业面及其周围光的照度。照度指受照平面上接受光通量的密度，可用每一单位面积的光通量来测量。一般地作业场照度的大小，所必须达到《建筑采光设计标准》（GB/T 50033—2013）。

在作业过程中，事故产生的原因中照度不足是一个重要因素。据有关测定，我国大部分地区，每年 11、12 月和 1 月白天很短，经常须用人工照明，而人工照明与天然采光相比，人工照明的照度值比较低，在这一期间内事故率较高。

（2）光的亮度要求 物体要具有一定的亮度，人们才能识别。人眼的"最低亮度阈"是 $10^{-1} \mathrm{cd/m^2}$，当亮度增加到 $10^8 \mathrm{cd/m^2}$ 时人眼达到最大灵敏度，即可看到最小的东西；亮度大于 $10^8 \mathrm{cd/m^2}$ 时，由于太刺激眼睛，人眼灵敏度反而下降。

物体能被看清还有赖于物体与背景的亮度对比（或颜色对比），对比越大辨别物体越清楚。所谓亮度对比是物体亮度与背景亮度的差，除以两者中较大的值而得到的。当工作和周围环境存在明暗对比的反差、柔和的阴影时，心理上也会感到满意。但是，如果亮度差别很大，就会使眼睛很快疲劳。

（3）光的质量要求 光的质量主要是指光线是否均匀稳定、光色效果是否合适、会不会产生眩光等问题。

① 均匀、稳定性 光的均匀性一般是指照度均匀和视野内亮度均匀。

稳定性是指照度保持标准的一定值，不产生波动，光源不产生频闪效应。照度稳定与否直接影响照明质量的提高。

② 光色 光源的光色包括色表和显色性。色表就是光源所呈现的颜色；显色性是当不同的光源分别照射到同样一种颜色物体上时，该物体就会表现出不同的颜色。

物体的颜色是会依照明条件的不同而发生变化的，物体本色只有在白色光（天然光）照明的条件下才不会失真地显示出来。物体颜色的辨别还与照明的强度有关，一般照明强度愈大，辨别率愈高。

③ 眩光 物体表面产生刺眼和耀眼的强烈光线叫眩光，多来源于外界物体表面过于光亮（如电镀抛光、有光漆表面）、亮度对比过大或直接强光照射。工作面上的直射太阳光常常产生眩光。眩光是光环境中照明质量的重要特征。

眩光可使人视力下降、头晕目眩，造成不舒适的视觉条件。

对眩光应该尽力加以避免和限制：减少引起眩光的高亮度的面积、增大视线和眩光源之间的角度、提高眩光源周围地区的亮度、降低光源的亮度、改变光源位置或改变作业对象的位置、提高周围环境照度。

④ 亮度 即被照物每单位面积在某一方向上所发出或反射的发光强度，用以显示被照物的明暗差异，也叫辉度。当人眼目视某物所看到的，可以两种方式表达：一种用于较高发光值者如光源或灯具，直接以其发光强度来表示；另一种则用于本身不发光只反射光线者，如室内表面或一般物体，以亮度表示。

作业几乎都是在光环境中进行的，良好的光环境能减少疲劳和不舒适感，使人身心愉快，不出或少出差错，提高工作效率。光线不好时则可得出完全相反的效果。

2. 照明对工作的影响

（1）照明与工作效率　提高照度、改善照明，对减少视觉疲劳、提高工作效率有很大影响。适当的照明可以提高工作的速度和精确度，从而增加产量、提高质量、减少差错。

研究表明，随着照度增加到临界水平，工作效率便迅速得到提高；在临界水平上，工作效率平稳，超过这个水平，增加照明度对工作效率变化很小，甚至会加重视疲劳，使工作效率下滑。

（2）照明与疲劳　合适的照明，能提高近视力和远视力。因为亮光下瞳孔缩小，视网膜上成像更为清晰，视物清楚。当照明不良时，因反复努力辨认，易使视觉疲劳（见表2-12），工作不能持久。眼睛疲劳还会引起视力下降、眼球发胀，头痛以及其他疾病而影响健康，工作失误甚至造成工伤。

表 2-12　照明与视觉疲劳的关系

照度/lx	10	100	1000
最初及最后 5min 阅读眨眼次数	35～60	35～46	36～39
最后 5min 阅读眨眼增加百分数/%	71.5	31.4	8.3

注：照度——被照面单位面积上所接受的光通量，单位是勒克司（lx）。

（3）照明与事故　在适当的照度下，可以增加眼睛的辨色能力，从而减少识别物体色彩的错误率；可以增强物体的轮廓立体视觉，有利于辨认物体的高低、深浅、前后、远近及相对位置，使工作失误率降低，还可以扩大视野，防止错误和工伤事故的发生。

事故的数量与工作环境的照明条件有密切的关系。事故统计资料表明，冬季三个月里白天很短，工作场所人工照明时间增加，因此事故发生的次数在冬季增多。

（4）照明与情绪　据生理和心理方面的研究表明，照明会影响人的情绪，影响人的一般兴奋性和积极性，从而也影响工作效率。炫目的光线使人感到不愉快，被试者都尽量避免眩光和反射光，许多人还喜欢光从左侧投射。

二、温度环境

作业区的温度环境是决定人的作业效能的重要影响因素。人所处的温度环境主要包括空气的温度、湿度、气流速度（风速）和热辐射等四种物理因素，一般又称微小气候。在作业过程中，不适当的气候条件会直接影响人的工作情绪、疲劳程度与健康，从而使工作效率降低，造成工作失误和事故。

1. 高温环境

《工作场所有害因素职业接触限值》（GBZ2.2—2007）中，高温作业指在生产劳动过程中，工作地点平均 WBGT 指数≥25℃的作业。WBGT 指数又称黑球指数，是综合人体接触作业环境热负荷的一个基本参量。为对高温作业实施劳动安全卫生分级管理，该标准对高温作业分级，见表 2-13，其中接触时间率指劳动者在一个工作日内实际接触高温作业的累积时间与 8h 的比率。

表 2-13　工作场所不同体力劳动强度 WBGT 限值　　　　单位：℃

接触时间率	体力劳动强度等级			
	Ⅰ	Ⅱ	Ⅲ	Ⅳ
100%	30	28	26	25
75%	31	29	28	26

接触时间率	体力劳动强度等级			
	I	II	III	IV
50%	32	30	29	28
25%	33	32	31	30

（1）高温作业对健康的影响　我国对室内高温环境作业定义为，当室外实际出现本地区夏季室外通风设计计算温度时，其工作地点温度高于室外 2℃ 或更多的作业。露天高温作业指室外工作地点在 32℃ 或更高的作业。高温作业对健康的影响，主要有下面几个方面。

① 皮肤温度升高，皮温过高会引起组织烧伤，特别是皮肤温度超过 45℃ 时，可迅速引起组织损伤。

② 体温升高，特别是从事重体力劳动者体温升高的情况更为严重。如果中心体温升到 42℃，即可出现热疲劳，意识丧失，开始时大量出汗，以后出现无汗，并伴有皮肤干热发红，直至死亡。

③ 使人心率和呼吸加快。人在高温环境下为了实现体温调节，必须增加血输出量，使心脏负担加重、脉搏加速，因此心率可以作为热负荷的简便指标。另据研究，长期接触高温的工人，其血压比一般高温作业及非高温作业的工人高。

④ 对消化系统具有抑制作用。人在高温下，体内血液重新分配，引起消化道相对贫血，由于出汗排出大量氯化物以及大量饮水，致使胃液酸度下降。在热环境中消化液分泌量减少，消化吸收能力受到不同程度的抑制，因而引起食欲不振、消化不良和胃肠疾病的增加。

⑤ 湿热环境对中枢神经系统具有抑制作用。湿热环境下大脑皮层兴奋过程减弱，条件反射的潜伏期延长，注意力不易集中。严重时，会出现头晕、头痛、恶心、疲劳乃至虚脱等症状。

⑥ 高温环境下，人的水分和盐分大量丧失。在高温下进行重体力劳动时，平均每小时出汗量为 0.75~2.0L，一个工作日可达 5~10L。高温工作影响效率，人在 27~32℃ 下工作，其肌部用力的工作效率下降，并且促使用力工作的疲劳加速。当温度高达 32℃ 以上时，需要较大注意力的工作及精密工作的效率也开始受影响。

当温度达到 30℃ 时，应考虑限制一次连接触热的时间，表 2-14 为我国规定的高温作业劳动时间标准。

表 2-14　高温作业劳动时间标准限值

温度/℃	轻劳动		中等劳动		重劳动	
	允许一次连续接触热时间	必要休息时间	允许一次连续接触热时间	必要休息时间	允许一次连续接触热时间	必要休息时间
30~32	80	15	70	30	60	30
30~34	70	30	60	30	50	30
30~36	60	30	50	30	40	30
30~38	50	30	40	30	30	30
30~40	40	30	30	30	20	30
30~42	30	30	20	30	15	45
30~44	20	30	15	30	10	45

注：1. 劳动强度按脉搏率划分；脉搏小于 92 次/min 为轻劳动；93~110 次/min 为中等劳动；超过 110 次/min 为重劳动。

2. 本标准适用于相对湿度 40%~75%，当相对湿度大于 75% 时，湿度每增加 1%，其允许一次连续接触时间就应降低一个档次。

（2）改善高温生产影响的措施

① 合理供给饮料和补充营养。高温作业时作业者出汗量大，应及时补充与出汗量相等的水分和盐分，否则会引起脱水和盐代谢紊乱。一般每人每天需补充水 3～5kg，盐 20g。另外还要注意补充适量的蛋白质和维生素 A、B_1、B_2、C 和钙等元素。

② 合理使用劳保用品。高温作业的工作服，应具有耐热、导热系数小、透气性好的特点。

③ 进行职工适应性检查。因为人的热适应能力有差别，有的人对高温条件反应敏感。因此，在就业前应进行职业适应性检查。凡有心血管器质性病变的人，高血压、溃疡病、肺、肝、肾等病患的人都不适应于高温作业。

④ 合理安排作业负荷。在高温作业环境下，为了使机体维持热平衡机能，工人不得不放慢作业速度或增加休息次数，以此来减少人体产热量。作业负荷越重，持续作业时间越短。因此，高温作业条件下不应采取强制性生产节拍，应适当减轻工人负荷，合理安排作息时间，以减少工人在高温条件下的体力消耗。

⑤ 合理安排休息场所。作业者在高温作业时身体积热，需要离开高温环境得到休息，恢复热平衡机能。为高温作业者提供的休息室中的气流速度不能过高，温度不能过低，否则会破坏皮肤的汗腺机能。温度在 20～30℃ 之间最适用于高温作业环境下，身体积热后的休息。

⑥ 职业适应。对于离开高温作业环境较长时间又重新从事高温作业者，应给予更长的休息时间，使其逐步适应高温环境。

2. 低温环境

（1）低温对人的影响　人体在低温下，皮肤血管收缩，体表温度降低，使辐射和对流散热达到最低程度。体温低于 35℃ 即处于过冷状态，肌肉剧烈抖颤产生更多的热量，并通过心血管调解，反射性引起外周血管收缩、血压上升、心律增快和内脏血流量增加，使得代谢产生热量增加和皮肤散热量减少。当中心体温继续下降到 30～33℃ 时，肌肉由抖颤变为僵直，失去产热的作用，将会发生死亡。

低温环境对作业可靠性的影响在环境温度达到使肌体发生过冷之前，对作业效率已然有很大影响，具体内容归纳如表 2-15 所示。长期在低温高湿条件下劳动，易引起肌痛、肌炎、神经炎、腰痛和风湿性疾病等。

表 2-15　低温对人工作可靠性的影响

温度条件/℃	触觉辨别能力	周边视野监视	管道装卸	打字打结	握力	追踪操纵	视反应时
30（皮温）	轻度影响						
25（气温）	明显影响	开始影响					
22（在水中）			开始影响				
15～15.6（皮温）	明显变劣			开始影响		开始影响	
10（气温）					开始影响		
—1.1（气温）							有影响

（2）改善低温作业环境的措施

① 提高作业负荷。增加作业负荷，可以使作业者降低寒冷感。但由于作业时出汗，使衣服的热阻值减少，在休息时更感到寒冷。因此工作负荷的增加，应以不使作业者出汗为限。

② 个体保护。低温作业车间或冬季室外作业者，应穿御寒服装，御寒服装应采用热阻值大、吸汗和透气性强的衣料。

③ 采用热辐射取暖。室外作业，若用提高外界温度方法消除寒冷是不可能的；若采用个体防护方法，厚厚的衣服又影响作业者操作的灵活性，而且有些部位又不能被保护起来。还是采用热辐射的方法御寒最为有效。

3. 空气流动

一方面空气的流动能增加人体的散热，而另一方面通过对流的方式，又使人体吸热增加，而且气温愈高，吸热量就愈多。在炎热的夏天空气的流动可使人体感到舒适，但当气温高于人体皮肤温度时，空气流动的结果是促使人体从外界环境吸收更多的热，这对人体热平衡往往产生不良影响。在高温高湿度的环境里作业时，人的体温调节作用（如大量出汗等）加强，使得人体放热量增加，盐分大量消耗，因此作业人员容易疲劳而降低工作效率。

在热环境中还有一个重要的感征，就是空气的新鲜感。据测定，在舒适温度区段内，气流速度达到 $9m/min$，即可感到空气清新、有新鲜感；而在室内，即使室温适宜，但若空气不动（速度很小），也会产生沉闷的感觉。

在寒冷的冬季，气流使人感到更加寒冷，特别在低温高湿中，如果气流速度大，则会因为人体散热过多，作业人员不仅感到很难受，而且容易而引起冻伤。

4. 热辐射

热辐射包括太阳辐射和人体与其周围环境之间的辐射。任何两种不同温度的物体之间都有热辐射存在，它不受空气影响，热量总是从温度较高的物体向温度较低的物体辐射，直至两物体的温度相平衡为止。

当物体温度高于人体皮肤温度时，热量从物体向人体辐射，使人体受热，这种辐射一般称为正辐射。当物体温度比人体皮肤温度低时，热量从人体向物体辐射，使人体散热，这种辐射叫负辐射。人体对负辐射的反射性调节不很敏感，往往一时感觉不到，因此在寒冷季节容易因负辐射丧失大量热量而受凉，产生感冒等病症。

当在生产过程中面对高温物体时，人受辐射的影响显著升高，此时如果湿度也相对增大，则汗液就难于从人体皮肤表面蒸发，散热困难，使操作人员的生理机能发生障碍，破坏了正常的体温平衡。人体温度升高，使操作者心理上感觉不舒服而显得闷热、心慌、眼花、头昏等，事故频率度增大，失误增多。

三、色彩环境

1. 色彩

（1）色彩的形成　多种色光混合的光线照射到物体上时，由于物体表面的某些特性，不同波长的光会发生全反射、部分反射、全吸收或部分吸收。当被全部反射的某一色光，与被部分反射的其他色光相遇混合后，就形成了该物体所呈现的颜色。物体反射什么色光，物体就呈现什么色。各种颜色的波长范围不是截然分开的，而是逐渐过渡的，因此还可以分成许多中间色。

（2）色彩的三要素　为了鉴别和分析比较色彩的变化，人们提出了色相、明度和纯度三种要素作为鉴别色彩的标准。

① 色相　色相就是色彩的相貌，也是色彩的名称。如红、黄、蓝、绿、红橙、青紫等。

② 明度　明度是指色彩的亮暗程度，因光线强弱程度不同所产生的明暗效果。如在红、

橙、黄、绿、青、蓝、紫中，蓝和紫明度最低，红和绿明度中等，而黄色明度最高，所以，我们感到黄色最刺眼也是这个道理。

在无彩色（白、灰、黑三种颜色称无彩色）中，白色明度最高，黑色明度最低。在黑白之间，通常分成 9～11 个明暗阶段，称为明度等级。

③ 纯度 指某种色彩含该色量的饱和程度，也是对色彩的色觉强弱而言的。纯度又称为彩度或饱和度。当某一色彩浓度达到饱和，而又无白色、灰色或黑色渗入其中时，即呈纯色（亦称正色）；若有黑、灰色渗入，即为过饱和色；若有白色渗入，即为未饱和色。标准色的纯度最高（其中红色最高，绿色次之，其他的更低些），白、灰、黑的纯度最低，定为零。

2. 色彩的效应

色就是光刺激眼睛所产生视感觉，其中光（物理）、眼睛（生理）、神经（心理）三要素，是人们感知色彩必要条件。不同的色彩，能对人产生不同的心理和生理作用，并且以人的年龄、性别、经历、民族和所处环境等情况的不同而有差别。

（1）色彩的心理作用

① 冷暖感 色彩冷暖提法，来源于色光的物理特性，更大量来源于人们对色光印象和心理联想。而眼睛对于色彩冷暖判断，主要不依赖于眼睛对色光触觉，而是依赖联想，色彩冷暖感形式与人生活经验和心理联想有联系。

② 兴奋沉静感 暖色系的色都给人以兴奋感，冷色系的色都给人以沉静感，而暖色或冷色的纯度越高，其兴奋或沉静的作用越强烈。所以，把红、橙、黄的纯色叫兴奋色，而把蓝、绿蓝的纯色叫沉静色。

兴奋的色彩，可以激发人的感情，使人情绪饱满、精力旺盛；沉静的色，可以抑制人的情感，使人沉静地思考或安静地休息。

③ 活泼忧郁感 明亮而鲜艳的暖色使人感到轻快活泼、富有朝气；深暗浑浊的冷色使人感到沉闷忧郁、精神不振。主要是由明度和纯度起作用。无彩色的白色和其他纯色组合时感到活泼，而黑色是忧郁的，灰色是中性的。

④ 胀缩感 暖色、亮色看起来有膨胀感，给人感觉比实际面积增大；冷色、暗色有收缩感，给人感觉比实际面积缩小。白色具有膨胀感，而黑色具有收缩感。色彩的膨胀范围大约为实际面积的 4% 左右。

⑤ 轻重感 与冷暖相关的色彩轻重感形成与色彩生理影响和观者生活经验有关。色的重量感主要由明度来决定，一般明度高的感觉轻、明度低的感觉重；明度相同纯度高的比纯度低的感到轻；而暖的又比冷的显得重、密度大。

⑥ 软硬感 色彩的软硬感主要由明度决定。明亮的颜色感软，深暗的颜色感硬，中等纯度的色感柔软，高纯度或低纯度都有硬的感觉，无彩色的白色和黑色是坚面色，面灰颜色是柔软色。

⑦ 进退感 几种颜色在同一位置时，橙、黄暖色系的色是的前进色，有向前凸出感，看上去会有比实际距离近的感觉；蓝、蓝绿冷色系的色是后褪色，有凹进感，感觉比实际距离远。

（2）色彩对生理的影响

① 对视觉的影响 颜色的生理作用主要表现在对视觉工作能力和视觉疲劳的影响。单就引起眼睛疲劳而言，蓝、紫色最甚，红、橙色次之，黄绿、绿蓝、绿、淡青等色引起视力

疲劳最小。使用亮度过强的颜色，瞳孔收缩与扩大的差距过大，眼睛易疲劳，而且使精神不舒适。

② 对人体机能和生理过程的影响　红色色调会使人的各种器官机能兴奋和不稳定，有促使血压升高及脉搏加快的作用；而蓝色色调则会使人各种器官的机能稳定，起降低血压及减缓脉搏的作用；黄红系统颜色有增加食欲的作用；绿黄色起中性作用。眼睛最忌紫色系列，工作场所宜多采用绿黄色系列。

（3）色的标志性　色彩标志是用来沟通人与人之间的形象语言。差不多每个国家和地区，在交通、工业产品、生产设备等方面都采用颜色作标志，定出标志色。有的作为一种标准，有的作为一种法制性规定。

规定某种颜色指示某种危险情境，使人对危险的反应成为"自动"的行为，这就是颜色在作业区的重要编码功能。所采用的这些颜色，又可称之为安全色。安全色是用来表达禁止、警告、指令、提示等安全信息含义的颜色。它的作用是使人们能够迅速发现和分辨安全标志，提醒人们注意安全，以防发生事故。

国际标准化组织（ISO）制定的安全信息国际标准，是选用红、黄、蓝三原色外加绿色，作为"国际安全色"，并且各赋予特定的含义：红色表示"禁止"，有时也表示防火，用于危险性最大、法制性最高的禁令类标志；蓝色在光当中与红色差别较大、也比较鲜明，所以把它用于法制性较强的圆形指示类标志；黄色表示"危险"，它介于红、蓝之间，所以把它用于警告类标志；绿色表示"安全"，因为它给人的视觉刺激最小，给人以舒适的感觉。我国安全色标准规定红、黄、蓝、绿四种颜色为安全色。

① 红色在可见光谱中的光波最长，折射角度小，但穿透力强能见度高。红色通常表示危险、暂停、停止、禁止，是指示火警和火警系统的规定用色，部分色标如图 2-17 所示。

禁止吸烟　禁止带火种　禁止合闸　禁止穿化纤服装

图 2-17　红色色标示例

② 黄色波长适中，明度、彩度较高，在色相中的光感最强，注目性强。用来表示小心、注意。为了醒目也常与黑色一起使用。黄色和黑色是起警告作用的颜色，部分色标如图 2-18 所示。

注意安全　当心触电　当心机械伤人　当心吊物

图 2-18　黄色色标示例

③ 绿色属于中性色，波长居中，是人眼最适应的色光。色标中的含义是提示，表示安全状态或可以通行。表示安全、正常，如图 2-19 所示。

④ 蓝色波长短于绿色，比紫色略长，折射角度大，明视度及注目性与绿色基本相同。色标中的含义是指令，必须遵守。主要用来做标志、说明等，如图 2-20 所示。

闭险处　　可动火区　　紧急出口

图 2-19　绿色色标示例

必须戴防护手套　必须穿防护鞋　必须系安全带　必须穿救生衣

图 2-20　蓝色色标示例

　　红色和白色间隔条纹的含义是禁止通过。如交通、公路上用的防护栏杆。黄色与黑色间隔条纹的含义是警告、危险。如工矿企业内部的防护栏杆、吊车吊钩的滑轮架、铁路和公路交叉道口上的防护栏杆。

　　安全标识通常指安全标志和安全标签。安全标志是由安全色、几何图形和形象的图形符号构成，用以表达特定的安全信息，是一种国际通用的信息。安全标志分为禁止标志、警告标志、指令标志和提示标志四类。施工现场安全色标数量及位置情况见表 2-16。

表 2-16　施工现场安全色标数量及位置

类　别		数量	位　置
禁止类 （红色）	禁止吸烟	8 个	材料库房、成品库、油料堆放处、易燃易爆场所、材料场地、木工棚、施工现场、打字复印室
	禁止通行	7 个	外架拆除、坑、沟、洞、槽、吊钩下方、危险部位
	禁止攀登	6 个	外用电梯出口、通道口、马道出入口
	禁止跨越	6 个	首层外架四面、栏杆、未验收的外架
指令类 （蓝色）	必须戴安全帽	7 个	外用电梯出人口、现场大门口、吊钩下方、危险部位、马道出入口、通道口、上下交叉作业
	必须系安全带	5 个	现场大门口、马道出入口、外用电梯出入口、高处作业场所、特种作业场所
	必须穿防护服	5 个	通道口、马道出入口、外用电梯出入口、电焊作业场所、油漆防水施工场所
	必须戴防护眼镜	12 个	通道口、马道出入口、外用电梯出入、车工操作间、焊工操作场所、抹灰操作场所、机械喷漆场所、修理间、电度车间、钢筋加工场所
警告类 （黄色）	当心弧光	1 个	焊工操作场所
	当心塌方	2 个	坑下作业场所、土方开挖
	机械伤人	6 个	机械操作场所、电锯、电钻、电刨、钢筋加工现场、机械修理场所
提示类 （绿色）	安全状态通行	5 个	安全通道、行人车辆通道、外架施工层防护、人行通道、防护棚

四、振动与噪声

1. 振动

　　（1）振动　物体在平衡位置附近，作直线或弧线的周期性往复运动，称为振动。如建筑工地上用的混凝土振捣器、风镐、电钻和运输车辆等，都是振动源，都会产生不同程度的振动。

（2）振动对人的影响　振动物体通过与人体的接触，将振动传入人体，使人体的肌肉、感知系统、循环系统和呼吸系统等受到不同程度的影响。手执握振动着的工具进行操作时为局部振动（如操作者使用电锯、钻机、铆钉枪、磨具等），振动波由手、手腕、肘关节、肩关节传导至全身；人处于振动的物体上（如人站在振动的工作台上或乘坐在行驶中的推土机上时）受到全身振动。

振动对人体的生理与心理作用，主要决定于振动频率、振动加速度和振动时间的长短。15Hz以下的低频大振幅振动，常引起前庭功能紊乱，如晕车、晕船；40～100Hz高频小振幅振动，常危害人体组织内的神经末梢，表现为一指或多指指端麻木、僵硬、疼痛、对寒冷敏感，遇冷时手指因缺血而发白，称白指病。当振动频率为10～30Hz振动对人的视觉危害最为严重。

人体受振动后，手眼协调活动受到破坏、疲劳提前、事故增多、直接影响人的作业效能和操作动作精确性，振幅越大影响越大；振动使人产生讨厌、烦恼、精神疲乏的自觉症状，振动加速度则常常打乱人的正常生理功能，引起各种不适感觉。受振动的时间越长，危害越大。当振动加速度达到1.5g时人就无法忍受，这是危险的极限。

（3）减小振动对人体危害的措施　在人机系统中，有许多设备装置都会发生振动。电动工具、风动工具、高速旋转机械等都是振源。为消除或减小振动、阻止振动的传播，将振动对人的不良影响和损害降至最小，可采取的措施如下。

① 采用新工艺代替风动工具；

② 隔离振源，采用减振坐椅、弹性垫以缓冲振动对人的影响；

③ 采取减振、防振措施以减轻手的振动，增加设备的阻尼（如采用吸振材料、安装阻尼器或阻尼环，附加弹性阻尼材料等）以减轻设备的振动，采用钢丝弹簧类、橡胶类、软木、毡板、空气弹簧和油压减振器等多种形式的减振；

④ 通过减小系统刚性系数或增加质量，来降低设备减振系统的共振频率；

⑤ 对于可能引起机械振动的陈旧设备应定期检查维修或改造；

⑥ 缩短工人暴露于振动环境的时间。

2. 噪声

（1）噪声及影响　所谓噪声是使人烦恼的、影响工作的、有害于人的健康的、人们不需要的声音。它具有声音的一切物理性质，因此可用物理指标和主观感觉加以量度。

中国科学院声学研究所对于我国环境噪声标准提出了建议值，见表2-17。

表2-17　环境噪声标准建议值

适用范围	噪声标准/dB	
	理想值	最大值
听力保护	75	90
语言交谈	45	60
睡眠	35	50

长期在噪声环境下作业，会引起听力减弱，心血管系统、神经系统和消化系统的障碍，当然也就影响人们的作业和生产效率的提高。

由于噪声掩盖了语言传递（图 2-21）和作业场所的危险信号或警报，往往造成工伤事故的发生。

噪声会使人感觉疲乏、产生烦躁、注意力不集中、反应迟钝、准确性降低、视觉障碍、听力损害、疲劳等症状，从而降低了工作能力和效率、妨碍语言传达和其他必需声音的听闻。噪声使语言清晰度降低，影响交谈相思考，影响信息的接受和传递，容易造成错误操作。

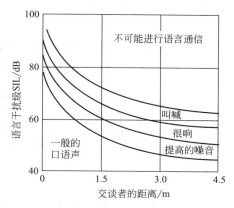

图 2-21 交谈的语言声级与交谈效果的关系

（2）噪声的控制方法 噪声控制要根据实际情况，采取综合措施，才能取得较好的效果。噪声控制方法很多，主要如下。

① 降低声源噪声 更换装置、减少机械间的摩擦、减少气流噪声、减少固体中的传声、加强维修保养、改变声源的频率特性和传播方向。用低噪声设备和工艺代替强噪声设备和工艺，如采用焊接代替铆接。

② 控制声源噪声 隔声、吸声、消声、隔振、减振；

③ 个人防噪措施 佩戴护耳具如耳塞、耳罩、防噪声帽和防噪声衣，施行轮流工作制减少工人在噪声中的暴露时间。

【本章小结】

简要介绍安全人机工程学基本情况，了解人机系统；认识人机系统中人的特性，包括人体尺寸、生理和心理特征；认识作业的特性，包括作业强度、作业疲劳及失误；认识作业环境的特性，包括光、温度、色彩、振动与噪声。

通过本章的学习，学生应对人机工程学有一个基本的认识。

【关键术语】

安全人机工程、人机系统、人体工程尺寸、感知、视觉、听觉、本体感觉、生物节律、心理、作业、劳动强度与分级、作业疲劳与失误、作业环境、光环境、色彩环境、温度环境、振动与噪声环境

【实际操作训练或案例分析】

人与机器该谁适应谁？

美国阿波罗登月舱设计中，原方案是让两名宇航员坐着，即使开了 4 个窗口，宇航员的视野也十分有限，很难观察到月球着陆点的地表情况。为了寻找解决方案，工程师互相争论，花费很多时间。一天一位工程师抱怨宇航员的座位又重又占用空间，另一位工程师马上想到，登月舱脱离母舱到月球表面大约只一个小时而已，为什么一定要坐着，不能站着进行这次短暂的旅行吗？

一个牢骚引出了大家都赞同的新方案。站着的宇航员眼睛可以贴近窗口，窗口可小，而视野却很大，问题迎刃而解，整个登月舱的重量可以减轻，方案更为安全、高效、经济。这

个小故事，发人深省，它告诉我们：

① 解决大难题，可能是一个小想法，甚至是一个不需投入资金的方法。

②"让机器适应人"是我们经常考虑的问题，但"人适应机器"也可以解决很多难题。

③ 只要我们多想一点，多做一点，我们就会做得更好！

心理活动与事故

事故案例：山西省太原某焦化厂皮带运输机伤害事故（侥幸心理）

2001 年 6 月 14 日，山西省太原某焦化厂发生了一起皮带机伤害事故，导致 1 名操作工死亡。

事故经过

6 月 14 日 15 时，该厂备煤车间 3 号皮带输送机岗位操作工郝某从操作室进入 3 号皮带输送机进行交接班前检查清理，约 15 时 10 分，捅煤工刘某发现 3 号皮带断煤，于是到受煤斗处检查，捅煤后发现皮带机皮带跑偏，就地调整无效，即向 3 号皮带机尾轮部位走去，离机尾约 5～6m 处，看到有折断的铁锹把在尾轮北侧，未见郝某本人，意识到情况严重，随即将皮带机停下，并报告有关人员。有关人员到现场后，发现郝某面朝下趴在 3 号皮带机尾轮下，头部伤势严重，立即将其送医院，经抢救无效死亡。

经现场勘察，皮带向南跑偏 150mm，尾轮北部无沾煤，南部有大约 10mm 厚的沾煤，铁锹在机尾北侧断为 3 截，人头朝东略偏南，脚朝西略偏北，趴在皮带机尾轮下方，距头部约 200mm 处有血迹，手套、帽子掉落在皮带下。

从现场勘察情况推断，郝某是在清理皮带机尾上沾煤时，铁锹被运行中的皮带卷住，又被皮带甩出，碰到机尾附近硬物折断，郝某本人未迅速将铁锹脱手，被惯性推向前，头部撞击硬物后致死。

事故原因

事故发生后，当地有关部门组成调查组对事故进行了分析，认为：

① 操作工郝某在未停车的情况下处理机尾轮沾煤，违反了该厂"运行中的机器设备不许擦拭、检修或进行故障处理"的规定，是导致本起事故的直接原因；

② 皮带机没有紧急停车装置，在机尾没有防护栏杆，是造成这起事故的重要原因；

③ 该厂安全管理不到位，对职工安全教育不够，安全防护设施不完善，是造成这起事故的原因之一。

【习题】

1. 作业者在疲劳状态下继续作业，立即可能发生的直接后果是使工作效率降低、_____，并且会使作业者作业后的疲劳恢复期延长。

A. 易患职业病　　　　　　　　　　　B. 事故率上升

C. 企业经济效益降低　　　　　　　　D. 企业经济效益增加

2. 人体测量学是安全人机工程学的主要研究方法之一。进行人体测量所涉及的对象主要是_____。

A. 特定的个人　　B. 特定的群体　　C. 非特定的个人　　D. 非特定的群体

3. 利用认知时间法、闪烁光点法等常用方法测量人的闪光融合频率（临界闪变融合值）的方法，目的是测量人的_____。

A. 运动机能　　　B. 心理卫生　　　C. 疲劳程度　　　D. 视觉特征

4. 控制器阻力大小设计不合理而最易导致的控制器操作错误是_____。

A. 置换错误　　　B. 调节错误　　　C. 逆转错误　　　D. 无意中引发错误

5. 某爆破工在加工爆炸药包时，因一时手边找不到钳子，竟用牙齿去咬雷管接口，致重伤事故。从心理学角度分析他的行为属于_____。

A. 侥幸心理　　　B. 逆反心理　　　C. 凑兴心理　　　D. 省能心理

6. 在人机学发展史上的三个著名实验是_____。

A. 肌肉疲劳实验、铁锹作业实验、砌砖作业试验

B. 力源耗竭试验、铁锹作业实验和中枢变化机理与生化变化机理试验

C. 局部血流阻断、中枢变化机理与生化变化试验和力源耗竭试验

D. 疲劳物质累积试验、局部血流阻断、中枢变化机理与生化变化试验

7. 机械安全的安全性指的是_____。

A. 机器在预定的使用条件下，在其寿命期限内必须按照使用说明正确使用才是安全的

B. 机器在预定的使用条件下，在其寿命期限内即使发生误操作，也能保证人和机器的安全

C. 机器在预定的使用条件下，在其寿命期限内无论如何操作都是安全的

D. 机器在预定的使用条件下，在其寿命期限内无论如何操作都不是绝对安全的，只是安全达到了可接受的程度

8. 为了保证生产的安全，采取本质安全的技术措施来消除机械危险，应在机械设备的_____。

A. 设计阶段　　　B. 制造阶段　　　C. 使用阶段　　　D. 安装阶段

9. 人机系统发生事故的原因很多，但主要是_____。

A. 人的不安全行为和环境的不良状态

B. 人的不安全行为和物的不安全状态

C. 设备使用时间过长导致磨损和状态恶化以及人的不安全行为

D. 环境的不良状态和物的不安全状态

第三章　建设工程安全生产管理

【本章教学要点】

知识要点	相关知识
安全生产法律体系	安全生产相关法律、法规、规章、标准
安全管理体系	安全管理原则、基本方针、指导思想、管理体制、制度
建筑工程安全管理	原理、方法、措施、监督机制

【本章技能要点】

技能要点	应用方向
有关建筑工程的安全生产法律体系	理解法律、法规、标准的概念,熟悉安全生产相关法律法规,掌握建设工程安全技术标准
建筑工程安全管理体系	熟悉建筑工程安全生产管理体制、制度的组成和运行情况,了解职业健康安全管理体系
建筑工程安全管理	熟悉常用的安全管理原理、方法、措施,了解安全监督机制的运行情况

【导入案例】

德国和美国的安全管理模式

德国把职工安全纳入了国家的法制化管理。为了确保职工的生命安全,德国制定了劳动保护法规,由政府部门对各行各业的安全生产、劳动保护、职工伤亡依法行使监察的职能。由协会制定行业的技术标准、规范,各企业都要认真贯彻执行。同时,这些标准、规范也是法院判定是否正确遵守行业行为的法定依据。各企业依据这些标准、规范制订各生产单位的规程、制度、工作条例,建立正常的企业生产秩序。

在德国,职工的保险是强制性的,按照德国法制规定,职工必须参加社会保险,包括健康保险、退休保险、转业保险以及伤残保险。前3种保险费用由企业与个人各承担一半,职工伤残保险由企业全部承担。

企业发生了职工伤亡事故,是由当地政府有关部门组织调查,有警察局、法院、劳动局以及技术监督公司、保险公司、企业有关人员参加。调查和事故处理的依据是国家的法律和行业的标准、规定。从法的角度来看责任,而不是用行政的办法来分析和处理事故。在生产工作中,职工的安全纳入了国家的法制化管理,大大提高了安全监察的力度。企业的各级负责人,各个岗位上的工作人员直接对自己所从事的工作负责,并承担相应的法律责任。为此,企业在培训工作中突出了法制教育,还请咨询公司对企业的各种规程、制度进行评估。职工的安全管理是建立在法制基础上的。

在德国,重大设备事故的调查分析则以资产所有者为主,由包括保险公司、行业协会、技术监督部门、企业负责人以及政府有关部门组成的调查组进行。在一般设备事故的调查处理上,采取了重对策、轻处罚的原则。德国重视生产现场的安全标志和设施。在厂房门口备有担架、急救箱（一般装有绷带、剪刀、创可贴）；厂房内到处挂有安全警示图、安全标志、安全警示线，设置醒目的安全栏杆；在有酸、碱及化学药品的工作场所，有关于皮肤或面部意外溅了酸、碱后及时冲洗的提示图标；提醒戴安全帽、跑向安全地带的指示；在各岗位电话亭挂有主要电话号码卡，突出了生产现场的安全氛围。

美国企业是讲"安全第一"，在美国高速公路上有时可见工厂房顶上和工作现场有"安全第一"的标牌。

美国太平洋天然气与电力公司制订了"安全誓言"，由公司总经理和主管安全的总经理签字后发各部门。要求部门每一个雇员在安全誓言上签字，制成镜框放在墙上，同时印成精致的小卡片发给每一位雇员随身携带。誓言要求雇员：我永远将安全放在第一位。同时要求各个部门宣传"公司的利益就是安全第一"。

美国田纳西流域管理局"安全方针"明确指出：可接受的安全业绩是雇佣的条件之一。公司有一个副总经理主管企业安全生产工作，各部门负责人就是本部门的安全负责人，部门内还有一个人主管安全。公司发红利与安全挂钩。有人身伤亡时要扣红利，多的可达 25%。公司招聘雇员时，对新进人员要进行安全资质审查。公司定期对生产人员进行安全培训。公司还规定：在各种生产会议上，首先要讲安全。安全大检查定期进行，生产现场 3 个月一次，每年政府还要检查一次。检查有没有隐患，查出的隐患记录下来，要公司研究解决。在工作中，有影响安全的因素存在时，就要停工，消除后再工作。

在工作中，有的员工违规，甚至发生事故，对这类情况的处理，一般有 3 种方式：①口头通知。工作主管给员工指出违规的地方，让员工知道存在什么样的问题。还要告知"安全工作才能得到雇佣"。违规员工也要口头表示今后要"安全地工作"；②书面通知。安全上出了事，问题要严重一些了，于是书面通知雇员要重视安全。指出有责任的员工已在安全誓言上签了字，承诺要注意安全，但是没有做到，应该反省；③如果不安全事件再次发生，该员工就要停工一天，在家里认真考虑能不能做到安全生产，若告诉公司不能保证安全生产，那就是离开公司了。发生了重大安全事故，就要马上开除有关员工。

美国发生人身伤亡或重大设备事故后的调查分析是用与德国一样的方式进行的。发生事故后，公司还将事故经过、事故原因等简要情况做成一个"信函"（类似事故通报）发给公司每一位雇员，以防再犯。

第一节　建设工程安全生产法律体系

根据我国立法体系的特点，安全生产法律法规体系分成几个层次。第一是宪法，在宪法下由全国人民代表大会通过的主法，再下层是主法下边的子法，如劳动法、安全生产法、矿山安全法、环境保护法、刑法等；法律下面是国务院颁布的行政法规、部颁规章和地方法规规章。

一、安全生产法律法规及标准基础

根据我国立法体系的特点，以及安全生产法规调整的范围不同，安全生产法律法规体系按法律地位及效力同等原则，可以分为以下六个门类。

1. 国家根本法

我们国家的根本法主要指宪法。《宪法》是我国安全生产法律体系框架的最高层级，是普通法的立法基础和依据，也是安全法规的立法基础和依据。

2. 安全生产方面的法律

① 基础法　我国有关安全生产的法律主要包括《安全生产法》和与他平行的专门安全生产法律和与安全生产有关的法律。

② 专门法律　专门安全生产法律是规范某一专业领域安全生产法律制度的法律。我国在专业领域的法律主要有《中华人民共和国消防法》、《中华人民共和国道路交通安全法》等。

③ 相关法律　与安全相关的法律是指安全生产专门法律以外的，涵盖有安全生产内容的法律，如《中华人民共和国劳动法》、《中华人民共和国建筑法》、《中华人民共和国工会法》、《中华人民共和国全民所有制企业法》等。还有一些与安全生产监督执法工作有关的法律，如《中华人民共和国刑法》、《中华人民共和国刑事诉讼法》、《中华人民共和国行政处罚法》、《中华人民共和国行政复议法》、《中华人民共和国标准化法》等。

3. 安全生产行政法规

由国务院组织规定并批准的公布，为实施安全生产法律或规范安全生产监督管理而制定并颁布的一系列具体规定，是实施安全生产监督管理和监察工作的重要依据。

我国已颁布了多部安全生产行政法规，如《工厂安全卫生规程》、《建筑安装工程安全技术规程》、《关于加强企业生产中安全工作的几项规定》、《特别重大事故调查程序暂行规定》、《企业职工伤亡事故报告和处理规定》、《中华人民共和国尘肺病防治条例》、《矿山安全法实施条例》、《女职工劳动保护工作规定》、《禁止使用童工的规定》和《国务院关于特大安全事故行政责任追究的规定》等。

4. 部门安全生产规章、地方政府安全生产规章

部门规章之间、部门规章与地方政府规章之间具有同等效力，在各自的权限范围内施行。国务院部门安全生产规章是有关部门为加强安全生产工作而颁布的安全生产规范性文件组成，部门安全生产规章作为安全生产法律法规的重要补充，在我国安全生产监督管理工作中起着十分重要的作用。

5. 地方性安全生产法规

是指具有立法权的地方权力机关——人民代表大会及其常务委员会和地方政府制定的安全生产规范性文件。是由法律授权制定的，是对国家安全生产法律、法规的补充和完善，它以解决本地区某一特定的安全生产问题为目标，具有较强的针对性和可操作性。

6. 安全生产标准

是我国安全生产法规体系中的重要组成部分，也是安全生产管理的基础和监督执法工作的重要技术依据。我国安全生产标准属于强制性标准，是安全生产法规的延伸与具体化，其体系由基础标准、管理标准、安全生产技术标准、其他综合类标准组成。

二、建设工程安全生产相关法律

我国全国人大颁布的有关建设工程安全生产的现行法律，如表3-1所示。

表3-1　现行与建设工程安全生产相关的法律

序号	名　　称	编　　号	施行时间
1	《中华人民共和国宪法》	2004年3月14日第四次修正	1982.12.4
2	《中华人民共和国劳动法》	主席令第28号	1995.1.1
3	《中华人民共和国安全生产法》	主席令第70号	2002.11.1

序号	名　　称	编　　号	施行时间
4	《中华人民共和国职业病防治法》	主席令第 60 号	2002.5.1
5	《中华人民共和国工会法》(修改)	主席令第 62 号	2001.10.27
6	《中华人民共和国建筑法》	主席令第 91 号	1998.3.1
7	《中华人民共和国城乡规划法》	2011 年 4 月 22 日修正	2008.1.1
8	《中华人民共和国刑法》	主席令第 83 号	1997.10.1
9	《中华人民共和国消防法》(修订 2008)	主席令第 6 号	2009.5.1
10	《中华人民共和国环境法保护》	主席令第 22 号	1989.12.26

1.《中华人民共和国安全生产法》

确立了通过加强安全生产监督管理，防止和减少生产安全事故，实现保障人民生命安全、保护国家财产安全、促进社会经济发展的三大目的。第三条明确了安全生产管理的方针是："安全第一，预防为主"。

2.《中华人民共和国建筑法》

《建筑法》规定了建设单位、设计单位、施工企业应落实安全生产责任制，加强建筑施工安全管理，建立健全安全生产基本制度等。

3.《中华人民共和国刑法》

刑事责任是对犯罪行为人的严厉惩罚，安全事故的责任人或责任单位构成犯罪的将被按刑法所规定的罪名追究刑事责任。

刑法对安全生产方面构成犯罪的违法行为的惩罚做了规定。

4.《中华人民共和国劳动法》

保护劳动者的安全与健康是《劳动法》的一个重要组成部分。规定了工作时间和休息休假，对劳动安全卫生和女职工和未成年工特殊保护等方面做了要求。

5.《中华人民共和国职业病防治法》

《职业病防治法》这是我国颁布的第一部为预防控制和消除职业病危害、防治职业病、保护劳动者健康及相关权益而制定的法律。

它是作好职业病防治工作的法律保障，适用于我国领域内的职业病（即企业、事业单位和个体经济等用人单位组织的劳动者在职业活动中，因接触粉尘、放射性物质和其他有毒、有害物质等因素所引起的疾病）防治活动。

三、建设工程安全生产行政法规

国务院颁布的有关安全生产行政法规，如表 3-2 所示。

表 3-2　有关建设工程安全生产的行政法规

序号	名称	编号	施行日期
1	《安全生产许可证条例》	国务院令第 397 号	2004.1.13
2	《建设工程安全生产管理条例》	国务院令第 393 号	2004.2.1
3	《生产安全事故报告和调查处理条例》	国务院令第 493 号	2007.6.1
4	《国务院关于特大安全事故行政责任追究的规定》	国务院令第 302 号	2001.4.21
5	《安全生产违法行为行政处罚办法》	安全生产监督管理总局令第 15 号	2008.1.1

续表

序号	名称	编号	施行日期
6	《特种设备安全监察条例》	国务院令第 373 号	2003.6.1 （2009 年 1 月 24 日修订）
7	《女职工劳动保护特别规定》	国务院令第 619 号	2012.4.28.
8	《禁止使用童工规定》	国务院令第 364 号	2002.12.1
9	《工伤保险条例》（修订）	国务院令第 586 号	2010.12.20
10	《建设工程质量管理条例》	国务院令第 279 号	2000.1.30
11	《民用爆炸物品安全管理条例》	国务院令第 466 号	2006.9.1
12	《国家安全生产事故灾难应急预案》		2006.1.22
13	《国务院关于进一步加强安全生产工作的决定》	国发[2004]2 号	
14	《建筑业安全卫生公约》	国际劳工组织大会第 167 号公约	1988 年 6 月 20 通过

1. 《安全生产许可证条例》

该条例规定建筑施工企业必须经安全生产许可。包括申请主体、执法主体、申请条件、执证主体的权利和义务等。

2. 《建设工程安全生产管理条例》

包括建设单位、勘察和设计及工程监理单位的安全责任监督管理要求，应急救援，相关法律责任等。

四、建设工程安全生产行政规章

由部委颁布的有关安全生产规章很多，这里举出有关的部分规章见表 3-3。

表 3-3　建设工程主要安全生产行政规章

序号	名　称	编　号	施行日期
1	《建筑施工企业安全生产许可证管理规定》	建设部令第 128 号	2004.7.5
2	《实施工程建设强制性标准监督规定》	建设部令第 81 号	2000.8.21
3	《建筑工程施工许可管理办法》（修正）	建设部令第 71 号	2001.7.4
4	《建筑业企业资质管理规定》	建设部令第 159 号	2007.6.26
5	《建筑起重机械安全监督管理规定》	建设部令第 166 号	2008.6.1
6	《建筑施工企业主要负责人、项目负责人和专职安全生产管理人员安全生产考核管理暂行规定》	建质[2004]59 号	2004.4.8
7	《危险性较大的分部分项工程安全管理办法》	建质[2009]87 号	2009.5.13
8	《建筑施工企业安全生产管理机构设置及专职安全生产管理人员配备办法》	建质[2008]91 号	2008.5.13
9	《建筑施工人员个人劳动保护用品使用管理暂行规定》	建质[2007]255 号	2007.11.5
10	《建筑工程安全防护、文明施工措施费用及使用管理规定》	建办[2005]89 号	2005.9.1
11	《用人单位劳动防护用品管理规范》	安监总厅安健[2015]124 号	2015.12.29
12	《生产经营单位安全培训规定》（修正）	安监局令第 80 号	2015.5.29
13	《特种作业人员安全技术培训考核管理规定》（修正）	安监局令第 80 号	2015.5.29
14	《生产安全事故档案管理办法》	安监总办[2008]202 号	2008.11.17

续表

序号	名　称	编　号	施行日期
15	《生产安全事故统计报表制度》有效期2年	安监总统计[2014]第103号	2014.9.18
16	《企业安全生产风险抵押金管理暂行办法》	财建[2006]369号	2006.8.1
17	《厂长、经理职业安全卫生管理资格认证规定》	劳动部	1990.10.5
18	《劳动安全卫生检测检验机构资格认证办法》	劳动令[1996]第7号	1997.1.1
19	《劳动安全卫生监察员管理办法》	劳部发[1995]第260号	1995.6.20
20	《关于加强乡镇企业劳动保护工作的规定》	劳人护[1987]23号	1987.7.22
21	《建设项目（工程）职业安全卫生设施和技术措施验收办法》	劳安字[1992]1号	1992.1.13
22	《装卸、搬运作业劳动条件的规定》	中劳护字第144号	1956.7.24
23	《建设项目（工程）竣工验收办法》	计建设[1990]1215号	1990.9.11
24	《特种设备作业人员监督管理办法》（修改）	质监总局令第140号	2011.7.1
25	《起重机械安全监察规定》	质监局令第92号	2007.6.1

五、建设工程安全生产标准的体系

1. 基础标准

基础类标准主要指在安全生产领域的不同范围内，对普遍的、广泛通用的共性认识所作的统一规定，是在一定范围内作为制定其他安全标准的依据和共同遵守的准则。

如《安全色》（GB 2893—2008）和《安全标志及其使用导则》（GB 2894—2008）等。

2. 安全生产管理标准

管理类标准是指通过计划、组织、控制、监督、检查、评价与考核等管理活动的内容、程序、方式，使生产过程中人、物、环境各个因素处于安全受控状态，直接服务于生产经营科学管理的准则和规定。

建筑安全生产管理标准，包括《起重机械安全规程》（GB 6067—2010）、《职业健康安全管理体系规范》（GBT 28001—2011）、《体力劳动强度分级标准》（GB 3869—1997）等。

除此之外，还有重大事故隐患评价方法及分析标准、事故统计分析标准、职业病统计分析标准、安全系统工程标准、人机工程标准等。

3. 安全生产技术标准

技术类标准是指对于生产过程中的设计、施工、操作、安装等具体技术要求及实施程序中设立的，必须符合一定安全要求以及能达到此要求的实施技术和规范的总称。

安全生产技术标准包括：安全技术及工程标准、机械安全标准、电气安全标准、防爆安全标准、储运安全标准、爆破安全标准、燃气安全标准、建筑安全标准、焊接与切割安全标准、涂装作业安全标准、个人防护用品安全标准、压力容器与管理安全标准、职业卫生标准、作业场所有害因素分类分级标准、作业环境评价及分类标准、防尘标准、防毒标准、噪声与振动控制标准、电磁辐射防护标准、其他物理因素分级及控制标准。

4. 方法标准

方法类标准是对各项生产过程中技术活动的方法所作出规定。安全生产方面的方法标准主要包括两类：一类以试验、检查、分析、抽样、统计、计算、测定、作业等方法为对象制定的标准，例如：试验方法、检查方法、分析计法、测定方法、抽样方法、设计规范、计算方法、工艺规程、作业指导书、生产方法、操作方法等；另一类是为合理生产优质产品，并在生产、作业、试验、业务处理等方面为提高效率而制定的标准。

这类标准有安全帽测试方法、防护服装机械性能材料抗刺穿性及动态撕裂性的试验方法、《安全评价通则》（AQ 8001—2007）、《安全预评价导则》（AQ 8002—2007）、《安全验收评价导则》（AQ 8003—2007）。

第二节　建设工程安全生产管理体系

一、建设工程安全生产管理的原则、目标

安全生产管理，是指针对人们生产过程中的安全问题，运用人力、物力和财力等各种有效的资源，进行有关决策、计划、组织和控制等活动，实现生产过程中人与机器设备、物料、环境的和谐，避免发生伤亡事故，保证职工的生命安全和健康，达到安全生产的目标。

安全生产管理内容，包括对人的安全管理与对物的安全管理及环境因素的安全管理三个主要方面，还包括安全生产的方针、政策、法规、制度等。

安全生产管理的基本对象是企业员工，涉及企业中的所有员工、设备设施、物料、环境、财务、信息等各方面。

建设工程施工安全管理，指确定建设工程安全生产方针及实施安全生产方针的全部职能及工作内容，并对其工作效果进行评价和改进的一系列工作。它包含了建设工程在施工过程中组织安全生产的全部管理活动，即通过对生产要素过程控制，使生产要素的不安全行为和不安全状态得以减少或控制，达到消除和控制事故、实现安全管理的目标。

1. 安全生产管理的目标与方针

（1）目标　安全生产管理的目标就是要减少和控制危害及事故，尽量避免生产过程中由于事故所造成的人身伤害、财产损失、环境污染以及其他损失。

建筑安全管理的目标，是保护劳动者的安全与健康不因工作而受到损害，同时减少因建筑安全事故导致的全社会（包括个人家庭、企业行业和社会）的损失。它充分体现了以人为本的原则，保护他人就是保护自己，就是保护企业，就是保护整个国家的利益。

（2）方针　建筑安全管理的方针是"安全第一，预防为主、综合治理"。当安全与工期、安全与费用产生矛盾时，应确保安全；绝大部分的安全管理和措施都是为了预防事故的发生。

"安全第一"是原则和目标，从保护和发展生产力的角度，确立了生产与安全的关系，就是要求所有参与工程建设的人员都必须树立安全的观念，不能为了经济的发展而牺牲安全。当安全与生产发生矛盾时，必须先解决安全问题，在保证安全的前提下从事生产活动。

"预防为主"是手段和途径，根据工程建设的特点，对不同的生产要素采取相应的管理措施，有效地控制不安全因素的发展和扩大，把可能发生的事故消灭在萌芽状态。

杜邦公司在海因里希（Heinrich）的"安全金字塔"法则的基础上，进一步提出了事故金字塔理论（图 3-1），揭示了一个十分重要事故预防原理：要预防死亡重伤害事故，必须预防轻伤害事故，必须预防无伤害事故，必须消除日常不安全行为和不安全状态；而能否消除日常不安全行为和不安全状态，则取决于日常管理是否到位，也就是我们常说的细节管理，这是作为预防死亡重伤害事故的最重要的基础工作。

1895 年，心理学家西格蒙德·弗洛伊德（Sigmund Freud）著名的"冰山理论"显示：

图 3-1　杜邦事故金字塔理论

每一次人身伤亡事故的背后，都有 3 万次不安全行为。用冰山来比喻："一次伤亡事故"就像冰山浮在海面上的部分，"3 万次不安全行为"就像海面以下的部分。这个道理被称为"冰山理论"，见图 3-2。

图 3-2　事故冰山理论

事故就像浮在海面上的冰山一样能够引起重视，不安全行为及状态就像隐藏在海面以下的冰山部分一样，通常不被我们注意。有人虽察觉到了，但总存有侥幸心理，日积月累就酿成了事故。

2. 安全生产管理的原则

安全管理在形成和发展中，经历了不断改进和完善的多个阶段，见图 3-3。可以看出安全生产管理要搞好，必须坚持管理与自律并重、强制与引导并重、治标与治本并重、现场管理与文件管理并重。

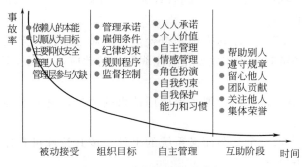

图 3-3　安全管理发展阶段

（1）一般管理原则

① 管生产必须管安全原则　生产和安全是一个有机整体，应将安全寓于生产中。工程项目各级领导和全体员工在生产中必须坚持在抓好生产的同时抓好安全工作。

② 目标管理原则 安全管理是对生产的人、物、环境因素状态的管理,有效控制人的不安全行为和物的不安全状态,消除或避免事故,达到保护劳动者安全和健康的目的。没有目标的安全管理,只能劳民伤财,危险因素得不到消除。

③ 预防为主的原则 安全管理中在安排与布置工程施工生产内容时,针对施工生产中可能出现的危险因素采取措施予以消除;在生产活动中,经常检查、及时发现不安全因素,明确责任、采取措施,尽快坚决地予以消除。

④ 全面动态管理原则 坚持全员(一切与生产有关的人)、全过程(从开工到竣工交付的全部生产过程)、全方位、全天候的全面动态管理。也要发挥安全管理第一责任人和安全机构的作用。

⑤ 持续改进原则 生产活动不断变化,产生新的危险因素,安全管理也要不断适应这些变化,并摸索新规律、总结经验、持续改进,不断提高建设工程施工安全管理水平。

⑥ 安全具有否决权 在对工程项目各项指标考核、评优创先时,必须首先考虑安全指标的完成情况。安全具有一票否决的作用。

⑦ 职业安全卫生"三同时"原则 职业安全卫生技术措施及设施,应与主体工程同时设计、同时施工、同时投产使用,以确保工程项目投产后符合职业安全卫生要求。

⑧ 安全生产的"五同时"原则 企业的生产组织及领导者在计划、布置、检查、总结、评比生产工作的同时,同时计划、布置、检查、总结、评比安全工作。

⑨ 项目建设"三同步"原则 企业在考虑自身的经济发展,进行机构改革,进行技术改造时,安全生产方面要相应地与之同步规划、同步组织实施、同步运作投产。

⑩ 事故处理"四不放过"原则 依据《国务院关于特大安全事故行政责任追究的规定》(国务院令第 302 号)要求,事故原因未查清不放过、事故责任者和职工群众没受到教育不放过、安全隐患没有整改和预防措施不放过、事故责任者不处理不放过。

(2)组织原则

① 计划性原则 在一定时期内确定安全活动的方向和数值指标;在检测数据的基础上,对不同等级水平应制订具体数值来表示要完成的任务。

安全计划的目的应指出最终结果的成效,不仅表现在物质费用上,而且直接表现在表示改善劳动条件的一些指标中。劳动安全的管理就是要知晓今后一个时期能够达到什么样的指标以及为此还需要做的工作。

② 效果原则 实际结果与计划指标相符合,也是对已取得成果的评价。它分为工程技术效果、社会效果和经济效果。它主要是看组织管理的效应,方案比较的可能性和对责任者活动的评价。

③ 反馈原则 反馈就是取得管理系统所用结果的情报,是从实际情况与计划相互比较而求得的。

④ 阶梯原则 它表示一个复杂而又系统的事件,按其特性可看作多个阶梯等级,并意味着从低水平向高水平发展。

⑤ 系统性原则 把事故现象和安全工作看成一个相互关联的综合整体,方法论的实施就是建立在系统分析的基础上。

⑥ 不得混放并存原则 实质是加强物质流的管理,即将物质、材料、设备、人员及其他客体在时间和空间上分开,以免其相互作用,产生危害。

⑦ 单项解决原则 在制定预防措施时，对一定的条件尽可能采用一定的具体措施。

⑧ 同等原则 为了有效地控制，控制系统的复杂性不应低于被控制系统。

⑨ 责任制原则。

⑩ 精神鼓励和物质鼓励相结合的原则。

⑪ 干部选择原则 劳动保护干部应具有非常广泛的专业技能，劳动保护工程师应当掌握生产组织、经济学、教育学、心理学、人机工程和系统工程学。

二、管理体制与管理制度

1. 建设工程安全生产管理体制

国务院颁发的《国务院关于进一步加强安全生产工作的决定》（国发〔2004〕2号）中指出要努力构建"政府统一领导、部门依法监管、企业全面负责、群众参与监督、全社会广泛支持"的安全生产工作格局，明确了现行的安全管理体制。

（1）国家监察 即国家劳动安全监察，它是由国家授权某政府部门对各类具有独立法人资格的企事业单位，以国家的名义，运用国家赋予的权力，执行安全法规的情况进行监督和检查，用法律的强制力量推动安全生产方针、政策的正确实施，也称为国家监督。

政府监管职责划分见表3-4。

表 3-4 政府部门对建设工程安全生产监督管理分工

单 位	职 能
国务院负责安全生产监督管理的部门	对全国建设工程安全生产工作实施综合监督管理，对安全生产工作指导、协调和监督
建设行政主管部门	对全国建设工程安全生产工作实施监督管理
铁路、交通、水利等有关部门	按国务院规定的职责分工，负责有关专业建设工程安全生产的监督管理；结合行业特点制定相关的规章制度和标准，并施行行政监管

（2）行业管理 就是由行业主管部门，根据国家的安全生产方针、政策、法规，在实施本行业宏观管理中，帮助、指导和监督本行业企业的安全生产工作。

行业安全管理也存在与国家监察在形式上类似的监督活动。但这种监督活动仅限于行业内部，而且是一种自上而下的行业内部的自我控制活动，一旦需要超越行业自身利益来处理问题时，它就不能发挥作用了。因此，行业安全管理与国家监察的性质不同，它不被授予代表政府处理违法行为的权力，行业主管部门也不设立具有政府监督性质的监察机构。

（3）企业负责 指企业在生产经营过程中，承担着严格执行国家安全生产的法律、法规和标准，建立健全安全生产规章制度，落实安全技术措施，开展安全教育和培训，确保安全生产的责任和义务。企业法人代表或最高管理者是企业安全生产的第一责任人，企业必须层层落实安全生产责任制，建立内部安全调控与监督检查的机制。企业要接受国家安全监察机构的监督检查和行业主管部门的管理。

（4）群众监督 就是广大职工群众通过工会或职工代表大会等自己的组织，监督和协助企业各级领导贯彻执行安全生产方针、政策和法规，不断改善劳动条件和环境，切实保障职工享有生命与健康的合法权益。群众监督属于社会监督，不具有法律的权威性。一般通过建议、揭发、控告或协商等方式解决问题，而不可能采取以国家强制力来保证的手段。

2. 建设工程安全管理监管主体

监管主体按实施主体不同，可分为内部监管主体和外部监管主体，如表 3-5 所示。内部监管主体是指直接从事建设工程施工安全生产职能的活动者，外部监管主体指对他人施工安全生产能力和效果的监管者。

表 3-5　建设工程施工安全监管主体及内容

监管主体	监管单位	监管依据	监管方法和环节
外部监管主体	政府管理部门	国家法律法规、标准规范	建筑施工企业安全生产许可证、施工许可证、工程施工现场安全监督、材料机械和设备准用、安全事故处理、安全生产评价、从业人员资格
	工程监理单位	受建设单位的委托，根据监理合同及《建设工程安全生产管理条例》等法律法规规定	工程施工全过程进行的安全生产监督和管理
	保险公司	保险合同、建设工程安全生产法律法规及标准规范	对施工单位安全生产行为进行事前预控、事中控制及事后的事故评估和赔偿
内部监管主体	勘察设计单位	国家法律法规，标准规范及合同	勘察、设计的整个过程进行安全管理，设计中应当考虑施工安全操作和防护需要，保障施工作业人员人身安全
	施工单位	国家有关安全生产、建设工程安全生产等法律法规、安全技术标准与规范、工程设计图纸及合同	施工准备阶段、施工过程等全过程的施工生产进行的管理
	机械设备和配件出租、装拆单位	国家有关安全生产、建设工程安全生产等法律法规、安全技术标准与规范、合同	工生产进行的管理

3. 建设工程安全生产管理制度

建设行政主管部门要求实施建设工程安全生产管理制度，主要制度见表 3-6。

表 3-6　各种建筑工程安全生产管理制度

名称	对象	要求	内容
安全生产责任制度	各级领导、职能部门、各类人员	管生产必须管安全	安全生产的职责要求、职责权限、工作程序、目标分解落实、监督检查、考核奖励
安全生产资金保障制度	建设单位	概算中确定安全生产资金	安全生产资金必须拥有施工安全防护设施及用具的采购和更新、安全措施、安全生产条件改善
安全教育培训制度	施工企业从业人员、新工人、变换工种、转场、特种作业、班前交底、一周活动	先培训、后上岗；三级教育、特种作业人员的专门训练、经常性的安全教育	培训的类型、对象、时间、内容、计划的编制、实施、证书的管理要求、职责权限、工作程序
安全检查制度	施工现场项目经理部	对施工过程进行安全生产状态检查；查思想、查管理、查制度、查现场、查隐患、查事故处理	检查形式、方法、时间、内容、组织的要求，职责权限、隐患整改、处置和复查的工作程序，写出检查报告、定期检查、突击检查、特殊检查
安全技术管理制度	工程项目	工程施工安全计划、安全技术措施、安全专项施工方案	文件编制和审批、有针对性、严格交底程序、危险作业和设备监管、检查验收
三类人员考核任职制	施工单位主要负责人、项目负责人、专职安全生产管理人员	经建设行政主管部门考核合格	安全生产知识和安全管理能力

续表

名称	对象	要求	内容
依法批准开工报告的建设和拆除工程备案制	建设单位	开工报告批准日起15日内，或拆除工程施工前15日；到工程所在地的县级以上政府建设行政主管部门或其他部门备案	保证安全施工的措施；施工单位资质等级证明、拟拆除建筑物或构筑物及可能危及毗邻建筑的说明、拆除施工组织方案、堆放和清除废弃物的措施
特种作业人员持证上岗制度	垂直运输机械作业人员、起重机械安装拆卸工、爆破作业人员、起重信号工、登高架设作业人员	参加国家规定的安全技术理论和实际操作考核并成绩合格；取得特种作业操作资格证书，方可上岗	年龄满18岁、身体健康、无妨碍从事相应工种作业的疾病和生理缺陷、初中以上文化程度，具备相应工程的安全技术知识，符合相应工种作业特点需要的其他条件
设备安全管理制度	施工机械设备（包括应急救援设备）	设备安装和拆卸、验收、检测、使用、保养和维修、改造和报废的管理要求、职责、权限、工作程序、监督检查、实施考核方法	建立管理制度、采购控制、租赁管理、档案管理
施工起重机械使用登记制度	施工单位的起重机械	向建设行政主管部门或者其他有关部门登记；登记标志置于或附着于该设备的显著位置	自施工机械和整体提升脚手架、模板等自升式架设施验收合格之日起30天内
施工组织设计与专项安全施工方案编审制度	所有建筑工程	从技术上和管理上采取有效措施，防止各类事故发生	安全生产组织设计、特殊工程安全技术措施、季节性施工的安全技术措施、安全技术措施落实
安全设施和防护管理制度	施工单位安全警示标志（安全色、安全标志）	应在施工现场危险部位设置明显的安全警示标志	使用部位和内容，管理的要求、职责和权限，监督检查方法
消防安全责任制度	消防安全责任人	谁主管谁负责，谁在岗谁负责	用火、用电、用易燃爆材料的制度和操作，消防通道、水源、设施和灭火器材，入口标志
政府安全监督检查制度	县级以上政府、建设行政主管部门或其他有关部门对施工单位	政府负职能部门在职责范围内履行安全监督检查职责，可委托给建设工程安全监督机构具体实施	有权纠正施工中违反安全生产要求的行为，责令立即排除检查中发现的安全事故隐患，责令停止施工有重大安全事故隐患的工程
危及施工安全工艺、设备、材料淘汰制度	不符合生产安全要求，极有可能导致生产安全事故发生，致使人民生命和财产遭受重大损失的工艺、设备、材料	具体目录由建设行政主管部门会同国务院其他有关部门制定并公布	建设单位、施工单位应当严格遵守和执行，不得继续使用目录中的工艺、设备、材料，不得转让他人使用
生产安全事故报告制度	施工单位	及时、如实向当地安全生产监督部门和建设行政管理部门等报告	《生产安全事故报告和调查处理条例》国务院第493号令、《特种设备安全监察条例》国务院第373号令
安全生产许可证制度	建筑施工企业。国务院建设主管部门负责中央管理的建筑施工企业；省、自治区、直辖市建设主管部门负责其他的建筑施工企业，并接受国务院建设主管部门的指导和监督	企业未取得安全生产许可证的，不得从事建筑施工活动；证的有效期为3年，于期满前3个月向原证颁发管理机关申请办理延期手续，有效期内，企业严格遵守有关安全生产的法律法规，未发生死亡事故的，有效期届满时，经原证颁发管理机关同意，不再审查，有效期延期3年	《安全生产许可证条例》国务院第397号令、《建筑施工企业安全生产许可证管理规定》建设部第128号令
施工许可证制度	建设行政主管部门向施工项目审核发放施工许可证	建设工程是否有安全施工措施进行审查把关，没有安全施工措施的，不得颁发施工许可证	《建筑法》《建设工程安全生产管理条例》

续表

名称	对象	要求	内容
施工企业资质管理制度	建设行政主管部门审核施工企业资质	安全生产条件作为施工企业资质必要条件，把住安全的准入关	《建筑法》《建设工程安全生产管理条例》
意外伤害保险制度	由施工单位作为投保人与保险公司订立保险合同，支付保险费	法定强制性保险；以施工单位从事危险作业的人员为被保险人，其在施工作业中发生意外伤害事故时，由保险公司依照合同约定向其或受益人支付保险金	《建筑法》、《建设工程安全生产管理条例》、《建设部关于加强建筑意外伤害保险工作的指导意见》（建质[2003]107号），对未投保的建设工程项目，不予发放施工许可证
群防群治制度	职工、工会	安全生产中，充分发挥广大职工的积极性，加强群众性的监督检查，发挥工会组织在安全宣传教育、安全检查的监督作用	《建筑法》
班组安全活动制度	班组上岗人员、机械设备	班前"三上岗、一讲评"活动	班前安全生产教育交底、上岗检查与记录、一周安全生产工作的小结、考核措施
卫生保洁制度	施工区、生活区、食堂	文明施工、职工身体健康	环境卫生管理的责任区、措施、定期检查记录、宿舍卫生管理规定、值班记录、冬季取暖炉安装验收、办公室，食堂卫生管理规定、食品和个人卫生

其中的安全生产责任制，就是各级领导应对本单位安全工作负总的领导责任，以及各级工程技术人员、职能科室和生产工人在各自的职责范围内对安全工作应负的责任。这是企业岗位责任制的一个组成部分，是企业中最基本的一项安全制度，是安全管理规章制度的核心。

三、职业健康安全管理体系

1. 体系概况

职业健康安全（Occupational Health and Safety，OHS）：影响工作场所内员工、临时工作人员、合同方人员、访问者和其他人员健康安全的条件和因素。《职业健康安全管理体系——规范》（GB/T 28001—2011）指出，职业健康安全管理体系是总的管理体系的一个部分，便于组织对与其业务相关的职业健康安全风险的管理，见图3-4。

（1）体系要素　体系的基本内容由5个一级要素和18个二级要素构成，见表3-7。各要素之间的关系见图3-5。

（2）体系管理模式　该体系遵循PDCA管理模式：策划（PLAN）→实施（DO）→检查（CHECK）→改进（ACTION），PDCA循环是螺旋式上升和发展的。

（3）体系主要文件组成

① 职业健康安全管理手册；

② 职业健康安全管理体系程序文件；

③ 职业健康安全管理体系作业指导文件；

④ 职业健康安全管理记录及其他相关文件。

文件可采用书面形式、电子形式，建立文件管理计算机信息手统，更能体现出管理的先进性和高效性。

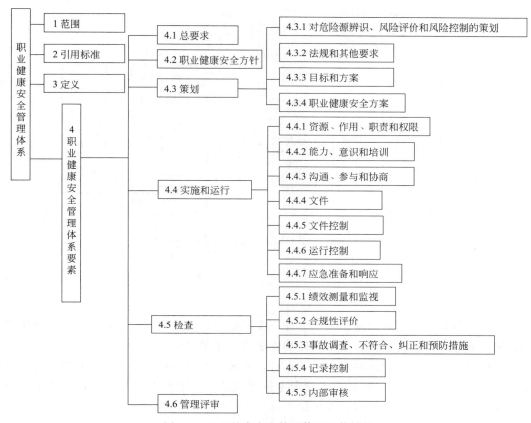

图 3-4　职业健康安全管理体系总体结构

表 3-7　职业健康安全管理体系要素

一级要素	二级要素
（一）职业健康安全方针（4.2）	1. 职业健康安全方针 2. 对危险源辨识、风险评价和风险控制的策划（4.3.1） 3. 法规和其他要求（4.3.2） 4. 目标（4.3.3）
（二）规划（策划）（4.3）	5. 职业健康安全管理方案（4.3.3）
（三）实施和运行（4.4）	6. 资源、作用、职责和权限（4.4.1） 7. 培训、意识和能力（4.4.2） 8. 沟通、参与和协商（4.4.3） 9. 文件（4.4.4） 10. 文件控制（4.4.5） 11. 运行控制（4.4.6） 12. 经济准备和响应（4.4.7）
（四）检查（4.5）	13. 绩效测量和监视（4.5.1） 14. 合规性评价 15. 事件调查、不符合、纠正和预防措施（4.5.2） 16. 记录控制（4.5.3） 17. 内部审核（4.5.4）
（五）管理评审（4.6）	18. 管理评审

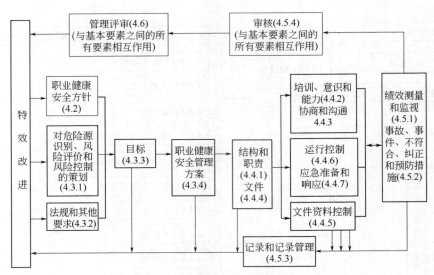

图 3-5　职业健康安全管理体系要素关系图

（4）体系运行

运行内容包括：制定职业健康安全方针；安排组织机构，明确职责；制定职业健康安全目标；制定职业健康安全管理方案；按标准要求确定相关程序文件。

为保证职业健康安全管理体系的有效运行，要做到两个到位：一是认识到位，体系认证不是"形式主义"，要达到共识；二是管理考核要到位，要求根据职责和管理内容不折不扣的按管理体系运作，并实施监督和考核。

（5）体系认证

采用第三方依据认证审核准则，按规定的程序和方法对受审核方的职业健康安全管理体系是否符合规定的要求给予书面保证。认证的程序为：提出申请、认证机构进行两阶段审核、提出审核报告、审批与注册发证、获证后的监督管理等五个环节。

2. 建设工程职业健康安全管理

建设工程职业健康安全管理的目的，是通过管理和控制影响施工现场工作人员、临时工作人员、合同方人员、访问者和其他人员健康和安全的条件和因素，保护施工现场工作人员和其他可能受工程项目影响的人的健康与安全。

建设工程职业健康安全管理的任务，是建筑施工企业为达到建设工程职业健康安全管理的目的而进行计划、组织、指挥、协调和控制本企业的活动，包括制定、实施、实现、评审和保持职业健康安全方针所需的组织机构、计划活动、职责、惯例、程序、过程和资源。

建筑业存在职业危害及相关工种见表3-8，劳动者在工作前，要熟知自己从事岗位的职业危害，拒绝违章指挥和强令进行没有职业病防护措施的作业。用人单位强行与劳动者签订的"生死合同"无效。上岗时，应当要求用人单位提供有效的个人职业病防护用品，正确使用、维护职业病防护设备和个人使用的职业病防护用品，发现职业病危害事故隐患及时报告。

劳动者要增强自我保护意识，注意留取证据，平时注意搜集岗位工作照片、工资发放证明、工作证等证明从事工作的材料，为日后维权提供方便。在发现自己的职业卫生健康权益受到侵犯而得不到有效解决时，及时向当地安全监管部门咨询和投诉。

表 3-8　建筑业职业危害种类和相关主要工种

危害类型	主要危害	次要危害	危害到的主要工种
粉尘	矽尘	岩石尘、泥沙尘、噪声、振动、三硝基甲苯、高温	砂石工、碎石工、碎砖工、掘进工、风钻工、炮工、出渣工、筑炉工、砌筑工
		高温、锰、磷、铅、三氧化硫	铸造工、喷砂工、清砂工、浇铸工、玻璃打磨工等
	石棉尘	矿渣棉、胶纤尘	安装保温工、石棉瓦拆除工
	水泥尘	震动、噪声	混凝土砂浆搅拌工、水泥上料工、搬运工、料库工
	金属尘	噪声、金刚砂尘	砂轮碾磨工、铅工、金属除锈工、钢窗制作工、钢模板工
	木屑尘	噪声及其他粉尘	制材工、刨工、木工
	其他粉尘	噪声	生石灰过滤工、运料上料工
铅	铅尘、铅烟、铅蒸汽	硫酸、环氧树脂、乙二胺甲苯	充电工、焊工、退火工、灌铅工、油漆工、喷漆工、电渣头制作工
四乙铅		汽油	驾驶员、汽车修理工、油库工
苯、甲苯、二甲苯		环氧树脂、乙二胺、铅	油漆工、喷漆工、环氧树脂涂刷工、油库工、烤漆工、焊接工、冷沥青涂刷工
高分子化合物	聚氯乙烯	铅及化合物、环氧树脂、乙二胺	粘接塑料、制管、焊接、玻璃瓦、热补胎
锰	锰尘、锰烟	红外线、紫外线	电焊(对焊、点焊、自动保护焊、惰性气体保护焊)工、气焊工、冶炼
铬氰化合物	六价铬、锌、碱	六价铬、锌、酸、碱、铅	电镀工、镀锌工
胺			制冷安装、冻结法施工、晒图工
汞	汞及其化合物		仪表安装工、仪表监测工
二氧化硫			硫酸铅洗工、电镀工、充电工、钢筋除锈工、冶炼工
氢氧化合物	二氧化碳	硝酸及硝酸盐	管道工、电焊工、煤矿工、试验工
一氧化碳	一氧化碳	二氧化碳	煤气管道修理工、冬季施工暖棚、冶炼、铸造
辐射	非电离辐射	紫外线、红外线、可见光、激光、射频辐射	电焊工、气焊工、不锈钢焊接工、电焊配合工、木材烘烤工、医院同位素工作人员
	电离辐射	X射线、γ射线、α射线、超声波	金属和非金属探伤试验工、氩弧焊工、放射科工作人员
噪声		振动、粉尘	离心制管机、混凝土振动棒、混凝土平板振动器、气锤、铆枪、打桩机、打夯机、风钻、发电机、空压机、碎石机、砂轮机、推土机、剪板机、电锤、带锯、圆锯、平刨、压刨、模板工、钢窗校平工
振动	全身振动	噪声	锻工、打桩工、打桩机司机、推土机司机、汽车司机、小翻斗车司机、吊车司机、打夯机司机、挖掘机司机、铲运机司机、离心制管工
	局部振动	噪声	风钻工、风铲工、电钻工、混凝土振动棒、混凝土平板振动器、手提式砂轮机、钢模校平、钢窗校平工、铆枪

第三节　建筑安全管理原理和方法

一、建设工程施工安全生产管理的原理

1. 系统原理

（1）系统原理　是指运用系统观点、理论和方法，对管理活动进行充分的系统分析，来认识和处理管理中出现的问题，以达到管理的优化目标。

（2）运用系统原理的原则

① 动态相关性原则　构成管理系统的各要素是运动和发展的，它们相互联系又相互制约，如果各要素都处于静止状态，就不会发生事故。安全管理系统不仅要受到系统自身条件和因素的制约，而且受到其他有关系统的影响，并随着时间、地点以及人们的不同努力程度而发生变化。

② 整分合原则　在整体规划下明确分工，在分工基础上有效综合，以实现高效的管理。

③ 弹性原则　在制定目标、计划、策略等方面，相适应地留有余地，有所准备，以增强组织系统的可靠性和管理对未来态势的应变能力。

④ 反馈原则　是指由控制系统把信息输送出去，又把其作用结果返送回来，并对信息的再输出发生影响，起到控制的作用，并达到预定的目的。成功高效的管理离不开灵活、准确、快速的反馈。

⑤ 封闭原则　在任何一个管理系统内部，管理手段、管理过程等必须构成一个连续封闭的回路，才能形成有效的管理活动。

（3）建设工程施工安全系统原理运用

① 要协调好安全管理与投资管理、进度管理和质量管理的关系。在整个建设工程目标系统所实施的管理活动中，安全管理是其中的最重要的组成部分，但四方面的管理是同时进行的，要做好四大目标管理的有机配合和相互平衡，不能片面强调施工安全管理。

② 保证基本安全目标的实现。这个目标关系到人民生命财产的安全，关系到社会稳定问题，工程付出多么重大的代价，都必须保证建设工程施工安全基本目标的实现。

③ 尽可能发挥施工安全管理对投资、进度、质量等目标的积极作用。

④ 确保安全目标合理并能实现。在确定目标时，应充分考虑来自内部、外部的最可能影响到安全目标的信息、资料。

2. 人本原理

（1）人本原理　指在管理中管理者要达到组织目标，必须把人的因素放在首位，体现以人为本的指导思想，以人的积极性、主动性、创造性的发挥为核心和动力来进行。

人不是单纯的"经济人"，而是具有多种需要的复杂的"社会人"。一切安全管理活动都是以人为本展开的，人即是管理的主体，又是管理的客体；在安全管理活动中，作为管理对象的要素和管理系统各环节，都是需要人掌管、运作、推动和实施。

（2）运用人本原理的原则

① 动力原则　推动管理活动的基本力量是人，管理必须有能够激发人的工作能力的动力，才能使管理运动持续而有效地进行下去。

② 能级原则　在管理系统中，建立一套合理能级，根据单位和个人能量的大小安排其工作，才能发挥不同能级的能量，保证结构的稳定性和管理的有效性。

③ 激励原则　人的工作动力来源于内在动力、外部压力和工作吸引力。以科学的手段激发人的内在潜力，使其充分发挥积极性、主动性和创造性。

3. 预防原理

（1）预防原理　安全生产管理应以预防为主，通过有效的管理和技术手段，减少和防止人的不安全行为和物的不安全状态，从而使事故发生的概率降到最低。这也是我国安全管理的方针的要求。事故具有因果性、偶然性、必然性和再现性的特点。意外事故是一种随机现象，对于个别案例的考察具有不确定性，但对于大多数事故则表现出一定的规律，可以预测预防。

事故预防的模式可以分为事后型模式和预防型模式两种。事后型模式是指在事故或者灾害发生以后进行整改，以避免同类事故再发生的一种对策；预防型模式则是一种主动的、积极的预防事故或灾难发生的对策。

（2）运用预防原理的原则

① 本质安全化原则　是指从一开始和从本质上实现安全化，从根本上消除事故发生的可能性，从而达到预防事故发生的目的。本质安全化原则不仅可以应用于设备、设施，还可以应用于建设项目。

② 可能预防的原则　人灾的特点和天灾不同，要想防止发生人灾，应立足于防患于未然。安全工程学的重点应放在事故前的对策上。原则上讲人灾都是能够预防的，但实际上要预防全部人灾是困难的。为此，不仅必须对物的方面的原因，而且还必须对人的方面的原因进行探讨。

③ 偶然损失的原则　灾害包含着意外事故及由此而产生的损失这两层意思。事故就是在正常流程图上所没有记载的事件，事故的结果将造成损失。事故后果以及后果的严重程度，都是随机的，一个事故的后果产生的损失大小或损失种类由偶然性决定。反复发生的同种事故常常并不一定产生相同的损失。

④ 继发原因的原则　事故的发生与其原因有着必然的因果关系。事故的发生是许多因素互为因果连续发生的最终结果，只要事故的因素存在，发生事故是必然的，只是时间或迟或早而已。如果去掉其中任何一个原因，就切断了这个连锁，就能够防止事故的发生，这就叫做实施防止对策。

⑤ 选择对策的原则　技术的原因、教育的原因以及管理的原因，是构成事故最重要的原因。与这些原因相应的防止对策为技术对策、教育对策以及法制对策。通常把技术（Engineering）、教育（Education）和法制（Enforcement）对策称为三 E 安全对策，被认为是防止事故的三根支柱。如果片面强调其中任何一根支柱是不能得到满意的效果的，而且改进的顺序应该是技术、教育、法制。技术充实之后，才能提高教育效果；而技术和教育充实之后，才能实行合理的法制。

⑥ 危险因素防护原则　包括消除潜在危险、降低潜在危险因素数值、距离防护、时间防护、屏蔽、坚固、薄弱环节、不予接近、闭锁、取代操作人员、警告和禁止信息等原则。

4. 强制原理

（1）强制原理　指采取强制管理的手段控制人的意愿和行为，使个人的活动、行为等受到安全生产要求的约束，从而实现有效的安全生产管理。安全管理需要强制性，是由事故损失的偶然性、人的"冒险"心理以及事故损失的不可挽回性所决定的。

（2）运用强制原理的原则

① 安全第一原则　在进行生产和其他活动时把安全工作放在一切工作的首要位置。当生产或其他工作与安全发生矛盾时，要服从安全。

② 监督原则　为了使安全生产法律法规得到落实，设立安全生产监督管理部门。授权部门和人员行使监督、检查和惩罚的职责，对企业生产中的守法和执法情况进行监督，追究和惩戒违章失职行为。

5. 动态控制原理

（1）动态控制　建设项目实施过程中安全主客观条件的变化是绝对的，不变则是相对的。因此在建设项目实施过程中，必须随着情况的变化进行项目安全目标的动态控制。

动态控制中的三大要素是目标计划值、目标实际值和纠偏措施。目标计划值是目标控制的依据和目的，目标实际值是进行目标控制的基础，纠偏措施是实现目标的途径。目标控制过程中关键一环是目标计划值和实际值的比较分析，这种比较是动态的、多层次的。同时，目标的计划值与实际值是相对的、可转化的。

（2）动态控制的工作程序　建设项目目标动态控制遵循控制循环理论，是一个动态循环过程，见图 3-6。

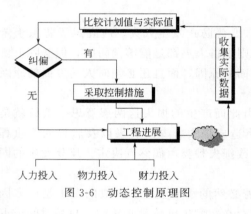

图 3-6　动态控制原理图

① 准备工作　将建设项目的安全目标进行分解，以确定用于目标控制的计划值。

② 对目标进行动态跟踪控制（过程控制）　在建设项目实施过程中收集建设项目安全目标的实际值；定期进行计划值和实际值的比较；如有偏差，则采取纠偏措施进行纠偏。

③ 调整　如有必要（即原定的目标不合理或无法实现），进行建设项目安全目标的调整，目标调整后控制过程再回复到上述的第一步。

建设项目安全目标动态控制的纠偏措施主要如下。

① 组织措施　如调整安全健康体系结构、任务分工、管理职能分工、工作流程组织和班子人员等；

② 管理措施　如调整安全管理的方法和手段，加强安全检查监督和强化安全培训等；

③ 经济措施　如落实改善安全设备设施所需的资金等；

④ 技术措施　如调整设计、改进施工方法和增加防护设施等。

（3）项目目标控制划分　包括事前控制（主动控制）、事中控制（过程控制或动态控制）、事后控制（被动控制）。事前控制体现在安全目标的计划和生产活动前的准备工作的控制，事中控制体现在对安全生产活动的行为约束和过程与结果的监控，事后控制体现在对生产活动结果的评价认定和安全偏差的纠正。

主动控制的核心工作，是事前分析可能导致项目目标偏离的各种影响因素；动态控制的核心工作，是定期进行项目目标的计划值和实际值的比较。在建设项目安全管理过程中，应根据安全管理目标的性质、特点和重要性，运用风险管理技术等进行分析评估，将主动控制和动态控制结合起来。

6. 安全风险管理原理

（1）建设工程安全风险管理　就是通过识别与建设工程施工现场相关的所有危险源以及

环境因素，评价出重大危险源与重大环境因素，并以此为基础，制定针对性的控制措施和管理方案，明确建立危险源和环境因素识别、评价和控制活动与安全管理其他各要素之间的联系，对其实施进行管理和控制。

建设工程安全风险管理的目的，是控制和减少施工现场的施工安全风险，实现安全目标，预防事故的发生。其实质是以最经济合理的方式消除风险导致的各种灾害性后果。建设工程安全风险管理是一个随施工进度而动态循环、持续改进的过程。

（2）建设工程安全风险管理组成　　由危害识别、风险评价、风险控制三个要素构成，见图3-7。危害识别即对活动工程中存在哪些可能的危险、危险因素进行识别；风险评价即对过程中的危险、危险因素能造成多大的伤害和损失、能否接受进行评估；风险控制即对不能接受的伤害，采取安全预防措施，达到减少甚至消除危害的目的。

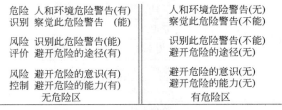

图 3-7　危险形成的要素分析

安全风险管理比预控管理更具有针对性和可操作性，见图3-8。

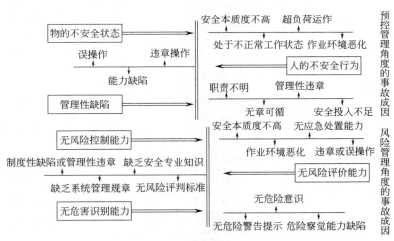

图 3-8　风险管理和预控管理的分析特点比较

（3）基本原则　　安全风险管理必须遵循以下基本原则。

① 安全风险管理的主体必须是从事活动过程的人自己；

② 风险管理必须全员参与，全面、全过程实施；

③ 风险管理是系统管理，立足于机制的运作，是一个完整的持续改进的循环往复过程。

7. 安全经济学原理

安全经济学指研究安全的经济（利益、投资、效益）形式和条件，通过对安全活动的合理组织、控制和调整，达到人、技术、环境的最佳安全效益的科学。安全经济学理论包括安全投入产出原理、事故损失分析原理、安全经济激励理论、安全效益分析原理等。

建设工程施工管理应遵循安全经济学原理，分析建设工程施工安全成本与安全事故率之间的关系。为防止和减少建设工程施工安全事故，必须投入必要的安全生产资金。《建设工程安全生产管理条例》明确规定了建设单位应在工程概算中确定并提供安全作业环境和安全施工措施费用；施工单位应建立和落实安全生产资金保障制，安全生产费用必须用于施工安全防护用具及设施的采购和更新、安全施工措施的落实、安全生产条件的改善。

（1）工程建设安全投资的分类　安全生产投资指的是行业部门、企业用于安全生产方面的投资，包括安全措施经费、劳动保护用品费用、职业病预防及诊治费用等。

工程建设安全投资根据投入的用途和构成，可作如表 3-9 所示的分类。

表 3-9　工程建设安全投资分类

投入分类	主要项目	分项构成	形成的技术"产品"或形式
预防性投资	安全教育	项目经理	可列入软件投资
		管理人员	可列入软件投资
		安全员	可列入软件投资
		生产工人	可列入软件投资
	劳动保护	生产工人	可列入硬件投资
		管理人员	可列入硬件投资
	文明施工	现场围挡	形不成安全硬件投资
		现场保卫	
		施工场地	形不成安全硬件投资
		工人生活设施	形不成安全硬件投资
		现场标牌	
		环境保护	形不成安全硬件投资
	现场安全设施	安全网	可列入硬件投资
		施工用电	可列入硬件投资
		垂直运输及其安全装置	可列入硬件投资
		起重设备及其安全装置	可列入硬件投资
		施工机具防护装置	可列入硬件投资
		现场安全标志	可列入硬件投资
		压力容器及焊接设备安全装置	可列入硬件投资
		现场消防	可列入硬件投资
		保健急救	
		防雷装置	可列入硬件投资
控制性投资	事故处理	事故抢救、伤亡人员医疗	可列入软件投资
		事故调查	
		损坏的设备及设施的修理和添置	可列入硬件投资
	职业病诊治	职业病诊断	可列入软件投资
		职业病治疗	可列入软件投资

（2）安全成本构成及其与现行工程成本项目的对应关系　安全成本及工程成本的对比，详见表 3-10。

表 3-10 安全成本与现行工程成本项目对比

安全成本项目			具体构成(作用)	现行工程成本项目(规定)	安全投资	安全负收益
保证性成本	1 预防成本	1.1 安全工作费	安全体系的建立、运行,安全宣传,安全信息资料的收集、整理	管理费用	属于安全投资	
		1.2 安全培训费	安全教育、培训	管理费用		
		1.3 意外伤害保险费	为从事危险作业人员购买意外伤害保险	管理费用		
		1.4 安全奖励费	安全奖励	管理费用		
		1.5 安全改进措施费	完善安全体系、提高安全程度	管理费用		
		1.6 安全管理人员工资	基本工资、工资性补贴、职工福利费等	管理费用		
	2 鉴定成本	2.1 安全工程、设备、设施折旧费	折旧、大修理	管理费用		
		2.2 新技术评审费	新技术设计、评审	管理费用		
		2.3 协作单位评价费	材料供应单位、分包单位的考核、评价	管理费用		
		2.4 安全工程、设备、设施维护费	日常保养维护、小修理	工程成本、直接成本		
		2.5 安全检测费	安全检测、监测	工程成本、直接成本		
损失性成本	3 内部损失成本	3.1 事故损失费	停工、返工、报废等损失	工程成本统计核算		属于安全负收益
		3.2 事故处理费	安全事故的分析、研究和处理	工程成本/管理费用	属于安全投资	
		3.3 复检费	返修部分的再次检验	工程成本		属于安全负收益
		3.4 安全过剩损失	安全功能过剩	统计核算	属于安全投资	
	4 外部损失成本	4.1 责任赔偿费	伤亡人员的医疗、赔偿,功能缺陷赔偿	管理费用	医疗属于安全投资	赔偿、功能缺陷赔偿属于安全负收益
		4.2 申诉处理费	处理诉讼或应诉	管理费用		属于安全负收益
		4.3 被罚款项	用户或政府有关部门的处罚	营业外支出		属于安全负收益
		4.4 企业信誉损失	信誉下降、加大机会成本	统计核算		属于安全负收益

(3)安全投资结构 由于安全投资的种类繁多、结构复杂、体系庞大。列入国家建筑安装工程费用项目组成中,与安全文明施工有关的费用有 21 项(表 3-11),安全内外部成本 15 类,预防或控制性投入 6 类 27 项。所以要制定合理的安全投资结构决策是比较困难的,决策者更多的是依赖企业或行业的历史经验以及决策者的主观愿望,这就造成安全投资的结构不合理,不能够合理、有效地分配企业有限的资源,从而不能最大限度地实现安全生产。

安全投入比例与事故直接损失之间呈相对明显的负指数相关关系。企业加大安全投入力度,在经济效益逐步提高的同时也保持安全投入比例的稳步增长,这样才能最大限度地降低事故造成的损失。

表 3-11　列入国家建筑安装工程费用项目组成中、与安全文明施工有关的费用

建筑安装工程费用项目名称			与安全文明施工有关的费用项目
直接费	直接工程费	人工费	生产工人劳动保护费
		施工机械使用费	施工机械安全装置使用费
	措施费	环境保护费	环境保护费
		文明施工费	文明施工费
		安全施工费	安全施工费
		临时设施费	施工现场临时设施费
		施工排水、降水费	施工排水、降水费
间接费	规费	工程排污费	工程排污费
		危险作业意外伤害保险	危险作业意外伤害保险费
	企业管理费	管理人员工资	与安全文明生产有关的管理人员工资
		办公费	与安全文明生产有关的办公费
		差旅交通费	工伤人员就医路费
		固定资产使用费	与安全文明生产有关的固定资产使用费
		工具用具使用费	与安全文明生产有关的工具用具使用费
		劳动保险费	与安全文明生产有关的劳动保险费
		职工教育经费	与安全文明生产有关的职工教育经费
		财产保险费	与安全文明生产有关的财产保险费
		其他	安全文明施工技术转让费、技术开发费、绿化费、咨询费等

　　注：1. 文明施工措施费：安全警示标志牌、现场围挡、五板一图（工程概况、管理人员名中及监督电话、安全生产、文明施工、消防保卫五板，施工现场总平面图）、场容场貌（道路、排水畅通，地面硬化）、材料堆放、消防器材、垃圾（分类堆放、及时清运）。
　　2. 安全施工费：临边、洞口、高处交叉作业防护等。
　　3. 临时设施费：现场办公生活设施，施工现场临时用电按专项方案实施。
　　4. 工具用具使用费：增设新安全设备、器材、装备、仪器、仪表等以及这些安全设备的日常维护；按国家标准为职工配备劳动保护用品。

　　（4）安全经济效益
　　通过安全投资实现的安全条件，在生产和生活过程中保障技术、环境及人员的能力和功能，并提高其潜能，为社会经济发展所带来的利益。在工程建设过程处于安全条件下，实现对社会（国家）、集体（企业）和个人所产生的效果和利益。
　　企业发生一起事故，会产生巨大的事故损失（如表 3-12），同时也给企业的利润和产值造成了损失。进行安全投入，治理事故隐患，加强安全管理，就可以杜绝事故的发生，从而使得潜在的事故损失转化为效益。
　　伤亡事故经济损失指企业在劳动生产过程中发生事故所引起的一切经济损失，包括直接经济损失和间接经济损失。

二、安全管理的方法

1. 安全管理基本方法

　　（1）安全管理计划方法　安全活动要求在进行活动前对所需人力、物力和财力资源的数量、质量和消耗方式做出相应的安排。没有明确的安全管理计划，各种安全活动的进行就会出现混乱，活动结果的优劣也没有评价的标准。

表 3-12　工程建设安全事故损失分类

相关利益损失项目 ＼ 事故损失		间接经济损失	间接非经济损失	直接经济损失	直接非经济损失
人力损失	受伤害者	缺工期间企业支付的工资补贴（工伤保险金之外）；返回工作后因看病或其他原因造成的时间损失费用	返岗后能力下降或转轻度工作造成的工资损失	受伤害当天的时间损失费用	生命与健康损失
人力损失	其他人员	因设备损坏或因需要受伤害者的产品或协助而停产造成的时间损失费用；事故调查中被询问、取证等损失的时间费用；为复工、维修、整理花费的时间费用	—	事故发生时因救助、观望、混乱而损失的时间费用	—
物力损失	建筑物、设备、装置、护具等固定资产，原材料、半成品、成品，动力、燃料，其他物	—	—	建筑物、设备、装置、护具等的维修费用；建筑物、设备、装置、护具等不能再继续使用时的损失费用。原材料、半成品、产品的损失费用。动力、燃料等的损失。其他物（物质及设备、房屋、车辆等的保险）的损失	—
财力损失		医疗费用；护理费；辅助器具费；工伤津贴；伤残抚恤金；伤残补助金；安家补助费；退休后的养老金；丧葬补助金；抚恤金；企业自愿付给的补助金；其他费用（探望费等）；罚款；与诉讼有关的费用	—	急救费用；运送受伤害者去企业外医疗处理的交通、医疗费用	—
资源环境的损失		清除环境污染的费用	—	资源遭受破坏的损失	环境破坏损失。
生产组织损失		替换受伤害者的工人雇用费、培训费；为弥补减产而多负担的支出（加班等）；因未完成合同而支付的延期费等费用；受伤害工人返岗后能力下降或转轻度工作造成的工资损失；新替换的工人能力不足造成的工资损失；减产造成的工资损失（群体）；停产、减产造成的利润损失	—	—	—
机会损失		停业整顿、安全生产许可证暂扣或者吊销不能从事生产活动的机会损失；被清出当地建筑市场的机会损失	商誉影响，难以进行生产活动的机会损失	—	—

① 安全管理计划的形式　按时间顺序划分为长期、中期和短期安全管理计划；按计划层次划分为基层、中层和高层安全管理计划；按计划形式和调节控制程度划分为指令性和指导性计划。

② 安全管理计划指标和指标体系　计划指标是指计划任务的具体化，是计划任务的数

字表现。一定的计划指标，通常是由指标名称和指标数值两部分组成的。

计划指标体系的设计应遵循系统性、科学性、统一性、政策性以及相对稳定性的基本要求。

③ 安全管理计划编制　要坚持 6 条原则，如图 3-9 所示。编制的程序为调查研究、安全预测、拟定计划方案、论证和择定计划方案。编制的方法有定额法、系数法、动态法、比较法、因素分析法、综合评价法。

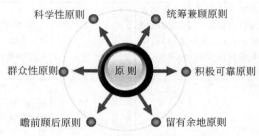

图 3-9　安全管理计划编制原则

（2）安全决策方法　指人们针对特定的安全问题，运用科学的理论和方法，拟定各种安全行动方案，并从中做出满意的选择，以较好地达到安全目标的活动过程。安全决策是安全管理工作的核心部分，决定着企业的安全发展方向、轨道以及效率，是各级安全管理者的主要职责，贯穿了安全管理活动的全过程。

① 特点　具有程序性、创造性、择优性、指导性、风险性。是一个过程，为了达到一个既定的目标要付诸实施的。其核心是选优，要考虑实施过程中的情况变化。

② 安全决策的步骤　发现问题、确定目标（应单一性、标准明确、有主客观约束条件、分清主次）、拟订方案（实现目标的途径和方法）、方案评估（理论上和可行性方面进行综合分析）、方案选优，见图 3-10。

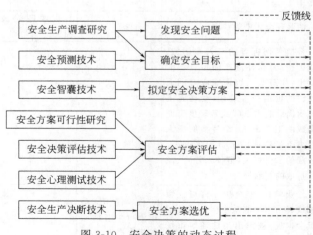

图 3-10　安全决策的动态过程

③ 安全生产决策的基本方法　头脑风暴法（集中有关专家进行安全专题研究的一种会议形式）、集体磋商法（让持有不同思想观点的人或组织进行正面交锋、展开辩论，比较出方案的优劣，最后找到一种合理方案）、加权评分法（把备选方案分成若干对应的项，然后进行逐项比较打分，通过加权评分找出备选方案中的最优方案）、电子会议法（利用现代的

电子计算机手段改善集体安全决策）。

（3）安全管理组织方法

① 基本要求　制定和落实规章制度、选择与配备人员、明确责任和权利、构建合理的组织结构、充分与外界协调和信息沟通。组织设计的原则：统一指挥、控制幅度、权责对等、柔性经济。

② 组织结构类型　主要有直线制结构、职能制结构、直线职能型组织结构、矩阵制结构、网格结构。

③ 对安全管理人员素质的要求　品德素质好，坚持原则，热爱职业安全健康管理工作，身体健康；掌握职业安全健康技术专业知识和劳动保护业务知识；懂得企业的生产流程、工艺技术，了解企业生产中的危险因素和危险源，熟悉现有的防护措施；具有一定的文化水平，有较强的组织管理能力与协调能力。

（4）安全激励　利用人的心理因素和行为规律激发人的积极性，增强其动机的推动力，对人的行为进行引导，以改进其在安全方面的作用，达到改善安全状况的目的。是方法论的一种，主要理论如下。

① 需要层次理论　由心理学家马斯洛提出的动机理论。该理论认为，人的需要可以分为五个层次：生理需要、安全需要、归属和爱的需要、尊重的需要、自我实现的需要。

② 双因素理论　在管理中有些措施因素能消除职工的不满，但不能调动其工作的积极性，称为保健因素；而激励因素能给人们带来满意感，调动领导和职工自觉的安全积极性和创造性，可采取激励安全需要、变"要我安全"为"我要安全"、得到家人和社会支持与承认、安全文化等手段。

③ 成就需要激励理论　美国哈佛大学教授戴维·麦克利兰（David Clarence McClelland）把人的高级需要分为三类，即权力需要（影响或控制他人且不受他人控制的需要）、交往需要（建立友好亲密的人际关系的需要）和成就需要（争取成功并希望做得最好的需要）。一个人的动机体系的特征影响对他的工作职位分派，不同需要的人，需要走不同的激励方式。

④ 期望理论　由心理学家维克多·弗罗姆（Victor H. Vroom）提出的。人们之所以采取某种行为，是因为他觉得这种行为可以有把握地达到某种结果，并且这种结果对他有足够的价值。在进行激励时要处理好努力与绩效的关系、绩效与奖励的关系、奖励与满足个人需要的关系。

⑤ 归因理论　美国心理学家海德（Heider Fritz）于 1958 年提出，是探讨人们行为的原因与分析因果关系的各种理论和方法的总称。通常认为一定的行为可能决定于各种原因，但人们倾向于寻找一定的结果和一定的原因在不同条件下的联系。如果在许多情况下，一个原因总是与一个结果相联系，而且没有这个原因时这个结果不发生，那么就可把这个结果归于这个原因。

⑥ 公平理论　是美国行为科学家亚当斯（John Stacey Adams）认为员工的激励程度，来源于对自己和参照对象的报酬和投入的比例的主观比较感觉。侧重于研究工资报酬分配的合理性、公平性及其对职工生产积极性的影响，又称社会比较理论。

⑦ 强化理论　美国心理学家和行为科学家斯金纳（Burrhus Frederic Skinner）等人提出认为人或动物为了达到某种目的，会采取一定的行为作用于环境。当这种行为的后果对他有利时，这种行为就会在以后重复出现；不利时，这种行为就减弱或消失。人们可以用这种正强化或负强化的办法来影响行为的后果，从而修正其行为。

强化指的是对一种行为的肯定或否定的后果（报酬或惩罚）。根据强化的性质和目的，可把强化分为正强化和负强化。如安全奖励、事故罚款、安全单票否决、企业升级安全指标等。

⑧ 挫折理论 亚当斯（John Stacey Adams）提出的，关于个人的目标行为受到阻碍后，如何解决问题并调动积极性的激励理论，主要揭示人的动机行为受阻而未能满足需要时的心理状态，并由此而导致的行为表现，力求采取措施将消极性行为转化为积极性、建设性行为。挫折是指人类个体在从事有目的的活动过程中，指向目标的行为受到障碍或干扰，致使其动机不能实现，需要无法满足时所产生的情绪状态，是一种个人主观的感受。

安全激励方法有经济物质激励、刑律激励、精神心理激励、环境激励、自我激励等类型类。

（5）安全管理控制方法 安全控制理论是应用控制论的一般原理和方法，研究安全控制系统的调节与控制制度规律的一门学科。安全控制系统是由各种相互制约和影响的安全要素所组成的，具有一定安全特征和功能的整体。

① 控制方法 分析程序包括绘制安全系统框图、建立安全控制系统模型、对模型进行计算和决策、综合分析与验证，见图 3-11。以上过程既相对独立，又前后衔接、相互制约。

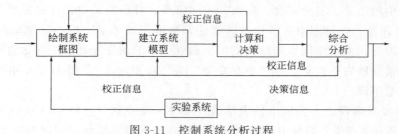

图 3-11 控制系统分析过程

② 控制原则 首选前馈控制方式、合理使用各种反馈控制方式、建立多级递阶控制体系、力争实现闭环控制，见图 3-12。

2. 建筑安全管理要素

建筑工程项目的安全管理要素很多，类型和作用归结起来大致见表 3-13。

表 3-13 建筑工程安全管理要素

要素	内容	作用	要素	内容	作用
安全理念建立	安全计划的指导思想	推动力	安全责任要求	承包商、安全员	基本保证
法规和标准	政府制定、业主要求	依据	监督和评价	政府、承包商、业主	必要保证
安全目标政策	—	核心	安全费用投入	安全防护用品、设施	重要保证
安全计划制定	人员、场所、时间	约束条件	安全会议和安全检查	—	重要手段
安全培训	—	前提	事故预防和处理	预案、措施、调查、报告	保障
危害分析和安全交底	管理者、安全人员	基础			

（1）安全生产方针 安全生产方针，也称为安全生产政策，是每个施工企业首先必须明确的安全管理要素。施工企业的安全生产方针必须满足国家现行安全生产、建设工程安全生产法律法规的规定，最大限度满足建设单位（或业主）、员工、相关方及社会的要求，必须

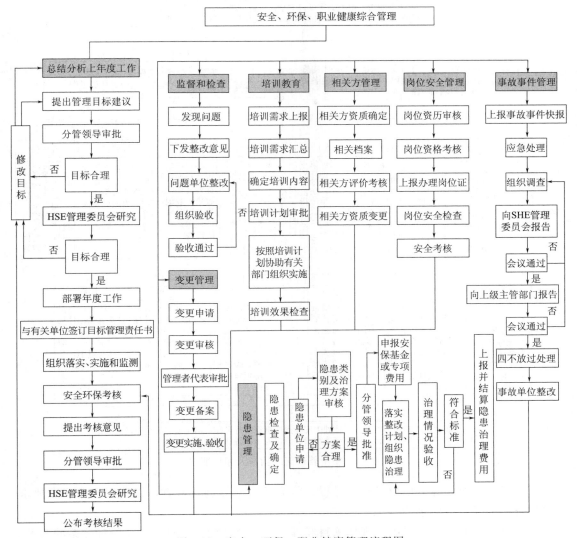

图 3-12 安全、环保、职业健康管理流程图

有效并有明确的目标。

（2）安全目标　安全目标是建设工程施工安全管理的核心要素，应体现安全生产方针。安全目标建立应注意：应由施工单位项目经理部制定并实施，应可测量考核、合理，应自上而下层层分解并落实到每个部门和每个人员，确定实现安全目标的时间表等。

（3）安全计划　是规范施工单位安全活动的指导性文件和具体行动计划，其目的是防止和减少施工现场安全事故的发生、人身伤亡或财产损失。

（4）安全组织　是指安全管理组织机构和职责权限。建设工程施工安全管理必须建立安全管理组织机构、合理的职责分工和权限，施工现场应建立以施工单位项目经理为安全生产第一负责人的安全生产管理领导小组，建立安全生产管理机构和配备专职安全生产管理人员，落实安全生产职责和权限，组织体系构成见图 3-13。

（5）施工过程控制　指为了实现安全目标、实施安全计划的规定和措施，对施工过程中可能影响安全生产的要素进行控制，确保施工现场人员、设备、设施等处于安全受控状态。

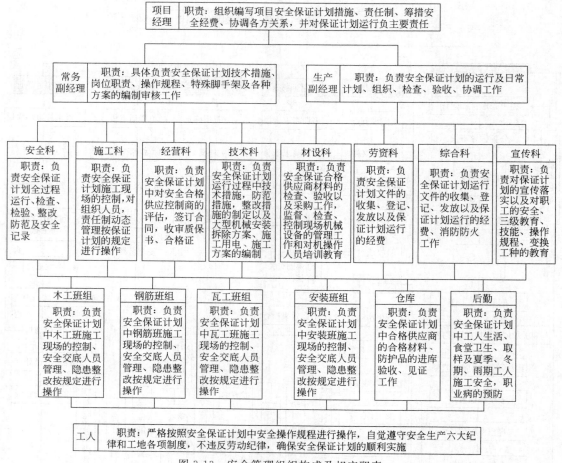

图 3-13　安全管理组织构成及相应职责

（6）安全检查　施工单位对施工过程、行为及设施等进行检查，以确保符合安全要求，并对检查的情况进行记录。

（7）审核　施工单位对施工现场项目经理部的安全活动是否符合安全管理体系的要求进行的内部审核，以确定安全管理体系运行的有效性，从而总结经验和教训，不断持续改进安全管理体系的业绩。

3. 建设工程施工安全管理方法

（1）安全目标管理法　没有明确安全目标的建设工程施工安全管理是一种盲目行为。安全目标管理就是根据施工企业的总体规划要求，制定出在一定时期内施工安全生产方面所要达到的预期目标并组织实现此目标。它包括安全目标的确定、分解、执行、检查总结等基本内容。

（2）全面管理法

① 全过程管理　就是对整个建设工程所有工程内容的安全生产都要进行管理。

建设工程的每个阶段都对工程施工安全的形成起着重要的作用，但各阶段对安全问题的侧重点是不同的。在工程勘察设计阶段是保证工程施工安全的前提条件和重要因素，起着重要作用；在施工招标阶段，落实某个施工承包单位来实施工程安全目标；在施工阶段，通过施工组织设计（专项施工方案）或建设工程施工安全计划，对现场施工安全管理具体实施，实现建设工程安全目标。

② 全方位管理　就是对整个建设工程所有工作内容都要进行管。应对建设工程安全目标的所有内容进行管理，如控制目标、管理目标和工作目标等；此外，应对影响建设工程安全目标的所有因素进行管理，如人、物、环境和管理因素。

③ 全员参与管理　无论施工单位内部的管理者还是作业者，每个岗位部都承担着相应的安全生产职责，一旦确定安全全生产方针和安全目标，就应组织和动员全体员工参与到实施的系统活动中去，发挥自己的角色作用。树立"人人都是安全员，人人都是第一责任人"的安全理念，自觉做到我要安全、我懂安全、我会安全、我管安全。同时加强对包括外来施工人员在内的所有人员的安全教育和安全管理。

④ 全天候管理　就是在一年 365d、一天 24h，不管什么天气、环境，施工现场施工人员每时每刻都要注意安全，把安全放在第一位。特别注意关键设备、重点部位承受恶劣气候影响的能力，根据设备情况不断完善防范台风雷暴雨等恶劣气候的预案，预防灾害性天气引发的安全环保事故。

（3）无隐患管理法　任何安全事故都是在安全隐患基础上发展起来的，要控制和消除安全事故，必须从安全隐患入手。推行无隐患管理法，要解决隐患识别、隐患分级、隐患检验与检测、隐患处理、隐患控制、隐患统计及档案管理等。要求在建设工程施工生产过程中，一旦发现安全隐患就要立即整改，消除安全隐患，并建立档案。

著名的"破窗理论"揭示了这样的一个道理，即任何一种不良的现象都在传递着一种信息，这种信息必然会导致这种不良现象的无限扩展。开始时有人违章操作没有引起足够的重视，也没有及时进行制止和教育，这样就使更多的人受到这种暗示或纵容的影响，久而久之形成了习惯性违章，最终导致事故的发生。

4. 建设工程施工安全管理程序

建设工程施工安全管理过程包括安全策划、安全计划、计划实施、结果检查、持续改进等几个阶段，见图 3-14。

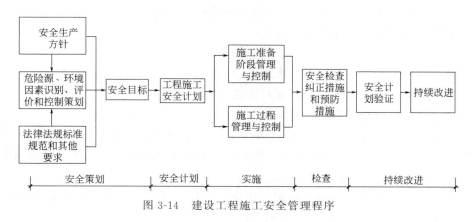

图 3-14　建设工程施工安全管理程序

（1）建设工程施工安全策划　针对建设工程的规模、结构、环境、技术特点、危险源与环境因素的识别与评价和控制策划结果、适用法律法规和其他管理要求、资源配置等因素，进行建设工程施工安全策划。

（2）编制建设工程施工安全计划　根据建设工程施工安全策划的结果，编制建设工程施工安全计划。内容主要是确定安全目标、确定过程控制要求、制定安全技术措施、配备必要资源，确保安全目标的实现。

（3）建设工程施工安全计划的实施　建设工程施工安全计划经上级企业机构审批后实施。安全计划的实施包括建立安全生产管理机构和人员的职责权限、建立和执行安全生产管理制度、开展安全教育培训、进行安全技术交底、执行安全技术措施与管理措施等工作。

（4）安全检查　建设工程施工生产全过程中，施工单位应对施工现场安全生产进行安全检查，从而发现安全隐患等安全问题，并落实人员进行整改、消除隐患，同时安全检查还包括对施工现场安全生产管理制度、安全管理资料（安全记录）等进行检查。

（5）建设工程施工安全计划的改进　施工现场项目负责人应定期组织具有资格的安全生产管理人员验证安全计划的实施效果，发现存在问题时应提出解决措施，必要时要追究责任并予以处罚。每次验证应做好记录并保存。施工单位应坚持持续改进工程项目安全业绩，不断提高安全管理体系及过程的有效性和效率。

三、安全措施

为改善企业生产过程中的安全卫生条件所采取的各项技术措施，统称为安全技术措施。为此所编制的措施计划称为安全技术措施计划，是企业计划的重要组成部分，是有计划地改善劳动条件的重要手段，也是做好劳动保护工作、防止工伤事故和职业病的重要措施。

1. 制定安全技术措施的原则

（1）安全技术措施等级顺序　当安全技术措施与经济效益发生矛盾时，应优先考虑安全技术措施上的要求，并应按下列安全技术措施等级顺序选择安全技术措施：直接安全技术措施、间接安全技术措施、指示性安全技术措施。若间接、指示性安全技术措施仍然不能避免事故、危害发生，则应采用安全操作规程、安全教育培训和个体防护用品等措施来预防、减弱系统的危险和危害程度。

（2）应遵循的具体原则　安全对策措施要起到消除、预防、减弱、隔离、连锁、警告等实际效果。编制安全技术措施计划要根据需要和可能两方面的因素综合考虑，对拟安排的安全技术措施项目要进行可行性分析，应具有针对性、可操作性，并根据安全效果好、花钱尽可能少的原则综合选择确定。在制定安全对策措施时，应遵守如下原则。

① 当前的科学技术水平是否能够做到；

② 结合本单位生产技术、设备以及发展远景考虑；

③ 本单位人力、物力、财力是否允许；

④ 安全技术措施产生的安全效果和经济效益。

2. 安全技术措施计划的编制

（1）编制依据　编制安全技术措施计划是以"安全第一、预防为主"的安全生产方针为指导思想，以国家安全生产法规为依据，根据企业具体情况提出的一项安全措施制度。编制安全技术措施计划的主要依据如下。

① 国家公布的安全生产方针、政策、法令、法规、劳动安全卫生国家标准和各产业部门公布的有关安全生产的各项政策、指示等；

② 安全检查中发现的事故隐患；

③ 防止工伤、职业病和职业中毒应采取的措施；

④ 职工群众提出的有关安全生产和工业卫生方面的合理化建议；

⑤ 因生产发展而采用新技术、新工艺、新设备等应采取的安全措施。

（2）编制范围　安全技术措施计划的范围包括以改善企业劳动条件、防止伤亡事故和职业病为目的的一切技术措施，主要如下。

①　安全技术措施　以防止工伤、火灾、爆炸事故为目的的一切措施。如各种设备、设施以及安全防护装置、保险装置、信号装置和安全防爆设施等。

②　工业卫生技术措施　以改善对职工身体健康有害的作业环境和劳动条件与防止职业中毒和职业病为目的的一切技术措施，如防尘、防毒、防噪声及防物理因素危害（通风、降温、防寒）等。

③　安全卫生措施　辅助房屋及设施是确保生产过程中职工安全卫生方面所必需的房屋及一切设施，如淋浴室、更衣室、消毒室、妇女卫生室、休息室等，但集体福利设施（如公共食堂、浴室、托儿所、疗养所）不在其内。

④　宣传教育　有购置和编印安全教材、书刊、录像、电影、仪器及举办安全技术训练班、安全技术展览会、安全教育室所需的经费。

⑤　安全科学研究与试验设备仪器。

⑥　减轻劳动强度等其他技术措施。

3. 安全技术措施的基本要求和手段

（1）基本要求

①　能消除或减弱生产过程中产生的危险、危害；

②　处置危险和有害物，并降低到国家规定的限值内；

③　预防生产装置失灵和操作失误产生的危险、危害；

④　能有效地预防重大事故和职业危害的发生；

⑤　发生意外事故时，能为遇险人员提供自救和互救条件。

（2）基本手段

①　防止生产设备的事故的对策　围板、栅栏、护罩、隔离、遥控、自动化、安全装置、紧急停止、夹具、非手动装置、双手操作、断路、绝缘、接地、增加强度、遮光、改造、加固、变更、劳保用品、标志、换气、照明。

②　防止能量逆流于人体的对策　根据能量转移论的观点，应着眼于防止能量的不正常转移而提出的措施。

1）限制能量。如限制能量的转移速度和大小，使用低压测量仪表等。

2）用较安全的能源代替危险性大的能源。如用机械破碎代替爆破、用煤油代替汽油作溶剂等。

3）防止能量积聚。如控制易燃易爆气体的浓度、电器上安装保险丝等。

4）控制能量释放。如电器安装绝缘装置、在贮存能源时采用保护性容器（如盛装放射性物质的专用容器）、生活区远离污染源等。

5）延缓能量释放。如容器上设置安全阀、座椅上设安全带、采用吸振器件减轻振动等。

6）开辟能量释放渠道。如电器安装接地电线等。

7）在能源上设置屏障。如安装消声器、自动喷水灭火装置、设置防射线辐射的防护层等。

8）在人、物与能源之间设置屏障。如安设防火门、防护罩、防爆墙等。

9）在人与物之间设置屏障。如配戴安全帽、手套、穿着防护服、安全鞋等。

10）提高防护标准。如采用抗损材料、双重绝缘措施、实施远距离遥控等。

11）改善工作条件和环境，防止损失扩大。如改变工艺流程、增设安全装置、建立紧急救护中心等。

12）修复和恢复。治疗、矫正以减轻伤害程度或恢复原有功能。

上述第 1）～10）类即"屏障"。潜在的事故损失越大，屏障就越应在早期建立。而且应当建立多种不同类型的屏障。

③ 消除和预防设备、环境危险和有害因素的基本对策 针对设备、环境中的各种危险和有害因素的特点，综合归纳各种消除及预防对策措施。

1）消除 从根本上消除危险和有害因素。其手段就是实现本质安全，这是预防事故的最优选择。

2）减弱 当危险、有害因素无法根除时，则采取措施使之降低到人们可接受的水平。如依靠个体防护降低吸人尘毒的数量，以低毒物质代替高毒物质等。

3）屏蔽和隔离 当根除和减弱均无法做到时，则对危险、有害因素加以屏蔽和隔离，使之无法对人造成伤害或危害。如安全罩，防护屏。

4）设置薄弱环节 利用薄弱元件，使危险因素未达到危险值之前就预先破坏，以防止重大破坏性事故。如保险丝、安全阀、爆破片。

5）联锁 以某种方法使一些元件相互制约以保证机器在违章操作时不能启动，或处在危险状态时自动停止。如起重机械的超载限制器和行程开关。

6）防止接近 使人不能落入危险或有害因素作用的地带，或防止危险或有害因素进入人的操作地带。例如安全栅栏、冲压设备的双手按钮。

7）加强 提高结构的强度，以防止由于结构破坏而导致发生事故。

8）时间防护 使人处在危险或有害因素作用的环境中的时间缩短到安全限度之内。如对重体力劳动和严重有毒有害作业，实行缩短工时制度。

9）距离防护 增加危险或有害因素与人之间的距离，以减轻、消除它们对人体的作用。如对放射性、辐射、噪声的距离防护。

10）取代操作人员 对于存在严重危险或有害因素的场所，用机器人或运用自动控制技术来取代操作人员进行操作。

11）传递警告和禁止信息 运用组织手段或技术信息告诫人避开危险或危害，或禁止人进入危险或有害区域。如向操作人员发布安全指令，设置声、光安全标志和信号。

这些原则可以单独采用，也可综合应用。如在增加结构强度的同时，设置薄弱环节；在减弱有害因素的同时，增加人与之的距离等。

4. 安全管理对策

安全管理对策是用各种规章制度、奖惩条例（表 3-14），约束人的行为和自由，达到控制人的不安全行为，减少事故的目的。在经济和技术都有较大局限性的情况下，这种对策起着十分重要的作用。

表 3-14 安全管理对策类型

类型	事前预防对策	事中应急救援对策	事后补救对策
基本措施	工艺改进、安全设计、检测监控	编制事故应急救援预案	推行工伤保险制度
	责任制度、操作规程、制度	建立应急技术系统	参加各类事故商业保险
	风险辨识、安全评价、危险控制	配置事故救援装备	进行事故责任追究与处罚
	资格认证、日常教育、上岗培训、演习	组织消防、急救、医疗体系	事后补救，实施整改措施
	定期检查、日常检查	组建事故救援组织机构等	落实"三不放过"等
	系统检修、保养		
	合理分工、组织优化		

在长期的生产管理实践活动中，人们总结了许多行之有效的安全管理措施。如安全生产

责任制、安全管理体制、各项安全法规和标准、安全操作规范和手册等。这些内容在本书的其他章节均有专门的阐述。

第四节　施工企业安全管理

一、施工单位接受安全生产监督管理

1. 对工程项目开工前的安全生产条件审查

① 在颁发项目施工许可证前，建设单位或建设单位委托的监理单位，应当审查施工企业和现场各项安全生产条件是否符合开工要求，并将审查结果报送工程所在地建设行政主管部门。审查的主要内容是：施工企业和工程项目安全生产责任体系、制度、机构建立情况，安全监管人员配备情况，各项安全施工措施与项目施工特点结合情况，现场文明施工、安全防护和临时设施等情况。

② 建设行政主管部门对审查结果进行复查。必要时，到工程项目施工现场进行抽查。

2. 对工程项目开工后的安全生产监管

① 工程项目各项基本建设手续办理情况，有关责任主体和人员的资质和执业资格情况；

② 施工、监理单位等各方主体按本导则相关内容要求履行安全生产监管职责情况；

③ 施工现场实体防护情况，施工单位执行安全生产法律、法规和标准规范情况；

④ 施工现场文明施工情况；

⑤ 其他有关事项。

3. 主要方式

① 查阅相关文件资料和现场防护、文明施工情况；

② 询问有关人员安全生产监管职责履行情况；

③ 反馈检查意见，通报存在问题：对发现的事故隐患，下发整改通知书，限期改正；对存在重大安全隐患的，下达停工整改通知书，责令立即停工，限期改正。对施工现场整改情况进行复查验收，逾期未整改的，依法予以行政处罚；

④ 监督检查后，建设行政主管部门作出书面安全监督检查记录；

⑤ 工程竣工后，将历次检查记录和日常监管情况纳入建筑工程安全生产责任主体和从业人员安全信用档案，并作为对安全生产许可证动态监管的重要依据；

⑥ 建设行政主管部门接到群众有关建筑工程安全生产的投诉或监理单位等的报告时，应到施工现场调查了解有关情况，并作出相应处理；

⑦ 建设行政主管部门对施工现场实施监督检查时，应当有两名以上监督执法人员参加，并出示有效的执法证件；

⑧ 建设行政主管部门应制定本辖区内年度安全生产监督检查计划，在工程项目建设的各个阶段，对施工现场的安全生产情况进行监督检查，并逐步推行网格式安全巡查制度，明确每个网格区域的安全生产监管责任人。

二、施工企业安全管理

1. 施工单位

（1）施工单位的安全责任　对于施工单位的安全责任，在《建设工程安全生产管理条例》、《建筑施工企业安全生产管理机构设置及专职安全生产管理人员配备办法》（建质〔2008〕91号）、《建设工程项目管理规范》（GB/T 50326—2006）中有详细规定，主要如下。

① 从事建设工程的新建、扩建、改建和拆除等活动，应当具备国家规定的注册资本、专业技术人员、技术装备和安全生产等条件，依法取得相应等级的资质证书，并在其资质等级许可的范围内承揽工程。

② 主要负责人依法对本单位的安全生产工作全面负责，施工单位应当建立健全的安全责任制度和安全生产教育培训制度，制定安全生产规章制度和操作规程，对所承担的建设工程进行定期和专项安全检查，并做好安全检查记录。

③ 对列入建设工程概算的安全作业环境及安全施工措施所需费用，应当确保安全防护、文明施工措施费专款专用，用于施工安全防护用具及设施的采购和更新、安全施工措施的落实、安全生产条件的改善，不得挪作他用。在财务管理中单独列出安全防护、文明施工措施项目费用清单备查。

建设单位在编制工程概算时，应当确定建设工程安全作业环境及安全施工措施所需费用。常见安全措施费用项目见表 3-15。

表 3-15　安全防护、文明施工措施费用组成

序号	项目清单	费用使用计划时间
一、安全防护项目清单		
1	五牌一图	工程进场后
2	施工现场临设	工程进场后
3	封闭施工围墙及装饰、大门、门卫室等	工程进场后
4	现场污染源的控制等	工程进场后
5	工地绿化、美化	工程进场后
6	其他文明施工措施费用	
二、文明施工措施项目清单		
1	安全资料、特殊作业专项方案的编制等	工程进场后
2	安全培训及教育	工程进场后
3	"三宝"、"四口"、"五临边"的防护	施工阶段
4	施工用电等	施工阶段
5	起重设备等安全防护措施	施工阶段
6	施工机具防护棚及其围栏的安全设施	施工阶段
7	隧道、人工挖孔桩、地下室等照明设施	
8	水上、水下作业的救生设备、器材等	
9	预防突发事故、预防自然灾害等抢险设备	施工阶段
10	交通疏导、警示设施	施工阶段
11	基坑支护、检测	施工阶段
12	提升架体围护用安全网购置	施工阶段
13	消防设施及消防器材配置	施工阶段
14	其他安全防护措施	施工阶段

监理单位应当对施工单位落实安全防护、文明施工措施情况进行现场监理。对施工单位已经落实的安全防护、文明施工措施，总监理工程师或者造价工程师应当及时审查并签认所发生的费用。

④ 应当设立安全生产管理机构和配备专职安全生产管理人员，负责对建设工程安全防护、文明施工措施项目（主要内容见表 3-16）的组织实施进行现场监督检查，并有权向建设主管部门反映情况。

⑤ 应当在施工组织设计中编制安全技术措施和施工现场临时用电方案，对达到一定规模的危险性较大的分部分项工程（基坑支护与降水工程、土方开挖工程、模板工程、起重吊装工

程、脚手架工程、拆除、爆破工程、国务院建设行政主管部门或者其他有关部门规定的其他危险性较大的工程）编制专项施工方案并附具安全验算结果，经施工单位技术负责人、总监理工程师签字后实施，由专职安全生产管理人员进行现场监督。对上述工程中涉及基坑、地下暗挖工程、高大模板工程的专项施工方案，施工单位还应当组织专家进行论证、审查。

表 3-16　建设工程安全防护、文明施工措施项目清单

类别	项目名称		具 体 要 求
文明施工与环境保护	安全警示标志牌		在易发伤亡事故（或危险）处设置明显的、符合国家标准要求的安全警示标志牌
	现场围挡		现场采用封闭围挡，高度不小于 1.8m；围挡材料可采用彩色定型钢板、砖、砼砌块等墙体
	五板一图		在进门处悬挂工程概况、管理人员名单及监督电话、安全生产、文明施工、消防保卫五板、施工现场总平面图
	企业标志		现场出入的大门应设有本企业标识或企业标识
	场容场貌		道路畅通，排水沟、排水设施通畅，工地地面硬化处理，绿化
	材料堆放		材料、构件、料具等堆放时悬挂有名称、品种、规格等标牌，水泥和其他易飞扬细颗粒建筑材料应密闭存放或采取覆盖等措施，易燃、易爆和有毒有害物品分类存放
	现场防火		消防器材配置合理，符合消防要求
	垃圾清运		施工现场应设置密闭式垃圾站，施工垃圾、生活垃圾应分类存放，施工垃圾必须采用相应容器或管道运输
临时设施	现场办公、生活设施		施工现场办公、生活区与作业区分开设置并保持安全距离，工地办公室、现场宿舍、食堂、厕所、饮水、休息场所符合卫生和安全要求
	施工现场临时用电	配电线路	按照 TN-S 系统要求配备五芯电缆、四芯电缆和三芯电缆，按要求架设临时用电线路的电杆、横担、瓷夹、瓷瓶等，或电缆埋地的地沟，对靠近施工现场的外电线路，设置木质、塑料等绝缘体的防护设施
		配电箱开关箱	按三级配电要求配备总配电箱、分配电箱、开关箱三类标准电箱，开关箱应符合一机、一箱、一闸、一漏，三类电箱中的各类电器应是合格品，按两级保护的要求选取符合容量要求和质量合格的总配电箱和开关箱中的漏电保护器
		接地保护装置	施工现场保护零线的重复接地应不少于三处
安全施工	临边洞口交叉高处作业防护	楼板、屋面、阳台等临边防护	用密目式安全立网全封闭，作业层另加两边防护栏杆和 18cm 高的踢脚板
		通道口防护	设防护棚，防护棚应为不小于 5cm 厚的木板或两道相距 50cm 的竹笆。两侧应沿栏杆架用密目式安全网封闭
		预留洞口防护	用木板全封闭；短边超过 1.5m 长的洞口，除封闭外四周还应设有防护栏杆
		电梯井口防护	设置定型化、工具化、标准化的防护门；在电梯井内每隔两层（不大于 10m）设置一道安全平网
		楼梯边防护	设 1.2m 高的定型化、工具化、标准化的防护栏杆，18cm 高的踢脚板
		垂直方向交叉作业防护	设置防护隔离棚或其他设施
		高空作业防护	有悬挂安全带的悬索或其他设施，有操作平台，有上下的梯子或其他形式的通道
其他（由各地自定）			

注：本表取自《建筑工程安全防护、文明施工措施费用及使用管理规定》（建办［2005］89 号）

⑥ 建设工程实行施工总承包的，由总承包单位对施工现场的安全生产负总责。总承包单位依法将建设工程分包给其他单位的，分包合同中应当明确各自的安全生产方面的权利、义务。总承包单位和分包单位对分包工程的安全生产承担连带责任。分包单位应当服从总承包单位的安全生产管理，分包单位不服从管理导致生产安全事故的，由分包单位承担主要

责任。

（2）安全生产管理机构 《建设工程安全生产管理条例》规定，施工单位应设立各级安全生产管理机构，配备专职安全生产管理人员（指经建设主管部门或者其他有关部门安全生产考核合格取得安全生产考核合格证书，并在建筑施工企业及其项目从事安全生产管理工作的专职人员）；在相关部门设置兼职安全生产管理人员，在班组设兼职安全员。

① 建筑施工企业安全生产管理机构专职安全生产管理人员配备应满足下列要求，并应根据企业经营规模、设备管理和生产需要予以增加。

1）建筑施工总承包资质序列企业 特级资质不少于 6 人；一级资质不少于 4 人；二级和二级以下资质企业不少于 3 人。

2）建筑施工专业承包资质序列企业 一级资质不少于 3 人；二级和二级以下资质企业不少于 2 人。

3）建筑施工劳务分包资质序列企业 不少于 2 人。

4）建筑施工企业的分公司、区域公司等较大的分支机构（以下简称分支机构）应依据实际生产情况配备不少于 2 人的专职安全生产管理人员。

② 总承包单位配备项目专职安全生产管理人员应当满足下列要求。

1）建筑工程、装修工程按照建筑面积配备 1 万平方米以下的工程不少于 1 人；1 万～5 万平方米的工程不少于 2 人；5 万平方米及以上的工程不少于 3 人，且按专业配备专职安全生产管理人员。

2）土木工程、线路管道、设备安装工程按照工程合同价配备 5000 万元以下的工程不少于 1 人；5000 万～1 亿元的工程不少于 2 人；1 亿元及以上的工程不少于 3 人，且按专业配备专职安全生产管理人员。

③ 分包单位配备项目专职安全生产管理人员应当满足下列要求。

1）专业承包单位应当配置至少 1 人，并根据所承担的分部分项工程的工程量和施工危险程度增加。

2）劳务分包单位施工人员在 50 人以下的，应当配备 1 名专职安全生产管理人员；50～200 人的，应当配备 2 名专职安全生产管理人员；200 人及以上的，应当配备 3 名及以上专职安全生产管理人员，并根据所承担的分部分项工程施工危险实际情况增加，不得少于工程施工人员总人数的 5‰。

（3）各类人员的安全生产责任

① 施工单位主要负责人：依法对本单位的安全生产工作全面负责。应当建立健全安全生产责任制度和安全生产教育培训制度，制定安全生产规章制度和操作规程，保证本单位安全生产条件所需资金的投入，对所承担的建设工程进行定期和专项安全检查，并做好安全检查记录。

② 施工单位的项目负责人：应当由取得相应执业资格的人员担任，对建设工程项目的安全施工负责，落实安全生产责任制度、安全生产规章制度和操作规程，确保安全生产费用的有效使用，并根据工程的特点组织制定安全施工措施，消除安全事故隐患，及时、如实报告生产安全事故。

③ 建筑施工企业安全生产管理机构专职安全生产管理人员，在施工现场检查过程中具有以下职责。

1）查阅在建项目安全生产有关资料、核实有关情况；

2）检查危险性较大工程安全专项施工方案落实情况；

3）监督项目专职安全生产管理人员履行情况；

4）监督作业人员安全防护用品的配备及使用情况；

5）对发现的安全生产违章违规行为或安全隐患，有权当场予以纠正或作出处理决定；

6）对不符合安全生产条件的设施、设备、器材，有权当场作出查封的处理决定；

7）对施工现场存在的重大安全隐患有权越级报告或直接向建设主管部门报告；

8）企业明确的其他安全生产管理职责。

④ 项目专职安全生产管理人员，具有以下主要职责。

1）负责施工现场安全生产日常检查并做好检查记录；

2）现场监督危险性较大工程安全专项施工方案实施情况；

3）对作业人员违规违章行为有权予以纠正或查处；

4）对施工现场存在的安全隐患有权责令立即整改；

5）对于发现的重大安全隐患，有权向企业安全生产管理机构报告；

6）依法报告生产安全事故情况。

⑤ 施工作业班组可以设置兼职安全巡查员，对本班组的作业场所进行安全监督检查。

⑥ 特种作业人员（垂直运输机械作业人员、安装拆卸工、爆破作业人员、起重信号工、登高架设作业人员等），必须按照国家有关规定经过专门的安全作业培训，并取得特种作业操作资格证书后，方可上岗作业。

（4）施工单位的安全管理　建设工程施工安全管理中，施工单位是实施项目的主体，其管理的主要内容如下。

① 认真贯彻国家和地方安全生产管理工作的法律法规和方针政策、建设工程施工安全技术标准规范及各项安全生产管理制度，结合工程项目的具体情况，制定施工组织设计的安全技术措施（专项施工方案）、安全计划等实施安全管理的文件，并组织实施。

施工组织设计中的安全措施和安全计划不同之处见表3-17。

表 3-17　施工组织设计中的安全措施和安全计划对比

比较项目　　比较对象	安全计划	施工组织设计中的安全措施
概念	是安全策划结果的管理文件	是对各种施工组织和技术问题提出解决方案的技术经济文件
作用	向建设单位作出安全生产保证，是安全管理和控制的依据	内部使用，具体指导施工
编制原理	建设工程作为独立系统，安全管理体系为基础	施工部署，按技术安全形成规律编制
内容	安全目标、组织结构、控制程序、控制目标、安全措施、检查评价	结合工程特点，把手段和方法灵活运用

各项安全技术措施（方案）的审核审批要求，见表3-18。

表 3-18　安全技术措施（方案）的审核审批

对象　　权限	审核 明确意见和签名、部门盖章	审批 明确意见和签名、部门盖章	备案
一般工程安全技术措施（方案）	施工单位项目经理部工程技术人员	项目经理部总工程师	公司项目部、安全管理部

续表

对象 ＼ 权限	审核 明确意见和签名、部门盖章	审批 明确意见和签名、部门盖章	备案
重要工程安全技术措施（方案）	施工单位项目经理部总工程师审核，公司项目部、安全管理部复核	公司技术发展部或公司总工程师委托技术人员	公司项目管理部、安全管理部
大型、特大工程安全技术措施（方案）	公司技术发展部、项目管理部、安全管理部	项目总监理工程师	
专业性强、危险大的工程项目	施工单位组织专家对专项方案论证。施工单位技术部门组织本单位施工技术、安全、质量等部门的专业技术人员进行审核	施工单位技术负责人	

《建设工程安全生产管理条例》规定：工程监理单位应当审查施工组织设计中的安全技术措施或者专项施工方案是否符合工程建设强制性标准。对达到一定规模的危险性较大的分部分项工程编制专项施工方案，并附具安全验算结果，经施工单位技术负责人、总监理工程师签字后实施，由专职安全生产管理人员进行现场监督。

② 运用建设工程施工安全管理原理，建立安全生产管理机构、明确职责权限，建立和落实安全生产责任制度、安全教育培训制度等安全管理制度，实行工程施工安全管理和控制。

③ 认真进行工程施工安全检查，实行安全自检、互检和专项检查相结合的方法，组织班组进行自检、互检活动，做好记录和分析工作；专职安全生产管理人员应加强施工过程中的安全检查工作，做好安全验收工作，见图 3-15。

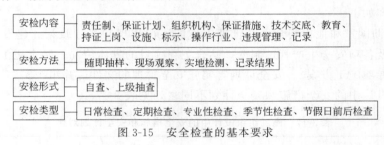

图 3-15　安全检查的基本要求

④ 对安全检查中发现的安全隐患等安全问题，应及时进行处理，保证不留安全隐患。施工现场常见安全隐患见表 3-19。

⑤ 做好施工现场的文明施工管理，职业卫生管理及季节性施工安全管理。其中文明施工和职业卫生有关问题，详见第八章。

⑥ 做好建设工程安全事故的调查与处理工作等。详见第十一章。

2. 分包、供应单位

建设工程施工过程中，会有分包单位、供应单位的参与。包括提供机械和配件的单位、出租机械设备和施工机具及配件的单位、大型施工起重机械的拆装单位、材料供应单位等。

（1）分包、供应单位的安全责任　《建设工程安全生产管理条例》规定了分包、供应单位的安全责任，具体包括如下内容。

① 为建设工程提供机械设备和配件的单位，应当按照安全施工的要求配备齐全有效的保险、限位等安全设施和装置；

表 3-19 施工现场常见安全隐患

序号	类型	问题	现象	序号	类型	问题	现象
1	安全管理	责任制	不健全、不系统、不落实、无考核	23	基坑支护	支护	无方案、无针对性、不符合规范要求
2		管理目标	不明确、不执行	24		开挖	无排水、挖土弃土不规范、通道不符规定、机械位置不牢固
3		组织设计专项施工方案	未编制、不适用、未落实	25	模板工程	制作	无方案、无计算、支撑不规范
4		技术交底	不交底、不全面、不针对、未签字	26		使用	孔口临边无防护、垂直作业无隔离
5		安全检查	不定期、不认真、不整改	27	防护	安全帽、带	不佩戴、佩戴不合规定
6		安全教育	无制度、无内容、不重视、不进行	28		安全网	不设置、不合规定
7		班前活动	无制度、不重视、不进行、不记录	29		口、边防护	不设置、不牢固、不合要求
8		持证上岗	不培训、未持证	30	施工用电管理	施工用电管理	未编制组织设计、不重视、无检查、无记录
9		安全标志	无标志、不系统、不适当	31		接零保护	不实行 TN-S、接地电阻值太大、总配电箱处不设重复接地、接零保护线不合规定
10		工伤事故	不报告、不建档				
11	文明施工	现场围挡	不够高、不坚固、不稳定、不整洁	32		漏电保护器	不合格、漏电动作电流不符合规定、接线不正确、安装位置不当
12		封闭管理	未设置企业标志、不佩戴工作卡	33		临近高压线的防护	无防护、施不严密
13		施工场地	未硬化、无排水、无泥浆沉淀、无绿化、随意吸烟	34		支线架设	导线的材质不合格、接头漏电、线路混乱、不加保护管、乱接乱挂、架空不够、不用地下保护管
14		材料堆放	不按图、无标牌、不整齐、不工完料清				
15		现场防火	无措施、无器材、无审批、无监护	35		现场照明	不用安全电压、照明线和开关不合规定
16		治安综合治理	无场所、无责任分解、无防范措施	36		低压干线架设	干线、架空线、拉线、横担和绝缘、架空等不合规定
17		施工现场标牌	无设施、不规范、不整齐、内容不全、不醒目	37		配电箱开关箱	不用、不符合要求
18		生活设施	无厕所、不卫生、无淋浴室、生活垃圾无处理	38		熔丝	材料、规格、固定不合规定
				39		变配电装置	场所不合规定、自备发电机不备案
19		保健急救	无药箱、无器材、无急救措施、无培训、无宣传	40	物料提升机		安全防护装置不合要求、无联络信号、垂直度偏差
20		社区服务	无防粉尘、防噪声措施、无夜间施工许可证、焚烧有毒有害物质	41	塔吊		安全防护装置不合要求、超高无措施、无证上岗
21	脚手架	搭设	无搭设方案、不符合规范的规定、未交底、无验收	42	施工机具	施工机具	无防护罩、无安全装置、无验收合格手续、火间距不符合规定、无触电保护器
22		使用	堆放不均匀、荷载超规定	43		电动机及开关电器	缺乏维修、功率不配套、型号和规格不符、不作全面检查

　　② 出租机械设备和施工机具及配件的单位，应当具有生产（制造）许可证，产品合格证。出租单位应当对出租的机械设备和施工机具及配件的安全性能进行检测，在签订租赁协议时，应当出具检测合格证明。禁止出租检验不合格的机械设备和施工机具及配件；

③ 在施工现场安装、拆卸施工起重机械和整体提升脚手架、模板等自升式架设设施，必须由具有相应资质等级的单位承担；安装、拆卸前，拆装单位应当编制拆装方案、制定安全技术措施，并由专业技术人员现场监督；安装完毕后，安装单位应当自检，出具自检合格证明，并向施工单位进行安全使用说明，办理验收手续并签字。

（2）分包、供应单位参与安全管理

① 分包、供应单位应建立和落实施工现场安全生产管理制度，配备专（兼）职安全生产管理人员，遵守施工总承包单位的安全管理规定；

② 应积极参与施工现场安全管理，通过参加现场安全委员会、安全会议、安全检查、安全培训、安全应急救援等，共同做好施工现场工程项目施工安全管理。

3. 保险

保险是指投保人根据合同约定，向保险人支付保险费，保险人对于合同约定的可能发生的事故所造成的财产损失承担赔偿保险金责任或者当被保险人死亡、伤残和达到合同约定的年龄期限时，承担给付保险责任的保险行为。

（1）建筑意外伤害保险　指保险人对被保险人由意外伤害事故所致的死亡或残疾，或者支付医疗费用，或者按照合同约定给付全部或部分保险金的保险。

《建筑法》第 48 条规定："建筑施工企业必须为从事危险作业的职工办理意外伤害保险，支付保险费"；《建设工程安全生产管理条例》第 38 条进一步明确规定："施工单位应当为施工现场从事危险作业的人员办理意外伤害保险。意外伤害保险费由施工单位支付。实施施工总承包的，由总承包单位支付意外伤害保险费。意外伤害保险期限自建设工程开工之日起至竣工验收合格止"。因此，施工现场人身意外伤害保险是国家法定保险，即强制保险，施工单位必须办理施工现场从事危险作业的人员的意外伤害保险。

《关于加强建筑意外伤害保险工作的指导意见》（建质〔2003〕107 号）要求："建筑施工企业应当为施工现场从事施工作业和管理的人员，在施工活动过程中发生的人身意外伤亡事故提供保障，办理建筑意外伤害保险、支付保险费。范围应当覆盖工程项目。已在企业所在地参加工伤保险的人员，从事现场施工时仍可参加建筑意外伤害保险。"

（2）工伤保险　是对在劳动过程中遭受人身伤害（包括事故伤残和职业病以及因这两种情况造成的死亡）的职工、遗属提供经济补偿的一种社会保险制度。《中华人民共和国劳动法》，其中第 73 条的规定是："劳动者在下列情况下，依法享受社会保险待遇：……（三）因工伤残或者患职业病"。实施的原则有：强制性实施、无责任赔偿、个人不缴费、损失补偿与事故预防及职业康复相结合。

《工伤保险条例（修订）》（国务院令第 586 号）、《关于农民工参加工伤保险有关问题的通知》（劳社部发〔2004〕18 号）、《关于实施农民工"平安计划"加快推进农民工参加工伤保险工作的通知》（劳社部发〔2006〕19 号）和《关于加快推进农民工参加工伤保险实施"平安计划"工作的函》（劳社险中心函〔2006〕31 号）等文件，就农民工参加工伤保险在工伤认定、劳动能力鉴定和待遇支付等方面作出了具体规定。

此后相继出台了《工伤认定办法》（人力资源和社会保障部令第 8 号）、《因工死亡职工供养亲属范围规定》、《非法用工单位伤亡人员一次性赔偿办法》等一系列政策措施，进一步推进了工伤保险各项工作。在实施中参保、劳动能力鉴定、待遇支付等各个不同环节要注意不同的问题。

【本章小结】

介绍我国建设工程安全生产相关法律、法规、行政规章、标准的构成体系及主要内容；建设工程安全生产管理体制与制度以及施工安全管理的方法和技术原理。以建筑施工单位的施工安全技术与安全生产管理为重点，紧密结合建筑施工安全技术要点，详细讲述建设工程安全生产管理内容。使学生掌握安全生产管理理论在建设工程施工现场的应用条件、方法。

通过本章学习，学生应熟悉建设工程安全生产管理方面的法律体系、制度和基本管理原理。

【关键术语】

宪法、主法、子法、行政法规、部门规章、地方法规规章、国家标准、行业标准、地方标准、基础标准、管理标准、技术标准、综合标准、安全生产基本方针、安全生产管理体制、安全生产管理体系、安全生产管理制度、职业健康、安全投资、安全成本、事故损失、安全隐患

【实际操作训练或案例分析】

事故案例：违章指挥卸钢管 当场砸死卸车人

事故经过

6月12日，某发电厂建安公司在灰场改造施工过程中，需由厂车队将厂内 $\phi273$ 90 余米长的 11 根钢管运至厂外周源灰场工地。

6月12日8点上班，将厂内每根约长9米、重550公斤的钢管11根，分别装在61号及65号车上，运到周源灰场工地。

建安公司领导张某及其他9人先后到达施工现场准备卸车。65号车利用现场地势坡度和管子后滑的作用，松开固定钢丝绳后，车向前开，利用管子后滑的惯性将管子一次全部卸了下来。

61号车也想采用同样的办法卸车，由于该车所处位置路基较软且有弯道，在倒车时车身向左侧倾斜，车上6根钢管整体向左侧移动了约40厘米，司机怕管子落下时撞坏车身或发生翻车，不同意再采取同样办法卸车。后由司机白某某和张某指挥将车倒至坝基上，车身恢复平稳，司机邵某某提出用绳子向下拉，并提供麻绳一根，由于麻绳被拉断而没有实施成。又改用人力一根一根往下撬，解掉固定绳后，张某、赵某和民工党某先后上了车，三人同时准备用小撬杠撬管子，张某一脚踩在驾驶室顶上，一脚踩在由左向右的第五、六根管子上，民工党某在车中间，赵某在车尾部，车下有人用一根长约4米，直径约50毫米的木杠插入管子尾部准备同时用力，赵某和党某站在第五、六根管子上。12时05分大家同时用力撬上边第一根管子，结果使第一、第二根管子先后落地，紧接着其余四根管子全部向左侧滚动。党某发现情况不对，随即翻身跳出车厢。赵某因身体重心失去平衡而随第五根管子掉入车下，被紧接着滚落下的第六根管子砸伤腰部。立即将赵某用汽车送往韩城市医院（时间为12时15分）抢救，至15时30分呼吸、心跳停止而死亡。医院诊断为：创伤性失血性休克，抢救无效死亡。

事故原因

① 没有明确的卸车方案。本次卸车作业中，既没有编制《起吊方案》及《安全技术组织措施》，而且参加作业的 10 人当中，没有一名起重工，安全、技术措施都没有保证，缺乏起码的起重装卸常识。

② 现场卸车中形成的实际指挥人张某不胜任指挥工作，违章指挥，导致了本次事故的发生。

防范措施

具有高、大、长、重特点的物件装卸前，应编制专项《起吊方案》及《安全技术组织措施》，在起吊方案中应规定由能胜任此项工作的起重工担任起吊指挥，全权负责起吊工作。

【习题】

1. 《安全生产法》确立了对各行业和各类生产经营单位普遍适用的哪些基本法律制度？

2. 在职业健康安全技术标准方面，我国现行的有 400 多种。如果按照法律效率可将目前的技术标准分为哪两类？

3. 《刑法》中与安全生产有关的罪名有哪些？

4. 安全生产目标必须是可测量的。企业或项目确定目标的原则应符合可行性、关键性、一致性、灵活性、激励性和概括性。应包括哪些内容和指标？

5. 建筑施工企业安全生产管理机构具有哪些职责？

6. 建筑施工企业安全生产管理机构专职安全生产管理人员，在施工现场检查过程中具有哪些职责？

7. 哪些人员必须取得《特种作业操作证》，方可上岗？

8. 总承包单位应对分包单位施工活动实施控制，并形成记录。控制的内容与方法包括哪些？

9. 安全设施所需材料、设备及防护用品，具体指的是哪些？

10. 安全技术措施编制的主要内容包括哪些？

第四章　建筑施工现场机械使用安全技术与管理

【本章教学要点】

知识要点	相关知识
垂直运输机械	塔式起重机、物料提升机(龙门架、井字架)、施工升降机(施工电梯)等的技术指标和运行方式,相关安全隐患
水平运输机械	推土机、铲运机、挖掘机、装载机、压实机等的技术指标和运行方式,相关安全隐患
常用机具	混凝土机械、钢筋加工机械、装修机械、木工机械、卷扬机、手持电动工具、机动翻斗车、蛙式夯实机、潜水泵、小型空压机等的技术指标和运行方式,相关安全隐患
吊装	起重吊装、吊运中的受力特征

【本章技能要点】

技能要点	应用方向
机械设备、电动工具等的基本构造	了解设备、工器具的功能和正确操作方法,熟悉安全防护装置工作原理
建筑机械使用的安全强制性规定	熟悉常见设备的选择方法,熟悉正确的安全使用要求和注意事项
起重吊装	了解索具,熟悉机械作业方法,掌握混凝土构件、钢构件吊装,墙板安装安全要求

【导入案例】

案例 安装用电动工具改进

　　香港建造业属高危行业,其中主要原因是建造工程进行期间,很多结构及工作环境都是临时性,并涉及不少高空工作。人体从高处堕下是致命意外的主要原因。其中包括不少严重的吊棚意外,导致工人死亡。

　　部分个案是工人安装传统的"I"型"狗臂架"(如例图4-1)时,由于难以在外墙钻第三个孔,即"狗臂架"最低位置的孔,所以放弃安装"狗臂架"的第三颗系稳螺丝;更甚的是某些工人为节省施工时间,只安装一颗系稳螺丝来锚固"狗臂架"于结构物上,最后形成工人在不稳固的吊棚上工作,"狗臂架"连同工人飞堕地面而导致伤亡的意外。

　　另一些个案是棚工在安装"狗臂架"或竹棚时,身体超越外墙幅度过大而又没有采取适当的防堕措施,身体失平衡而造成高处下堕伤亡的意外。

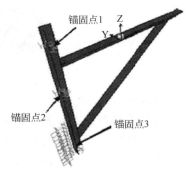

例图 4-1　"I"型"狗臂架"的三个锚固点

有见及此，简单介绍现时市面可找到易于安装的"狗臂架"和适合在距离窗口边较远的位置或狭窄的环境下钻孔所使用的油压钻工具，改善棚工安装外墙"狗臂架"时的工作安全。

常用的电工具是"直身油压钻"（如例图 4-2），即直身钻头（SDS Chuck）和机身（Rotary Hammer）成直线。钻外墙时，因"直身油压钻"需和外墙成 90 度角，油压钻的手柄（Handle）位置距离墙身将会较远，工人必须探身出外墙，才可握稳手柄进行钻孔工作；如钻孔的位置与窗口边缘距离远，工人身体超越外墙的幅度将会更大，对自身安全构成更大的威胁，这也是造成工人不愿意安装足够系稳螺丝的原因之一。

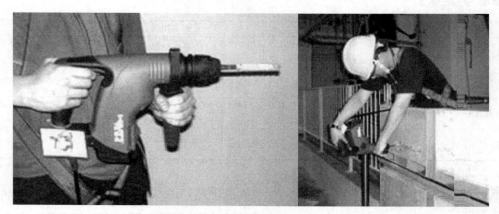

例图 4-2　工人使用"直身油压钻"在外墙钻孔的情形

如钻孔的位置与窗口边缘距离远或在狭窄的环境下钻孔，可考虑使用"90 度角转向油压钻"。此类油压钻主要由"直角钻头"（Angular Chuck）和机身（Rotary Hammer）所组成（如例图 4-3），其特点是钻头和机身成 90 度角，钻头更可转动至不同方向，方便在狭窄的环境下钻孔。

例图 4-3　"90 度角转向油压钻"主要由"直角钻头"和机身所组成

因其 90 度角的钻头设计（如例图 4-4），进行钻孔时，机身能和外墙保持平衡的距离，油压钻的手柄和机身位置可以更贴近墙身，减少工人探身出外墙钻孔的幅度。另一方面，紧握手柄工作时，手腕的屈曲程度亦会较少，符合人体功效学的原理。

涉及小型工程的意外有上升趋势，特别是大厦装修、维修及保养工程的安全事宜。棚架承包商应从安全施工程序和方法着手，探索问题所在，使用适当的工具及设备，以协助棚工顺利及安全地搭建符合要求的吊棚，从而提供一个安全的工作台。

例图 4-4 展示工人使用"90度角转向油压钻"在外墙钻孔的情况

建筑机械是指用于各种建筑工程施工的工程机械、筑路机械、农业机械和运输机械等有关的机械设备的统称。

第一节 起重及垂直运输机械

一、吊装机具

1. 绳索

（1）麻绳

① 分类及特点 麻绳按材质分有白棕绳和混合麻绳两种，白棕绳质量好，广泛被使用；按捻制股数划分，有 3 股、4 股及 9 股等几种，股数多绳的强度高，但捻制比较困难。

麻绳具有使用轻便、质软、携带方便、易于绑扎和结扣等优点，但它的强度低、易磨损和腐烂，因此只能用于辅助性作业，如用于溜绳、捆绑绳和受力不大的缆风绳等，不适用在荷载大及有冲击荷载的机动机械工作中。

② 麻绳的计算 麻绳正常使用时允许承受的最大拉力称允许拉力。它是安全使用麻绳的主要参数，计算公式为

$$S = \frac{P_p}{k} \tag{4-1}$$

式中 S——麻绳的允许拉力，旧绳使用时必须按新绳的 50% 允许拉力计算，N；

$\quad$ k——安全系数，见表 4-1；

$\quad$ P_p——麻绳的破断拉力，N。

表 4-1 麻绳的安全系数

工 作 性 质	绳 类 名 称	
	白棕绳	麻绳
地面水平运输设备	3	5
高空系挂或吊装设备	5	8
用慢速机械操作、绑扎及吊人绳	10	

破断拉力可从产品说明书或有关资料的性能表中选取。如缺少麻绳破断拉力资料或现场

临时选用，可用近似公式求得：

$$P_p = 0.66 \times \pi \left(\frac{d}{2}\right)^2 \times \sigma = 0.518\sigma d^2 \qquad (4\text{-}2)$$

式中　d——麻绳的公称直径，mm；

　　0.66——麻绳的净截面面积占毛截面面积的 66%；

　　　σ——材料的抗拉强度，N/mm² ［素麻绳取 $\sigma = 78.45\text{N/mm}^2$（8kgf/mm²）］。

③ 使用麻绳的注意事项

1）原封整卷麻绳在拉开使用时，应先把绳卷平放在地上，并将有绳头的一面放在底下，从卷内拉出绳头，根据需要长度切断，麻绳切断后，其断口要用细铁丝或麻绳扎紧，防止断头松散。

2）麻绳使用前要进行检查。发现表面损伤小于 30% 直径，局部破损小于截面 10% 时，要降低负荷使用；如破损严重，应将此部分去掉，重新连接后使用；对于断股及表面损伤大于麻绳直径的 30% 以及腐蚀严重的，应予以报废。

3）要防止麻绳打结。对某一段出现扭结时，要及时加以调直。当绳不够长时，不宜打结接长，应尽量采用编接方法接长。编接绳头、绳套时，编接前每股头上应用细绳扎紧，编接后相互搭接长度，绳套不能小于麻绳直径的 15 倍，绳头接长不小于 30 倍。

4）用麻绳捆绑边缘锐利的物体时，应垫以麻布、木片等软质材料，避免被棱角处损坏。

5）使用时应将绳抖直，使用中发生扭结也应立即抖直，如有局部损伤的麻绳，应切去损伤部分；

6）使用中应严禁在粗糙的构件上或地上拖拉，并严防砂、石屑嵌入绳的内部磨伤麻绳；吊装作业中的绳扣应结扣方便，受力后不得松脱，解扣应简易。

7）穿绕滑车时，滑轮的直径应大于麻绳直径的 10 倍，麻绳有结时，应严禁穿过滑车狭小之处；避免损伤麻绳发生事故，长期在滑车上使用的麻绳，应定期改变穿绳方向，使绳磨损均匀。

（2）钢丝绳

① 钢丝绳　是用直径 0.4～3mm，强度 140～200kg/mm² 的钢丝合成股，再由钢丝股围绕一根浸过油的棉制或麻制的绳芯，拧成整根的钢丝绳。

钢丝绳具有强度高、弹性大、韧性好、耐磨并能承受冲击荷载等特点，它破断前有断丝现象的预兆，容易检查、便于预防事故。因此，在起重作业中广泛应用，是吊装中的主要绳索。

② 种类　按照捻制的方法分有同向捻、交互捻、混合捻等几种；按绳股数及一股中的钢丝数多少分，常用的有 6 股 19 丝、6 股 37 丝、6 股 61 丝等几种。日常工作中以 $6 \times 19 + 1$、$6 \times 37 + 1$、$6 \times 61 + 1$ 来表示。

③ 钢丝绳的破断拉力　是将整根钢丝绳拉断所需要的拉力大小，也称为整条钢丝绳的破断拉力，用 S_p 表示。求整条钢丝绳的破断拉力 S_p 值，应根据钢丝绳的规格型号从金属材料手册中的钢丝绳规格性能表中查出钢丝破断拉力总和 $\sum S_i$ 值，再乘以换算系数 ϕ 值，即

$$S_p = \phi \cdot \sum S_i \qquad (4\text{-}3)$$

式中　ϕ——换算系数值，当钢丝绳为 $6 \times 19 + 1$ 时，$\phi = 0.85$；为 $6 \times 37 + 1$ 时，$\phi = 0.82$；

为 $6 \times 61 + 1$ 时，$\phi = 0.80$。

④ 钢丝绳的允许拉力　为了保证吊装的安全，钢丝绳根据使用时的受力情况，规定出所能允许承受的拉力。其计算公式为

$$S = \frac{S_p}{k} \tag{4-4}$$

式中　S——钢丝绳的允许拉力，N；

　　　k——安全系数，见表 4-2；

　　　S_p——钢丝绳的破断拉力，N。

表 4-2　钢丝绳安全系数 k 值

钢丝绳用途	安全系数	钢丝绳用途	安全系数
作缆风绳	3.5	作吊索无弯曲时	6~7
缆索起重机承重绳	3.75	作捆绑吊索	8~10
手动起重设备	4.5	用于载人的升降机	14
机动起重设备	5~6		

⑤ 钢丝绳重量的计算　钢丝绳在使用时或运输装卸时都需要知道其重量，一般可从钢丝绳表中查得每百米的参考重量。考虑钢丝绳中钢丝的理论重量、纤维芯和油的重量，可用简化近似公式计算

$$G = 0.0035 l d^2 \tag{4-5}$$

式中　l——钢丝绳的长度，m；

　　　d——钢丝绳的公称直径，mm。

⑥钢丝绳的报废　钢丝绳在使用过程中会不断的磨损、弯曲、变形、锈蚀和断丝等。当钢丝绳不能满足安全使用时应予报废，以免发生危险。报废条件如下。

1）钢丝绳的断丝达到规定；

2）钢丝绳直径的磨损和腐蚀大于钢丝绳的直径 7%，或外层钢丝磨损达钢丝的 40%；

3）使用当中断丝数逐渐增加，其时间间隔越来越短；

4）钢丝绳的弹性减少，失去正常状态。

⑦ 钢丝绳的安全使用

1）选用钢丝绳要合理，不准超负荷使用。

2）经常保持钢丝绳清洁，定期涂抹无水防锈油或油脂。钢丝绳使用完毕，应用钢丝刷将上面的铁锈、脏垢刷去，不用的钢丝绳应进行维护保养，按规格分类存放在干净的地方。在露天存放的钢丝绳应在下面垫高，上面加盖防雨布罩。

3）钢丝绳在卷筒上缠绕时，要逐圈紧密地排列整齐，不应错叠或离缝。

（3）绳扣（千斤绳、带子绳、吊索）　绳扣是把钢丝绳编插成环状或插在两头带有套鼻的绳索，是用来连接重物与吊钩的吊装专用工具。它使用方便，应用极广。

绳扣多是用人工编插的，也有用特制金属卡套压制而成的，人工插接的绳扣其编结部分的长度不得小于钢丝绳直径的 15 倍，并且不得短于 300mm。

（4）吊索内力计算与选择　吊装吊索内力的大小，除与构件重量、吊索类型等因素有关外，尚与吊索和所吊重物间的水平夹角有关。水平夹角越小吊索内力越大，同时其水平分力对构件产生不利的水平压力；如果夹角太大，虽然能减小吊索内力，但吊索的起重高度要求

很高，所以吊索和构件间的水平夹角一般取为 45°～60°之间。若吊装高度受到限制，其最小夹角应控制在 30°以上。

① 两点起吊，如图 4-1 所示。

1）内力计算

$$S=\frac{g}{n \cdot \sin\alpha} \tag{4-6}$$

式中　S——一根吊索所受拉力；

　　　g——吊装构件自重；

　　　n——吊索的根数；

　　　α——吊索与构件的水平夹角。

2）强度条件

$$S \leqslant \frac{S_\mathrm{p}}{k} \tag{4-7}$$

式中各参数含义同前。

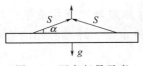

图 4-1　两点起吊示意

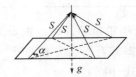

图 4-2　四点起吊示意

② 四点起吊，如图 4-2 所示。

对平面尺寸较大，而厚度较薄的板式构件，一般采用四点起吊。吊索的拉力 S 仍按式 (4-6) 计算，其中吊索的根数 $n=4$。为了考虑其中某一根吊索可能处于松软状态而不受力或受力很小，为安全起见，可按三根吊索承担构件自重，即用 $n=3$ 代入公式计算。

2. 吊装工具

（1）千斤顶　千斤顶又叫举重器，在起重工作中应用的很广。它用很小的力就能顶高很重的机械设备，还能校正设备安装的偏差和构件的变形等。千斤顶的顶升高度一般为 100～400mm，最大起重量可达 500t，顶升速度可达 10～35mm/min。千斤顶的使用安全要求如下。

① 千斤顶应放在干燥无尘土的地方，不可日晒雨淋，使用时应擦洗干净，各部件灵活无损。

② 设置的顶升点需坚实牢固，荷载的传力中心应与千斤顶轴线一致，严禁荷载偏斜，以防千斤顶歪斜受力而发生事故。

③ 千斤顶不要超负荷使用，顶升的高度不得超过活塞上的标志线。如无标志，顶升高度不得超过螺纹杆丝扣或活塞总高度的 3/4。

④ 顶升前，千斤顶应放在平整坚实的地面上，并于底座下垫垫木或钢板，严防地基偏沉，顶部与金属或混凝土构件等光滑面接触时，应加垫硬木板，严防滑动；

开始顶升时，先将结构构件轻微顶起后停住，检查千斤顶承力、地基、垫木、枕木垛是否正常，如有异常或千斤顶歪斜应及时处理后，方准继续工作。

⑤ 顶升过程中用枕木垛临时支持构件时，千斤顶的起升高度要大于枕木厚度与枕木垛变形之和。结构构件顶起后，应随起随搭防坠枕木垛，随着构件的顶升枕木垛上应加临时短

木块，其与构件间的距离必须保持在 50mm 以内，以防千斤顶突然倾倒或回油而引起活塞突然下降，造成伤亡事故。起升过程中，不得随意加长千斤顶手柄或强力硬压。

⑥ 有几个千斤顶联合使用顶升同一构件时，应采用同型号的千斤顶，应设置同步升降装置，并每个千斤顶的起重能力不得小于所分担构件重量的 1.2 倍。用两台或两台以上千斤顶同时顶升构件一端时，另一端必须垫实、垫稳，严禁两端同时起落。

（2）倒链　倒链又叫手拉葫芦或神仙葫芦，可用来起吊轻型构件、拉紧扒杆的缆风绳，及用在构件或设备运输时拉紧捆绑的绳索，见图 4-3。它适用于小型设备和重物的短距离吊装，一般的起重量为 0.5～1t，最大可达 2t。倒链的使用安全要求：

① 使用前需检查确认各部位灵敏无损。应检查吊钩、链条、轮轴、链盘，如有锈蚀、裂纹、损伤、传动部分不灵活应严禁使用。

② 起重时，不能超出起重能力，在任何方向使用时，拉链方向应与链轮方向相同，要注意防止手拉链脱槽，拉链子的力量要均匀，不能过快过猛。

③ 要根据倒链的起重能力决定拉链的人数。如拉不动时，应查明原因再拉。

④ 起吊重物中途停止时，要将手拉小链拴在起重链轮的大链上，以防时间过长而自锁失灵。

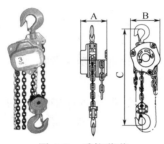

图 4-3　手拉葫芦

图 4-4　各类钢丝绳连接件

（3）卡环　卡环又名卸甲，用于绳扣（千斤绳、钢丝绳）和绳扣、绳扣与构件吊环之间的连接，是在起重作业中用的较广的连接工具。卡环由弯环与销子两部分组成，按弯环的形式分为直形和马蹄形两种；按销子与弯环的连接形式分，有螺栓式和抽销式卡环及半自动卡环，见图 4-4。

① 卡环允许荷载的估算　卡环各部强度及刚度的计算比较复杂，在现场使用时很难进行精确的计算。为使用方便，现场施工可按下列的经验公式进行卡环的允许荷载计算

$$p \approx 3.5d^2 \tag{4-8}$$

式中　p——允许荷载，kg；

　　　d——销子的直径，mm。

② 卡环的使用安全要求：

1）卡环必须是锻造的，一般是用 20 号钢锻造后经过热处理而制成的。不能使用铸造的和补焊的卡环。

2）在使用时不得超过规定的荷载，并应使卡环销子与环底受力（即高度方向），不能横向受力，横向使用卡环会造成弯环变形，尤其是在采用抽销卡环时，弯环的变形会使销子脱离销孔，钢丝绳扣柱易从弯环中滑脱出来。

3）抽销卡环经常用于柱子的吊装，它可以在柱子就位固定后，可在地面上用事先系在

销子尾部的麻绳，将销子拉出解开吊索，避免了摘扣时的高空作业的不安全因素，提高了吊装效率。但在柱子的重量较大时，为提高安全度须用螺栓式卡环。

（4）绳卡 钢丝绳的绳卡主要用于钢丝绳的临时连接（图 4-5）和钢丝绳穿绕滑车组时后手绳的固定，以及扒杆上缆风绳绳头的固定等。它是起重吊装作业中用的较广的钢丝绳夹具。通常用的钢丝绳卡子，有骑马式、拳握式和压板式三种。其中骑马式卡是连接力最强的标准钢丝绳卡子，应用最广。绳卡的使用安全要求如下。

图 4-5 钢丝绳与绳卡

① 卡子的大小，要适合钢丝绳的粗细，U 形环的内侧净距，要比钢丝绳直径大 1～3mm，净距太大不易卡紧绳子。

② 使用时，要把 U 形螺栓拧紧，直到钢丝绳被压扁 1/3 左右为止。由于钢丝绳在受力后产生变形，绳卡在钢丝绳受力后要进行第二次拧紧，以保证接头的牢靠。如需检查钢丝绳在受力后绳卡是否滑动，可采取附加一安全绳卡来进行。安全绳卡安装在距最后一个绳卡约500mm 左右，将绳头放出一段安全弯后再与主绳夹紧，这样如卡子有滑动现象，安全弯将会被拉直，便于随时发现和及时加固。

③ 绳卡之间的排列间距一般为钢丝绳直径的 6～8 倍左右，绳卡要一顺排列，应将 U 形环部分卡在绳头的一面，压板放在主绳的一面。

（5）吊钩 吊钩根据外形的不同，分单钩和双钩两种。单钩一般在中小型的起重机上用，也是常用的起重工具之一。在使用上单钩较双钩简便，但受力条件没有双钩好，所以起重量大的起重机用双钩较多。双钩多用在桥式机门座式的起重机上。

① 吊钩分类 吊钩按锻造的方法分有锻造钩和板钩。

锻造钩采用 20 号优质碳素钢，经过锻造和冲压，进行退火热处理，以消除残余的内应力，增加其韧性。要求硬度达到 HB＝75～135，再进行机加工。板钩是由 30mm 厚的钢板片铆合制成的。

② 吊钩的使用安全要求

1）一般吊钩是用整块钢材锻制的，表面应光滑，不得有裂纹、刻痕、剥裂、锐角等缺陷，并不准对磨损或有裂缝的吊钩进行补焊修理。

2）吊钩上应注有载重能力，如没有标记，在使用前应经过计算，确定载荷重量，并作动静载荷试验，在试验中经检查无变形、裂纹等现象后方可使用。

3）在起重机上用吊钩，应设有防止脱钩的吊钩保险装置。

（6）手扳葫芦 是一种轻巧简便的手动牵引机械，见图 4-6。它具有结构紧凑、体积小、自重轻、携带方便、性能稳定等特点。其工作原理是由两对平滑自锁的夹钳，像两只钢爪一样交替夹紧钢丝绳，作直线往复运动，从而达到牵引作用。它能在各种工程中担任牵引、卷扬、起重等作业。

图 4-6 手扳葫芦

使用手扳葫芦时，起重量不准超过允许荷载，要按照标记的起重量使用；不能任意的加长手柄，应用有钢芯的钢丝绳作业。使用前应检查验证自锁夹钳装置，夹紧钢丝绳后能否往复作直线运动，否则严禁使用；使用时应待其受力后再检查一次，确认无问题后方可继续作业。若用于吊篮时，还应于每根钢丝绳处拴一根保险绳，并将保险绳另一端固定于永久性结构上，见图4-7。

图4-7　钢丝绳手扳葫芦及使用示意　　　　　　　图4-8　人力绞磨

（7）绞磨　绞磨是一种使用较普遍的人力牵引工具，主要用于起重速度不快、没有电动卷扬机，亦没有电源的作业地点及牵引力不大的施工作业。绞磨由卷绕钢丝绳的磨芯、连接杆、磨杆及支承磨芯和连接杆的磨架等主要部分组成，见图4-8。

（8）滑车和滑车组

① 滑车　滑车和滑车组是起重吊装、搬运作业中较常用的起重工具。滑车是由吊钩链环、滑轮、轴、轴套和夹板等组成。

② 滑车组　是由一定数量的定滑车和动滑车及绳索组成，因在吊重物时，不仅要改变力的方向，而且还要省力，这样单用定滑车或动滑车都不能解决问题。如果把定、动滑车联在一起组成滑车组，既能省力又能改变力的方向。

二、垂直运输机械

当前，在施工现场用于垂直运输的机械主要有三种：塔式起重机、龙门架（或井字架）物料提升机和施工外用电梯。

1. 塔式起重机

塔式起重机（简称塔吊），在建筑施工中已经得到广泛的应用，成为建筑安装施工中不可缺少的建筑机械。

由于塔吊的起重臂与塔身可成相互垂直的外形（图4-9），故可把起重机安装在靠近施工的建筑物。其有效工作幅度优越于履带、轮胎式起重机，本身操作方便、变幅简单等特点。特别是出现高层、超高层建筑后，塔吊的工作高度可达 $100\sim160m$，更体现其优越性。

（1）塔吊按工作方法分类

① 固定式塔吊　塔身不移动，工作范围靠塔臂的转动和小车变幅完成，多用于高层建筑、构筑物、高炉安装工程。

② 运行式塔吊　它可由一个工作地点移到另一工作地点（如轨道式塔吊），可以带负荷运行，在建筑群中使用可以不用拆卸、通过轨道直接开进新的工程幢号施工。

（2）基本参数

起重机的基本参数有六项：即起重力矩、起重量、最大起重量、工作幅度、起升高度和轨距，其中起重力矩为主要参数。

① 起重力矩　指起重臂为基本臂长时，最大幅度和相应额定起重量的乘积。即：起重力矩＝起重量×工作幅度（kN·m）。

这个参数综合了起重量和幅度两个因素，比较全面、确切地反映了臂架型起重机的起重能力和工作过程中的抗倾覆能力。选用塔吊不仅考虑起重量，而且还应考虑工作幅度。

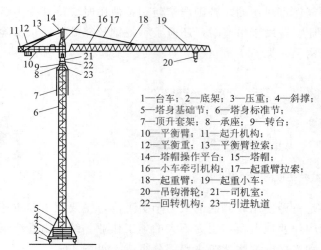

1—台车；2—底架；3—压重；4—斜撑；
5—塔身基础节；6—塔身标准节；
7—顶升套架；8—承座；9—转台；
10—平衡臂；11—起升机构；
12—平衡重；13—平衡臂拉索；
14—塔帽操作平台；15—塔帽；
16—小车牵引机构；17—起重臂拉索；
18—起重臂；19—起重小车；
20—吊钩滑轮；21—司机室；
22—回转机构；23—引进轨道

图 4-9 上回转自升式塔式起重机示意

② 起重量 起重量（kN）是以起重吊钩上所悬挂的索具与重物的重量之和计算。

关于起重量的考虑有两层含义：其一是最大工作幅度时的起重量，指起重机械在正常作业条件下最大的额定起重量。其二是最大额定起重量，指起重机械在各种情况下和规定的使用条件下，安全作业所允许的起吊物料连同可分吊具或索具质量。

③ 工作幅度 工作幅度（m）也称回转半径，是重机械置于水平场地时，起重吊钩中心到塔吊回转中心线之间的水平距离。它是以建筑物尺寸和施工工艺的要求而确定的。

在选择机型时，应按其说明书使用。因动臂式塔吊的工作幅度有限制范围，所以若以力矩值除以工作幅度，反算所得值并不准确。

④ 起升高度 塔式起重机空载、塔身处于最大高度、吊钩在最大工作幅度时，吊钩中心线至轨顶面（轮胎式、履带式至地面）的垂直距离（m）。该值的确定是以建筑物尺寸和施工工艺的要求而确定的。

⑤ 轨距 指轨道中心线的水平距离。轨距值的确定是从塔吊的整体稳定和经济效果而定。

⑥ 运动速度 指起升、运行、变幅和回转机械的运动速度。其中起升、运行和变幅速度的单位为米/分，回转速度的单位为转/分。

（3）技术性能

① 主要金属结构 包括底架、塔身、顶升套架、顶底及过渡节、转台、起重臂、平衡臂、塔帽、附着装置等部件。

② 工作机构及其安全装置

使用前应根据《塔式起重机安全规程》（GB 5144—2006）和《塔式起重机操作使用规程》（JG/T 100—1999）的要求，检查安全装置的可靠性。

1）行走机构 大车行走机构由底架、4 个支腿和 4 个台车组成。轨道端头附近设行程限位开关，把起重机限制在一定范围内行驶，防止塔机发生出轨或撞车。轨道行走式塔机必须安装夹轨器，保证在非工作状态下将塔机固定在轨道上，防止风荷载等造成塔机溜车倒塔。

2）起升机构 起升卷扬机上装有吊钩上升限位器（防止吊钩与载重小车或起重臂端部

碰撞以及碰撞后继续起升而将起重绳扭断等事故）、吊钩保险装置（防止在吊钩上的吊索由钩头上自动脱落）、起重量限制器（限制塔机起吊物的重量不得超过塔机相应工况的允许最大起重量）、力矩限制器（同时控制塔机工作幅度与相应的起重量两个参数，使它们的乘积保持在额定的力矩范围之内）；卷筒保险装置（为防止钢丝绳因缠绕不当越出卷筒之外）等。

3）变幅机构　起重臂根部和头部装有缓冲块和限位开关，以限定载重小车行程，防止臂架反弹后翻。对小车变幅的塔机，应设小车断绳保护装置，防止牵引绳断后载重小车自动溜车。

4）回转机构　塔帽回转设有手动液压制动机构，防止起重臂定位后因大风吹动臂杆，影响就位。设有回转限制器（有减速装置的限位开关），防止塔机只向一个方向回转扭断电缆。

5）平衡重牵引　平衡重牵引是由电动机驱动，平衡臂的两端设有缓冲块和限位开关。

6）顶升液压系统　塔机液压系统应有防止过载和液压冲击的安全装置。安全溢流阀调整压力不得大于系统额定工作压力的110%，系统的额定工作压力不得大于液压泵的额定压力。

（4）塔吊天然基础计算

根据《塔式起重机混凝土基础工程技术规程》（JGJ/T 187—2009），塔机的基础必须能承受工作状态和非工作状态下的最大荷载，并满足塔机稳定性要求。应提供塔机的基础设计施工图纸和有关技术要求，包括地耐力、基础布置、几何尺寸、混凝土设计强度、钢筋配制及预埋件或预留孔位置等，并应注明地脚螺栓是否允许焊接等技术要求。

塔机基础形式按塔机类型及施工条件可设计成整体式、独分块独立式、灌注桩承台基础。独立式基础主要承受轴心荷载，材料用量少造价低。

① 塔吊受力计算　作用于塔吊的竖向力包括塔吊自重、塔吊最大起重荷载；水平力主要是风荷载，依据《建筑结构荷载规范》[GB 50009—2001（2006 版）] 计算。

② 塔吊基础抗倾覆稳定性计算　按下式

$$e=\frac{M_{k}}{F_{k}+G_{k}}\leqslant\frac{B_{c}}{3} \tag{4-9}$$

式中　e——偏心距，即地面反力的合力至基础中心的距离；

M_{k}——作用在基础上的弯矩；

F_{k}——作用在基础上的垂直载荷；

G_{k}——混凝土基础重力；

B_{c}——为基础的底面宽度；

③ 地基承载力验算　依据《建筑地基基础设计规范》（GB 50007—2011）第 5.2 条承载力计算。

④ 基础受冲切承载力验算　依据《建筑地基基础设计规范》第 8.2.8 条。

⑤ 承台配筋计算　依据《建筑地基基础设计规范》第 8.2.12 条进行抗弯计算和配筋面积计算。

（5）安全操作

① 塔吊司机和信号人员，必须经专门培训持证上岗；

② 实行专人专机管理，机长负责制，严格交接班制度；

③ 新安装的或经大修后的塔吊，必须按说明书要求进行整机试运转；

④ 塔吊距架空输电线路应保持安全距离，见表 4-3；

表 4-3　起重机与架空输电导线间的安全距离　　　　　　　单位：m

方向	电压/kV	<1	1～15	20～40	60～110	220
沿垂直方向		1.5	3.0	4.0	5.0	6.0
沿水平方向		1.0	1.5	2.0	4.0	6.0

⑤ 司机室内应配备适用的灭火器材；

⑥ 提升重物前，要确认重物的真实重量，要做到不超过规定的荷载，不得超载作业；必须使起升钢丝绳与地面保持垂直，严禁斜吊；吊运较大体积的重物应拉溜绳，防止摆动。

⑦ 司机接班时，应检查制动器、吊钩、钢丝绳和安全装置。发现性能不正常，应在操作前排除。开车前，必须鸣铃或报警。操作中接近人时，亦应给予继续铃声或报警。

⑧ 操作应按指挥信号进行。听到紧急停车信号，不论是何人发出，都应立即执行。

⑨ 确认起重机上或其周围无人时，才可以闭合主电源。如果电源断路装置上加锁或有标牌，应由有关人员除掉后才可闭合电源。闭合主电源前，应使所有的控制器手柄置于零位。工作中突然断电时，应将所有的控制器手柄扳回零位；在重新工作前，应检查起重机动作是否都正常。

⑩ 操作各控制器应逐级进行，禁止越挡操作。变换运转方向时，应先转到零位待电动机停止转动后，再转向另一方向。提升重物时应慢起步，不准猛起猛落防止冲击荷载。重物下降时应进行控制，禁止自由下降。

⑪ 动臂式起重机可作起升、回转、行走三种动作同时进行，但变幅只能单独进行。

⑫ 两台塔吊在同一条轨道作业时，应保持安全距离；两台同样高度的塔吊，其起重臂端部之间，应大于 4m，两台塔吊同时作业，其吊物间距不得小于 2m；高位起重机的部件与低位起重机最高位置部件之间的垂直距离不小于 2m。

⑬ 轨道行走的塔吊，处于 90°弯道上，禁止起吊重物；

⑭ 操作中遇大风（六级以上）等恶劣气候，应停止作业，将吊钩升起，夹好轨钳；当风力达十级以上时，吊钩落下钩住轨道，并在塔身结构架上拉四根钢丝绳，固定在附近的建筑物上

⑮ 起重机作业中，任何人不准上下塔机、不得随重物起升，严禁塔机吊运人员。

⑯ 司机对起重机进行维修保养时，应切断主电源，并挂上标志牌或加锁；必须带电修理时，应戴绝缘手套、穿绝缘鞋，使用带绝缘手柄的工具，并有人监护。

2. 龙门架、井字架物料提升机

龙门架、井字架都是以地面卷扬机为动力，用做施工中的物料垂直运输，因架体的外形结构而得名。龙门架由天梁及两立柱组成，形如门框；井架由四边的杆件组成，形如"井"字的截面架体（见图 4-10），提升货物的吊篮在架体中间井孔内垂直运行。

龙门架、井字架物料升降机在现场使用，应编制专项施工方案，并附有有关计算书。

（1）安全防护装置

① 停靠装置　吊篮到位停靠后，该装置能可靠地承担吊篮自重、额定荷载及运料人员和装卸工作荷载，此时起升钢丝绳不受力。当工人进入吊篮内作业时，吊篮不会因卷扬机抱闸失灵或钢丝绳突然断裂而坠落，以保人员安全。

② 限速及断绳保护装置　当吊篮失控超速或钢丝绳突然断开时，此装置即弹出，两端将吊篮卡在架体上，使吊篮不坠落。

③ 吊篮安全门　宜采用联锁开启装置，即当吊篮停车时安全门自动开启，吊篮升降时安全门自行关闭，防止物料从吊篮中滚落或楼面人员失足落入井架。

④ 楼层口停靠栏杆　升降机与各层进料口的结合处搭设了运料通道时，通道处应设防护栏杆，宜采用联锁装置。

⑤ 上料口防护棚　升降机地面进料口上方应搭设防护棚。宽度大于升降机最大宽度，长度应大于 3（低架）～5（高架）m，棚顶可采用 50mm 厚木板或两层竹笆（上下竹笆间距不小于 600mm）。

⑥ 超高限位装置　防止吊篮上升失控与天梁碰撞的装置。

⑦ 下极限限位装置　主要用于高架升降机，为防止吊篮下行时不停机，压迫缓冲装置造成事故。

⑧ 超载限位器　为防止装料过多而设置。当荷载达到额定荷载的 90% 时，发出报警信号，荷载超过额定荷载时，切断电源。

⑨ 通讯装置　升降时传递联络信号。必须是一个闭路的双向电气通讯系统。

⑩ 井架操作室　应防雨、防晒、视线好、拆装方便，可采用聚苯乙烯夹芯彩钢板组装制作，见图 4-11。

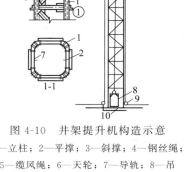

图 4-10　井架提升机构造示意

1—立柱；2—平撑；3—斜撑；4—钢丝绳；5—缆风绳；6—天轮；7—导轨；8—吊盘；9—地轮；10—垫木；11—摇臂拨杆；12—滑轮组

图 4-11　井架操作室及卷扬机安全防护

（2）基础、附墙架、缆风绳及地锚

① 基础　依据升降机的类型及土质情况确定基础的做法。基础埋深与做法应符合设计和升降机出厂使用规定，应有排水措施。距基础边缘 5m 范围内，开挖沟槽或有较大振动的施工时，应有保证架体稳定的措施。

② 附墙架　架体每间隔一定高度必须设一道附墙杆件与建筑结构部分进行连接，其间隔一般不大于 9m，且在建筑物顶层必须设置 1 组，从而确保架体的自身稳定。附墙件与架体及建筑之间均应采用刚性连接（见图 4-12），不得连接在脚手架上，严禁用钢丝绑扎。

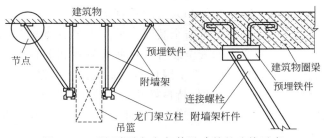

图 4-12　型钢附墙架与架体及建筑的连接示意

③ 缆风绳　当升降机无条件设置附墙架时，应采用缆风绳固定架体。

第一道缆风绳的位置可以设置在距地面 20m 高处，架体高度超过 20m 以上，每增高 10m 就要增加一组缆风绳；每组（或每道）缆风绳不应少于四根，沿架体平面 360°范围内布局，按照受力情况缆风绳应采用直径不小于 9.3mm 的钢丝绳。

④ 地锚　要视其土质情况，决定地锚的形式和做法。一般宜选用卧式地锚；当受力小于 15kN、土质坚实时，也可选用桩式地锚。

1）桩式地锚　适用于固定作用力不大的系统，是以角钢、钢管或圆木作锚桩垂直或斜向（向受拉的反方向倾斜）打入土中，依靠土壤对桩体的嵌固和稳定作用，使其承受一定的拉力；锚桩长度多为 1.5～2.0m，入土深度为 1.2～1.5m，按照不同的需要分为一排、两排或三排入土中，生根钢丝绳拴在距地面约 50mm 处，为了加强桩的锚固力，在其前方距地面 400～900m 深处，紧贴桩木埋置较长的挡木一根。桩式地锚承载能力虽小，但工作简便，省力省时，因而被普遍采用。

2）卧式地锚　是将横梁（圆木、方木）或型钢横卧在预先挖好的坑底，绳索捆扎一端从坑前端的槽中引出，埋好后用土回填夯实即成，一般埋置深度为 1.5～3.5m。水平地锚承受的拉力可分解为垂直向上分力和水平分力，并形成一个向上的拔刀，还采用垂直挡板加固的办法来扩大受压面积，以降低土壤的侧向压力。这种锚桩常用在普通系缆或桅杆或起重机上。

（3）安装与拆除

按《建筑施工升降机安装、使用、拆卸安全技术规程》（JGJ 125—2010）操作。

① 龙门架、井字架物料提升机的安装与拆除必须编制专项施工方案。并应由有资质的队伍施工。

② 升降机应有专职机构和专职人员管理。司机应经专业培训，持证上岗。

③ 组装后应进行验收，并进行空载、动载和超载试验。

④ 严禁载人升降，禁止攀登架体及从架体下面穿越。

3. 施工外用电梯

（1）构造特点　建筑施工外用电梯又称附壁式升降机，是一种垂直井架（立柱）导轨式外用笼式电梯，如图 4-13。主要用于工业、民用高层建筑的施工，桥梁、矿井、水塔的高层物料和人员的垂直运输。

（2）安全装置　外用电梯为保证使用安全，本身设置了必要的安全装置，这些装置有机械的、电气的以及机械电气连锁的，主要有：限速器、缓冲弹簧、上下限位器、安全钩、吊笼门和底笼门联锁装置、急停开关、楼层通道门等，它们应该经常保持良好状态，防止意外事故。

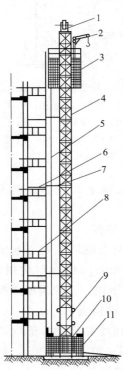

图 4-13　施工升降机构造示意
1—天轮架；2—小起重机；3—吊笼；
4—导轨；5—电缆；6—后附着架；
7—前附着架；8—护栏；9—配
重；10—底笼；11—基础

（3）使用安全技术要求　应按《建筑施工升降机安装、使用、拆卸安全技术规程》（JGJ 125—2010）操作。

① 施工升降机应为人货两用电梯，其安装和拆卸工作必须由取得建设行政主管部门颁发的拆装资质证书的专业队负责，并须由经过专业培训，取得操作证的专业人员进行操作和

维修。

② 升降机的专用开关箱应设在底架附近便于操作的位置，馈电容量应满足升降机直接启动的要求，箱内必须设短路、过载、相序、断相及零位保护等装置。

③ 升降机梯笼周围 2.5m 范围内应设置稳固的防护栏杆，各楼层平面通道应平整牢固，出入口应设防护栏杆和防护门。全行程四周不得有危害安全运行的障碍物。具体详见第六章之安全防护门。

④ 升降机安装在建筑物内部井道中间时，应在全行程范围井壁四周搭设封闭屏障。装设在阴暗处或夜班作业的升降机，应在全行程上装设足够的照明和明亮的楼层编号标志灯。

⑤ 升降机的防坠安全器，在使用中不得任意拆检调整，需要拆检调整时或每用满一年后，均由生产厂或指定的认可单位进行调整、检修或鉴定。

⑥ 作业前重点检查项目应符合的要求：各部结构无变形，连接螺栓无松动；齿条与齿轮、导向轮与导轨均连接正常；各部钢丝绳固定良好，无异常磨损；运行范围内无障碍。

⑦ 启动前宜检查并确认电缆、接地线完整无损，控制开关在零位。电源接通后，应检查并确认电压正常，应测试无漏电现象。应试验并确认各限位装置、梯笼、围护门等处的电器联锁装置良好可靠，电器仪表灵敏有效。启动后应进行空载升降试验，测定各传动机构制动器的效能，确认正常后方可开始作业。

⑧ 升降机在每班首次载重运行时，当梯笼升离地面 1～2m 时，应停机试验制动器的可靠性；当发现制动效果不良时，应调整或修复后方可运行。

⑨ 梯笼内乘人或载物时，应使载荷均匀分布，不得偏重。严禁超载运行。

⑩ 操作人员应根据指挥信号操作，作业前应鸣声示意。在升降机未切断电源开关前，操作人员不得离开操作岗位。

⑪ 当升降机运行中发现有异常情况，应立即停机并采取有效措施将梯笼降到底层，排除故障后可继续运行。在运行中发现电气失控时，应立即按下急停按钮；在未排除故障前，不得打开急停按钮。

⑫ 升降机在大雨、大雾、六级及以上大风，以及导轨、电缆等结冰时，必须停止运行，并将梯笼降到底层，切断电源。暴风雨后应对升降机各喉管安全装置进行一次检查，确认正常后方可运行。

⑬ 升降机运行到最上层或最下层时，严禁用行程开关作为停止运行的控制开关。

⑭ 作业后应将梯笼降到底层，各控制开关拨到零位，切断电源、锁好开关箱、闭锁梯笼和围护门。

第二节　水平运输机械

一、土石方机械

土石方工程施工主要有开挖、装卸、运输、回填、夯实等工序。目前使用的机械主要有推土机、铲运机、挖掘机（包括正铲、反铲、拉铲、抓铲等）、装载机、压实机等。

1. 推土机

是由拖拉机驱动的机器，有一宽而钝的水平推铲，用以清除土地、道路、构筑物或类似的工作。包括机械履带式、液压履带式、液压轮胎式。

（1）推土机在坚硬的土壤或多石土壤地带作业时，应先进行爆破或用松土器翻松。在沼泽地带作业时，应更换湿地专用履带板。

（2）不得用推土机推石灰、烟灰等粉尘物料和用作碾碎石块的作业。

（3）牵引其他机械设备时，应有专人负责指挥；钢丝绳的连接应牢固可靠。在坡道或长距离牵引时，应采用牵引杆连接。

（4）推土机行驶前，严禁有人站在履带或刀片的支架上，机械四周应无障碍物，确认安全后方可开动。

（5）驶近边坡时，铲刀不得越出边缘。后退时应先换挡，方可提升铲刀进行倒车。

（6）在深沟、基坑或陡坡地区作业时，应有专人指挥，其垂直边坡高度不应大于2m。

（7）在推土或松土作业中不得超载，不得做有损于铲刀、推土架、松土器等装置的动作，各项操作应缓慢平稳。

（8）两台以上推土机在同一地区作业时，前后距离应大于8.0m，左右距离应大于1.5m。在狭窄道路上行驶时，未征得前机同意，后机不得超越。

（9）推土机转移行驶时，铲刀距地面宜为400mm，不得用高速挡行驶和进行急转弯。不得长距离倒退行驶。长途转移工地时，应采用平板拖车装运。短途行走转移时，距离不宜超过10km，并在行走过程中应经常检查和润滑行走装置。

（10）作业完毕后，应将推工机开到平坦安全的地方，落下铲刀，有松土器的应将松土器爪落下。

（11）停机时，应先降低内燃机转速，变速杆放在空挡，锁紧液力传动的变速杆，分开主离合器，踏下制动踏板并锁紧，待水温降到75℃以下，油温度降到90℃以下时，方可熄火。在坡道上停机时，应将变速杆挂低速挡，接合主离合器，锁住制动踏板，并将履带或轮胎楔住。

（12）在推土机下面检修时，内燃机必须熄火，铲刀应放下或垫稳。

2. 挖掘机

用铲斗挖掘高于或低于承机面的物料，并装入运输车辆或卸至堆料场的土方机械。挖掘的物料主要是土壤、煤、泥沙及经过预松后的岩石和矿石。

挖掘机械一般由动力装置、传动装置、行走装置和工作装置等组成。

（1）单斗挖掘机的作业和行走场地应平整坚实，对松软地面应垫以枕木或垫板，沼泽地区应先作路基处理，或更换湿地专用履带板。

（2）轮胎式挖掘机使用前应支好支腿并保持水平位置，支腿置于作业面的方向，转向驱动桥置于作业面的后方。采用液压悬挂装置的挖掘机，应锁住两个悬挂液压缸。履带式挖掘机的驱动轮置于作业面的后方。

（3）平整作业场地时，不得用铲斗进行横扫或用铲斗对地面进行夯实。

（4）挖掘机正铲作业时，除松散土壤外，其最大开挖高度和深度不应超过机械本身性能规定。在拉铲或反铲作业时（图4-14），履带到工作面边缘距离应大于1.0m，轮胎距工作面边缘距离应大于1.5m。

（5）遇到较大的坚硬石块或障碍物时，应待清除后方可开挖，不得用铲斗破碎石块、冻土，或用单边斗齿硬啃。

（6）挖掘悬崖时，应采取防护措施。作业面不得留有伞沿及松动的大块石，当发现有塌方危险时，应立即处理或将挖掘机撤至安全地带。

（7）作业时应待机身停稳后再挖土，当铲斗未离开工作面时，不得作回转、行走等动

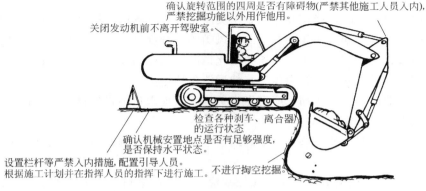

确认旋转范围的四周是否有障碍物(严禁其他施工人员入内),
严禁挖掘功能以外用作他用。

关闭发动机前不离开驾驶室。

检查各种刹车、离合器
的运行状态

确认机械安置地点是否有足够强度,
是否保持水平状态。

设置栏杆等严禁入内措施,配置引导人员。
根据施工计划并在指挥人员的指挥下进行施工。

不进行掏空挖掘。

图 4-14　挖掘机操作示意

作；回转制动时应使用回转制动器，不得用转向离合器反转制动。

（8）作业时各操纵过程应平稳，不宜紧急制动。铲斗升降不得过猛，下降时不得碰撞车架或履带。斗臂在抬高及回转时，不得碰到洞壁、沟槽侧面或其他物体。

（9）向运土车辆装车时，宜降低挖铲斗减小卸落高度，避免偏装或砸坏车厢。汽车未停稳或铲斗需越过驾驶室而司机未离开前不得装车。

（10）反铲作业时，斗臂应停稳后再挖土，挖土时斗柄伸出不宜过长，提斗不得过猛。

（11）作业后，挖掘机不得停放在高边坡附近和填方区，应停放在坚实、平坦、安全的地带，将铲斗收回平放在地面上，所有操纵杆置于中位，关闭操纵室和机棚。

（12）履带式挖掘机转移工地应采用平板拖车装运。短距离自行转移时，应低速缓行，每行走 500～1000m 应对行走机构进行检查和润滑。

（13）司机离开操作位置，不论时间长短，必须将铲斗落地并关闭发动机。

（14）不得用铲斗吊运物料。使用挖掘机拆除构筑物时，操作人员应了解构筑物倒塌方向，在挖掘机驾驶室与被拆除构筑物之间留有构筑物倒塌的空间。

（15）作业结束后，应将挖掘机开到安全地带，落下铲斗制动好回转机构，操纵杆放在空挡位置。

（16）保养或检修挖掘机时，除检查内燃机运行状态外，必须将内燃机熄火，并将液压系统卸荷，铲斗落地。利用铲斗将底盘顶起进行检修时，应使用垫木将抬起的轮胎垫稳，并用木楔将落地轮胎楔牢，然后将液压系统卸荷，否则严禁进入底盘下工作。

二、输送机械

1. 散装水泥车

（1）装料前应检查并清除罐体及出料管道内的积灰和结渣等物，各管道、阀门应启闭灵活，不得有堵塞、漏气等现象，各连接部件应牢固可靠。

（2）在打开装料口前，应先打开排气阀，排除罐内残余气压。

（3）装料时应打开料罐内料位器开关，待料位器发出满位声响信号时，应立即停止装料。

（4）装料完毕应将装料口边缘上堆积的水泥清扫干净，盖好进料口盖，并把插销插好锁紧。

（5）卸料前应将车辆停放在平坦的卸料场地，装好卸料管。关闭卸料管蝶阀和卸压管球阀，打开二次风管并接通压缩空气，保证空气压缩机在无载情况下启动。

（6）在向罐内加压时，确认卸料阀处于关闭状态。待罐内气压达到卸料压力时，应先稍开二次风嘴阀后再打开卸料阀，并调节二次风嘴阀的开度来调整空气与水泥的最佳比例。

（7）卸料过程中，应观察压力表压力变化情况，如压力突然上升，而输气软管堵塞不再出料，应立即停止送气并放出管内压气，然后清除堵塞。

（8）卸料作业时，空气压缩机应有专人负责，其他人员不得擅自操作。在进行加压卸料时，不得改变内燃机转速。

（9）卸料结束应打开放气阀，放尽罐内余气，并关闭各部阀门。车辆行驶过程中，罐内不得有压力。

（10）雨天不得在露天装卸水泥。应经常检查并确认进料口盖关闭严实，不得让水或湿空气进入罐内。

2. 机动翻斗车

是一种料斗可倾翻的短途输送物料的车辆，在建筑施工中常用于运输砂浆、混凝土熟料以及散装物料等。采用前轴驱动，后轮转向，整车无拖挂装置。前桥与车架成刚性连接，后桥用销轴与车架铰接，能绕销轴转动，确保在不平整的道路上正常行驶。使用方便，效率高。车身上安装有一个"斗"状容器，可以翻转以方便卸货。包括前置重力卸料式、后置重力卸料式、车液压式、铰接液压式。

（1）车上除司机外不得带人行驶。

（2）行驶前应检查锁紧装置并将料斗锁牢，不得在行驶时掉斗。行驶时应从一挡起步，不得用离合器处于半结合状态来控制车速。

（3）上坡时当路面不良或坡度较大，应提前换入低挡行驶；下坡时严禁空挡滑行，转弯时应先减速，急转弯时应先换入低挡。

（4）翻斗车制动时，应逐渐踩下制动踏板，并应避免紧急制动。

（5）通过泥泞地段或雨后湿地时，应低速缓行，应避免换挡、制动、急剧加速，且不得靠近路边或沟旁行驶，并应防侧滑。

（6）翻斗车排成纵队行驶时，前后车之间应保持8m的间距，在下雨或冰雪的路面上应加大间距。

（7）在坑沟边缘卸料时，应设置安全挡块，车辆接近坑边时应减速行驶，不得剧烈冲撞挡块。

（8）严禁料斗内载人，料斗不得在卸料工况下行驶或进行平地作业。

（9）内燃机运转或料斗内载荷时，严禁在车底下进行任何作业。

（10）停车时应选择适合地点，不得在坡道上停车。冬季应采取防止车轮与地面冻结的措施。

（11）操作人员离机时，应将内燃机熄火，并挂挡、拉紧手制动器。

（12）作业后，应对车辆进行清洗，清除砂土及混凝土等黏结在料斗和车架上的脏物。

第三节　中小型机械、施工机具安全防护

中小型机械主要是指建筑工地上使用的混凝土搅拌机、砂浆搅拌机、卷扬机、机动翻斗车、蛙式打夯机、磨石机、混凝土振捣器等。这些机械设备数量多、分布广，常因使用维修

保养不当而发生事故。

一、混凝土搅拌机和砂浆搅拌机

混凝土搅拌机是由搅拌筒、上料机构、搅拌机构、配水系统、出料机构、传动机构和动力部分组成，见图 4-15。

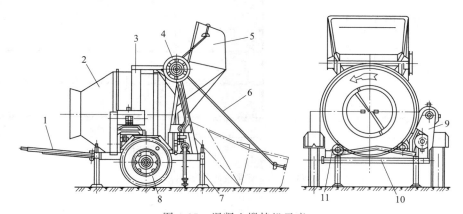

图 4-15　混凝土搅拌机示意

1—牵引杆；2—搅拌筒；3—大齿圈；4—吊轮；5—料斗；6—钢丝绳；7—支腿；
8—行走轮；9—动力及传动机构；10—底盘；11—托轮

各型搅拌机容量，以出料容量并经捣实后的每罐新鲜混凝土体积（m³）作为额定容量〔即出料容量为立方米数×1000 确定，如 JC-750 型，表示出料容量为 0.75m³〕。

（1）固定式的搅拌机要有可靠的基础，操作台面牢固、便于操作，操作人员应能看到各工作部位情况；移动式的应在平坦坚实的地面上支架牢靠，不准以轮胎代替支撑，使用时间较长的（一般超过三个月的），应将轮胎卸下妥善保管。

（2）使用前要空车运转，检查各机构的离合器及制动装置情况，不得在运行中做注油保养。

（3）作业中严禁将头或手伸进料斗内，也不得贴近机架察看；运转出料时，严禁用工具或手进入搅拌筒内扒动，见图 4-16。

图 4-16　机械运转时不得进行清理、加油或保养

（4）运转中途不准停机，也不得在满载时启动搅拌机（反转出料者除外）。

（5）作业中发生故障时，应立即切断电源，将搅拌筒内的混凝土清理干净，然后再进行检修，检修过程中电源处应设专人监护（或挂牌）并拴牢上料斗的摇把，以防误动摇把，使料斗提升，发生挤伤事故。

（6）料斗升起时，严禁在其下方工作或穿行，料坑底部要设料斗的枕垫，清理料坑时必须将料斗用链条扣牢。料斗升起挂牢后，坑内才准下人。

（7）作业后，要进行全面冲洗，筒内料出净，料斗降落到最低处坑内；如需升起放置时，必须用链条将料斗扣牢。

（8）搅拌机要设置防护棚，上层防护板应有防雨措施，并根据现场排水情况做顺水坡，见图 4-17。

二、混凝土振捣器

机械振动时将具有一定频率和振幅的振动力传给混凝土，强迫其发生振动密实，见图 4-18。

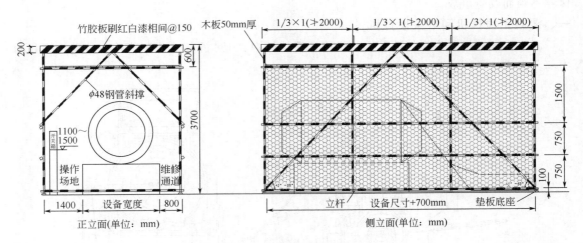

图 4-17　搅拌机防护棚示意

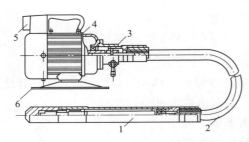

图 4-18　电动行星插入式振动器示意

1—振动棒；2—软轴软管组件；3—防逆装置；
4—电动机；5—电源开关；6—电动机底座

（1）使用前检查各部应连接牢固，旋转方向正确。

（2）振捣器不得放在初凝的混凝土、地板、脚手架、道路和干硬的地面上进行试振。如检修或作业间断时，应切断电源。

（3）插入式振捣器软轴的弯曲半径不得小于50cm，并不得多于两个弯；振捣棒应自然垂直地沉入混凝土，不得用力硬插、斜推或使钢筋夹住棒头，也不得全部插入混凝土中。

（4）振捣器应保持清洁，不得有混凝土黏结在电动机外壳上妨碍散热。

（5）作业转移时，电动机的导线应保持足够的长度和松度，严禁用电源线拖拉振捣器。

（6）用绳拉平板振捣器时，拉绳应干燥绝缘，移动或转向时不得用脚踢电动机。

（7）振捣器与平板应保持紧固，电源线必须固定在平板上，电器开关应装在手把上。

（8）在一个构件上同时使用几台附着式振捣器工作时，所有振捣器的频率必须相同。

（9）操作人员必须穿绝缘胶鞋和绝缘手套。

（10）作业后，必须做好清洗、保养工作。振捣器要放在干燥处。

三、卷扬机

1. 性能

卷扬机在建筑施工中使用广泛，它可以单独使用，也可以作为其他起重机械的卷扬机构，见图 4-19。

卷扬机的标准传动形式是卷筒通过离合器而连接于原动机，其上配有制动器，原动机始终按同一方向转动。提升时靠上离合器；下降时离合器打开，卷扬机卷筒由于载荷重力的作用而反转，重物下降，其转动速度用制动器控制。

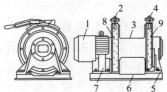

图 4-19　卷扬机的构造示意

1—电动机；2—制动手柄；3—卷筒；

4—启动手柄；5—轴承支架；

6—机座；7—电机托架；

8—带式制动器；9—带式离合器

2. 使用

（1）安装位置

① 视野良好，施工过程中司机应能对操作范围内全过程监视。

② 地基坚固，防止卷扬机移动和倾覆，固定方法见图 4-20。

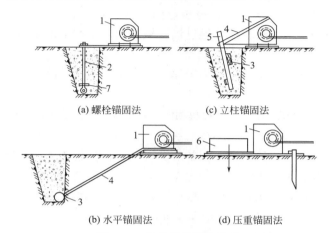

(a) 螺栓锚固法　　　　(c) 立柱锚固法

(b) 水平锚固法　　　　(d) 压重锚固法

图 4-20　卷扬机的固定方法

1—卷扬机；2—地脚螺栓；3—横木；4—拉索；5—木桩；6—压重；7—压板

③ 从卷筒到第一个导向滑轮的距离，按规定带槽卷筒应大于卷筒宽度的 15 倍，无槽卷筒应大于 20 倍。

④ 搭设操作棚和给操作人员创造一个安全作业条件。

（2）安全使用

① 卷扬机司机应经专业培训持证上岗。操作人员经培训发证后，方准操作。

② 开车前，应检查各装置是否完好可靠。

③ 送电前控制器须放在零位，送电时操作人员不许站在开关对面，以防保险丝爆炸伤人，转动时应缓慢启动，不准突然启动。

④ 要做到"一勤、二检、三不开"（一勤：给卷扬机的各润滑部位要勤注油；二检：检查齿轮啮合是否正常，检查卷扬机前面的第一个导向滑轮的钢丝绳，是否垂直于卷筒中心线；三不开：信号不明不开，卷扬机前第一个导向滑轮及快绳附近有人不开，电流超载不开）。

⑤ 操作时，起重钢丝绳不准有打扣或绕圈等现象，不准在卷扬机处于工作状态时注油或进行修理工作。

⑥ 工作时，要经常停车检查各传动部位和摩擦零件的润滑情况，轴瓦温度不得超过 60°，严禁载人。

⑦ 卷扬机使用的钢丝绳与卷筒牢固卡好，钢丝绳在卷筒上的圈数，除压板固定的圈数外，至少还要留 2～3 圈。

⑧ 工作时，机身 2m 范围内不许站人。

⑨ 起吊重物时，应先缓慢吊起，检查网扣及物件捆绑是否牢固，置物下降离地面 2～3m 时，应停车检查有无障碍，垫板是否垫好，确认无异常后，才能平稳下降。

⑩ 手摇卷扬机的绳索受力时，手不得松开，防止倒转伤人。

⑪ 钢丝绳要定期涂油并要放在专用的槽道里，以防碾压倾轧，破坏钢丝绳的强度。

⑫ 工作完毕后，电动卷扬机必须把手闸拉掉，电闸木箱应锁好。手摇卷扬机必须把摇把拆掉，在室外工作时必须有防晒、防雨设施。

四、手持电动工具

（1）使用刃具的机具，应保持刃磨锋利、完好无损，安装正确、牢固可靠。

（2）使用砂轮的机具，应检查砂轮与接盘间的软垫片安装稳固、螺帽不得过紧，凡受潮、变形、裂纹、破碎、磕边缺口或接触过油、碱类的砂轮均不得使用，并不得将受潮的砂轮片自行烘干使用。

（3）在潮湿地区或在金属构架、压力容器、管道等导电良好的场所作业时，必须使用双重绝缘或加强绝缘的电动工具。

（4）非金属壳体的电动机、电器，在存放和使用时不应受压、受潮，并不得接触汽油等溶剂。

（5）作业前应检查：外壳、手柄不出现裂缝、破损；电缆软线及插头等完好无损，开关动作正常；各部防护罩齐全牢固，电气保护装置可靠；保护接零连接正确牢固可靠。

（6）使用前应先检查电源电压是否和电动工具铭牌上所规定的额定电压相符。长期搁置未用的电动工具，使用前还必须用 500 V 兆欧表测定绕组与机壳之间的绝缘电阻值，应不得小于 8 MΩ，否则必须进行干燥处理。机具启动后应空载运转，检查并确认机具联动灵活无阻，作业时加力应平稳，不得用力过猛。

（7）严禁超载使用，电动工具连续使用的时间也不宜过长，否则微型电机容易过热损坏，甚至烧毁。作业时间 2h 左右、机具升温超过 60℃ 时，应停机自然冷却后再作业。

（8）作业中不得用手触摸刀具、模具和砂轮，发现其有磨钝、破损情况时应立即停机修整或更换。

（9）机具转动时，不得撒手不管。

（10）操作人员操作时要站稳，使身体保持平衡，并不得穿宽大的衣服，不戴纱手套，以免卷入工具的旋转部分。

（11）使用电动工具时，操作都所使用的压力不能超过电动工具所允许的限度，切忌单纯求快而用力过大，致使电机因超负荷运转而损坏。

（12）电机工具在使用中不得任意调换插头，更不能不用插头，而将导线直接插入插座内。当电动工具需调换工作头时，应及时拔下插头，但不能拉着电源线拔下插头。插插头时，开关应在断开位置，以防突然起动。

（13）使用过程中要经常检查，如发现绝缘损坏，电源线或电缆护套破裂，接地线脱落，插头插座开裂，接触不良以及断续运转等故障时，应即修理，否则不得使用。移动电动工具时，必须握持工具的手柄，不能用拖拉橡皮软线来搬运工具，并随时注意防止橡皮软线擦破、割断和轧坏现象，以免造成人身事故。

（14）电动工具不适宜在含有易燃、易爆或腐蚀性气体及潮湿等特殊环境中使用，并应存入于干燥、清洁和没有腐蚀性气体的环境中。对于非金属壳体的电机、电器，在存入和使用时应避免与汽油等接触。

第四节　吊　装　工　程

一、起重机安全责任

《建筑起重机械安全监督管理规定》（建设部令第 166 号）指出，最重要的责任主体是掌握产权、专业技术、专业人员并提供服务的专业公司，如租赁单位、安装单位、使用单位。

《规定》中要求，建筑起重机械在验收前应当经有相应资质的检验检测机构监督检验合格，是建筑起重机械很重要的一道安全屏障。"监督检验"是由国家质量监督总局核准的检验检测机构实施。检验检测机构和检验检测人员对检验检测结果、鉴定结论依法承担法律责任。检验检测机构也是很重要的安全责任主体。

《规定》中要求，特种作业人员应当经建设主管部门考核，并发证上岗。不合格的特种作业人员在施工现场是重大危险源。

二、安全技术

1. 起重吊装的一般安全要求

（1）重吊装工人属于特种作业人员，汽车吊、司索工、龙门吊操作人员和起重指挥（信号工）人员必须经培训、考试合格后，持证上岗。

（2）参加起重吊装作业的人员必须了解和熟悉所使用的机械设备性能，并遵守操作规程的规定。

（3）起重机的司机和指挥人员，应熟悉和掌握所使用的起重信号，起重信号一经规定（《起重吊运指挥信号》GB 5052—85），严禁随意擅自变动。指挥人员必须站在起重机司机和起重工都能看见的地方，并严格按规定的起重信号指挥作业；如因现场条件限制，可配备信号员传递其指挥信号。汽车吊必须由起重机司机驾驶。

（4）起重机械应具备有效的检验报告及合格证，并经进场验收合格；起重吊装作业所用的吊具、索具等必须经过技术鉴定或检验合格，方可投入使用。

（5）高处吊装作业应由经体检合格的人员担任，禁止酒后或严重心脏病患者从事起重吊装的高处作业。

（6）起重吊装作业的区域，必须设置有效的隔离和警戒标志；涉及交通安全的起重吊装作业，应及时与交通管理部门联系，办理有关手续，并按交通管理部门的要求落实好具体安全措施。严禁任何人在已吊起的构件下停留或穿行，已吊起的构件不准长时间悬停在空中。不直接参加吊装的人员和与吊装无关的人员，禁止进入吊装作业现场。

（7）对所起吊的构件，应事前了解其准确的自重，并选用合适的滑轮组和起重钢丝绳，严禁盲目的冒险起吊。严禁用起重机载运人员，并严格实行重物离地 20～30cm 试吊，确认安全可靠，方可正式吊装作业，见图 4-21。

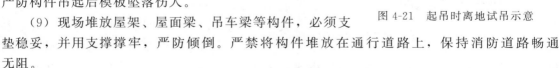

图 4-21 起吊时离地试吊示意

（8）预制构件起吊前，必须将模板全部拆除堆放好，严防构件吊起后模板坠落伤人。

（9）现场堆放屋架、屋面梁、吊车梁等构件，必须支垫稳妥，并用支撑撑牢，严防倾倒。严禁将构件堆放在通行道路上，保持消防道路畅通无阻。

（10）使用撬杠做撬和拨的操作时，应用双手握持撬杠，不得用身体扑在撬杠上或坐在撬杠上，人要立稳，拴好安全带。

（11）起重机行驶的道路必须平整坚实，对地下有坑穴和松软土层者应采取措施进行处理，对于土体承载力较小地区，采用起重机吊装重量较大的构件时，应在起重机行驶的道路上采用钢板、道木等铺垫措施，以确保机车的作业条件。

（12）起重机严禁在斜坡上作业，一般情况纵向坡度不大于 3‰，横向坡度不大于 1‰。两个履带不得一高一低，并不得载负荷行驶。严禁超载，起重机在卸载或空载时，其起重臂必须落到最低位置，即与水平面的夹角在 60° 以内。

（13）起吊时，起重物必须在起重臂的正下方，不准斜拉、斜吊（斜吊指所要起吊的重物不在起重机起重臂顶的正下方，因而当将捆绑重物的吊索挂上吊钩后，吊钩滑车组不与地面垂直。斜吊会使重物在离开地面后发生快速摆动，可能碰伤人或碰撞其他物体）。吊钩的悬挂点与被起吊物的重心在同一垂直线上，吊钩的钢丝绳应保持垂直。履带或轮胎式起重机在满负荷或接近满负荷时，不得同时进行两种操作动作。被起吊物必须绑扎牢固。两支点起吊时，两副吊具中间的夹角不应大于 60°，吊索与物件的夹角宜采用 45°～60°，且不得小于30°。落钩时应防止被起吊物局部着地引起吊绳偏斜。被起吊物未固定或未稳固前不得将起重机械松钩。

（14）高压线或裸线附近工作时，应根据具体情况停电或采取其他可靠防护措施后，方准进行吊装作业。起重机不得在架空输电线路下面作业，通过架空输电线路时，应将起重臂落下，并保持安全距离（见表 4-4）；在架空输电路一侧工作时，无论在何种情况下，起重臂、钢丝绳、被吊物体与架空线路的最近距离不得小于本表规定。

表 4-4　被吊物体与架空线的最近距离

输电线路电压	1kV 以下	1～20kV	35～110kV	154kV	220kV
允许与输电线路的最近距离/m	1.5	2	4	5	6

（15）用塔式起重机或长吊杆的其他类型的起重机时，应设有避雷装置或漏电保护开关。在雷雨季节，起重设备若在相邻建筑物或构筑物的防雷装置的保护范围以外，要根据当地平均雷暴日数及设备高度，设置防雷装置。

（16）吊装就位，必须放置平稳牢固后，方准松开吊钩或拆除临时性固定。未经固定，不得进行下道工序或在其上行走。起吊重物转移时，应将重物提升到所遇到物件高度的 0.5m 以上。严禁起吊重物长时间悬挂在空中，作业中若遇突发故障，应立即采取措施使重物降落到安全的地方（下降中严禁制动）并关闭发动机或切断电源后进行维修；在突然停电时，应立即把所有控制器拨到零位，并采取措施将重物降到地面。

（17）遇六级以上大风，或大雨、大雾、大雪、雷电等恶劣天气及夜间照明不足等恶劣气候条件时，应停止起重吊装作业，见图 4-22。在雨期或冬季进行起重吊装作业时，必须采取防滑措施，如清除冰雪、屋架上捆绑麻袋或在屋面板上铺垫草袋等。

图 4-22　大风天气起重作业危险

（18）高处作业人员使用的工具、零配件等，必须放在工具袋内，严禁随意丢掷。在高处用气割或电焊切割时，应采取可靠措施防止已割下物坠落伤人。在高处使用撬棍时，人要立稳，如附近有脚手架或已安装好的构件，应一手扶住，一手操作。撬棍插进深度要适宜，如果撬动距离较大，则应逐步撬动，不宜急于求成。

（19）工人在安装、校正构件时，应站在操作平台上进行，并佩带安全带且一般应高挂低用（即将安全带绳端的钩环挂于高处，而人在低处操作）；如需要在屋架上弦行走，则应在上弦上设置防护栏杆。

总结起来，就是要坚持起重机械十不吊：斜吊不准吊、超载不准吊、散装物装得太满或捆扎不牢不准吊、指挥信号不明不准吊、吊物边缘锋利无防护措施不准吊、吊物上站人不准吊、埋入地下的构件情况不明不准吊、安全装置失灵不准吊、光线阴暗看不清吊物不准吊、六级以上强风不准吊。

2. 散装物与细长材料吊运

（1）绑扎安全要求

① 卡绳捆绑法　用卡环把吊索卡出一个绳圈，用该绳圈捆绑起吊重物的方法。一般是把捆绑绳从重物下面穿过，然后用卡环把绳头和绳子中段卡接起来，绳子中段在卡环中可以自由窜动，当捆绑绳受力后，绳圈在捆绑点处对重物有一束紧的力，即使重物达到垂直的程度，捆绑绳在重物表面也不会滑绳。卡绳捆绑法适合于对长形物件（如钢筋、角铁、钢管等）的水平吊装及桁架结构（如支架、笼等）的吊装。

② 穿绳安全要求　确定吊物重心，选好挂绳位置。穿绳应用铁钩，不得将手臂伸到吊物下面。吊运棱角坚硬或易滑的吊物，必须加衬垫，用套索。

③ 挂绳安全要求：应按顺序挂绳，吊绳不得相互挤压、交叉、扭压、绞拧。一般吊物可用兜挂法，必须保护吊物平衡，对于易滚、易滑或超长货物，宜采用绳索方法，使用卡环锁紧吊绳。

④ 试吊安全要求　吊绳套挂牢固，起重机缓慢起升，将吊绳绷紧稍停，起升不得过高。试吊中，指挥信号工、挂钩工、司机必须协调配合。如发现吊物重心偏移或其他物件粘连等情况时，必须立即停止起吊，采取措施并确认安全后方可起吊。

⑤ 摘绳安全要求　落绳、停稳、支稳后方可放松吊绳。对易滚、易滑、易散的吊物，摘绳要用安全钩。挂钩工不得站在吊物上面。如遇不易人工摘绳时，应选用其他机具辅助，严禁攀登吊物及绳索。

⑥ 抽绳安全要求　吊钩应与吊物重心保持垂直，缓慢起绳，不得斜拉、强拉、不得旋转吊壁抽绳。如遇吊绳被压，应立即停止抽绳，可采取提头试吊方法抽绳。吊运易损、易滚、易倒的吊物不得使用起重机抽绳。

⑦ 捆绑安全要求　作业时必须捆绑牢固，吊运集装箱等箱式吊物装车时，应使用捆绑工具将箱体与车连接牢固，并加垫防滑；管材、构件等必须用紧线器紧固。

⑧ 吊挂作业安全要求　锁绳吊挂应便于摘绳操作；扁担吊挂时，吊点应对称于吊物中心；卡具吊挂时应避免卡具在吊装中被碰撞。

（2）钢筋吊运

① 吊运长条状物品（如钢筋、长条状木方等），所吊物件应在物品上选择两个均匀、平衡的吊点，绑扎牢固。

② 钢筋、型钢、管材等细长和多根物件必须捆扎牢靠，不准一点吊要多点起吊。单头"千斤"或捆扎不牢靠不准吊。起吊钢筋时，规格必须统一，不准长短参差不一。地面采用拉绳控制吊物的空中摆动。

③ 钢筋笼吊装前应联系承担运输的长大件公司派员实地查看是否具备车辆进场条件及车辆可能的停放位置和方向，再由生产经理组织物资设备部、安质部、工程部、起重作业负

责人和操作员及装吊作业负责人就作业位置、具体吊装作业流程、落笼位置等问题现场予以解决、确定。吊挂捆绑钢筋笼用钢丝绳的安全系数不小于 6 倍。吊点选择在钢筋笼的定位钢筋处，起吊时严禁单点起吊、斜吊。

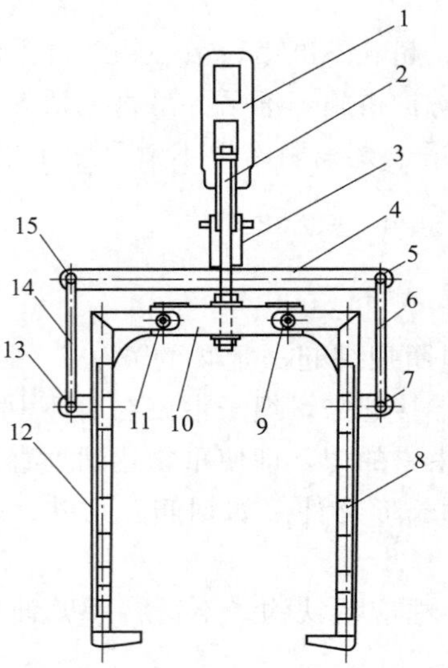

（3）砖和砌块吊运

① 吊运散件物时，应用铁制合格料斗，料斗上应设有专用的牢固的吊装点；料斗内装物高度不得超过料斗上口边，散粒状的轻浮易撒物盛装高度应低于上口边线 10cm。

② 吊砌块必须使用安全可靠的砌块夹具（图 4-23），吊砖必须使用砖笼，并堆放整齐。木砖、预埋件等零星物件要用盛器堆放稳妥，叠放不齐不准吊。散装物装的太满或捆扎不牢不吊。

③ 用起重机吊砖要用上压式或网罩式砖笼，当采用砖笼往楼板上放砖时，要均布分布，并预先在楼板底下加设支柱或横木承载。砖笼严禁直接吊放在脚手架上，吊砂浆的料斗不能装得过满，装料量应低于料斗上沿 100mm。吊件回转范围内不得有人停留，吊物在脚手架上方下落时，作业人员应躲开。

图 4-23　吊砖筐夹
1—吊钩；2—吊杆；3—吊套；4—活动吊架；5、7、9、11、13、15—销；6、14—连杆；8、12—爪；10—固定吊架

3. 构件吊装

构件吊装要编制专项施工方案，它也是施工组织设计的组成部分。方案中包括：根据吊装构件的重量、用途、形状，施工条件、环境选择吊装方法和吊装的设备；吊装人员的组成；吊装的顺序；构件校正、临时固定的方式；悬空作业的防护等。

① 作业时应缓起、缓转、缓移，并用控制绳保持吊物平稳。

② 码放构件的场地应坚实平整。码放后应支撑牢固、稳定。

③ 作业前应检查被吊物、场地、作业空间等，确认安全后方可作业。

④ 超长型构件运输中，悬出部分不得大于总长的 1/4，并应采取防护倾覆措施。

⑤ 吊装大型构件使用千斤顶调整就位时，严禁两端千斤顶同时起落；一端使用两个千斤顶调整就位时，起落速度应一致。

⑥ 移动构件、设备时，构件、设备必须连接牢固，保持稳定。道路应坚实平整，作业人员必须听从统一指挥，协调一致。使用卷扬机移动构件或设备时，必须用慢速卷扬机。

⑦ 暂停作业时，必须把构件、设备支撑稳定，连接牢固后方可离开现场。

【本章小结】

介绍施工现场常见机械设备、电动工具等的基本构造，使学生了解正确的安全使用要求和注意事项；介绍吊装工程所用的起重设备的安全技术要求及吊装安全技术措施。

通过本章学习，学生应掌握施工现场管理和使用机械设备的安全要求和方法。

【关键术语】

垂直运输、水平运输、施工机械、施工机具、起重机、物料提升机、施工电梯、推土

机、挖掘机、翻斗车、自卸汽车、混凝土搅拌机、振捣器、卷扬机、冷拉机、钢筋调直机、圆盘锯、电平刨、混凝土泵、吊装作业

【实际操作训练或案例分析】

事故案例：歪拉斜吊酿惨祸

事故经过

3月6日中午，鄂西山区某化工公司一分厂检修工班长严某，维修工饶某、王某3人根据车间主任殷某的安排，对二号炉检修现场进行清理，严某违章安排无证人员饶某在三楼顶端操作行车，王某和严某在二楼接放被吊运的物品（电机大套），当吊运第3只大套时，由于行车已经到位，3人虽采用歪拉斜吊但仍无法使大套落到理想地点，严、王2人在没有取掉挂钩的情况下，强行推拉重达800多千克的大套，此时大套尾部着地，头部悬空使钢索已呈20度的斜拉状态，在外力的作用下，大套产生巨大的反弹力将严拍伤，被紧急送往县医疗中心接受治疗。经医院诊断，严某左大腿内侧成粉碎性骨折。

事故原因

这起事故是人为违章操作所致，属责任事故，一是操作者本人违章蛮干；二是当班领导没有对安全问题进行班前安排和要求；三是现场管理人员没有进行有效监督，认真履行职责，管理有死角；四是班组现场管理工作不到位，习惯性违章操作是这起事故的根本原因。

防范措施

① 组织干部职工在事故发生地点开现场会，认真分析发生事故的原因，使干部职工吸取教训，引以为戒。

② 用一个月的时间深化安规教育，使所有一线管理人员和职工对安全规程再一次进行系统地掌握，并进行专项闭卷考试，不及格的不得上岗工作。

③ 每个生产岗位职工写一篇对安全生产的认识，相互约定违规责任，使安全生产在每个人身上都得到体现和保证。

④ 着重查责任制的落实情况，查运行和即将运行的设施设备、生产现场，查人的思想认识和人的操作行为，对人身和财物有较大影响和威胁的隐患，必须整改后才能生产。

⑤ 对事故责任者和负有直接管理责任的领导及现场管理人员按照"四不放过"的原则由集团公司安全保卫部会同有关部门进行严肃处理。

【习题】

针对下面各种习惯性违章的表现，给出纠正方法：

1. 电动机具带病工作

举例：某公司上建队在浇注混凝土时，对电动机具缺乏检查和维修。一名工人移动电动振捣器，左手正好抓在电源线接头裸露处，感电。

2. 在机器未完全停止以前，进行修理工作

举例：有的职工发现机器出现小故障，在机器未完全停止以前便进行修理，并且说："小故障，随手修理一下不影响工作。等机器完全停止，排除故障再重新启动，影响工作效率。"

3. 使用没有防护罩的砂轮研磨

举例：有一位工人在打磨时，使用没有防护罩的砂轮，有人提醒他，他却说："只要自己注意，不会有危险。"结果砂轮碎裂，碎片崩出击伤了他的头部。

4. 使用电动工具时不戴绝缘手套

举例：有的工人感到："戴绝缘手套工作不方便。"常常徒手操作电动工具。

5. 非起重工绑系绳扣

举例：一次起吊刚性梁，指挥者让非起重工绑系绳扣，由于绳扣不规范，起吊中，防止刚性梁滑落的木方碰到滑轮折落，动滑轮下降 600mm，将另一滑轮绑绳拉断，使动滑轮及走绳急剧下落，险些造成机毁人亡事故。

6. 在吊物摆动范围内剪断障碍致伤

举例：某现场起吊钢管时，吊物下面被装车使用的钢筋拉住，吊车起吊后发生颤动。一名工人钻入车厢板与起吊的钢管隙中，用断线钳剪断这根钢筋。失稳的钢管立即向他摆去，使其严重撞伤。

7. 起吊时超重吊装

举例：某起重班在组塔施工中，吊重为 5.9t，超重吊载 7.2t 重物。当吊物接近就位时，左侧横担刮在曲臂上端主材和背铁上。横担一颤，随即下落，将抱杆上拉线和磨绳冲断。

8. 没得到指挥信号，卷扬司机擅自松开溜绳

举例：在更换高压门架吊车主钩钢丝绳时，卷扬机司机在没有得到吊车上部指挥信号的情况下，误以为上部已经固定好，便自行决定松开溜绳，使主绳突然溜绳，并带动防止溜绳的钢丝绳急速弹起，将一名工人弹伤。

9. 非起重人员从事起重作业

举例：在施工现场，有的负责人让非起重工捆绑绳索，因捆绑不牢或方法有误而导致事故。

10. 脚蹬吊物指挥起吊

举例：在吊装汽机厂房屋面板时，有的指挥人员右脚蹬在最下面一块板上，左脚蹬在房架上，下令起吊。由于板已被吊起，右脚失去依托，从高处坠落死亡。

第五章　建筑施工现场用电、动火安全技术与管理

【本章教学要点】

知　识　要　点	相　关　知　识
临时用电系统	外电线路防护,接地接零工作原理,配电室及临时用电线路架设、配电箱开关箱,现场照明安全技术,TN-S系统的工作原理
现场动火及消防	施工现场动火制度、安全措施要求,施工现场消防设施技术要求,危险品管理,消防器材的种类、使用条件

【本章技能要点】

技　能　要　点	应　用　方　向
临时用电线路	熟悉线路敷设方案,会编写用电安全防护技术措施
设备用电方法	掌握临电线路配置方法、各种方法的异同,各种用电机械设备、工具的安全用电要求
触电	掌握触电危险源、危害,熟悉触电急救措施
消防设施	熟悉设施种类、特点、使用环境,会制定消防设施现场布设方案,明火的危险及安全使用要求,消防制度及防火措施

【导入案例】

施工现场临时用电中普遍存在问题

1. 用电管理存在问题

①电工没有经过按国家现行标准考核合格持证上岗, 而是让略懂些用电知识的人员去从事电工作业;②不按规范设置用电线路和保护措施;③没有编制临时用电组织设计, 只是由电工凭经验布设, 随意性强;④有的工地编制的用电组织设计无负荷计算, 无线路图;⑤有的和施工现场实际脱节, 根本起不到指导施工用电的作用。

2. 三级配电存在问题

①配电系统没有形成三级配电, 而仅采用第一级和第二级配电, 从而导致用电回路数量与设备数量不匹配, 易造成一闸多用以及设备额定功率与控制开关型号不匹配的状况。一旦发生短路、过载、过流等问题, 无法做到自动、及时断开, 进而引发用电安全事故;②设备没有设置专用开关箱, 分配电箱和开关箱之间距离超标, 用电设备与其控制的开关箱距离过远, 若一台设备出现故障必须进行断电检修时, 则会影响其他设备的运行。

3. 二级漏电保护存在问题

①第一级保护装置的漏电动作电流、时间与第二级的装置参数不匹配;②第一级装置的灵敏度高于第二级, 这样容易引起装置误动作的情况发生;③第一和第二级保护装置安装的

位置不合理，从而导致施工现场配电线路局部保护缺失；④在分配电箱中设置漏电保护装置，从而形成三级甚至多级保护，这样很容易造成安全事故的发生；⑤用电系统设置少于二级的漏电保护；⑥漏电保护器参数不匹配或动作失灵，漏电保护器安装于靠近电源一侧。

4. 配电箱及开关箱设置存在问题

①配电箱及开关箱内无隔离开关或设置不规范；②使用木制配电箱及开关箱，无标记；③电线从配电箱及开关箱箱体侧面、上顶面、后面或箱门进出；④电器安装于木板上，配电箱及开关箱安装位置不合理。

5. 保护接零防雷接地问题

①未按照规范中的有关规定设置相应颜色的保护接零线，线径过小，采用单股铜芯或者铝芯线做接地，接地极与塔吊等设备共用；②保护接零线的引出与规范规定的要求不符；③重复接地点不足；④由于保护零线未随着线路从始至终与用电设备的外壳进行可靠连接，从而无法起到应有的保护作用；⑤防雷装置安装的不规范、质量不合格，接地装置未达到规范要求的埋设深度。

第一节　电气安全基础知识

施工用电是指建筑施工单位在工程施工过程中，由于使用电动设备和照明等，进行的线路敷设和电气安装以及对电气设备及线路的使用、维护等工作，因为只在建筑施工过程中使用，之后便拆除，期限短暂，所以又称临时用电。有关安全管理和技术方法应遵守《施工现场临时用电安全技术规范》（JGJ 46—2005）的规定。

一、线路敷设

施工现场的配电线路包括室外线路和室内线路。室外线路主要有绝缘导线架空敷设（架空线路）和绝缘电缆埋地敷设（埋地电缆线路）两种敷设方式。室内线路通常有绝缘导线和电缆的明敷设（明设线路）和暗敷设（暗设线路）两种。

1. 电缆线路

（1）架空线路　架空线路由导线、绝缘子、横担及电杆等组成。架空线的选择主要是确定架空线路导线的种类和导线的截面，其选择依据主要是施工现场对架空线路敷设的要求和负荷计算的计算电流。选择导线种类按照施工现场对架空线路敷设的要求，架空线必须采用绝缘导线，应具有良好的导电性和一定的机械强度，材料为绝缘铜线或绝缘铝线，但一般应优先选择绝缘铜线。选择导线截面主要是依据负荷计算结果，按其允许温升初选导线截面，然后按线路电压偏移和机械强度校验，最后确定导线截面。

① 架空线必须采用绝缘铜线或绝缘铝线。

② 架空线路的挡距不得大于 35m，线间距离不得小于 0.3m；架空线的最大弧垂（弧垂是导线悬挂点至导线最低点之间的垂直距离，也称弧度）与地面的最小垂直距离，施工现场一般场所 4m、机动车道 6m、铁路轨道 7.5m。

③ 架空导线的截面选择，不仅要通过负荷计算，而且还要考虑其机械强度才能确定，通常以保持其最小截面为限定条件。用作架空线路的绝缘铝线截面不小于 16mm²，绝缘铜线截面不小于 10mm²；跨越铁路、公路、河流、电力线路挡距内的架空绝缘铝线最小截面不小于 35mm²，绝缘铜线截面不小于 16mm²，挡距内不得有接头。三相四线制的工作零线与保护零线的截面，不小于相线的 50%。

④ 架空导线的相序排列：工作零线与相线在一个横担架设时，导线相序排列是：面向负荷从左侧起为 A、（N）、B、C；和保护零线在同一横担架设时，导线相序排列是：面向负荷从左侧起为 A、（N）、C、（PE）；动力线、照明线在两个横担上分别架设时，上层横担，面向负荷从左侧起为 A、B、C；下层横担，面向负荷从左侧起为 A（B、C）、（N）、（PE）；在两个以上横担上架设时，最下层横担面向负荷，最右边的导线为保护零线（PE）。

⑤ 为正确区分导线中相线、相序、零线、保护零线，防止发生误操作事故，不同导线应使用不同的安全色。相线 L1（A）、L2（B）、L3（C）相序的颜色分别为黄、绿、红色；工作零线 N 为淡蓝色；保护零线 PE 为绿/黄双色线，并严格规定在任何情况下不准使用绿/黄双色线做负荷线。

（2）埋地线路　电缆线路分为埋地电缆线路和架空电缆线路（包括沿墙敷设的墙壁电缆线路），严禁沿地面明设。电缆直埋方式优点是施工较简单、散热好，安全可靠，对人身危害大量减少；维修量大大减少；线路不易受雷电袭击。应首先考虑。其安全要求如下。

① 选择的地点应能保证电缆不受机械操作或其他热辐射的影响，同时还应尽量避开建筑物和交通要道。

② 电缆直埋敷设应采用铠装电缆，用橡胶电缆埋地应穿管保护。直接埋地的深度应不小于 0.6m，并在电缆上下均匀铺设不小于 50mm 厚的细砂以利散热和调节变形，然后覆盖砖等硬质保护层，见图 5-1。地面一定距离标有"地下有电缆"等走向字样标志。

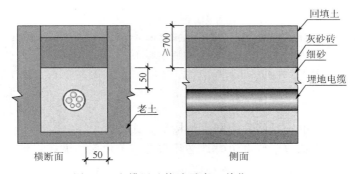

图 5-1　电缆埋地构造示意（单位：mm）

③ 电缆穿越建筑物、构筑物等易受机械损伤的场所时应加防护套管。

④ 在高层建筑临时电缆配电必须采用电缆埋地引入，垂直敷设可采用铝芯塑料电缆，在相同的载流下它比铜线轻约 1/2；水平敷设宜沿墙或门口固定，最大弧垂距地不得小于 1.8m，以防施工过程中人及物料经常碰触。

2. 支线

（1）支线指从架空线引下直至灯头线所有电线范围。

（2）引入配电箱的电线要从箱下引入和从箱下引出（即下进下出），金属电箱要加护套管。从架空线到箱体间的电线要排列整齐。

（3）施工现场应用橡皮线，不得采用花线或塑料护套线。弧垂≥2.5m（室外）、≥1.8m（室内）。

（4）室内配线所用导线截面，应根据用电设备的计算负荷确定，但铝线截面积应不小于 2.5mm²，铜线截面积应不小于 1.5mm²。

（5）线路不得破皮漏电、绝缘老化。电线接头实行三包，即先黄腊带，再黑胶布，最后为防水绝缘塑料胶带。接头要架空保护，不得直接受拉。

（6）穿越道路的电线要架空或穿管埋地（架空高度同前）。穿管埋地深度应≥0.5m，管口密封，管内导线不得有接头。

（7）支线与脚手架应绝缘隔离或沿墙加绝缘子固定。

（8）布线位置，应便于检查。

二、一般安全设施

1. TN-S 系统

在施工现场专用的中性点直接接地的电力线路中，必须采用 TN-S 接零保护系统，它的中性线 PE 与保护线 N 是分开的（见图 5-2），进一步提高施工现场供电系统的本质安全。

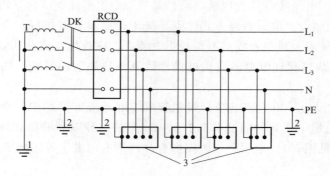

图 5-2　TN-S 系统示意

1—工作接地；2—PE 线重复接地；3—电器设备金属外壳（正常不带电的外露可导电部分）；
L₁、L₂、L₃—相线；N—工作零线；PE—保护零线；DK—总电源隔离开关；RCD—总剩余
电流动作保护器（兼有短路、过载、漏电保护功能断路器）；T—变压器

（1）使用要求

① 在同一供电系统中，只能采用同一种接地方式。

② 当分包单位采用总包单位电源时，必须与总包单位保护方式一致。

（2）TN-C、TN-S 和 TN-C-S 三种系统对比

TN-C 系统指整个系统的中性线与保护线合一的 TN 系统，系统内的 PEN 线兼起 PE 线和 N 线的作用，可节省一根导线，比较经济；TN-S 系统指在全系统内 N 线和 PE 线是分开的；TN-C-S 系统指在全系统内，通常仅在低压电气装置电源进线点前 N 线和 PE 线是合一的，电源进线点后即分为两根线。它们各自特点和适用场合有所不同，基本线路见图 5-3。

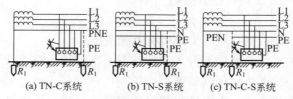

图 5-3　三种 TN 系统基本线路

2. 三级配电，两级保护

（1）三级配电　包括总配电箱、分配电箱、开关箱，见图 5-4。即在总配电箱下设分配

电箱，分配电箱下设开关箱，开关箱是最末一级，以下就是用电设备，这样使用配电层次清楚，便于管理。

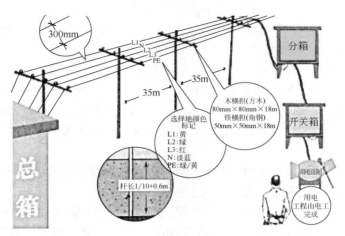

图 5-4　三级配电示意

（2）两级保护　鉴于施工现场用电的危险性及接零、接地保护的局限性，规定施工现场所有用电设备除作保护接零（接地）外，还要加装剩余电流动作保护装置。

一般施工现场采用二级保护时，可将干线与分支线路作为第一级，线路末端作为第二级。

第一级剩余电流动作开关设在总配电箱，可以对干线、支线都能保护，保护范围大，但保护器的灵敏度不能太高，否则就会发生误动作；这一级主要提供间接接触保护，主要对线路，设备进行保护。

第二级是将剩余电流动作开关设置在线路末端（开关箱内）用电设备的电源进线处（隔离开关负荷侧）。末级主要提供间接接触防护和直接接触的补充防护。末端电器使用频繁、危险性大，要求设置高灵敏度（剩余电流的动作电流在 30mA 以下）、快速（分断时间小于 0.04s）型的保护器，用以防止有致命危险的人身触电事故。

3. 绝缘

绝缘是采用绝缘物把带电体封闭起来。绝缘物在强电场的作用下，遭破坏丧失绝缘性能，这就是击穿现象。绝缘物除因击穿而破坏外，腐蚀性气体、蒸气、潮气、粉尘、机械损伤也都会降低其绝缘性能或导致破坏。

为了防止绝缘破坏造成事故，应当按照规定严格检查绝缘性能。绝缘电阻是最基本的绝缘性能指标，用兆欧表测定。为保证安全，测量之前必须断开电源并进行放电，测量完毕也应进行放电。

设备或线路的绝缘必须与所采用的电压相符合，必须与周围环境和运行条件相符合。一般新安装低压线路和设备，要求绝缘电阻不低于 0.5MΩ（兆欧）；运行中的线路和设备，要求可降低为每伏工作电压 1000Ω；在潮湿环境，要求可降低为每伏工作电压 500Ω；手持式电气设备 I 类的绝缘电阻不应低于 2MΩ。

双重绝缘是在基本绝缘的基础上提供加强绝缘，包括工作绝缘和保护绝缘。工作绝缘是保证设备正常工作和防止触电的基本绝缘；保护绝缘是用来当工作绝缘损坏时，防止设备金属外壳带电的绝缘（如 II 类手持电动工具）。

4. 接零与接地

（1）工作接零　电气设备因运行需要而与工作零线连接，是单相负荷必需的回路。

（2）工作接地　在正常或故障情况下，为了保证电气设备能安全工作，必须把电力系统（电网上）某一点（通常为变压器的中性点）接地。接地方式可以直接接地，或经电阻接地、经电抗接地、经消弧线圈接地。

将变压器的中性点与大地连接后，则中性点和大地之间就没有电压差，此时中性点可称为零电位，自中性点引出的中性线称为零钱。这就是我们一般施工现场采用的 220/380V 低压系统三相四线制，即三根相线一根中性线（零线），这四根线兼作动力和照明用，把中性点直接接地，这个接地就是电力系统的工作接地。这种将变压器的中性点与大地相连接，就叫工作接地。

这种工作接地不能保障人体触电时的安全。当人体触及带电的设备外壳时，这时人身的安全问题要靠保护接零或保护接地等措施去解决。

（3）保护接零　是把电气设备在正常情况下不带电的金属部分与电网中的零线连接起来，这种做法就叫保护接零。在 220/380V 三相四线制变压器中性点直接接地的系统中，普遍采用保护接零为安全技术措施。

有这种接零保护后，当电机的其中一相带电部分发生碰壳时，该相电流通过设备的金属外壳，形成该相对零线的单相短路（漏电电流经相线到设备外壳，到保护零线，最后经零线回到电网，与漏电相形成单相回路），这时的短路电流很大，会迅速将熔断器的保险烧断（保护接零措施与保护切断相配合），从而断开电源消除危险，见图 5-5。

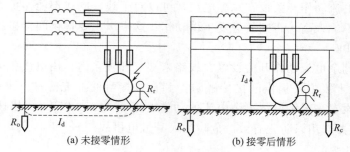

(a) 未接零情形　　　　　　　　(b) 接零后情形

图 5-5　保护接零原理

（4）保护接地　是将电气设备在正常运行时不带电，而在故障情况下可能呈现危险的对地电压的导电（金属）部分与大地作电气（金属）连接，防止金属外壳因绝缘损坏而带电，以保护人身安全，见图 5-6。它的接地电阻一般不大于 4Ω。每一接地装置的接地线应采用 2

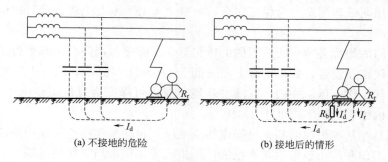

(a) 不接地的危险　　　　　　　　(b) 接地后的情形

图 5-6　保护接地原理示意

根以上导体，在不同点与接地装置做电气连接。不得用铝导体做接地线或地下接地线，垂直接地体宜采用角钢、钢管或圆钢，不宜采用螺纹钢材。

保护接地与保护接零一样都是电气上采用的保护措施，但它们适用的范围不同。保护接零适用于中性点接地的电网；保护接地的措施适用于中性点不接地的电网中（电网系统对地是绝缘的），这种电网在正常情况下，漏电电流很小，当设备一相碰壳时，漏电设备对地电压很低，人触及时危险不大（电流通过人体和电网对地绝缘阻抗形成回路），但当电网绝缘性能下降等各种原因发生的情况下，可能这个电压就会上升到危险程度。

（5）重复接地　在中性点直接接地（三相四线制）电力系统中，将保护零线上的一处或多处通过接地装置与大地再次连接，称为重复接地，见图 5-7。可以减轻保护零线断线的危险性、缩短故障时间、降低漏电设备的对地电压以及改善防雷性能等，是与保护接零相配合的一种补充保护措施。

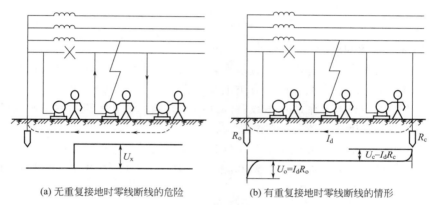

(a) 无重复接地时零线断线的危险　　　　(b) 有重复接地时零线断线的情形

图 5-7　重复接地示意（一）

重复接地电阻应小于 10Ω，构造见图 5-8。重复接地在系统内不得少于二处。即除在首端（配电室或总配电箱）处作重复接地外，还必须在配电线路的中间（线路长度超过 1km 的架空线路、线路的拐弯处、较高的金属构架设备及用电设备比较集中的作业点）处和线路的末端（最后电杆或最后配电箱）处，做重复接地。

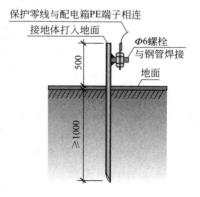

图 5-8　重复接地示意（二）

（6）屏蔽接地　为保证电气设备或系统免受电磁场的干扰，并使金属屏蔽内的感应电荷顺利导入大地，而将金属屏蔽接地。例如将电缆外皮的金属管接地，达到电磁适应性要求。

对于屏蔽接地，只宜在屏蔽的一点与接地体相连。如果同时有几点与接地体相连，由于各点的接地条件不同，可能产生有害的不平衡电流。

（7）防雷接地　为防止雷电对电气设备、系统或建筑物的危害，使雷电流顺利泄入大地，称为防雷接地。

（8）静电接地　为防止电气设备或系统在运行过程中产生的静电对人的危害，使静电顺利导入大地而将产生静电的部位接地，称为防静电接地。

5. 屏护

屏护是采用屏护装置控制不安全因素，如采用遮拦、护罩、闸箱等把带电体同外界隔绝。

屏护装置有永久性装置也有临时性装置。如胶盖闸刀开关的胶盖、铁壳开关的铁壳、配电装置的遮拦，都属于永久性屏护装置；如检修中使用的临时屏护装置、施工现场与高压线路不能满足安全距离时而搭设的防护架等，属于临时性的屏护装置。

屏护装置不直接与带电体接触，对所用材料的电气性能没有严格要求，一般选用材料应有足够的机械强度和具有耐火性能。采用金属材料时，为防止屏扩装置意外带电，必须将屏护装置接地或接零。

第二节 施工现场临时用电及安全防护

一、安全管理

1. 人员的基本要求和职责

电工必须经过按国家现行标准考核合格后，持证上岗工作；其他用电人员必须通过相关安全教育培训和技术交底，考核合格后方可上岗工作。

安装、巡检、维修或拆除临时用电设备和线路，必须由电工完成，并应有人监护。电工等级应同工程的难易程度和技术复杂性相适应。

（1）各类用电人员应掌握安全用电基本知识和所用设备的性能；

（2）使用电气设备前必须按规定穿戴和配备好相应的劳动防护用品，并应检查电气装置和保护设施，严禁设备带"缺陷"运转；

（3）保管和维护所用设备，发现问题及时报告解决；

（4）暂时停用设备的开关箱必须分断电源隔离开关，并应关门上锁；

（5）移动电气设备时，必须经电工切断电源并做妥善处理后进行。

2. 施工现场临时用电的管理

（1）临时用电的施工组织设计

① 编制及变更 临时用电施工组织设计是施工现场临时用电管理的主要技术文件。按照《施工现场临时用电安全技术规范》JGJ 46—2005 的规定："临时用电设备在 5 台及 5 台以上或设备总容量在 50kW 及以上者，应编制临时用电施工组织设计"。其他的应制定安全用电技术措施和电器防火措施。

必须按"编制、审核、批准"程序，由电气工程技术人员组织编制，经相关部门审核及具有法人资格企业的技术负责人批准后实施。变更用电组织设计时应补充有关图纸资料。

② 主要技术内容 一个完整的施工用电组织设计应包括：现场勘测，确定电源进线、变电所或配电室、配电装置、用电设备位置及线路走向，负荷计算，选择变压器，配电系统设计（配电线路设计、配电装置设计、接地设计），防雷设计，外电防护措施，安全用电与电气防火措施，施工用电工程设计施工图等。

临时用电工程必须经编制、审核、批准部门和使用单位共同验收，合格后方可投入使用。

（2）安全技术档案 施工现场临时用电必须建立安全技术档案。

① 内容 用电组织设计的全部资料，修改用电组织设计的资料，用电技术交底资料，

用电工程检查验收表，电气设备的试、检验凭单和调试记录，接地电阻、绝缘电阻和剩余电流动作保护器漏电动作参数测定记录，定期检（复）查表；电工安装、巡检、维修、拆除工作记录。

② 建档与管理　安全技术档案应由主管该现场的电气技术人员负责建立与管理。其中"电工安装、巡检、维修、拆除工作记录"可指定电工代管，每周由项目经理审核认可，并应在临时用电工程拆除后统一归档。

（3）检查　临时用电工程应定期检查。定期检查时，应按分部、分项工程进行，对安全隐患必须及时处理，并应履行复查验收手续；应复查接地电阻值和绝缘电阻值。

3. 电气防火基本保护

（1）电气火灾的特点和原因　电气火灾具有季节性、时间性、不可预见性。

① 形成的根本原因　短路、漏电、过负荷、接触不良、电弧和电火花、静电和雷击。

② 日常管理原因　电气线路和电器设备选型不当、安装不合理、操作失误、违章操作、局部过热、静电和雷击。

（2）电气线路火灾及其对策

① 短路火灾　短路俗称碰线或连线，系指电气线路中相线与相线或相线与零线之间没有经过任何用电设备直接短接起来的现象。短路电流能达到原来的几十甚至几百倍。

防止电气线路发生短路的措施：严格按照规范要求设计、安装、调试、使用和维修电气线路，防止电气线路绝缘老化，特殊环境下电气线路敷设应严格执行相应的规定，加强管理。

② 过载引起的火灾　电气线路中允许连续通过而不至于使电气线路绝缘遭到破坏的电流量，为电线的安全载流量或安全电流。如电流中流过的电流量超过了安全电流值，叫电气线路过载（也称过负荷）。

对策有：合理选用导线、不乱拉乱接用电设备、定期检查线路。

③ 接触电阻过大　电源线的连接处，电源线与电气设备连接的地方，由于连接不牢或其他原因，使接头接触不良，造成局部电阻过大，称为接触电阻过大。

电气线路接触电阻过大的主要原因：安装质量差，造成导线与导线，导线与电气设备接触不牢；连接点由于热作用或长期震动使接头松动；导线连接处有杂质或氧化；电化学腐蚀。

④ 电气线路产生的电弧和电火花　电火花是电极间放电的结果。电弧是有大量密集电火花构成的。电弧温度可达 3000℃。

预防电弧和电火花的措施：裸导线间或导线与接地体之间保持足够的安全距离、绝缘导线的绝缘层无损伤、熔断器和开关安装在非燃材料基础上、不带电安装和修理电气设备、防止雷击和线路过电压的影响。

⑤ 漏电　产生的原因主要有绝缘导线与建筑物、构筑物以及设备的外壳的等直接接触；电线接头处松动漏电。

（3）电气设备火灾原因及预防措施

① 电动机　电动机是利用电磁转换将电能转化为机械能的装置。引发火灾原因有过载、接触不良、绝缘破坏、单相运行、铁损大、机械原因。

电动机火灾的预防措施：正确选择电动机的容量和机型、正确选择电动机的启动方式、正确选择电动机的保护方式（短路保护、失压保护、过载保护、断相保护、接地保护）。

② 电气照明设备 火灾危险性主要是来自白炽灯、碘钨灯和聚光灯的使用。

防火措施：根据环境要求选择不同类型的灯具、与可燃物保持一定的安全距离、选择合适的导线。

③ 电焊设备 火灾危险性在于焊接过程中电弧温度高产生大量的火花、焊接后的焊件温度很高。

电焊安全防火措施：动用电焊要实行严格的审批手续、保持足够的安全距离、清除周围可燃物、动用电焊要派专人监护、配备灭火器材、保证电焊设备的完整好用、操作人员要持证上岗。

（4）雷击火灾及其防护 雷电的火灾危险性在于破坏绝缘性引起短路，雷电冲击的放电火花直接引发火灾或爆炸，雷电的热效应。

① 对直击雷的防护主要是装设避雷针、避雷网、避雷带、消雷器等保护措施。

② 对感应雷的防护可将金属屋面、金属设备、金属管道、结构钢筋等予以良好接地。

③ 对雷电波的防护主要是对架空线路加装管形或阀形避雷器，对金属管道采用多点接地。

④ 对球形雷的防护一般采用消雷器或全屏蔽的方法。

二、供配电系统的安全要求

1. 施工现场电路的安全距离及防护

安全距离，指带电导体与其附近接地的物体以及人体之间，必须保持的最小空间距离或最小空气间隙。其大小决定于电压的高低、设备的类型、安装的方式等因素。为防止人体触及或接近带电体而造成触电事故，避免车辆、起重机碰撞或过分接近带电体造成事故以及为防止过电压放电、操作方便等，规定带电体与其他设施之间、带电体与操作者之间、带电体与地面之间、带电体与带电体之间均需保持一定的安全距离。

在施工现场中，安全距离问题主要是指在建工程（含脚手架具）的外侧边缘与外电架空线路的边线之间的最小安全操作距离，和施工现场的机动车道与外电架空线路交叉时的最小安全垂直距离。对此，《施工现场临时用电安全技术规范》（JGJ 46—2005）已经作了具体的规定。

（1）低压线路 旋转臂架式起重机的任何部位或被吊物边缘与10kV以下架空线路的边线最小水平距离不小于2m；电缆线路在室外直接埋地敷设的深度不小于60cm；架空敷设时，橡皮电缆的最大弧垂距地面不小于2.5m。

（2）高压（外电）线路 由于高压线路周围存在强电场，对导体产生电感应而成为带电体，附近的电介质（主要指空气）也在电场中被极化而成为导体，产生带电现象。所以必须保持一定安全距离。电压的等级越高电极化就越强，安全距离相应加大。

高压线路与物体的安全距离，指在最大工作电压和最大过电压下，相对应不致引起间隙放电的最小空气间隙。

为了确保施工安全，必须采取设置防护性遮栏、栅栏，以及悬挂警告标志牌等防护措施。如无法设置遮栏则应采取停电、迁移外电线路或改变工程位置等，否则不得强行施工。

① 在施工现场中，最小安全操作距离在10kV时不超过6m。这是考虑动态情况下（如脚手架搭设过程中，考虑手臂1m、其杆件长度不超过5m）规定的。

② 在架空线路下方不得进行作业；在架空线路一侧作业时，与架空线路边线之间最小安全操作距离1～10kV为6m、35～110kV为8m。

③ 当达不到规定的安全距离时，应搭设防护架遮拦。防护架至线路边线的安全距离为 10kV 不小于 0.7m，见图 5-9。防护架至带电体的安全距离指静态（防护架搭设完毕）的距离。所以在搭设和拆除防护架的动态过程中，必须采取停电措施，并设监护人。

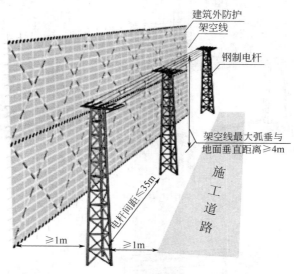

图 5-9　建筑外防护架示意

应将防护架用密目网（阻燃型）或钢板网等材料封严，防止脚手管、钢筋等物料穿入。

④ 现场的起重机作业有时被吊物需从外电线路上方经过，此时须要按规定在该段外电线路的上方搭设遮拦，防护架呈 Ⅱ 型，其顶部可采用 5cm 厚木板防止落物。需要夜间施工时，应在防护架顶部设红色灯泡，其电源电压采用 36V，防止臂杆碰触。

（3）设备间距　配电装置的布置，应考虑设备搬运、检修、操作和试验的便利，为了工作人员的安全，配电装置需保持必要的安全通道。

① 低压配电装置正面通道宽度，单列布置时不小于 1.5m，双列布置不小于 2m。

② 配电屏后面的维护通道宽度不小于 0.8m，侧面通道宽度不小于 1m。

③ 配电装置的上端距顶棚不小于 0.5m。

④ 配电室内设值班室的，该室距配电屏的水平距离大于 1m，并采取屏护隔离。

2. 施工现场的配电室（箱）及自备电源

（1）配电室的位置及布置

① 现场应设总配电箱（或配电室），总配电箱（图 5-10）以下设分配电箱（图 5-11），分配电箱以下设开关箱（图 5-12），开关箱以下就是用电设备。

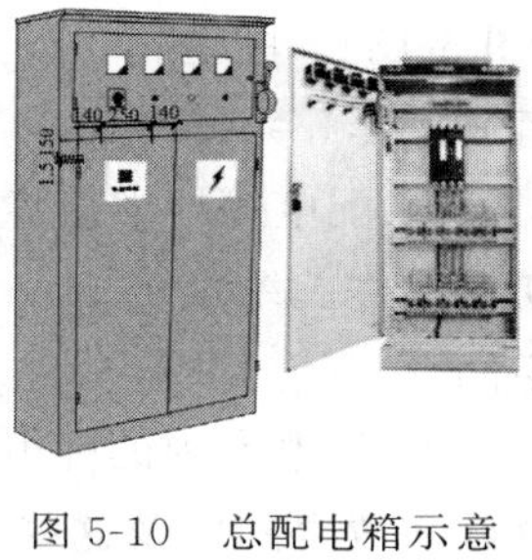

② 施工现场的照明配电宜与动力配电分别设置，各自自成独立配电系统，以不致因动力停电或电气故障而影响照明。

③ 配电室建筑物的耐火等级应不低于三级，室内不得存放易

图 5-10　总配电箱示意

燃、易爆物品，并应配备砂箱、1211 灭火器等绝缘灭火器材。配电室的屋面应该有隔层及防水、排水措施，并应有自然通风和采光，还须有避免小动物进入的措施。

④ 总配电箱是施工现场配电系统的总枢纽，其装设位置应考虑便于电源引入、靠近负

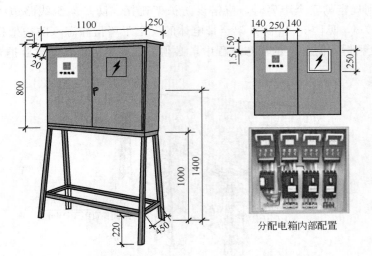

分配电箱内部配置

图 5-11 分配电箱示意（单位：mm）

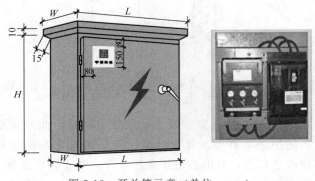

图 5-12 开关箱示意（单位：mm）

荷中心、减少配电线路、缩短配电距离和减小导线截面，提高配电质量，同时还能使配电线路清晰，便于维护。

⑤ 分配电箱则应设置在负荷相对集中的地区。

⑥ 开关箱与所控制的用电设备的距离应不大于 3m。

⑦ 配电箱、开关箱的周围环境应保障箱内开关电器正常、可靠地工作，配备防雨棚（图 5-13）。配电箱、开关箱周围的空间条件，则应保证足够的工作场地和通道，不应放置有碍操作、维修和对电气线路有操作损伤的杂物，不应有灌木、杂草丛生。

⑧ 配电箱地面应做硬化处理。围栏高×宽×长为 1.2m×1.2m×2m，围栏内不得堆有妨碍操作、维修的物品，围栏门前不得堆放物品。配电箱周围应有足够 2 人同时工作的空间。

⑨ 配电室内的配电屏是经常带电的配电装置，为了保障其运行安全和检查、维修安全，这些装置之间以及这些装置与配电室棚顶、墙壁、地面之间必须保持电气安全距离。

（2）配电箱与开关箱的电器选择　配电箱、开关箱内的开关电器应能保证在正常或故障情况下可靠地分断电路，在漏电的情况下可靠地使漏电设备脱离电源，在维修时有明确可见的电源分断点。为此，配电箱和开关箱的电器选择应遵循下述各项原则。

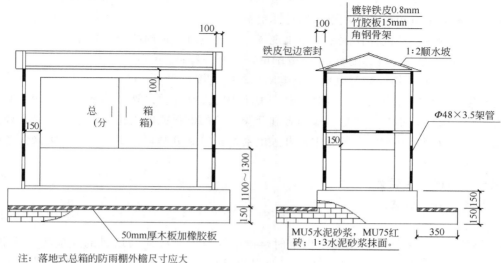

注：落地式总箱的防雨棚外檐尺寸应大
于200，原则上是避免雨水进箱内。

图 5-13 配电箱防雨棚做法示意（单位：mm）

① 所有开关电器必须是合格产品。不论是选用新电器，还是使用旧电器，必须完整、无损、动作可靠、绝缘良好，严禁使用破损电器。

② 装有隔离电源的开关电器。

③ 配电箱内的开关电器应与配电线路一一对应配合，作分路设置。

④ 开关箱与用电设备之间应实行"一机一闸"制。

⑤ 配电箱、开关箱内应设置剩余电流动作保护器，其额定漏电动作电流和额定漏电动作时间应安全可靠（一般额定漏电动作电流≤30mA，额定漏电动作时间<0.1s），并有合适的分级配合。但总配电箱（或配电室）内的剩余电流动作保护器，其额定漏电动作电流与额定漏电动作时间的乘积最高应限制在 30mA·s 以内。

配电箱的剩余电流动作保护器有停用 3 个月以上、转换现场、大电流短路掉闸情况之一，漏电保护开关应采用漏电保护开关专用检测仪重新检测，其技术参数须符合相关标准要求方可投入使用。

（3）自备电源　施工现场备有发电机组，作为外电线路停止供电时的接续供电电源，这就是所谓自备电源。

自备发配电系统也应采用具有专用保护零线的、中性点直接接地的三相四线制供配电系统。但该系统运行必须与外电线路电源（例如电力变压）部分在电气上安全隔离，独立设置。

（4）临时用电的负荷　负荷指电气线路中的用电设备（变压器、电动机、照明等）和线路中流过的电流或功率，是电力负荷的简称。

负荷计算，就是计算用电设备、配电线路、配电装置以及变压器、发电机中的电流和功率。负荷计算中的额定负荷，不能都采用各种设备铭牌上的功率或容量，而是根据用电设备的工作性质，按照电力负荷进行换算，所得到的负荷称为"计算负荷"。这些按照一定方法计算出来的电流或功率称为计算电流或计算功率。

负荷计算通常是从用电设备开始的，逐级经由配电装置和配电线路，直至电力变压器。

即首先确定用电设备的设备容量（或额定负荷）和计算负荷，继之计算用电设备组的计算负荷，最后计算总配电箱或整个配电室的计算负荷。

（5）施工现场停送电操作顺序　施工现场停、送电时，正确的操作顺序如下。

① 送电时，配电屏（总配电箱）→分配电箱→开关箱；

② 停电时，开关箱→分配电箱→配电屏（总配电箱）。

这种操作顺序的优点是：送电时，除开关箱中的控制开关以外，其余配电装置中的开关电器均是空载关闭。不会产生危害操作者和开关电器的电弧或电火花；停电时，只要开关箱中的控制开关分闸，其余配电装置中的开关电器都是空载分闸，也不会产生危害操作者和开关电器的电弧或电火花。

三、电气设备的安全运行

1. 用电设备、机械

（1）塔吊

① 保护方式　采用三相四线制供电时，供电线路的零线应与塔机的接地线严格分开。在 TN 系统中，必须采用 TN-S 方式，有专用的保护零线，严禁用金属结构作照明线路的回路。

② 开关电箱　应将电源线路送至塔式起重机轨道附近的开关电箱，由箱内引出保护零线，与道轨上的重复接地线相连接，开关箱中应设置电源隔离开关及漏电断路器（空气开关、剩余电流保护器），应具有短路保护、过流保护、短相保护及漏电保护等功能。

③ 重复接地　塔机的重复接地，应在轨道的两端各设一组接地装置，且将两条轨道焊 $\phi 8 \sim 10\text{mm}$ 钢筋作环形电气连接，道轨各接头也应用导线做电气连接。对较长的轨道可按每 30m 设置一组接地装置。

④ 线路保护　塔机所用各种线路（动力、控制、照明、信号、通讯等），均采用钢管敷设，并将钢管与该机的金属结构做电气连接。

⑤ 悬挂电缆　沿塔身垂直悬挂的电缆，应使用电缆网套或其他可靠装置悬挂，以保证电缆自重不拖拉电缆和防止机械磨损。

⑥ 电缆卷筒　轨道式塔机的供电电缆卷筒应具有张紧装置，防止电缆在轨道、枕木上磨损和机械损伤，电缆收放速度应与塔机运行速度同步。

⑦ 障碍指示灯　塔顶高于 30m 的塔机，其最高点及起重臂端部应安装红色障碍指示灯，其电源应不受停机影响。

（2）蛙式打夯机（蛙夯）

① 蛙夯的金属外壳应作接地（接零）保护，负荷线的首端处（开关箱）应装剩余电流动作保护器（15mA×0.1s）。

② 蛙夯的开关控制，不准使用倒顺开关，防止误操作。负荷线应采用橡皮护套铜芯软电缆，长度不大于 50m。

③ 蛙夯机的操作扶手必须采取绝缘措施，操作人员应穿绝缘鞋和戴绝缘手套。

④ 需要转移打夯机时，必须先拉闸切断电源，防止误操作事故。

（3）磨石机　主要用于水磨石地面作业。磨石机主要由金刚砂磨石转盘、移动滚轮、电动机、减速箱及操纵杆等部件构成。

① 磨石机工作场所特别潮湿属危险场所作业，应加强管理，防止发生触电事故。

② 磨石机金属外壳应作接地（接零）保护，负荷线首端处装设剩余电流动作保护器（15mA×0.1s）。

③ 各台磨石机的开关箱应执行一机一闸，不准用一个开关控制多台磨石机，也不允许共用一个剩余电流动作保护器同时保护多台开关或多台设备。正确的做法是，从分支线路安装一台分配电箱，并作重复接地；由分配电箱引出负荷线与各台磨石机的开关箱连接（可采用固定式或移动式），每台磨石机有自己的专用开关箱并进行编号与磨石机对应，防止发生误操作。

④ 磨石机的负荷线应采用橡皮护套铜芯软电缆，严禁有破损或接头；使用时电缆不准拖地和泡在水中，应采用钢索滑线将电缆悬吊。

⑤ 磨石机的操作扶手必须采取绝缘措施，操作人员应穿高筒绝缘鞋和戴绝缘手套。

（4）电焊机　电焊是利用电能转换为热能对金属进行加热焊接的方法。

① 电焊机运到施工现场或在接线之前，应由主管部门验收确认合格。露天放置应稳固并有防雨设施。

② 每台焊机有专用的开关箱和一机一闸控制，由专业电工负责接线安装。开关控制应采用自动开关，不能使用手动开关（由于电焊机一般容量比较大，而手动开关的通断电源速度慢，灭弧能力差，容易发作弧光和相间短路故障）。

③ 按照现场安全用电要求，电焊机的外壳应做保护接地或接零。为了防止高压（一次侧）窜入低压（二次侧）造成危害，交流焊机的二次侧应当接零或接地。

④ 电焊机的一次侧及二次侧都应装设防触电保护装置。

⑤ 一次侧的电源线长度不应超过3m。线路与电焊机接线柱连接牢固，接线柱上部应有防护罩，防止意外损伤及触电。因为一次线与二次线相比较，一次线的电压高、危险性大，所以应当尽量缩短其长度，焊机靠近开关箱，不使一次线拖地造成的泡水，并加防护套管防止被钢筋等金属挂、砸发生事故。当特殊情况一次线必须加长时，应架设高度在2.5m以上并固定牢。

⑥ 应由经过培训考核合格的电焊工操作，并按规定穿戴绝缘防护用品。

⑦ 作业前，应认真检查周围及作业面下方的环境，消除危险因素。当作业下方有易燃物等情况时应设监护人员及灭火器材。

⑧ 应使用合格的电焊钳，焊钳应能牢固地夹紧焊条，与电缆线连接可靠，这是保持焊钳不异常发热的关键。焊钳要有良好的绝缘性能，禁止使用自制的简易焊钳。

⑨ 焊接电缆应使用橡皮护套铜芯多股软电缆，与电焊机接线柱采用线鼻子连接压实，禁止采用随意缠绕方法连接，防止造成松动接触不良和引起的火花、过热现象。

⑩ 焊接电缆长度一般不超过30m且无接头。若电缆过长，会造成电压降过大，影响操作和引起导线过热；电缆因电流大，遇接头电阻增大过热，遇易燃物造成火险。

⑪ 电缆线经过通道时，必须采取加护套、穿管（不同电压、不同回路的导线不能穿在同一管内）等保护措施。

⑫ 严禁使用脚手架、金属栏杆、轨道及其他金属物搭接代替导线使用，防止造成触电事故和因接触不良引起火灾。

⑬ 不允许超载焊接。超载作业会引起过热（烧毁焊机或造成火灾）、绝缘损坏（漏电导致触电）事故。

⑭ 在进行改变焊机接头、更换焊件需要改接二次回路、转移工作地点、焊机需要检修、

暂停工作或下班时，先切断电源。

2. 电动工具

应遵守《手持式电动工具的管理、使用、检查和维修安全技术规程》(GB/T 3787—2006)中作出具体规定。

(1) 作业场所

① 一般作业场所　比较干燥的场所（干燥木地板、塑料地板、相对湿度≤75%）、气温不高于30℃、无导电粉尘。

② 危险场所　比较潮湿的场所（露天作业、相对湿度长期在75%以上）、气温高于30℃、有导电灰尘，可导电的地板（混凝土、潮湿泥土）、良好导电地板（金属构架作业）。

③ 高度危险场所　特别潮湿的场所（相对湿度接近100%、蒸气潮湿环境）、锅炉、金属容器、管道、高温和导电粉尘场所。

(2) 电动工具分类

① Ⅰ类工具　工具在防止触电的保护方面不仅依靠基本绝缘，而且它还包含一个附加的安全预防措施，其方法是将可触及的可导电的零件与已安装的固定线路中的保护（接地）导线连接起来，以这样的方法来使这些零件在基本绝缘损坏的事故中不成为带电体，适用于干燥场所。

② Ⅱ类工具　工具在防止触电的保护方面不仅依靠基本绝缘，而且它还提供例如双重绝缘或加强绝缘的附加安全预防措施，没有保护接地或依赖安装条件的措施。

Ⅱ类工具分绝缘外壳Ⅱ类工具和金属外壳Ⅱ类工具。应在工具的明显部位标有Ⅱ类结构符号"回"（见图5-14），适用于比较潮湿的作业场所。

三类工具三种用途

图 5-14　手持式工具分类

严禁直接将电线的
金属丝插入插座

图 5-15　插头使用不当

③ Ⅲ类工具　工具在防止触电的保护方面，依靠由安全特低电压供电和在工具内部不会产生比安全特低电压高的电压，适用于特别潮湿的作业场所和在金属容器内作业。

(3) 电动工具使用

① 在一般作业场所，应使用Ⅱ类土具。若使用Ⅰ类工具时，还应在电气线路中采用额定剩余动作电流不大于30mA的剩余电流动作保护器、隔离变压器等保护措施。

② 在潮湿作业场所或金属构架上等导电性能良好的作业场所，应使用Ⅱ类或Ⅲ类工具。

③ 在锅炉、金属容器、管道内等作业场所，应使用Ⅲ类工具或在电气线路中装设额定剩余动作电流不大于30mA的剩余电流动作保护器的Ⅱ类工具。

④ 工具的电源线不得任意接长或拆换。当电源离工具操作点距离较远而电源线长度不够时，应采用耦合器进行连接。

⑤ 工具电源线上的插头不得任意拆除或调换，当原有插头损坏后，严禁不用插头直接

将电线的金属丝插入插座，见图5-15。工具的插头、插座应按规定正确接线，其中的保护接地极在任何情况下只能单独连接保护接地线（PE）。严禁在插头、插座内用导线直接将保护接地极与工作中性线连接起来。

⑥ 工具的日常检查至少应包括项目有：是否有产品认证标志及定期检查合格标志，外壳、手柄有否裂缝或破损，保护接地线（PE）连接是否完好无损，电源线是否完好无损，电源插头是否完整无损，电源开关动作是否正常、灵活、缺损、破裂，机械防护装置是否完好，工具转动部分是否转动灵活、轻快而无阻滞现象，电气保护装置是否良好。

⑦ 长期搁置不用或受潮的工具在使用前，应由电工测量绝缘阻值是否符合要求。

⑧ 作业人员按规定穿戴绝缘防护用品（绝缘鞋、绝缘手套等）。手持式工具的旋转部件应有防护装置。

⑨ 严禁超载使用，注意声响和温升，发现异常应立即停机检查。非专职人员不得擅自拆卸和修理工具。

3. 施工现场的照明

（1）照明器选用

① 正常湿度时，选用开启式照明器。

② 在潮湿或特别潮湿的场所，选用密闭型防水防尘照明器或配有防水灯头的开启式照明器。

③ 含有大量尘埃，但无爆炸和火灾危险的场所，采用防尘型照明器。

④ 对有爆炸和火灾危险的场所，必须按危险场所等级选择相应的照明器。

⑤ 在振动较大的场所，应选用防振爆照明器。

⑥ 对有酸碱等强腐蚀的场所，应采用耐酸碱型照明器。

（2）安全电压选用

① 一般场所照明器宜选用电压为220V。

② 隧道、人防工程、高湿、导电灰尘和灯具离地面高度低于2.4m等场所的照明源电压应不大于36V。

③ 在潮湿易触及带电体场所的照明电源电压不得大于24V。

④ 在特别潮湿的场所（水中作业、水磨石作业）、导电良好的地面（金属构架、管道上）、锅炉或金属容器内工作，照明电源电压不得大于12V。

（3）安全使用要求　在施工现场的电气设备中，照明装置与人的接触最为经常和普遍。为了从技术上保证现场工作人员免受发生在照明装置上的触电伤害，照明装置必须采取如下技术措施。

① 照明开关箱中的所有正常不带电的金属部件都必须作保护接零，所有灯具的金属外壳必须作保护接零。

② 单相回路的照明开关箱（板）应装设剩余电流动作保护器。照明系统中的每一单相回路上，灯具和插座数量不宜超过25个。

③ 照明线路的相线必须经过开关才能进入照明器，不得直接引入照明器。

④ 灯具的安装高度既要符合施工现场实际，又要符合安装要求。室外灯具距地不得低于3m；室内灯具距地不得低于2.4m。

⑤ 行灯灯体与手柄应坚固、绝缘良好并耐热耐潮湿，灯泡外面有金属保护网并固定在灯罩的绝缘部位上。

⑥ 任何灯具的相线必须经开关控制，不得将相线直接引入灯具。

⑦ 在用易燃材料作顶棚的临时工棚或防护棚内安装照明灯具时，灯具应有阻燃底座，或加阻燃垫，并使灯具与可燃顶棚保持一定距离，防止引起火灾。

⑧ 临时宿舍内的照明装置及插座要严格管理。防止私拉、乱接电炊具或违章使用电炉。严禁在床上装设开关。

⑨ 暂设工程的照明灯具应采用拉线开关，安装位置在 2m 以上。灯具的相线必须经过开关控制，否则开关只切断零线而电源并未切断，灯具金属部分仍处于带电状态，检修时易发生触电事故。

⑩ 路灯的每个灯具应单独装设熔断器保护，灯头线应做防水弯。

⑪ 荧光灯管应用管座固定或用吊链，悬挂镇流器不得安装在易燃的结构物上。

⑫ 钠、铊、铟等金属卤化物灯具的安装高度宜在 5m 以上，灯线应在接线柱上固定，不得靠近灯具表面。

⑬ 投光灯的底座应安装牢固，按需要的光轴方向将枢轴拧紧固定。

⑭ 螺口灯头及接线，相线接在与中心触头相连的一端，零线接在与螺纹口相连的一端；灯头的绝缘外壳不得有损伤和漏电；灯具内的接线公须牢固，灯具外的接线必须做可靠的绝缘包扎。

四、触电及救助

1. 触电危险

（1）触电事故　是指人体触及带电体，或人体接近高压带电体时有电流流过人体而造成的事故。

① 单相触电　由于电线绝缘破损、导线金属部分外露、导线或电气设备受潮等原因使其绝缘部分的能力降低，导致站在地上的人体直接或间接地与火线接触，这时电流就通过人体流入大地而造成单相触电事故，如图 5-16 所示。

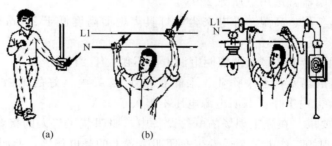

图 5-16　单相触电示意

② 两相触电　指人体同时触及两相电源或两相带电体，电流由一相经人体流入另一相，时加在人体上的最大电压为线电压，其危险性最大。两相触电如图 5-17 所示。

③ 跨步电压触电　对于外壳接地的电气设备，当绝缘损坏而使外壳带电，或导线断落发生单相接地故障时，电流由设备外壳经接地线、接地体（或由断落导线经接地点）流入大地，向四周扩散。如果此时人站立在设备附近地面上，两脚之间也会承受一定的电压，称为跨步电压。跨步电压的大小与接地电流、土壤电阻率、设备接地电阻及人体位置有关。当接地电流较大时，跨步电压会超过允许值，发生人身触电事故。特别是在发生高压接地故障或雷击时，会产生很高的跨步电压，如图 5-18 所示。

（2）触电伤害　按电流对人体伤害的程度，触电可分为电击和电伤两种。

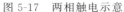

图 5-17　两相触电示意　　　　　　　　　　图 5-18　跨步电压触电示意

① 电击　是指电流通过人体造成人体内部器官损坏，而导致残废或死亡，所以是最危险的。

② 电伤　是指强电流瞬时通过人体的某一局部或电弧烧伤人体，造成对人体外表器官的破坏。当烧伤面积不大时，不致有生命危险，因而其危害性较电击为小。

人触电，产生肌肉收缩运动，形成机械性损伤；还产生热效应和化学反应，形成急剧的病理变化，严重伤害肌体。电流流经心脏，心室纤维颤动，心脏起不到压缩血液泵浦作用，不能使新鲜血液及时输送到大脑，几秒钟内使人休克而造成死亡，见表 5-1。

表 5-1　电流对人体造成的影响

50Hz 的交流电/直流电 电流/mA	作用的情况
0.6～1.5	开始有感觉,手指由麻刺,直流电时没有感觉
2～3	手指有强烈麻刺,颤抖,直流电时没有感觉
5～7	手部痉挛感觉痒、刺痛、灼热
8～10	手已难于摆脱带电体,但是还能摆脱,手指尖部到手腕有剧痛热感觉增强
20～25	手迅速麻痹,不能摆脱带电体,剧痛,呼吸困难热感觉增强较大,手部肌肉不强烈收缩
50～80	呼吸麻痹,心房开始震颤有强烈热感觉,手部肌肉收缩,痉挛,呼吸困难
90～100	呼吸麻痹,持续 3s 或更长时间,则心脏麻痹,心室颤动呼吸麻痹
300 及以下	作用时间 0.1s 以上,呼吸和心脏麻痹,机体组织遭到电流的热破坏

2. 触电急救

人触电后不一定会立即死亡，出现神经麻痹、呼吸中断、心脏停跳等症状，外表上呈现昏迷的状态，此时要看作是假死状态，如现场抢救及时、方法得当，人是可以获救的。现场急救对抢救触电者是非常重要的。

（1）立即切断电源

① 切断电源开关，或用电工钳子、木把斧子将电线截断以断开电源。

② 若离开关较远或断开电源有困难时，可用干燥的木棍、竹竿等挑开触电者身上的电线或带电体；或垫着绝缘物将触电人拉开。

（2）急救方法　当触电者脱离电源后，应根据触电者的具体情况，确定护理和抢救方法，迅速组织现场救护工作。

① 及时抢救　国外一些统计资料指出，触电后 1min 开始救治者，90% 有良好的效果；触电后 6min 开始救治者，50% 可能复苏；触电后 12min 开始救治者，很少有存活。

② 诊断与急救　平时要对职工进行触电急救常识的宣传教育，对与电气设备有关的人员还应进行必要的触电急救培训。

1）触电者神志清醒，但有些心慌、四肢发麻、全身无力或触电者在触电过程中曾一度昏迷，但已清醒过来。应使触电者安静休息、不要走动、严密观察，必要时送医院诊治。

2）触电者已经失去知觉，但心脏还在跳动、还有呼吸，应使触电者在空气清新的地方舒适、安静地平躺，解开妨碍呼吸的衣扣、腰带。如果天气寒冷要注意保持体温，并迅速请医生到现场诊治。

3）如果触电者失去知觉、呼吸停止，但心脏还在跳动，应立即进行口对口（鼻）人工呼吸，并及时请医生到现场。

4）如果触电者呼吸和心脏跳动完全停止，应立即进行口对口（鼻）人工呼吸和胸外心脏按压急救，并迅速请医生到现场。应当注意，急救要尽快进行，即使送往医院的途中也应持续进行。

（3）抢救过程中注意事项

① 在进行人工呼吸和急救前，应迅速将触电者衣扣、领带、腰带等解开，清除口腔内假牙、异物、黏液等，保持呼吸道畅通。

② 不要使触电者直接躺在潮湿或冰冷地面上急救。

③ 人工呼吸和急救应连续进行，换人时节奏要一致。如果触电者有微弱自主呼吸时，人工呼吸还要继续进行，但应和触电者的自主呼吸节奏一致，直到呼吸正常为止。

④ 对触电者的抢救要坚持进行。发现瞳孔放大、身体僵硬、出现尸斑应经医生诊断，确认死亡方可停止抢救。

第三节　现场用火及消防

一、燃烧与火灾常识

1. 燃烧

燃烧是指燃料与氧化剂发生强烈化学反应，并伴有火焰、发光、发热和（或）发烟的现象。最常见最普遍的燃烧现象是可燃物在空气或氧气中的燃烧。

① 燃烧的必要条件　燃烧必须同时具备三个条件即可燃物、助燃物（氧化剂）、引火源，俗称"火三角"。每一个条件要有一定的量，它们相互作用，燃烧才能发生。有焰燃烧的发生需要增加一个必要条件"链式反应"，形成燃烧四面体，见图 5-19。

② 燃烧的充分条件

1）一定的可燃物浓度　如果在空气中可燃气体或蒸气的数量不足，虽然有助燃物和引火源，燃烧也不一定发生。

2）一定的含氧量　一般可燃物质在空气含氧量低于 16% 的条件下，达不到发生燃烧所需要的最低含量，就不能燃烧。空气中含有 21% 的氧，因而一般可燃物都能在常温常压下的空气中燃烧。

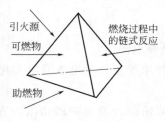

图 5-19　有焰燃烧的四个必要条件

（引火源、可燃物、助燃物、燃烧过程中的链式反应）

3）引火源必须有一定的温度和足够的热量　不同的可燃物燃烧时所需要的温度（见表 5-2）和热量是不同的，必须两个条件都达到才会引起燃烧。

表 5-2 常见引火源温度

着火源	温度/℃	着火源	温度/℃
火柴焰	500~600	气体火焰	1600~2000
烟头（中心）	700~800	酒精灯焰	1180
烟头（表面）	250	煤油灯焰	700~900
机械火星	1200	蜡烛焰	640~940
煤炉灰	1000	打火机焰	1000
烟囱火星	600	焊割火花	200~3000
石灰遇水发热	600~700	汽车排气管火星	600~800

4）相互作用 燃烧的三个基本条件需要相互作用，燃烧才能发生和持续进行。燃烧的三个条件都具备，但没有相互作用就不会发生燃烧。

2. 火灾

① 火灾 在时间和空间上失去控制的燃烧所造成的灾害，见图 5-20。在起火后火场逐渐蔓延扩大，随着时间的延续，损失数量迅速增长，损失大约与时间的平方成比例，如火灾时间延长一倍，损失可能增加四倍。

② 着火 可燃物在空气存在下与火源接触而能燃烧，并且在火源移去后仍能保持继续燃烧的现象叫着火。

③ 燃点 可燃物开始持续燃烧所需要的最低温度称为燃点或者着火点。

④ 火灾等级 《关于调整火灾等级标准的通知》（公消〔2007〕234 号）将火灾分为四个等级。

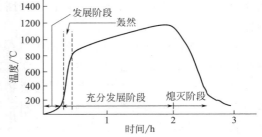

图 5-20 典型建筑火灾的温度-时间曲线

1）特别重大火灾，是指造成 30 人以上（"以上"含本数，下同）死亡，或者 100 人以上重伤，或者 1 亿元以上直接财产损失的火灾；

2）重大火灾，是指造成 10 人以上 30 人以下（"以下"不含本数，下同）死亡，或者 50 人以上 100 人以下重伤，或者 5000 万元以上 1 亿元以下直接财产损失的火灾；

3）较大火灾，是指造成 3 人以上 10 人以下死亡，或者 10 人以上 50 人以下重伤，或者 1000 万元以上 5000 万元以下直接财产损失的火灾；

4）一般火灾，是指造成 3 人以下死亡，或者 10 人以下重伤，或者 1000 万元以下直接财产损失的火灾。

⑤ 火灾蔓延（热传播） 就是一个火灾发展蔓延、能量传播的过程。热传播是影响火灾发展的决定性因素。热量传播途径有热传导、热对流和热辐射。

二、现场用火与防火检查

1. 动用明火及危险品

动火作业，是指能直接或间接产生明火的工艺设施以外的非常规作业，如使用电焊、气焊（割）、喷灯、电钻、砂轮等进行可能产生火焰、火花和炽热表面的非常规作业。

动火作业分为特殊动火作业、一级动火作业和二级动火作业三级。特殊动火作业指在生产运行状态下的易燃易爆生产装置、输送管道、储罐、容器等部位上及其他特殊危险场动火作业，带压不置换动火作业按特殊动火作业管理。一级动火作业指在易燃易爆场所进行的除特殊动火作业以外的动火作业。二级动火作业指除特殊动火作业和一级动火作业以外的禁火区的动火作业。

（1）建立实行工地消防领导小组和义务消防队监督管理下的动火管理，实行"一批三定"，即动火必须审批，定人定点定措施，并应远离易燃物，备有消防器材。

在施工现场禁火区域内施工，动火作业前必须申请办理动火证，动火证必须注明动火地点、动火时间、动火人、现场监护人、批准人和防火措施。动火证由安全生产管理部门负责管理，施工现场动火证的审批工作由工程项目负责人组织办理。动火作业没经过审批的，一律不得实施动火作业。动火证只限当天本人在规定地点使用。

（2）设立动火审批办公室，由义务消防队正副队长专职审批，并实行谁审批谁负责制度，落实看火人员，明确其职责，认真履行。

（3）严格执行"三不动火"，即没有经批准的动火证不动火、防火监护人不在现场不动火、防火措施不落实不动火，对不符合"三不动火"要求的，有权拒绝动火。

（4）监火人必须了解动火区域的生产过程，熟悉工艺操作和设备状况；要有较强的责任心，出现问题能正确处理；有应付突发事故的能力，并经培训考试合格持证上岗。监火人佩戴明显标志，在用火过程中不准擅自离开岗位。特殊情况需离开现场，必须事先安排好合格的监火人方可离开。

（5）严格按照有关规范、规程使用、存放如乙炔、氧气、油类、油漆等易燃危险物品，并配备足量有效的消防器具、器材，落实责任人员，安全标志醒目。

（6）漆类、油类、香蕉水等各种易燃物品进工地后必须及时进仓，由仓库保管员按指定地点存放，各领用部门严格控制限额领料，严格出入登记手续，施工现场内不宜存料过多，不用物品及时退回仓库，不准到处乱放。

（7）氧气要注意安全运输，进工地后由焊工负责保管，氧气瓶应做好标记，不准堆放。

（8）动火后检查动火现场余火是否熄灭，切断动火设备电源、气源。

2. 防火安全检查制度

（1）义务消防队由队长负责，成员每天巡查，设立专册登记簿。

（2）岗位、班组防火检查由操作工结合清洁、文明等，对本岗位的防火安全随时进行检查。

（3）消防领导小组防火检查每月不少于一次，由组长组织成员会同义务消防队员和班组责任人参加，并做好检查结果登记。

（4）平时消防安全检查可结合各级安全生产检查进行。

（5）对查出的火险隐患及时整改，本部门难以解决的要及时上报。

（6）在每次的协调例会中，对防火用电进行集中检查小结。义务消防队要把每次消防安全检查情况进行记录，并把火险隐患的整改措施，立案登记存入防火档案。

三、施工现场消防

1. 防火制度

（1）防火制度的建立

① 施工现场都要建立、健全防火检查制度；

② 建立义务消防队，人数不少于施工总人员的10％；

③ 建立动用明火审批制度，按规定划分级别审批手续完善。

（2）消防重点单位消防安全要求

① 有生产岗位防火责任制；

② 有专职或兼职防火安全干部；

③ 有群众性的义务消防队和必要的消防器材设备，规模大、火灾危险性大、离公安消防队远的企业设有专职消防队；

④ 有健全的消防安全制度；

⑤ 对火险隐患能及时发现和立案整改；

⑥ 对消防重点部位做到定点、定人、定措施，并根据需要采用自动报警、灭火等新技术；

⑦ 对职工群众普及消防知识，对重点工种进行专门的消防训练和考核；

⑧ 有消防档案和灭火实施计划；

⑨ 对消防工作定期总结评比，奖惩严明。

2. 消防器材的配置和使用

（1）施工现场消防器材　施工现场必须配备消防器材，做到布局、选型合理。

① 灭火器　灭火器的配置遵照《建筑灭火器配置设计规范》（GB 50140—2005）的要求设置。常见灭火器见图 5-21。

② 消防栓　是一种固定消防工具。主要作用是控制可燃物、隔绝助燃物、消除着火源。

室外消火栓是设置在建筑物外面消防给水管网上的供水设施（见图 5-22），主要供消防车从市政给水管网或室外消防给水管网取水实施灭火，也可以直接连接水带、水枪出水灭火。所以它也是扑救火灾的重要消防设施之一。

要求有醒目的标注，写明"消防栓"（见图 5-23），并不得在其前方设置障碍物，避免影响消火栓门的开启。

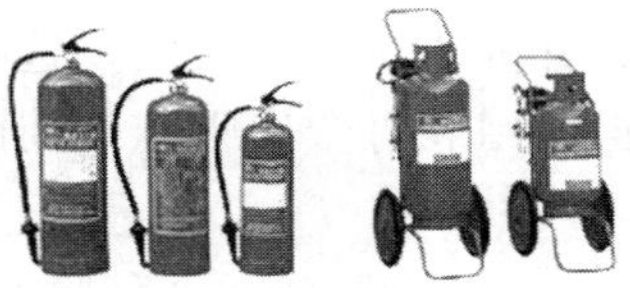

图 5-21　移动式灭火器　　　　图 5-22　室外消防栓　　　　图 5-23　"地上消防栓"标志

③ 应急灯　消防应急照明灯，适用于人员疏散和消防应急照明，是消防应急中最为普遍的一种照明工具，有耗电小、应急时间长、亮度高、使用寿命长等特点，具有断电自动应急功能。设计有电源开关和指显灯。应保证在断电状态下可工作 2h，应符合《消防应急灯具》（GB 17945—2000）的规定。有壁挂式、手提式、吊式安装方式和移动灯塔等种类。

（2）施工现场消防器材配备

① 要害部位应配备不少于 4 具灭火器材，临时搭设的建筑物区域内，每 100m^2 配备 2 只 10L 灭火机，施工现场放置消防器材处，应设置明显标志，夜间设红色警示灯，消防器材须垫高放置，周围 3m 内不准存放任何物品；

② 大型临时设施总面积超过 1200m^2，应备有专供消防用的太平桶、积水桶（池）、黄砂池等设施，上述设施周围不得堆放物品，见图 5-24；

图 5-24　消防设施（木工加工区）

③ 临时木工间、油漆间和木、机具间等每 $25m^2$ 配备 1 只种类合适的灭火器，油库危险品仓库应配备数量足够、种类合适的灭火机；

④ 高层建筑工地应随层安装临时消防竖管（2 吋管），每层设消火栓口，24m 高度以上高层建筑施工现场，应设置有足够扬程的高压水泵并配备足够的消防水带、消防水枪。

⑤ 要有明显的防火标志，并经常检查、维护、保养，保证灭火器材灵敏有效。

⑥ 消防器材应置于明显、干燥处，严禁直接放置地面或潮湿地点，其放置高度不得低于 0.15m，顶部不得高于 1.5m，并有明显的消防器材存放处标志，不得随意挪动。

（3）灭火器的选择　根据火灾类型、火灾危险等级、修正系数、灭火器类型、建筑物参数等选择灭火器。灭火器需确定的参数包括形式（手提、推车）、灭火剂充装量、灭火器类型规格代码、灭火级别、数量、场所灭火级别等。

① 火灾类别

1）A 类（固体有机物质燃烧，如木材、棉、麻、纸张及其制品）火灾，选用水型、泡沫、磷酸氨盐干粉、卤代烷灭火器。

2）B 类（液体或可熔化固体燃烧，如汽油、煤油、柴油、甲醇、乙醇、沥青、石蜡）火灾，选用干粉（碳酸氢钠、磷酸铵盐）、泡沫、二氧化碳型灭火器，灭 B 类火灾的水型灭火器或卤代烷灭火器。扑救水融性 B 类火灾应选用抗溶性泡沫灭火剂。

3）C 类（可燃气体燃烧，如煤气、天然气、甲烷、乙烷、丙烷、氢气等）火灾，应选用干粉（磷酸铵盐、碳酸氢钠）、二氧化碳型或卤代烷灭火器。扑救带电设备火灾选用二氧化碳、干粉型灭火器。扑救 A 类火灾和带电设备火灾应选用磷酸盐干粉。

4）D 类（轻金属燃烧，应根据金属的种类、物态和特性研究确定）火灾，选用扑灭金属火灾的专用干粉灭火器。如 7150 灭火剂。

5）E 类（物体带电燃烧，如发电机房、变压器室、配电间、计算机房等）火灾，选择干粉（磷酸铵盐、碳酸氢钠）、卤代烷或二氧化碳灭火器，但不得选用装有金属喇叭喷筒的二氧化碳灭火器。

② 火灾危险等级　《建筑灭火器配置设计规范》（GB 50140—2005）中划分 3 个危险级，见表 5-3。

表 5-3　火灾危险等级

建筑类型	危险等级	划分因素	灭火器配置场所
工业建筑	严重危险级	生产、使用、储存物品的火灾危险性，可燃物数量，火灾蔓延速度，扑救难易程度等	火灾危险性大，可燃物多，起火后蔓延迅速，扑救困难，容易造成重大财产损失的场所
	中危险级		火灾危险性较大，可燃物较多，起火后蔓延较迅速，扑救较难的场所
	轻危险级		火灾危险性较小，可燃物较少，起火后蔓延较缓慢，扑救较易的场所
民用建筑	严重危险级	使用性质，人员密集程度，用电用火情况，可燃物数量，火灾蔓延速度，扑救难易程度等	使用性质重要，人员密集，用电用火多，可燃物多，起火后蔓延迅速，扑救困难，容易造成重大财产损失或人员群死群伤的场所
	中危险级		使用性质较重要，人员较密集，用电用火较多，可燃物较多，起火后蔓延较迅速，扑救较难的场所
	轻危险级		使用性质一般，人员不密集，用电用火较少，可燃物较少，起火后蔓延较缓慢，扑救较易的场所

③ 灭火器类型　有水型、泡沫（化学泡沫）型、干粉型（碳酸氢钠或磷酸铵盐）、卤代烷型（1211）、二氧化碳型（CO_2）。

④ 建筑物参数　分为地上建筑、娱乐场所（歌舞娱乐放映游艺场所、网吧、商场、寺庙）及地下场所、建筑面积。

（4）施工现场消防器材管理

① 根据起火情况使用不同类型的消防器材，不得乱用。

② 凡动用过的消防器材，要及时填写《火灾事故及消防器材使用情况》，并及时上报。

③ 凡工地的消防器材，由义务消防队成员负责管理、检查和保养。

④ 消防器材要安放在指定位置，不准随意移位和挪作他用。

⑤ 要加强检查和保养，每月检查一次，每半年保养一次。消防器材（柜）损坏、缺少和动用要及时上报，以便及时恢复使用。

⑥ 防火器材要保持充足、干燥，缺少和潮湿要及时处理或更换。

⑦ 消防器材损坏、缺少、随意移位或挪作他用，要追究分管人责任。

3. 施工现场防火要求

（1）建筑施工引起火灾和爆炸的原因　建筑施工中发生火灾和爆炸事故，主要发生在储存、运输及施工（加工）过程中。有间接原因（技术的、管理的原因）也有直接原因（现场的设施不符合消防安全的要求，缺少防火、防爆安全装置和设施，在高处实施电焊、气割作业时对作业的周围和下方缺少防护遮挡，雷击、地震、大风、洪水等天灾，雷暴区季节性施工避雷设施失效）。引起火灾爆炸的点火源如下。

① 明火。如喷灯、火炉、火柴、锅炉房或食堂烟筒或烟道喷出火星。

② 电火花。高电压的火花放电、短路和开闭电闸时的弧光放电、接点上的微弱火花等。

③ 电焊、气焊和气割的焊渣。

初期火灾和爆炸事故，如果控制不及时、扑救不得力，便会发展扩大成为灾害。灾害扩大的主要原因如下。

① 作业人员对异常情况不能正确判断、及时报告处理；

② 现场消防制度不落实，措施不落实无灭火器材或灭火剂失效；

③ 延误报火警，消防人员未能及时到达火场灭火；

④ 因防火间距不足，可燃物质数量多，大风天气等而无法短时间灭火。

（2）施工现场防火基本要求

① 各单位在编制施工组织设计时，施工总平面图、施工方法和施工技术均要符合消防安全要求。

② 施工现场应明确划分用火作业、易燃可燃材料堆场、仓库、易燃废品集中站和生活区等区域。各区域之间要按规定保持防火安全距离：禁火作业区距离生活区不小于15m，距离其他区域不小于25m；易燃、可燃材料堆料场及仓库与在建工程和其他区域的距离应不小于20m；易燃的废品集中场地与在建工程和其他区域的距离应不小于30m。防火间距内，不应堆放易燃和可燃材料。

③ 施工现场夜间应有照明设备，保持消防车通道畅通无阻，并要安排力量加强值班巡逻。

图5-25　燃烧或烧焊时，使用防火安全面罩并搭设临时隔离设施及监护

④ 施工作业期间需搭设临时性建筑物（见图5-25），必须经施工企业技术负责人批准，施工结束应及时拆除，但不得在高压线架空下面搭设临时性建

筑物或堆放可燃物品。

⑤ 施工现场应配备足够的消防器材，指定专人维护、管理、定期更新，保证完整好用。

⑥ 在土建施工时，应先将消防器材和设施配备好，有条件的应敷设好室外消防水管和消防栓。

⑦ 焊、割作业点与氧气瓶、电石桶和乙炔发生器等危险物品的距离不得少于 10m，与易燃易爆物品的距离不得少于 30m；焊、割作业不准与油漆、喷漆、木料加工等易燃、易爆作业同时上下交叉进行；高处焊接下方应设专人监护，中间应有防护隔板。如达不到上述要求的，应执行动火审批制度，并采取有效的安全隔离措施。

⑧ 乙炔发生器和氧气瓶的存放之间距离不得小于 2m；使用时二者的距离不得小于 5m，见图 5-26；氧气瓶、乙炔发生器等焊割设备上的安全附件应完整有效，否则不准使用。

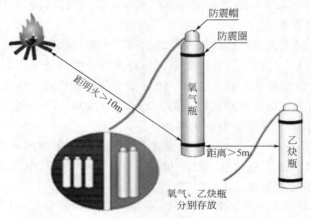

图 5-26　氧气瓶、乙炔发生器使用距离设置示意

⑨ 防火防爆措施，包括：转移、隔离、置换、清洗、移去危险品、加强通风、提高湿度、进行冷却、备好灭火器材。焊、割作业结束后，必须及时彻底清理现场，清除遗留下来的火种。关闭电源、气源，把焊、割炬放置在安全的地方。

⑩ 冬季施工采用保温加热措施时，应符合以下要求：采用电热器加温应设电压调整器控制电压，导线应绝缘良好，连接牢固，并在现场设置多处测量点；采用锯末生石灰蓄热，应选择安全配方比，并经工程技术人员同意后方可使用；采用保温或加热措施前，应进行安全教育，施工过程中应安排专人巡逻检查，发现隐患及时处理。

⑪ 施工现场的动火作业，必须执行审批制度。未经批准，严禁动火；没有消防措施、无人监护，严禁动火。

⑫ 对易引起火灾的仓库，应将库房内、外按 $500m^2$ 的区域分段设立防火墙，把建筑平面划分为若干个防火单元。贮量大的易燃仓库，仓库应设两个以上的大门，大门应向外开启。固体易燃物品应当与易燃易爆的液体分间存放，不得在一个仓库内混合贮存不同性质的物品。仓库应设在下风方向，保证消防水源充足和消防车辆通道的畅通。

⑬ 对于储存易燃物品的仓库，应有醒目的"禁止烟火"等安全标志，严禁吸烟、入库人员严禁带入火柴、打火机等火种。

⑭ 烘烤、熬炼使用明火或加热炉时，应用砖砌实体墙完全隔开。烟道、烟囱等部位与可燃建筑结构应用耐火材料隔离，操作人员应随时监督。

办公室、食堂、宿舍等临时设施不得乱拉乱扯电线，不得使用电炉子、取暖炉具应当符合防火要求，要由专人管理。施工现场内严禁焚烧建筑垃圾和用明火取暖。

图 5-27　气瓶托架示意（单位：mm）

⑮ 电气防火防爆措施。严格按照《建筑施工现场临时用电安全技术规范》(JGJ 46—2005）的要求，编制临时用电专项施工方案和设置临时用电系统，以避免引起电气火灾。

⑯ 现场气瓶垂直吊运时，应使用气瓶托架，见图 5-27。托架边长为0.8m、宽为 0.6m、高为 1.4m，边框采用∟45×45×5 角钢焊接，围栏用 A12mm 螺纹钢筋焊接。托架悬挂"禁止烟火"警示牌。

⑰ 每日作业完毕或焊工离开现场时，必须确认火已熄灭，周围已无隐患，电闸已拉下，门已锁好，确认无误后，方可离开。

4. 火灾应对措施

（1）火灾报警

① 一般情况下，发生火灾后应当报警和救火同时进行；

②当发生火灾，现场只有一个人时，应该一边呼救一边进行处理，必须赶快报警，边跑边喊，以便取得群众的帮助；

③ 报警拨通"119"电话后，应沉着、准确地讲清起火单位、所在地区、街道、起火部位、燃烧物是什么、火势大小、报警人姓名以及使用电话的号码。

（2）灭火的基本方法

① 窒息灭火法　使燃烧物质断绝氧气的助燃而熄灭。

② 冷却灭火法　使可燃物质的温度降低到燃点以下而终止燃烧。

③ 隔离灭火法　将燃烧物体与附近的可燃物质隔离或疏散开，使燃烧停止。

④ 抑制灭火法　使灭火剂参与到燃烧反应过程中去，使燃烧中产生的游离基消失而使燃烧反应停止。

（3）火场扑救注意

① 应首先查明燃烧区内有无发生爆炸的可能性。

② 扑救密闭室内火灾时，应先用手摸门，如门很热，绝不能贸然开门或站在门的正面灭火，以防爆炸。

③ 扑救生产工艺火灾时，应及时关闭阀门或采用水冷却容器的方法。

④ 装有油品的油桶如膨胀至椭圆形时，可能很快就会爆炸，救火人员不能站在油桶接口处的正面，且应加强对油桶进行冷却保护。

⑤ 竖立的液化石油气瓶发生泄漏燃烧时，如火焰从橘红变成银白，声音从"吼"声变成"哾"声，就会很快爆炸。应及时采取有力的应急措施和撤离在场人员。

⑥ 施工现场电气着火扑救方法：施工现场电气发生火情时，应先切断电源，再使用砂土、二氧化碳、"1211"或干粉灭火器进行灭火，不得用水及泡沫灭火器进行灭火，以防止发生触电事故。

【本章小结】

介绍电气安全基本知识的基础上，使学生了解施工现场临时用电要求和安全防护措施；掌握基本触电事故的急救常识；介绍动火与消防基本知识，了解施工现场用火与防火的要求；介绍焊接工程中各种工艺安全技术措施。

通过本章学习，学生应熟悉施工现场安全用电、用火的基本要求和方法。

【关键术语】

临时用电、外电线路、线路敷设、TN-S 系统、三级配电、绝缘、接零、接地、触电、动火制度、消防设施

【实际操作训练或案例分析】

事故案例：业务不熟，有电当没电，违章作业，险丢命一条

事故经过

5 月 24 日 8 时 40 分，变电所所长刘某安排值班电工宁某、杜某修理直流控制屏指示灯，宁某、杜某在换指示灯灯泡时发现，直流接线端子排熔断器熔断。这时车间主管电气的副主任于某也来到变电所，并和值班电工一起查找熔断器故障原因。

当宁某和于某检查到高压配电间后，发现 2 号主受柜直流控制线路部分损坏，造成熔断器熔断，直接影响了直流系统的正常运行。接着宁某和于某就开始检修损坏线路。不一会儿，他们听到有轻微的电焊机似的响声。当宁某站起来抬头看时，在 2 号进线主受柜前站着刘某，背朝外，主受柜门敞开，他判断是刘某触电了。

宁某当机立断，一把揪住刘某的工作服后襟，使劲往外一拉，将他拉倒在主受柜前地面的绝缘胶板上，接着用耳朵贴在他胸前，没有听到心脏的跳动声，宁某马上做人工呼吸。这时于某已跑出门，去找救护车和卫生所大夫。经过十几分钟的现场抢救。刘某的心脏恢复了跳动，神志很快清醒了。这时，闻讯赶来的职工把刘某抬上了车，送到市区医院救治。经医生观察诊断，右手腕内侧和手背、右肩胛外侧（电流放电点）三度烧伤，烧伤面积为 3%。

后经了解得知，刘某在宁某和于某检修直流线路时，他看到 2 号进线主受柜里有少许灰尘，就到值班室拿来了笤帚（用高粱穗做的），他右手拿着笤帚，刚一打扫，当笤帚接近少油断路器下部时就发生了触电，不由自主地使右肩胛外侧靠在柜子上，造成 10kV 高压电触电事故。

事故原因

① 刘某违章操作。刘某对高压设备检修的规章制度是清楚的，他本应当带头遵守这些规章制度，遵守电器安全作业的有关规定，但是，刘某在没有办理任何作业票证和采取安全技术措施的情况下，擅自进入高压间打扫高压设备卫生，这是严重的违章操作，也是造成这次触电事故的直接原因。刘某是事故的直接责任者。

② 刘某对业务不熟。工厂竣工时，设计的双路电源只施工了 1 号电源，2 号电源的输电线路没架设，但是，总变电所却是按双路电源设计施工的。这样，2 号电源所带的设备全由 1 号电源通过 1 号电源联络柜供电到 2 号电源联络柜，再供到其他设备上，其中有 1 条线从 2 号计量柜后边连到 2 号主受柜内少油断路器的下部。竣工投产以来，2 号电源的电压互感器、主受柜、计量柜，一直未用，其高压闸刀开关、少油断路器全部打开，从未合过。

刘某担任变电所所长工作已经两年多，由于他本人没有认真钻研变电所技术业务，对本应熟练掌握的配电线路没有全面了解掌握（在总变电所的墙上有配电模拟盘，上面反映出触

电部位带电），反而被表面现象所迷惑，因此，把本来有电的 2 号进线主受柜少油断路器下部误认为没有电，所以敢于大胆地、无所顾忌地去打扫灰尘。业务不熟是造成这次事故的主要原因。

③ 缺乏安全意识和自我保护意识。5 月 21 日，总变电所已经按计划停电一天进行了大修，总变电所一切检修工作都已完成。时过 3 日，他又去高压设备搞卫生。按规定，要打扫，也要办理相关的票证、采取了安全措施后才可以施工检修。

④ 车间和有关部门的领导，特别是车间主管领导和电气主管部门的有关人员，由于工作不够深入，缺乏严格的管理和必要的考核，对职工技术业务水平了解不够全面，对职工进行技术业务的培训学习和具体的工作指导不够，是造成这起事故的重要原因。

防范措施

① 认真对待这次事故，认真分析事故原因，从中吸取深刻教训。开展一次有关安全法律法规的教育，提高职工学习和执行"操作规程"、"安全规程"的自觉性，杜绝违章行为，保证安全生产。

② 在全厂开展一次电气安全大检查。特别是在电气管理、电气设施、电气设备等方面，认真查找隐患，并及时整改，杜绝此类触电事故重复发生。

③ 加强职工队伍建设，确实把懂业务、会管理、素质高的职工提拔到负责岗位上来，带动和影响其他职工，使职工队伍的整体素质不断提高，保证生产安全。

④ 要进一步落实安全生产责任制，做到各级管理人员和职工安全责任明确落实，切实做到从上至下认真管理，从下至上认真负责，人人都有高度的政治责任心和工作事业心，保证安全生产的顺利进行。

【习题】

针对下面各种习惯性违章的表现，给出纠正方法。

1. 将消防器材移作他用

举例：有的工作人员在开门后随手用灭火器挡门或移动灭火砂箱作登高物。

2. 在工作场所存放易燃物品

举例：把没用完的易燃物品随手放在工作场所的角落或走廊，准备下次再用。

3. 随定拆除电器设备接地装置

举例：在使用电气设备中，有的职工随意拆除接地装置，或者对接地装置随意处理。认为："电气设备绝缘没有损坏，不使用接地装置也不会触电。"

4. 忽视检查，使用带故障的电气用具

举例：电气用具在使用前，必须进行认真检查。但有的职工却说："昨天使用时一切正常，再重新检查没啥必要。"

5. 不熟悉使用方法，擅自使用喷灯

举例：有的工人不熟悉使用方法，看到别人使用喷灯"很好玩"，也总想亲自试试。于是，趁别人不在场，拿起喷灯作业。有时还在喷灯漏气时点火，或把喷嘴对人，把人烧伤。

6. 不对易燃易爆物品隔绝即从事电、火焊作业

举例：在进行电、火焊作业时，对附近的易燃易爆物品必须采取可靠的隔绝措施。但有的焊工明知附近有易燃易爆物品，却不采取隔绝措施，结果在从事电、火焊作业时焊花飞

溅，将易燃易爆物品引燃，引起火灾。

7. 监护人同时担任其他工作

举例：在容器、槽箱内工作时，外面设有监护人，如果监护人不注意观察或倾听容器内或槽箱内工作人员的情况，而是从事其他方面的工作，就是严重的失职。如果容器或槽箱内人员发生险情，监护人不能及时发现和救护，就会导致人员伤害。

8. 用缠绕的方法装设接地线

举例：在装设接地线时，有的工人用缠绕的方法，把接地线缠绕在导体上。这样做严重违反安全规程，缠绕不当，容易使接地线失去作用而导致触电事故。

9. 约时停用或恢复重合闸

举例：有的工人在电器设备作业时，与值班员约时停用或恢复重合闸，这样是十分危险的，如果到了时间恢复送电，作业未完仍在进行，就会发生触电事故。

10. 电器设备着火，使用泡沫灭火器灭火

举例：有的工作人员在电器设备着火时，慌乱之中，用泡沫灭火器灭火，结果适得其反，越喷火焰越大。

第六章　建筑施工现场高处作业安全技术与管理

【本章教学要点】

知识要点	相关知识
高处作业	高处作业的定义、分级与分类、基本安全要求和措施,安全防护的不同形式,"安全三宝"的技术指标
脚手架	脚手架的种类、基本构造、使用条件、荷载种类和组合、荷载传递、基本设计方法
模板	模板的种类、基本构造、使用条件、基本设计方法,搭拆的安全技术要求

【本章技能要点】

技能要点	应用方向
高处作业防护	掌握临边、洞口、攀登、悬空、交叉等各种高处作业的安全防护措施,防护用具正确使用
脚手架工程	熟悉脚手架设计与构造基本安全要求,掌握脚手架搭设、拆除的安全规定及技术要求,掌握扣件式钢管脚手架设计方法和程序
模板工程	熟悉模板设计与构造基本安全要求,掌握模板搭设、拆除的安全规定及技术要求,掌握模板的设计计算方法和要点

【导入案例】

模板支架坍塌事故

　　模板工程一直是建筑施工安全的主要隐患,由于支模架采用构件连接,而搭设形式又属于结构上的不稳定系统,这就造成结构设计方法和规范与实际施工情况有较大出入,导致其设计与工况脱节、设计与施工脱节、施工与管理脱节等一系列问题(如例图 6-1)。再加上施工管理和材料质量方面的因素,已成为事故频发的主要工程过程。

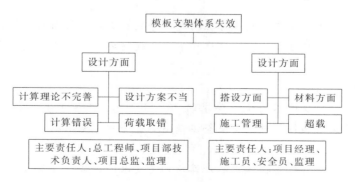

例图 6-1　模板支架体系失效因素分析

北京 9.5 西单某工程事故是一起典型的模板支架坍塌事故（如例图 6-2），造成 8 人死亡 21 人受伤。

例图 6-2　北京西单某工程事故现场

造成模板坍塌事故主要有 6 大原因。

1. 现场管理不到位

① 施工企业不按规定编制模板工程安全专项施工方案或不按方案搭设模板支撑体系；

② 监理单位现场监管不力，对编制的方案不审核，对模板支撑体系不验收；

③ 建设主管部门对模板工程没有实行有效监管；

④ 高大模板支撑体系不备案。

2. 支撑搭设不规范

① 现场施工人员不按支撑体系的构造要求进行搭设，缺少剪刀撑和扫地杆，使得支撑体系的整体稳定性无法保证；

② 现场作业人员不重视模板支撑体系立杆底部的构造处理，雨季施工地基产生明显的不均匀沉降，导致模板支撑产生较大的次应力，极易发生坍塌。

3. 荷载计算不科学

① 施工单位编制的施工方案中荷载计算有误；

② 荷载组合未按最不利原则考虑；

③ 对泵送混凝土引起的动力荷载在设计计算中估计不足等，造成目标支撑体系的安全度大幅度下降。

4. 扣件钢管不合格

由于钢管、扣件生产及流通领域存在问题，导致施工现场使用的钢管、扣件多为质量不合格产品，如钢管的平直度较差、管壁厚度不符合规格要求等，导致模板支撑体系承载能力明显降低。

5. 系统验收不重视

现场的扣件扭紧力矩达不到规范要求的 40~65N·m，施工单位和监理单位也疏于检查，造成混凝土浇筑时扣件下滑，支架整体性不够，导致支架坍塌。

6. 技术规范不执行

在相关规范中涉及目标支撑体系的计算与构造要求的条文，没有关于荷载取值和荷载组合计算等条款，对目标支撑体系的构造规定不明确，或执行相当有限。

高处作业，指符合《高处作业分级》（GB/T 3608—2008）规定的"在坠落高度基准面2m或2m以上，有可能坠落的高处进行的作业"。在建筑施工中，高处作业基本上分为临边作业、洞口作业、攀登作业、悬空作业、操作平台作业及交叉作业。

坠落高度越高，危险性就越大。按照不同的坠落高度，高处作业又可分为Ⅰ级、Ⅱ级、Ⅲ级和Ⅳ级的四个等级，其相应的高度分别是2～5m，5～15m，15～30m，30m以上。

与高处作业有关的工程内容很多，这里着重介绍脚手架工程、模板工程和拆除工程。高处作业有关安全要求，应遵守《建筑施工高处作业安全技术规范》（JGJ 80—91）的规定。

第一节　高处作业防护措施

一、防护用具

高处作业一般常用的防护用具有三种，俗称"三宝"，指安全帽、安全网、安全带。

1. 安全帽

当物体打击、高处坠落、机械损伤、污染等伤害因素发生时，安全帽的各个部件通过变形和合理的破坏，将冲击力分解、吸收，从而保护佩戴人员免受或减轻伤害。要求进入施工现场的任何人员必须按标准佩戴好安全帽。

（1）安全帽的构造　安全帽由帽壳（帽舌、帽檐、顶筋、透气孔、插座等）、帽衬（帽壳内部部件，包括帽箍、顶带、护带、吸汗带、衬垫、下颏带及拴绳等）组成。

① 帽壳顶部应加强，可以制成光顶或有筋结构；帽壳采用半球形，表面光滑易于滑走落物，制成无沿、有沿或卷边。

② 帽衬和帽壳不得紧贴，应有一定间隙（帽衬顶部至帽壳顶内面的垂直间隙为20～50mm，四周水平间隙为5～20mm），见图6-1；当有物料落到安全帽壳上时，帽衬可起到缓冲作用，不使颈椎受到伤害。塑料帽衬应制成有后箍的结构，能自由节帽箍大小，无后箍帽衬的下须带制成"Y"型，有后箍的允许制成单根。接触头前额部的帽箍，要透气、吸汗，帽箍周围衬垫，可以制成吊形或块状，并留有空间使空气流通。

图 6-1　正确佩戴安全帽

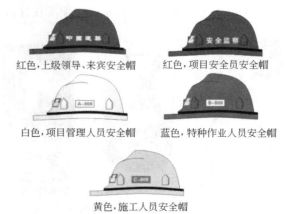

图 6-2　安全帽配色含义

③ 每顶安全帽应有以四项永久性标志：制造厂名称、商标、型号，制造年、月，生产合格证和验证，生产许可证编号。

④ 安全帽一般分为红、白、黄、蓝四色，见图6-2。

（2）安全帽的管理和使用

① 安全帽必须购买有产品检验合格证的产品，购入的安全帽必须经过验收后方准使用。

② 安全帽不应贮存在酸、碱、高温、日晒、潮湿、有化学试剂的场所，以免老化或变质，更不可和硬物放在一起。

③ 应注意使用在有效期内的安全帽。安全帽的使用期从产品制造完成之日开始计算。植物枝条编织帽不超过两年；塑料帽、纸胶帽不超过两年半；玻璃钢（维纶钢）橡胶帽不超过三年半。

④ 企业安技部门根据规定对到期的安全帽进行抽查测试，合格后方可继续使用，以后每年抽验一次，抽验不合则该批安全帽即报废。

⑤ 经有关部门按国家标准检验合格后使用，不使用缺衬、缺带及破损的安全帽。在使用前一定要检查安全帽子是否有裂纹、碰伤痕迹、凹凸不平、磨损（包括对帽衬的检查），安全帽上如存在影响其性能的明显缺陷就应及时报废，以免影响防护作用。

⑥ 正确使用，扣好帽带。必须系紧下颚系带，防止安全帽坠落失去防护作用。不同头型或冬季佩戴在防寒帽外时，应随头型大小调节紧牢帽箍，保留帽衬与帽壳之间缓冲作用的空间。

⑦ 不能随意在安全帽上拆卸或添加附件，以免影响其原有的防护性能。

⑧ 不能随意调节帽衬的尺寸。安全帽的内部尺寸如垂直间距、佩戴高度、水平间距，标准中是有严格规定的，这些尺寸直接影响安全帽的防护性能，使用者一定不能随意调节，否则，落物冲击一旦发生，安全帽会因佩戴不牢脱出或因冲击触顶而起不到防护作用，直接伤害佩戴者。

⑨ 不能私自在安全帽上打孔，不要随意碰撞安全帽，不要将安全帽当板凳坐，以免影响其强度。

⑩ 受过一次强冲击或做过试验的安全帽不能继续使用，应予以报废。

2. 安全带

安全带是高处作业工人预防坠落伤亡的防护用品。由带子、绳子和金属配件组成，见图 6-3。凡在高处作业或悬空作业，必须系挂好符合标准和作业要求的安全带。

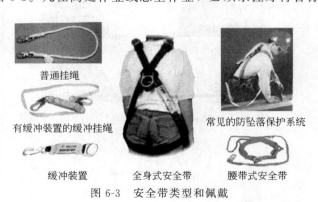

普通挂绳

有缓冲装置的缓冲挂绳

缓冲装置　　全身式安全带　常见的防坠落保护系统　腰带式安全带

图 6-3　安全带类型和佩戴

图 6-4　安全带应高挂低用

（1）安全带做垂直悬挂，高挂低用（图 6-4），人的重心低于悬挂点，一旦下坠时人的自由落坠行程较短，从而减少对挂绳及悬挂点的冲击；当水平位置悬挂使用时注意防止摆动碰撞；不宜低挂高用。

（2）不准将绳打结使用，以免绳结受力后剪断；不准将钩直接挂在安全绳上使用，应接在连接环上用；不应将钩直接挂在不牢固物和直接挂在非金属绳上，防止绳被割断。

（3）安全带上的各种部件不得任意拆除，更换新绳时要注意加绳套。

（4）安全带绳长限定在 1.5～2mm，使用 3m 以上长绳时应加缓冲器。使用频繁的绳，要经常做外观检查，发现异常时应立即更换新绳，带子使用期为 3～5 年，发现异常应提前报废。

（5）运输过程中要防止日晒、雨淋，搬运时不准使用有钩刺的工具。

（6）安全带应储藏在干燥、通风的仓库内。不准接触高湿、明火、强酸和尖锐的坚硬物体，不准长期暴晒。

（7）安全带使用两年后，按批量购入情况，抽验一次（80kg 重量自由落体试验，不破为合格）。一般使用 5 年应报废。

（8）可卷式安全带的速差式自控器（图 6-5）在 1.5m 距离以内，为自控合格。自控器固定悬挂在作业点上方。

图 6-5　速差式自控（防坠）器

3. 安全网

安全网用来防止人、物坠落，或用来避免、减轻坠物及物击伤害的网具。施工现场支搭的安全网按照支搭方式的不同，主要分立挂安全网（立网）和平挂安全网（平网），立网作用是防止人或物坠落，平网作用是挡住坠落的人和物，避免或减轻坠落及物击伤害。高处作业点的下方必须设挂安全网，凡无外脚手架作为防护的施工，必须在第一层或离地高度 4m 处设一道固定安全网。

（1）安全网的结构　安全网一般由网体、边绳、系绳等构件组成。密目式安全网由网体、环扣、边绳及附加系绳构成。安全网物理力学性能，是判别安全网质量优劣的主要指标。密目式安全网主要有断裂强度、断裂伸长、接缝抗拉强度、撕裂强度、耐贯穿性、老化后断裂强强度保留率、开眼环扣强度和阻燃性能。平网和立网都应具有耐冲击性。平网负载强度要求大于立网，所用材料较多，重量大于立网。

① 平网　网安装平面不垂直于水平面，一般挂在正在施工的建筑物周围和脚手架的最上面一层脚手板的下面或楼面开口较大的洞口下面。用来防止施工人员从上面坠落以后直接掉到地面，防止从上面坠落的物体砸到下面的施工人员。

平网尺寸一般为 3m×6m、网目边长不大于 100mm（防止人体落入网内时，脚部穿过网孔）。每张网重量一般不超过 15kg，见图 6-6。

图 6-6　平网

图 6-7　密目式安全立网

平网必须用大眼网而不能用密目网代替。因为密目网的强度比大眼网差，密目网只能当立网使用。

② 立网　立网安装平面垂直于水平面，和脚手架立面或各种临边防护的护身栏（或安全防护门）一起使用。一般用来做高处临边部位的安全防护，防止施工人员或物料在此坠落。立网一般使用密目网，但也可以用大眼网。

③ 密目式安全立网（图 6-7）　网目密度不低于 2000 目/100cm^2，一般由网体、开眼环

扣、边绳和附加系绳组成，垂直于水平面安装。主要使用于在建施工工程的外围将工程封闭，一是防止人员坠落、物料或钢管等贯穿立网发生物体打击事故，二是减少施工过程中的灰尘对环境的污染。

（2）安全网的要求

① 安全网可采用锦纶、维纶、涤纶或其他的耐候性不低于上述品种的材料制成。

② 同一张安全网上对同种构件的材料、规格和制作方法必须一致，外观应平整。

③ 宽度不得小于：平网 3m、立网 1.2m、密目式立网 2m；网目边长不大于 80mm，密目式网目密度 800 目或 2000 目/100cm^2。每张安全网重量一般不宜超过 15kg。

④ 阻燃安全网必须具有阻燃性，其续燃、阻燃时间均不得大于 4s。

⑤ 安全网在贮存、运输中，必须通风、避光、隔热。同时避免化学物品的侵袭，袋装安全网在搬运时禁止使用钩子。

⑥ 脚手架与墙体空隙大于 150mm 时，应采用平网封闭，沿高度不大于 10m 挂一道平网。

⑦ 最后一层脚手板下部无防护层时，应紧贴脚手板下架设一道平网做防护层。

⑧ 用于洞口防护时，较大的洞口可采用双层网（一层平网、一层密目网）防护；电梯井道内每隔 2 层楼（不超过 10m）架设一道平网。

⑨ 结构吊装工程中，为防止坠落事故，除要求高处作业人员佩戴安全带外，还应该采用防护栏杆及架设平网等措施。

⑩ 支搭平网要满足以下要求。

1）网面平整；

2）首层网距地面的支搭高度不超过 5m，而且网下净高 3m；

3）建筑物周围支搭的平网，网的外侧比内侧高 50cm 左右。首层网是双层网，首层宽度 6m，往上各层宽度 3m（净宽度大于 2.5m）；

4）网与网之间、网与建筑物墙体之间的间隙不大于 10cm；

5）网与支架绑紧，不悬垂、随风飘摆。

注意：必须经常检查安全网绳扣等，及时清理散落在安全网上的杂物。

⑪ 外脚手架施工时，将密目网沿脚手架外排立杆的里侧封挂。里脚手施工时，外面专门搭设单排防护架封挂密目网，防护架随建筑升高而升高，高出作业面 1.5m。

⑫ 立网随施工层提升，网高出施工层 1m 以上，生根牢固。

二、临边作业

施工现场任何处所，当工作面的边沿并无围护设施或围护设施高度低于 80cm，使人与物有各种坠落可能的高处作业，属于临边作业。包括基坑周边、尚未安装栏杆或拦板的阳台、料台与挑平台周边、雨篷与挑檐边、无外脚手的屋面与楼层周边、水箱与水塔周边等处。

1. 防护措施

（1）临边作业应设置防护栏杆，并有其他防护措施。

（2）首层墙高度超过 3.2m 的二层楼面周边，以及无外脚手的高度超过 3.2m 的楼层周边，必须在外围架设安全平网一道。

（3）分层施工的楼梯口和梯段边，必须安装临时护栏。顶层楼梯口应随工程结构进度安装正式防护栏杆。

（4）井架与施工用电梯和脚手架等与建筑物通道的两侧边，必须设防护栏杆。地面通道上部应装设安全防护棚。双笼井架通道中间，应予分隔封闭。

（5）各种垂直运输接料平台，除两侧设防护栏杆外，平台口还应设置安全门或活动防护栏杆。

（6）里脚手架施工时，应在建筑物墙的外侧搭设防护架和封挂密目式安全网。防护架距外墙100mm，随墙体而升高，高出作业面1.5m。在建工程的外侧周边，如无外脚手架应用密目式安全网全封闭。

2. 防护栏杆

在实际施工中一般使用钢筋或钢管作为临边防护栏杆杆件，必须符合下列各项要求。

① 栏杆应由上、下两道横杆及栏杆柱构成，见图6-8。横杆离地高度，规定为上杆1.0～1.2m，下杆0.5～0.6m，即位于中间。

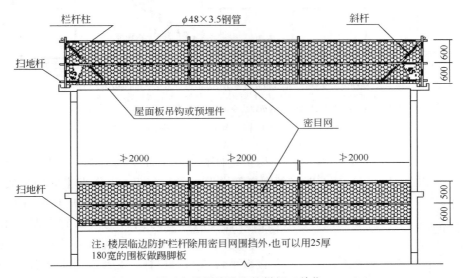

图 6-8　屋面和楼层临边防护栏杆（单位：mm）

钢筋横杆上杆直径应不小于16mm，下杆直径应不小于14mm，栏杆柱直径应不小于18mm，采用电焊或镀锌钢丝绑扎固定。

钢管横杆及栏杆柱均采用 $\phi48\times2.75$～$\phi48\times3.5$ 的管材，以扣件或电焊固定。

以其他钢材如角钢等作防护栏杆杆件时，应选用强度相当的规格，以电焊固定。

② 坡度大于1：2.2的层面，防护栏杆应高1.5m，并加挂安全立网。

③ 除经设计计算外，横杆长度大于2m时，必须加设栏杆柱，见图6-9。栏杆柱的固定及其与横杆的连接，其整体构造应使防护栏杆在上杆任何处，能经受任何方向的1000N外力。当栏杆所处位置有发生人群拥挤、车辆冲击或物件碰撞等可能时，应加大横杆截面或加密柱距。

当在基坑四周固定时，可采用钢管并打入地面50～70cm深。钢管离边口的距离，应不小于50cm。当基坑周边采用板桩时，钢管可打在板桩外侧。

当在混凝土楼面、屋面或墙面固定时，可用预埋件与钢管或钢筋焊牢，见图6-10。

当在砖或砌块等砌体上固定时，可预先砌入规格相适应的80×6弯转扁钢作预埋铁的混凝土块，然后用上述方法固定。

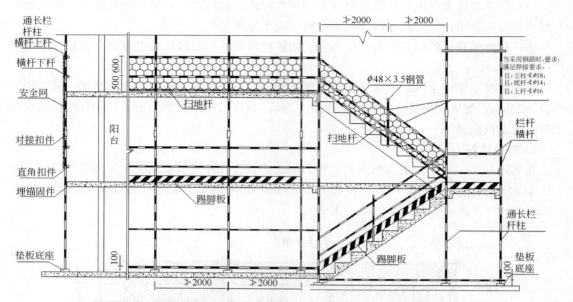

注：阳台边、楼层边、楼梯边加设安全立网或设宽度不小于200，厚度不小于25的踢脚板。（如图所示）
　　阳台边可设置单独防护栏杆，做法同楼层边栏杆，并在拐角处下平杆设置斜拉杆加强。
　　阳台防护栏杆也可用钢筋，做法同楼梯钢筋做法要求。

图 6-9　楼梯、阳台防护栏杆、栏杆柱及安全网（单位：mm）

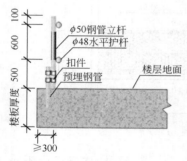

图 6-10　楼层、临边防护栏杆
固定方法示意（单位：mm）

④ 防护栏杆必须自上而下用安全立网封闭（封挂立网时必须在底部增设一道水平杆，以便绑牢立网的底部），或在栏杆下边设置严密固定的高度不低于 18cm 的挡脚板或 40cm 的挡脚笆。挡脚板与挡脚笆上如有孔眼，不应大于 25mm，板与笆下边距离楼面的空隙不应大于 10mm。

⑤ 接料平台两侧的栏杆，必须自上而下加挂安全立网或满扎竹笆。

⑥ 当临边的外侧面临街道时，除防护栏杆外，敞口立面必须采取满挂密目安全网或其他可靠措施作全封闭处理，见图 6-11。

3. 安全防护门

施工电梯平台脚手架两侧设置斜撑及临边防护栏杆，平台边至梯笼（或吊篮）之间净距（10±5）cm。出入口处安装 1.85m 高平开工具式金属防护门，构造要求见图 6-12。

三、洞口作业

孔是指楼板、屋面、平台等面上短边尺寸＜25cm 的孔洞，或墙上高度＜75cm 的孔洞。

洞是指楼板、屋面、平台等面上短边尺寸≥25cm 的孔洞，或墙上高度≥75cm，宽度＞45cm 的孔洞。

洞口作业指孔与洞边口旁的高处作业。包括建筑物或构筑物在施工过程中，出现的各种预留洞口、通道口、上料口、楼梯口、电梯井口附近作业及深度在 2m 及 2m 以上的桩孔、人孔、沟槽与管道、孔洞等边沿上的作业。因特殊工程和工序需要而产生使人与物有坠落危

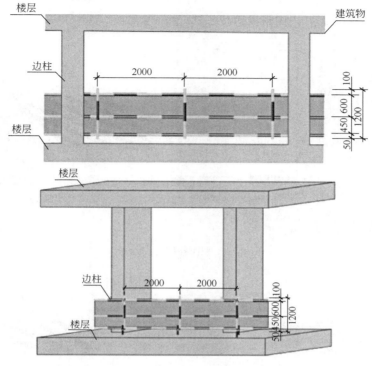

图 6-11　楼层临边防护（临街面）示意（单位：mm）

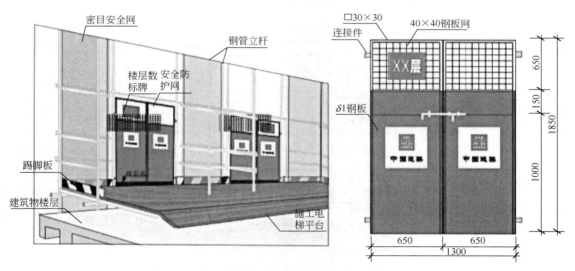

图 6-12　施工电梯平台临边防护门示意（单位：mm）

险或危及人身安全的各种洞口，这些也都应该按洞口作业加以防护。

1. 洞口作业的防护

各种孔口和洞口必须视具体情况分别设置牢固的盖板、防护栏杆、密目式安全网或其他防坠落的设施。

（1）平面孔应采用坚实的盖板（竹、木等）且进行固定，盖板应能保持四周搁置均衡，防止砸坏挪动，见图 6-13。大于 1m 的洞口（图 6-14），可采用双层安全网（一层平网、一层密目网）挂牢，并沿洞口周围搭设防护栏杆（图 6-15）。

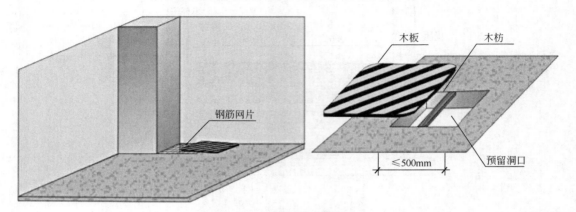

图 6-13　平面孔洞防护示意

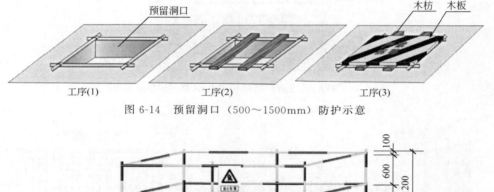

图 6-14　预留洞口（500～1500mm）防护示意

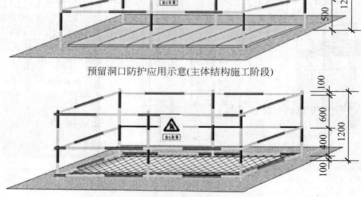

图 6-15　预留洞口（≥1500mm）防护示意

（2）钢管桩、钻孔桩等桩孔上口，杯形、条形基础上口、未填土的坑槽以及人孔、天窗、地板门等处，均应按设置稳固的盖件。

（3）施工现场通道附近的各类洞口与坑槽等处，除设置防护设施与安全标志外，夜间还应设置红灯示警。

（4）垃圾井道和烟道，应随楼层的砌筑或安装而封闭洞口，或参照预留洞口作防护；管道井施工时，还应加设明显的标志；如有临时性拆移，需经施工负责人核准，工作完毕后必须恢复防护设施。

（5）电梯井口、管道井口，在井口处设置高度1.5m以上的固定栅门（图6-16），电梯（管道）井内每隔两层（不大于10m）设置一道水平安全网。水平网距井壁不大于100mm缝隙，网内无杂物，不允许采用脚手板替代水平网防护。应加设明显的标志。如有临时性拆移，需经施工负责人核准，工作完毕后必须恢复防护设施。

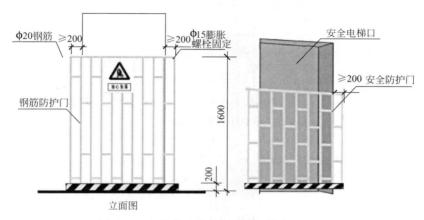

图6-16　电梯井口防护门示意（单位：mm）

（6）位于车辆行驶道旁的洞口、深沟与管道坑槽，其盖板应能承受不小于当地额定卡车后轮有效承载力2倍的荷载。

（7）墙面等处的竖向洞口，凡落地的洞口应装开关式、工具式或固定式的防护门，防止因工序需要被移动或拆除，门栅网格的间距不应大于150mm；也可采用防护栏杆，下设挡脚板（笆）。非落地孔洞但下边缘至楼板或地面低于800mm高度时，仍应加设1.2m高的防护栏杆。

（8）下边沿至楼板或地面低于80cm的窗台等竖向洞口，如侧边落差大于2m时，应加设1.2m高的临时护栏。

2. 常见防护设施

（1）防护栏杆　常见构造见图6-17。受力性能和力学计算，与临边作业的防护栏杆相同。

（2）防护门　电梯井口防护门的基本做法见图6-18。

四、攀登作业

攀登作业指借助登高用具或登高设施，在攀登条件下进行的高处作业。

1. 攀登设施

（1）移动式梯子

① 梯脚底部应坚实防滑，不得垫高使用，梯子的上端应有固定措施（若架梯不坚固，求助于工友协助抓牢），立梯的工作角度以75°±5°为宜，踏板上下间距以30cm为宜，不得有缺档。

② 梯子如需接长使用，必须有可靠的连接措施，且接头不得超过1处，连接后梯梁的

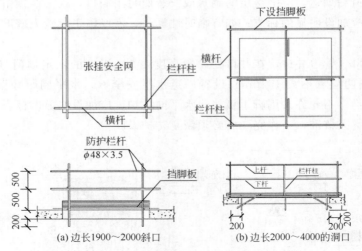

图 6-17 洞口防护栏杆（单位：mm）

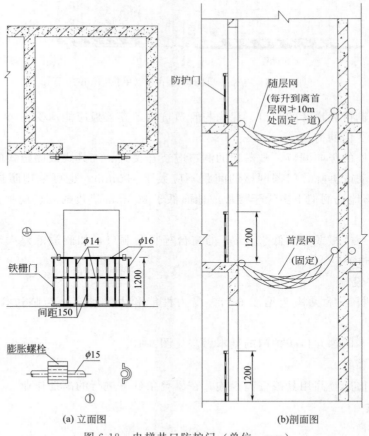

图 6-18 电梯井口防护门（单位：mm）

强度不应低于单梯梯梁的强度。

③ 折梯使用时上部夹角以 35°～45° 为宜，铰链必须牢固，并应有可靠的拉撑措施。使用时下方有人监护。

（2）固定式直爬梯

① 应用金属材料制成。

② 梯宽不应大于 50cm，支撑应采用不小于∟ 70×6 的角钢，埋设与焊接均必须牢固，梯子顶端的踏棍应与攀登的顶面齐平，并加设 1～1.5m 高的扶手。

③ 使用直爬梯进行攀登作业，高度以 5m 为宜。超过 2m 时宜加设护笼，超过 8m 时须设置梯间平台。

（3）钢挂梯　钢结构吊装可采用钢挂梯，或采用设置在钢柱上的爬梯以及搭设脚手架。

① 钢柱安装登高时，应使用钢挂梯或设置在钢柱上的爬梯，见图 6-19。

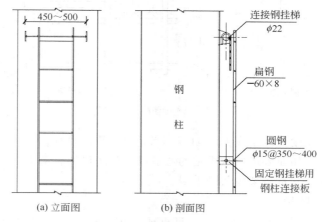

图 6-19　钢柱登高挂梯（单位：mm）

② 钢柱的接柱应使用梯子或操作台，见图 6-20。操作台横杆高度当无电焊防风要求时，其高度不宜小于 1m，有电焊防风要求时高度不宜小于 1.8m。

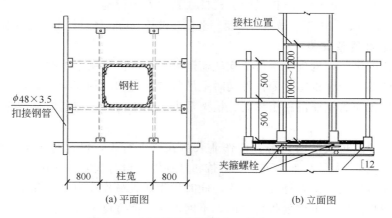

图 6-20　钢柱接柱用操作台（单位：mm）

③ 高大钢梁攀登及操作，应使用专用爬梯或脚手架，见图 6-21。

2. 安全要求

（1）梯子供人上下的踏板其使用荷载应不大于 1.1kN；当梯面上有特殊作业，重量越过上述荷载时，应按实际情况验算。

（2）吊装工程时，柱、梁、屋架等构件吊装作业时，人员上下应设置专用梯子。供作业

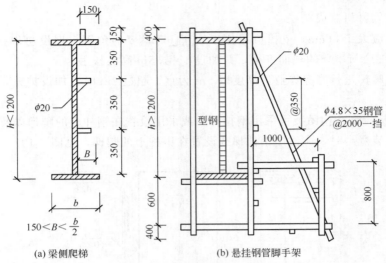

图 6-21　钢梁登高设施构造

人员上下的踏板实际使用荷载不应大于 1kN，当超过时重新设计。

（3）工程施工时，作业人员应从规定的通道或专门搭设的斜道上下，不准在建筑阳台之间进行攀登、不准攀登起重机架体及脚手架。

五、悬空作业的安全防护

悬空高处作业指在周边临空（在无立足点或无牢靠立足点）的状态下，高度在 2m 及 2m 以上的作业。

（1）施工现场必须适当地建立牢靠的立足点，如搭设操作平台、脚手架或吊篮等，方可进行施工。

（2）必须视具体情况配置防护栏网、栏杆或其他安全设施。

（3）所用的索具、脚手板、吊篮、吊笼、平台等设备，均需经过技术鉴定或验证方可使用。

1. 构件吊装和管道安装

（1）钢结构的吊装，构件应尽可能在地面组装，并应搭设用于临时固定、电焊、高强螺栓连接等工序的高空安全设施，随构件同时上吊就位。拆卸时的安全措施，亦应一并考虑和落实；高空吊装预应力钢筋混凝土屋架、桁架等大型构件前，也应搭设悬空作业中所需的安全设施。

（2）在行车梁就位安装时，为方便作业人员在梁上行走，可在行车梁一侧设置安全绳（钢丝绳）与柱连接，人员行走时可将安全带扣挂在绳上滑行起防护作用，见图 6-22。

（3）屋架吊装之前，用木杆绑扎加固，同时供作业人员作业时立足和安全带拴挂处。吊装时应在两榀屋架之间的下弦处张挂平网，平网可按节间宽度架设，随下一榀屋架的吊装再将安全网滑移到下一节间。

（4）悬空安装大模板、吊装第一块预制构件、吊装单独的大中型预制构件时，必须站在操作平台上操作，吊装中的大模板和预制构件以及石棉水泥屋面板上，严禁站人和行走。

（5）安装管道时必须有已完结构或操作平台为立足点，严禁在安装中的管道上站立和行走。

2. 预应力张拉

（1）进行预应力张拉时，应搭设站立操作人员和设置张拉设备用的牢固可靠的脚手架或

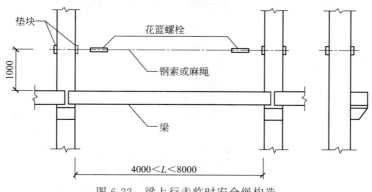

图 6-22　梁上行走临时安全绳构造

操作平台。雨天张拉时，还应架设防雨棚。

（2）预应力张拉区域应标示明显的安全标志，禁止非操作人员进入。张拉钢筋的两端必须设置挡板。挡板应距所拉钢筋的端部 1.5～2m，且应高出最上一组张拉钢筋 0.5m，宽度应距张拉钢筋两外侧各不小于 1m。

3. 安装门窗

（1）安装门窗、油漆及安装玻璃时，严禁操作人员站在樘子、阳台栏板上操作。门窗临时固定、封填材料未达到强度以及电焊时，严禁手拉门窗进行攀登。

（2）在高处外墙安装门窗，无外脚手架时，应张挂安全网。无安全网时，操作人员应系好安全带，其保险钩应挂在操作人员上方的可靠物件上。

（3）进行各项窗口作业时，操作人员的重心应位于室内，不得在窗台上站立，必要时应系好安全带进行操作。

六、操作平台的安全防护

操作平台指现场施工中用以站人、载料并可进行操作的平台。当平台可以搬移，用于结构施工、室内装饰盒水电安装等，称为移动式操作平台，见图 6-23。当用钢构件制作，可

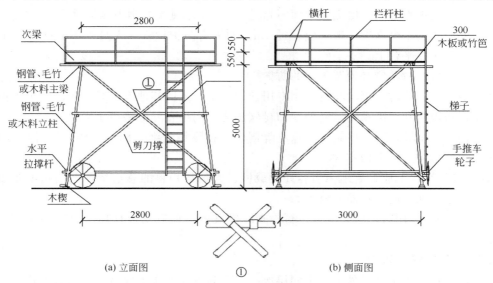

图 6-23　移动式操作平台示意（单位：mm）

以吊运和搁置于楼层边的，用于接送物料和转运模板等的悬挑式的操作平台，称悬挑式钢平台，见图6-24。

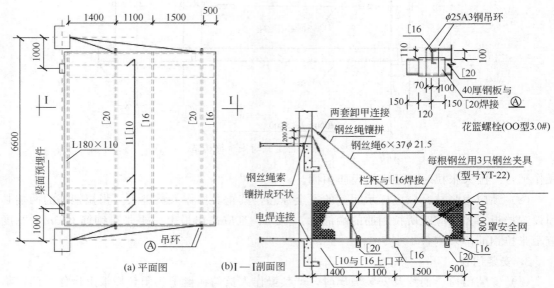

图 6-24　悬挑式钢平台示意（单位：mm）

（1）钢平台设计应按现行的相应规范进行，计算书及图纸应编入施工组织设计。

（2）悬挑式钢平台采用钢丝绳吊拉或采用下撑方式，其受力应自成系统，不得与脚手架连接，应直接与建筑结构连接（搁支点与上部拉结点，必须位于建筑物上，不得设置在脚手架等设施上）。

（3）斜拉杆或钢丝绳，宜两边各设前后两道，每道均应做受力计算。

（4）悬挑式钢平台的吊环，应经过验算，采用甲类三号沸腾钢制作。吊运平台时应使用卡环，不得使用吊钩直接钩挂吊环。

（5）移动式钢平台立柱底端距地面不超过80mm，行走轮的连接保证牢靠。

（6）移动式钢平台高度一般不应超过5m。四周有防护栏杆，人员上下有扶梯。平台移动时，人员禁止在平台上。

（7）钢平台左右两侧必须装固定的防护栏杆。

（8）钢平台安装时，钢丝绳应采用专用挂钩挂牢，采取其他方式时卡头的卡子不得大于三个，建筑物锐角利口围系钢丝绳处应加衬软垫物，钢平台外应略高于内口。

（9）钢平台吊装，需待横梁支撑点电焊固定、接好钢丝绳、调整完毕、经过检查验收，方可松卸起重吊钩，上下操作。

（10）操作平台上应显著地标明容许荷载值、人员与物料的总重量，严禁超出此值，并写明操作注意事项。应配备专人监督。

（11）钢平台使用时，应有专人进行检查，发现钢丝绳有锈蚀损坏应及时调换，焊缝脱焊应及时修复。

七、交叉作业的安全防护

交叉作业指在施工现场的上下不同层次，于空间贯通状态下同时进行的高处作业。

（1）在同一垂直方向上下层同时操作时，下层作业的位置必须处于依上层高度确定的可

能坠落范围半径之外。不符合此条件时，中间应设置安全防护层（隔离层），可用木脚手板
按防护棚的搭设要求设置。

（2）在上方可能坠落物件或处于起重机把杆回转范围内的通道处，必须搭设双层防
护棚。

（3）结构施工到二层及以上后，人员进出的通道口（包括井架、施工电梯、进出建筑物
的通道口）均应搭设安全防护棚，见图 6-25；楼层高度超过 24m 时，应搭设双层防护棚，
见图 6-26。

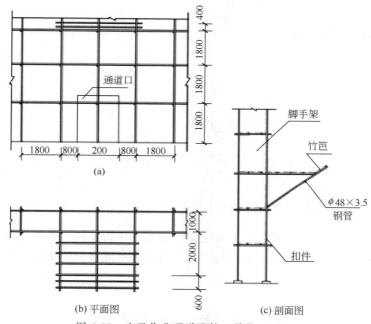

图 6-25　交叉作业通道防护（单位：mm）

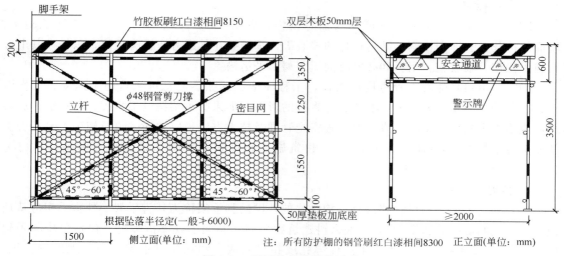

图 6-26　双层防护棚搭设示意

（4）通道的宽度×高度（图 6-27），用于走人时应大于 2500mm×3500mm，用于汽车

通过时应大于 4000mm×4000mm。进入建筑物的通道最小宽度应为建筑物洞口宽两边各加 500mm。

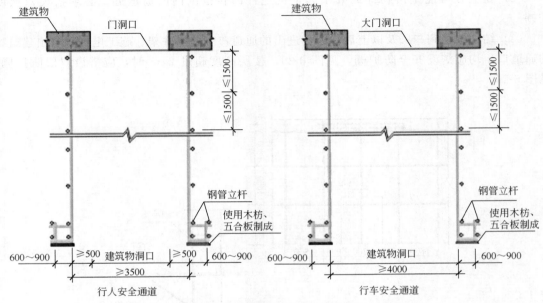

图 6-27 通道宽度与高度平面示意（单位：mm）

支模、粉刷、砌墙等各工种进行立体交叉作业时，不得在同一垂直方向上操作。可采取时间交叉或位置交叉，如施工要求仍不能满足，必须采取隔离封闭措施并设置监护人员后方可施工。

第二节　施工脚手架工程

一、脚手架概述

脚手架是建筑施工中必不可少的临时设施，见图 6-28。比如砌筑砖墙、浇注混凝土、墙面的抹灰、装饰和粉刷、结构构件的安装等，都需要在其近旁搭设脚手架，以便在其上进行施工操作、堆放施工用料和必要时的短距离水平运输。

脚手架虽然是随着工程进度而搭设，工程完毕就拆除，但它对建筑施工速度、工作效率、工程质量以及工人的人身安全有着直接的影响，如果脚手架搭设不牢固、不稳定，就容易造成施工中的伤亡事故。脚手架工程安全管理及技术方法，应遵守《建筑施工工具式脚手架安全技术规范》（JGJ 202—2010）、《建筑施工扣件式钢管脚手架安全技术规范》（JGJ 130—2001）等规范的要求。

1. 种类及作用

（1）外脚手架　搭设在建筑物或构筑物的外围的脚手架称为外脚手架。外脚手架应从地面搭起（也叫底撑式脚手架），一般来讲建筑物多高，其架子就要搭多高。包括单排脚手架（由落地的许多单排立杆与大、小横杆绑扎或扣接而成）和双排脚手架（由落地的许多里、外两排立杆与大、小横杆绑扎或扣接而成），见图 6-29。

（2）内脚手架　搭设在建筑物或构筑物内的脚手架称为里脚手架。主要有马凳式里脚手

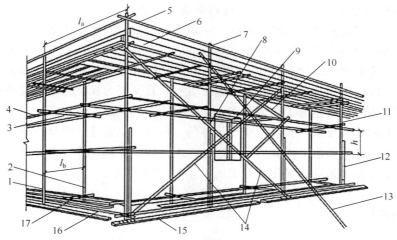

图 6-28　扣件式钢管脚手架基本组成

1—外立杆；2—内立杆；3—横向水平杆；4—纵向水平杆；5—栏杆；6—挡脚板；
7—直角扣件；8—旋转扣件；9—连墙件；10—横向斜撑；11—主立杆；12—副
立杆；13—抛撑；14—剪刀撑；15—垫板；16—纵向扫地杆；17—横向扫地杆；
h—步距；l_a—纵距；l_b—横距

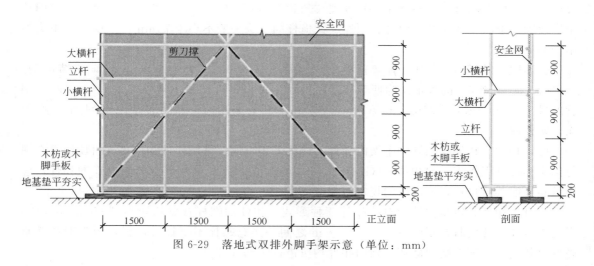

图 6-29　落地式双排外脚手架示意（单位：mm）

架和支柱式里脚手架。

（3）工具式脚手架

① 悬挑脚手架　它不直接从地面搭设，而是采用在楼板墙面或框架柱上以悬挑形式搭设。按悬挑杆件的不同种类可分为两种：一种是用 A48mm×3.5mm 的钢管，一端固定在楼板上，另一端悬出在外面，在这个悬挑杆上搭设脚手架，它的高度应不超过 6 步架；另一种是用型钢做悬挑杆件。搭设高度不超过 20 步架（总高 20～30m）。

② 吊篮脚手架　它的基本构件是用 A150mm×3mm 的钢管焊成矩形框架，并以 3～4榀框架为一组，在屋面上设置吊点，用钢丝绳吊挂框架，它主要适用于外装修工程。

③ 附着式升降脚手架　附着在建筑物的外围，可以自行升降的脚手架称为附着式升降脚手架。

④ 挂脚手架　将脚手架挂在墙上或柱上事先预埋的挂钩上，在挂架上铺以脚手板而成。

⑤ 门式钢管脚手架 是用普通钢管材料制成工具式标准件，在施工现场组合而成。其基本单元是由一副门式框架、二副剪刀撑、一副水平梁架和四个连接器组合而成。若干基本单元通过连接器在竖向叠加、扣上臂扣，组成一个多层框架。在水平方向，用加固杆和水平梁架使相邻单元连成整体，加上斜梯、栏杆柱和横杆组成上下步相通的外脚手架。

（4）脚手架的作用 脚手架既要满足施工需要，且又要为保证工程质量和提高工效创造条件，同时还应为组织快速施工提供工作面，确保施工人员的人身安全。

（5）脚手架的基本要求 脚手架要有足够的牢固性和稳定性，保证在施工期间对所规定的荷载或在气候条件的影响下不变形、不摇晃、不倾斜，能确保作业人员的人身安全；要有足够的面积满足堆料、运输、操作和行走的要求；构造要简单，搭设、拆除和搬运要方便，使用要安全。

2. 材质与规格

（1）杆件

① 木质材料 木杆常用剥皮杉杆或落叶松。立杆和斜杆（包括斜撑、抛撑、剪刀撑等）的小头直径一般不小于 70mm；大横杆、小横杆的小头一般不小于 80mm；脚手板的厚度一般不小于 50mm，应符合木质二等材。

② 竹质材料 竹竿一般采用四年以上生长期的楠竹。青嫩、枯黄、黑斑、虫蛀以及裂纹连通二节以上的竹竿都不能用。轻度裂纹的竹竿可用 14～16 号铁丝加箍后使用。使用竹竿搭设脚手架时，其立杆、斜杆、顶撑、大横杆的小头一般不小于 75mm，小横杆的小头不小于 90mm。

③ 钢管 钢管应采用符合《直缝电焊钢管》（GB/T 13793—2008）、《碳素结构钢》（GB/T 700—2006）的规定。为便于运输和操作，每根钢管的最大质量不应大于 25kg，钢管的尺寸为 A48mm×3.5mm 和 A51mm×3mm，最好采用前一种。钢管上严禁打洞，必须涂有防锈漆。

（2）扣件 扣件式钢管脚手架的扣件，应是采用可锻铸铁制作的扣件，其材质应符合现行国家标准《钢管脚手架扣件》（GB 15831—2006）的规定。采用其他材料制作的扣件，应经试验证明其质量符合该标准的规定后才能使用。

有直角扣件、转角扣件和对接扣件三种形式。扣件的螺杆拧紧扭矩达到 65N·m 时不得发生破坏，使用时扭矩应在 40～65N·m 之间，注意螺栓不要拧得过紧，因为锻铸铁是脆性材料会产生突然断裂破坏。新旧扣件均应进行防锈处理。

（3）脚手板 钢脚手板用冲压钢材质应符合《碳素结构钢》（GB/T 700—2006）中 Q235A 级钢的规定；新脚手板应有产品质量合格证，板面的挠曲不大于 12mm；板面扭曲不大于 5mm，且不得有裂纹、开焊与硬弯，应有防滑措施（板面冲直径 20mm 的圆孔，孔边缘凸起），新、旧脚手板均应涂防锈漆。

木脚手板应采用杉木或松木制作，不能用桦木等脆性木材。其材质应符合《木结构设计规范》（GB 50005—2003）Ⅱ级材质的规定，脚手板厚度不应小于 50mm，宽度不宜小于 200mm，两端应各设直径为 4mm 的镀锌钢丝箍两道，腐朽的及有裂纹的脚手板不准使用。

竹脚手板宜采用由毛竹或楠竹制作的竹串片板、竹笆板。竹串片板是用螺栓将侧立的竹片并列连接面成，螺栓直径 8～10mm，间距 500～600mm，板长一般为 2～2.5m，宽度为 250mm，板厚一般不小于 50mm；竹笆板是用平放带竹青的竹片纵横编织而成，每根竹片宽度不小于 30mm，厚度不小于 8mm；横筋一反一正，边缘纵横筋相交点用铁丝扎紧，板长一般为 2～2.5m，宽度为 0.8～1.2m。

图 6-30　脚手板固定卡

（4）绑扎材料　绑扎木脚手板可以用脚手板固定卡，采用扁铁制作；也可以采用 8 号镀锌铁丝。用于脚手板的固定，防止脚手板探头处翘起，见图 6-30。

竹脚手架一般来说应采用竹篾绑扎，竹篾用水竹或慈竹劈成，要求质地新鲜、坚韧带青，使用前须提前一天用水浸泡，三个月要更换一次；由塑料纤维编织而成带状塑料篾，是竹脚手架中用以代替竹篾的一种绑扎材料。

3. 主要构件与搭设要求

（1）水平杆　脚手架中的水平杆件。包括：纵向水平杆（大横杆）、横向水平杆（小横杆），布置方式有两种，见图 6-31。

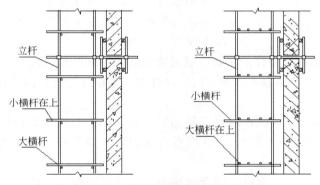

图 6-31　大小横杆的两种布置方式

① 纵向水平杆（大横杆）

1）宜设置在立杆内侧（脚手架受力时，使里外排立杆的偏心距产生的变形对称，则通过小横杆使得此变形相互抵消），其长度不宜小于 3 跨且大于等于 6m。

2）接长宜采用对接扣件连接，也可采用搭接。

大横杆的对接扣件应交错布置：两根相邻大横杆的接头不宜设置在同步或同跨内；不同步不同跨两相邻接头在水平方向错开的距离不应小于 500mm；各接头中心至最近主节点的距离不宜大于纵距的 1/3。

搭接长度不应小于 1m，应等间距设置 3 个旋转扣件固定，端部扣件盖板边缘至大横杆杆端部的距离不应小于 100mm。

3）大横杆步距，在结构架中层高不同可取 1.2～1.4m，装修架中不大于 1.8m。

4）在封闭型脚手架的同一步中，纵向水平杆应四周交圈，用直角扣件与内外角部立杆固定。

5）当使用冲压钢脚手板、木脚手板、竹串片脚手板时，大横杆应作为小横杆的支座，用直角扣件固定在立杆上；当使用竹笆脚手板时，大横杆应采用直角扣件固定在小横杆上，并应等间距设置，间距不应大于 400mm，见图 6-32。

② 横向水平杆（小横杆）

1）应设在脚手架每个主节点上（大横杆与立杆的交点）。

主节点处必须设置一根横向水平杆，用直角扣件扣接且严禁拆除（拆除后的双排脚手架

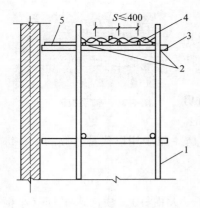

图 6-32　铺竹笆脚手板
时大横杆的构造
1—立杆；2—大横杆；3—小横杆；
4—竹笆脚手板；5—其他脚手板

改变为两片脚手架，承载和抗变形能力明显下降）。主节点处两个直角扣件的中心距不应大于 150mm；在双排脚手架中，靠墙一端的外伸长度不应大 500mm。

2）作业层上非主节点处的横向水平杆，宜根据支承脚手板的需要等间距设置，最大间距不应大于纵距的 1/2。

3）当使用冲压钢脚手板、木脚手板、竹串片脚手板时，双排脚手架的小横杆两端均应采用直角扣件固定在大横杆上。单排脚手架的小横杆的一端，应用直角扣件固定在大横杆上，另一端应插入墙内，插入长度不应小于 180mm。

4）使用竹笆脚手板时，双排脚手架的横向水平杆两端，应用直角扣件固定在立杆上。单排脚手架的小横杆一端，应用直角扣件固定在立杆上，另一端插入墙内，插入长度不应小于 180mm。

5）双排脚手架横向水平杆的靠墙一端至墙装饰面的距离不宜大于 100mm。

（2）立杆　脚手架中垂直于水平面的竖向杆件。包括外立杆、内立杆、角杆、双管立杆（主立杆和副立杆）。

① 脚手架整体承压部位应在回填土填完后夯实，脚手架底座底面标高宜高于自然地坪 50mm。基础的横距宽度不小于 2m，并应有排水措施。脚手架一经搭设，其地基或附近不得随意开挖。

② 一般脚手架，可将由钢板、钢管焊接而成的立杆底座直接放置在夯实的原土上或在底座下加垫板（加大传力面积），垫板宜采用长度不少于 2 跨、厚度不小于 50mm 的木垫板，也可采用槽钢，然后把立杆插在底座内。

③ 高层脚手架，在坚实平整的土层上铺 100mm 厚道渣，再放置混凝土垫块，上面纵向仰铺统长 12～16 号槽钢，立杆放置于槽钢上。

④ 脚手架底层步距不应大于 2m，一般结构架中不大于 1.5m、装修架中不大于 1.8～2m。立杆横距（架宽）一般结构架中不大于 1.5m、装修架中不大于 1.3m。

⑤ 立杆接头除在顶层可采用搭接外，其余各接头必须采用对接扣件连接。

⑥ 立杆上的对接扣件应交叉布置，两个相邻立杆接头不应设在同步同跨内，两相邻立杆接头在高度方向错开的距离不应小于 500mm，各接头中心距主节点的距离不应大于步距的 1/3。

⑦ 立杆的搭接长度不应小于 1m，用不少于 2 个扣件固定。端部扣件盖板的边缘至杆端距离不应小于 100mm。

⑧ 立杆顶端宜高出女儿墙上皮 1m，高出檐口上皮 1.5m。

⑨ 双根钢管立杆是沿脚手架纵向并列将主立杆和副杆用扣件紧固组成，副立杆的高度不应低于 3 步，钢管长度不应小于 6m。扣件数量不应小于 2 个。

⑩ 严禁将外径 48mm 与 51mm 的钢管混合使用。

⑪ 开始搭设立杆时，应每隔 6 跨设置一根抛撑，直至连墙件安装稳定后，方可根据情况拆除。当脚手架下部暂不能设连墙件时可搭设抛撑；抛撑应采用通长杆件与脚手架可靠连接，与地面的倾角应在 45°～60°之间，连接点中心至主节点的距离不应大于 300mm，抛撑应在连墙件搭设后方可拆除。

⑫ 脚手架必须设置纵、横向扫地杆，用来固定立杆的位置和调节相邻跨的不均匀沉降。纵向扫地杆应采用直角扣件固定在距离底座上皮不大于200mm处的立杆上；横向扫地杆亦应采用直角扣件固定在紧靠纵向扫地杆上。当立杆基础在不同一高度上时，必须将高处的纵向扫地杆向低处延长两跨与立杆固定，高低差不应大于1m。靠边坡上方的立杆轴线到边坡的距离不应小于500mm。

⑬ 立杆必须用连墙件与建筑物可靠连接。当搭至有连墙件的构造点时，在搭设完该处的立杆、纵向水平杆、横向水平杆后应立即设置连墙件。

（3）连墙件

连墙件的形式有软拉结（也称柔性拉结）和硬拉结（也称刚性拉结）两种。连墙杆指连接脚手架与建筑物的构件，包括：刚性连墙杆、柔性连墙杆。

① 连墙件必须采用可承受拉力和压力的构造。连墙件中的连墙杆或拉筋宜呈水平并垂直于墙面设置，与脚手架连接的一端可稍为下斜；当不能水平设置时，与脚手架连接的一端应下斜连接，不应采用上斜连接。

② 对高度在24m以下的双排脚手架，宜采用刚性连墙件，也可采用拉筋和顶撑配合使用的附墙连接方式，严禁使用仅有拉筋的柔性连墙件，见图6-33。

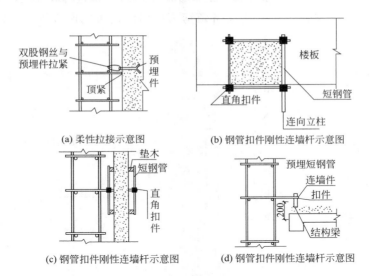

图 6-33　外脚手架连墙件构造示意

③ 对高度在24m以上的双排脚手架，必须采用刚性连墙件与建筑物可靠连接。

④ 连墙件的间距可按三步三跨布置（最大不超过层高），每根连墙件控制的脚手架面积不超过40m²。连墙件的竖向间距缩小，不但可减少脚手架的计算高度，同时还可以加强脚手架的整体稳定性，数量的设置除应满足设计计算要求外，尚应符合表6-1的规定。

表 6-1　连墙件布置最大间距

	脚手架高度	竖向间距	水平间距	每根连墙件覆盖面积/m²
双排	≤50m	$3h$	$3l_a$	≤40
	>50m	$2h$	$3l_a$	≤27
单排	≤24m	$3h$	$3l_a$	≤40

注：h—步距；l_a—纵距。

⑤ 连墙件宜靠近主节点设置，偏离主节点的距离不应大于 300mm，以便控制被连杆件的弯曲变形；应从底层第一步大横杆处开始设置，当该处设置有困难时，应采用其他可靠措施固定。必须在施工方案中设计位置，避免妨碍施工（用在主体施工后，装修施工时碍事）而被拆除形成脚手架倒塌事故。

⑥ 架高超过 40m 且有风涡流作用时，应采取抗上升涡流作用的连墙措施。

（4）剪刀撑　脚手架在垂直荷载的作用下，即使没有纵向水平力，也会产生纵向位移倾斜。在脚手架外侧面成对设置的交叉斜杆，形成剪刀撑。设剪刀撑可以加强脚手架的纵向稳定性，剪刀撑随脚手架的搭设同时由底至顶连续设置。

① 每道剪刀撑跨越立杆的根数宜按有关的规定确定，每道剪刀撑宽度应大于 4 跨，且为 6～9m（5～7 根立杆），按表 6-2，斜杆与地面的倾角宜在 45°～60°之间。

表 6-2　剪刀撑跨越立杆的最多根数

剪刀撑斜杆与地面的倾角 α	45°	50°	60°
剪刀撑跨越立杆的最多根数 n	7	6	5

② 高度在 24m 以下的单、双排脚手架，必须在外侧立面的两端各设置一道剪刀撑，并应由底至顶连续设置，见图 6-34；中间各道剪刀撑沿纵向可间断设置，之间的净距不应大于 15m。

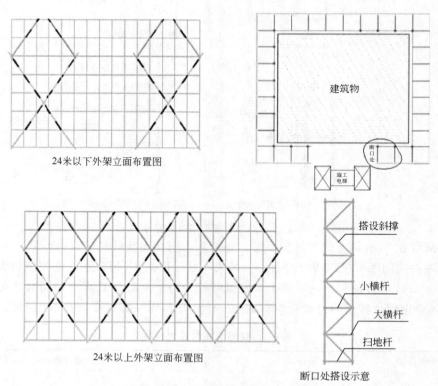

图 6-34　外脚手架剪刀撑和横向斜撑设置示意

③ 高度在 24m 以上的双排脚手架应在外立面整个长度和高度上连续设置剪刀撑。

④ 剪刀撑斜杆的接长宜采用搭接，搭接长度不小于 1m，应采用不少于 2 个旋转扣件固

定，见图 6-35。应用旋转扣件固定在与之相交的横向水平杆的伸出端或立杆上，旋转扣件中心线离主节点的距离不宜大于 150mm。剪刀撑杆件在脚手架中承受压力或拉力，主要依靠扣件与杆件的摩擦力传递，所以剪刀撑的设置效果关键是增加扣件的数量。要求采用搭接接长不用对接（因为杆可能受拉），斜杆不但与立杆连接，还要与伸出端的小横杆连接，以增加连接强度和减少斜杆的长细比，斜杆底部应落在地面垫板上。

（5）栏杆、挡脚板

① 栏杆和挡脚板应搭设在外立杆的内侧，见图 6-36。

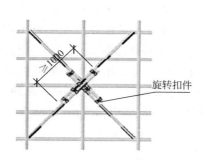

图 6-35　剪刀撑连接方法示意

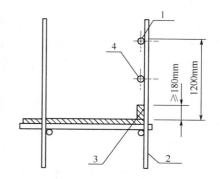

图 6-36　栏杆与挡脚板构造
1—上栏杆；2—外立杆；3—挡脚板；4—中栏杆

② 上栏杆上皮高度应为 1.2m，中栏杆应居中设置。

③ 挡脚板高度不应小于 180mm。

（6）扫地杆　贴近地面，连接立杆根部的水平杆。包括：纵向扫地杆、横向扫地杆。

① 脚手架必须设置纵、横向扫地杆，见图 6-37。

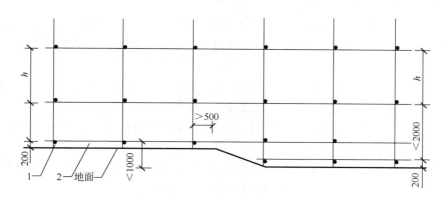

图 6-37　纵、横向扫地杆设置构造（单位：mm）
1—横向扫地杆　2—纵向扫地杆

② 纵向扫地杆应采用直角扣件固定在距底座上皮不大于 200mm 处的立杆上。

③ 横向扫地杆也应采用直角扣件固定在紧靠纵向扫地杆下方的立杆上。

④ 当立杆基础不在同一高度上时，必须将高处的纵向扫地杆向低处延长两跨与立杆固定，高低差不应大于 1m。

⑤ 靠边坡上方的立杆轴线到边坡的距离不应小于 500mm。

在立杆、大横杆、小横杆三杆的交叉点称为主节点。主节点处立杆和大横杆的连接扣件与大横杆与小横杆的连接扣件的间距应小于 15cm。在脚手架使用期间，主节点处的大、小横杆，纵横向扫地杆及连墙件不能拆除。

（7）横向斜撑　在双排脚手架中，与内、外立杆或水平杆斜交呈之字形的斜杆。

（8）抛撑　与脚手架外侧面斜交的杆件。

（9）脚手板

① 作业层脚手板应按脚手架宽度铺满、铺稳，小横杆伸向墙一端处也应满铺脚手板，离开墙面 100~150mm。

作业层端部脚手板探头长度应取 150mm，其板长两端均应与支承杆可靠地固定。

② 冲压钢脚手板、木脚手板、竹串片脚手板等，一般应将脚手板设置在三根小横杆上，当脚手板长度小于 2m 时，可采用两根小横杆支承，但应将脚手板两端绑牢固定防止移位倾翻。

③ 冲压钢脚手板、木脚手板、竹串片脚手板铺设接长时，可采用对接平铺或搭接方法。采用对接铺设时，接头处必须设两根小横杆，脚手板外伸长应取 130~150mm，两块板外伸长度之和不大于 300mm，防止出现探头板；脚手板搭接铺设时，接头处可设一根小横杆，搭接长度应大于 200mm，其伸出小横杆的长度不应小于 100mm，见图 6-38。

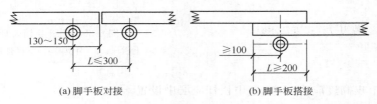

（a）脚手板对接　　　　　　　（b）脚手板搭接

图 6-38　脚手板接长的构造（单位：mm）

竹笆脚手板应按其主筋垂直于纵向水平杆方向铺设，且采用对接平铺，四个角应用直径 1.2mm 的镀锌钢丝固定在大横杆上。

④ 脚手板一般应上下连续铺设两步，上层为作业层，下层为防护层，作业层发生落人落物等意外情况时，下步板可起防护作用，同时也为作业层脚手板提供周转使用。

（10）安全网

① 在双排脚手架的外排立杆立面封挂密目式安全网。为使脚手架有较好的外观效果，宜将安全网挂在立杆的里侧，使脚手架的立杆、大横杆露于密目网外。

② 最底层脚手板的下面没有防护层时，应紧贴脚手板底面设一道平网，将脚手板及板与墙面之间空隙封严。

③ 当外墙面与脚手架脚手板之间，有大于 200mm 以上的垂直空隙时，为防止沿垂直空隙发生坠落事故，应垂直每隔不大于 10m 处封挂一层平网。

④ 当采用里脚手砌墙时，应在建筑物外距墙 100mm 搭设单排防护架封挂密目网，防护架随墙体升高而接高，使临边防护的高度在作业面 1.5m 以上。

（11）基础　搭设高度 24m 以下的脚手架，应将原地坪夯实找平后，铺厚 5cm 的木板。板长 2m 时，可按立杆横距垂直建筑物铺设；板长 3m 以上时，可平行建筑物方向里外按立杆纵距铺设两行作为脚手架立杆的垫板。垫板上应设置钢管底座，然后安装立杆。

4. 安全管理要求

（1）脚手架搭设人员必须是按《特种作业人员安全技术考核管理规则》（GB 5306—

85)、《特种作业人员安全技术培训考核管理规定》（安监局令第 30 号）中有关要求，经过登高架设作业考核合格的专业架子工。上岗人员应定期体检，合格者方可持证上岗。

（2）搭设脚手架人员必须戴安全帽、系安全带、穿防滑鞋。

（3）设置供操作人员上下使用的安全扶梯、爬梯或斜道。

（4）搭脚手架时，地面应设围栏和警戒标志，并派专人看守，严禁非操作人员入内。

（5）脚手架的构配件质量与搭设质量，应按规定进行检查验收，合格后方准使用。

（6）搭设完毕后应进行检查验收，经检查合格后才准使用。特别是高层脚手架和满堂脚手架更应进行检查验收后才能使用。

（7）作业层上的施工荷载应符合设计要求，不得超载。不得将模板支架、缆风绳、泵送混凝土和砂浆的输送管等固定在脚手架上；严禁悬挂起重设备。

（8）当有六级及六级以上大风和雾、雨、雪天气时应停止脚手架搭设与拆除作业。雨、雪后上架作业应有防滑措施，并应扫除积雪。

（9）脚手架的安全检查与维护应按规定进行，安全网应按有关规定搭设或拆除。

（10）在脚手架使用期间，严禁拆除下列杆件：主节点处的纵、横向水平杆，纵、横向扫地杆，连墙件。

（11）在脚手架上同时进行多层作业的情况下，各作业层之间应设置可靠的防护棚，以防止上层坠物伤及下层作业人员。

（12）不得在脚手架基础及其邻近处进行挖掘作业，否则应采取安全措施，并报主管部门批准。

（13）临街搭设脚手架时，外侧应有防止坠物伤人的防护措施。在脚手架上进行电、气焊作业时，必须有防火措施和专人看守。

（14）脚手架接地、避雷措施等，应按现行行业标准《施工现场临时用电安全技术规范》（JGJ 46—2005）的有关规定执行。

（15）脚手架的拆除：脚手架专项施工方案中，应包括脚手架拆除的方案和措施，拆除时应严格遵守。

二、扣件式钢管脚手架设计

扣件式钢管脚手架的设计即是根据脚手架的用途（承重、装修），在建工程的高度、外形及尺寸等的要求，而设计立杆的间距、大横杆的间距、连墙件的位置等，再计算各杆件的应力在这种设计情况下能否满足要求。如不满足，可再调整立杆间距，大横杆间距和连墙件的位置设置等。设计的主要依据是《建筑施工扣件式钢管脚手架安全技术规范》（JGJ 130—2011）。

1. 荷载分类

对脚手架的计算基本依据是《冷弯薄壁型钢结构技术规范》（GB 50018—2002）和《建筑结构荷载规范》（GB 50009—2012）。

根据上述规范要求，对作用于脚手架上的荷载分成为永久荷载（恒荷）和可变荷载（活载），计算构件的内力（轴力）、弯矩、剪力等时要区别这两种荷载，要采用不同的荷载分项系数，永久荷载分项系数取 1.2；可变荷载分项系数取 1.4。脚手架属于临时性结构，考虑到一方面确保其安全性能，另一方面尽量发挥材料作用，所以取结构重要性系数为 0.9。

（1）永久荷载　主要系指脚手架结构自重，包括立杆、大小横杆、斜撑（或剪刀撑）、扣件、脚手板、安全网和防护栏杆等各构件的自重。脚手架上吊挂的安全设施（安全网、竹笆等）的荷载应按实际情况采用。

（2）施工荷载 主要指脚手板上的堆砖（或混凝土、模板和安装件等）、运输车辆（包括所装物件）和作业人员等荷载。根据脚手架的不同用途，确定施工均布荷载。装修脚手架为 $2kN/m^2$，结构施工脚手架（包括砌筑、浇混凝土和安装用架）为 $3kN/m^2$。

（3）风荷载 风荷载按水平荷载计算，是均布作用在脚手架立面上的。风荷载的大小与不同地区的基本风压、脚手架的高度、封挂何种安全网以及施工建筑的形状有关系，风荷载的计算按《建筑结构荷载规范》（GB 50009—2012）有关公式进行。

2. 荷载组合

设计脚手架时，应根据整个使用过程中（包括工作状态及非工作状态）可能产生的各种荷载，按最不利的荷载进行组合计算，将荷载效应叠加后脚手架应满足其稳定性要求。

设计脚手架的承重构件时，应根据使用过程中可能出现的荷载取其最不利组合进行计算，见表 6-3。

表 6-3 荷载组合情况

计 算 项 目	荷 载 组 合
纵向、横向水平杆强度与变形	永久荷载＋施工均布活荷载
脚手架立杆稳定	①永久荷载＋施工均布活荷载
	②永久荷载＋0.85(施工均布活荷载＋风荷载)
连墙件承载力	单排架：风荷载＋3.0kN
	双排架：风荷载＋5.0kN

注：0.85 为荷载组合系数，是考虑脚手架在既有施工荷载，又有风荷载的情况下，不会同时出现最大值，所以在取二者最大值后乘以 0.85 系数进行折减。当计算脚手架的连墙杆时的荷载效应组合，应按单排架取风荷载＋3kN、双排架取风荷载＋5kN。

在计算连墙杆的承载能力时，除去考虑各连墙杆负责面积内能承受的风荷载外，还应再加上由于风荷载的影响，使脚手架侧移变形产生的水平力对连墙件的作用，按每一连墙点计算。对于单排脚手架取 3kN、双排脚手架取 5kN 的水平力，并与风荷载叠加。

计算强度和稳定性时，要考虑荷载效应组合，永久荷载分项系数 1.2，可变荷载分项系数 1.4。受弯构件要根据正常使用极限状态验算变形，采用荷载短期效应组合。

3. 计算步骤、公式

扣件钢管脚手架计算要根据规范《建筑施工扣件式钢管脚手架技术规范》，在规范中有明确的计算要求，应该包括的内容：

（1）受弯构件的强度和挠度计算 其中大横杆规范要求按照三跨连续梁计算，小横杆规范要求按照简支梁计算。

① 大小横杆的强度计算要满足

$$\sigma = \frac{M}{W} \leqslant [f] \tag{6-1}$$

式中 M——弯矩设计值，包括脚手板自重荷载产生的弯矩和施工活荷载的弯矩；

W——钢管的截面模量；

$[f]$——钢管抗弯强度设计值。

② 大小横杆的挠度计算要满足

$$v \leqslant [v] \tag{6-2}$$

式中　$[v]$——容许挠度，按照规范要求为 $l/150$ 及 10mm。

以大横杆在小横杆的上面计算模型为例，大横杆按照三跨连续梁进行强度和挠度计算，按照大横杆上面的脚手板和活荷载作为均布荷载计算大横杆的最大弯矩和变形。大横杆荷载包括自重标准值，脚手板的荷载标准值，活荷载标准值，分布见图 6-39、图 6-40 所示。

图 6-39　大横杆计算荷载组合简图（跨中最大弯矩和跨中最大挠度）

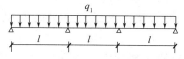

图 6-40　大横杆计算荷载组合简图（支座最大弯矩）

跨中最大弯矩计算公式如下

$$M_{1\max}=0.08q_1l^2+0.10q_2l^2 \tag{6-3}$$

支座最大弯矩计算公式如下

$$M_{2\max}=-0.10q_1l^2-0.117q_2l^2 \tag{6-4}$$

最大挠度计算公式如下：

$$V_{\max}=0.677\frac{q_1l^4}{100EI}+0.990\frac{q_2l^4}{100EI} \tag{6-5}$$

小横杆按照简支梁进行强度和挠度计算，用大横杆支座的最大反力计算值，在最不利荷载布置下计算小横杆的最大弯矩和变形。小横杆的荷载包括大小横杆的自重标准值，脚手板的荷载标准值，活荷载标准值。主结点间增加两根小横杆（见图6-41）的计算公式如下。

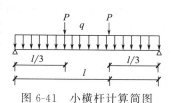

图 6-41　小横杆计算简图

均布荷载最大弯矩计算公式如下

$$M_{q\max}=ql^2/8 \tag{6-6}$$

集中荷载最大弯矩计算公式如下

$$M_{P\max}=Pl/3 \tag{6-7}$$

均布荷载最大挠度计算公式如下

$$V_{q\max}=\frac{5ql^4}{384EI} \tag{6-8}$$

集中荷载最大挠度计算公式如下

$$V_{P\max}=\frac{Pl(3l^2-4l^2/9)}{72EI} \tag{6-9}$$

（2）扣件的抗滑承载力计算　按照规范 5.2.5 要求，纵向或横向水平杆与立杆连接时，扣件的抗滑承载力按照下式计算

$$R\leqslant R_c \tag{6-10}$$

式中　R_c——扣件抗滑承载力设计值，取 8.0kN；

R——纵向或横向水平杆传给立杆的竖向作用力设计值。

竖向作用力设计值 R 可以通过上面计算纵向（小横杆在上）或横向水平杆（大横杆在上）的最大支座力得到；也可以将一个立杆纵距计算单元内的所有荷载按照 1/2 分配得到。

（3）立杆的稳定性计算 脚手架整体稳定性计算，通过计算长度附加系数反映到立杆稳定性计算中，反映脚手架各杆件对立杆的约束作用，综合了影响脚手架整体失稳的各种因素。

每米立杆承受的结构自重标准值，可查询《建筑施工扣件式钢管脚手架安全技术规范》（JGJ 130—2001）附录中的表 A-1，根据纵距、步距及脚手架类型查询出的数据乘以脚手架搭设的总高度得出。

规范给出冲压钢脚手板、竹串片脚手板和木脚手板的自重标准值。

吊挂的安全设施荷载（包括安全网），自重标准值乘以脚手架的总搭设高度和立杆纵距即得到。

活荷载为施工荷载标准值产生的轴向力总和，双排脚手架的内、外立杆按一纵距内施工荷载总和的 1/2 取值。

考虑风荷载时，立杆的轴向压力设计值计算公式

$$N = 1.2\sum(N_{G1k} + N_{G2k}) + 0.85 \times 1.4\sum N_{Qk} \tag{6-11}$$

不考虑风荷载时，立杆的轴向压力设计值计算公式

$$N = 1.2\sum(N_{G1k} + N_{G2k}) + 1.4\sum N_{Qk} \tag{6-12}$$

式中　N_{G1k}——脚手架结构自重标准值产生的轴向力；

N_{G2k}——脚手架配件自重标准值产生的轴向力；

$\sum N_{Qk}$——施工荷载标准值产生的轴向力（各层施工荷载总和）。

① 不考虑风荷载时，立杆的稳定性计算公式：

$$\sigma = \frac{N}{\phi A} \leqslant [f] \tag{6-13}$$

② 考虑风荷载时，立杆的稳定性计算公式：

$$\sigma = \frac{N}{\phi A} + \frac{M_w}{W} \leqslant [f] \tag{6-14}$$

式中　N——立杆的轴心压力设计值；

A——立杆净截面面积；

ϕ——轴心受压立杆的稳定系数，由长细比 $\lambda = l_0/i$ 的结果查有关表得到；

i——计算立杆的截面回转半径；

l_0——计算长度，由公式 $l_0 = k\mu h$ 确定；

k——计算长度附加系数；

h——立杆的步距；

μ——考虑脚手架整体稳定因素的单杆计算长度系数，按表 6-4 取用；

W——立杆净截面模量（抵抗矩）；

λ——长细比；

σ——钢管立杆受压强度计算值；

$[f]$——钢管立杆抗压强度设计值；

M_w——计算立杆段由风荷载设计值产生的弯矩。

表 6-4　脚手架立杆的计算长度系数 μ

类别	立杆横距 /m	连墙件布置	
		二步三跨	三步三跨
双排架	1.05	1.50	1.70
	1.30	1.55	1.75
	1.55	1.60	1.80
单排架	≤1.50	1.80	2.00

风荷载设计值产生的立杆段弯矩 M_W 计算式

$$M_W = 0.85 \times 1.4 w_k l_a h^2 / 10 \tag{6-15}$$

施工荷载一般偏心作用脚手架上，但由于一般情况脚手架结构自重产生的最大轴向力和不均匀分配施工荷载产生的最大轴向力不会同时相遇，可以忽略施工荷载的偏心作用，内外立杆按照施工荷载平均分配计算。

规范要求双排脚手架搭设高度不超过 50m，否则就需要采取其他措施并进行相应的计算。对于比较高的双排脚手架，采用双立杆是比较好的处理方法，但需要注意计算立杆的稳定性时，也应考虑风荷载和不考虑风荷载的两组内力组合；计算立杆的稳定性时，应既考虑双立杆底部又需要考虑单双立杆交接位置（双立杆以上第一步）稳定性计算结果。

规范中规定当高度超过 50m 的脚手架，可采用双管立杆、分段悬挑或分段卸荷等有效措施，必须另行专门设计。

（4）连墙件的连接强度计算　连墙件的轴向力设计值应满足

$$N_1 = N_{1w} + N_0 \leqslant \phi A f \tag{6-16}$$

式中　N_1——连墙件的轴向力设计值；

N_{1w}——风荷载产生的连墙件的轴向力设计值，$N_{1w} = 1.4 w_k A_w$；

A_w——每个连墙件的覆盖面积内，脚手架外侧面的迎风面积；

N_0——连墙件约束脚手架平面外变形所产生轴向力，单排架取 3kN，双排架取 5kN。

连墙件与脚手架、建筑物的连接如图 6-42、图 6-43，承载能力要求

$$N_l \leqslant N_w \tag{6-17}$$

式中　N_w——连接的抗剪承载力设计值，按不同连接方式扣件、焊缝、螺栓分别考虑。

按照规范要求计算连墙件横向连接采用扣件时，扣件抗滑力通常不能满足要求，这是由于规范的缺陷造成的，规范将每个连墙件的覆盖面积按照密不透风的钢板考虑是不妥的，安全网无论如何不能达到这种密度。

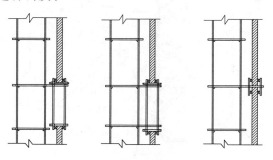

图 6-42　连墙件连接方式一

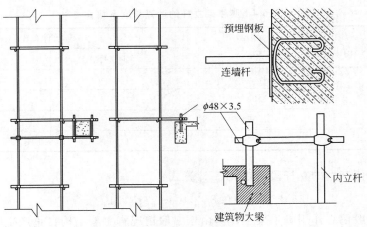

图 6-43 连墙件连接方式二

（5）立杆的地基承载力计算 落地双排脚手架的基础一般落在者普通地面上，需要按照《建筑地基基础设计规范》（GB 50007—2011）验算基础承载力，按下列公式计算

$$P \leqslant f_g \qquad (6-18)$$

式中 P——支撑立杆基础底面的平均压力 $P = \dfrac{N}{A}$；

N——上部结构传至基础的竖向力设计值；

A——基础底面面积；

f_g——地基承载力设计值，$f_g = K_c f_{gk}$；

f_{gk}——地基承载力标准值，按《建筑地基基础设计规范》（GB 50007—2011）取值；

K_c——支撑下部地基承载力调整系数，对碎石土、砂土、回填土取 0.4，对黏土取 0.5，对岩石、混凝土取 1.0。这个系数考虑的是脚手架基础是置于地面（与建筑基础不同），地基土的承载力容易受外界影响而下降。

基础稳定性可由下列措施获得：将脚手架与支撑结构捆扎上、将脚手架与支撑结构用支索撑拉、通过在基座附近加上平衡块来增加固定载荷、增加辅助跨度以增加基座的尺寸。

基础构造中要注意避免不合理做法，见图 6-44、图 6-45；尤其要注意倾斜地面上基础的设置，见图 6-46。

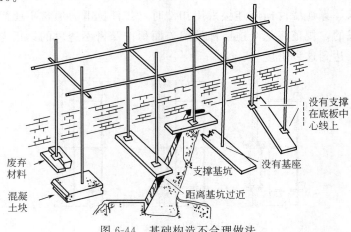

图 6-44 基础构造不合理做法

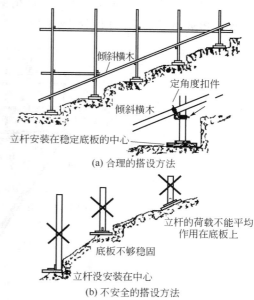

(a) 合理的搭设方法

(b) 不安全的搭设方法

图 6-46　倾斜地面情况下的基础

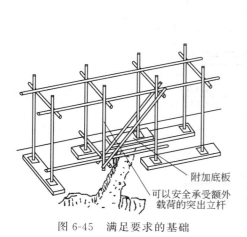

图 6-45　满足要求的基础

三、悬挑式外脚手架

悬挑式外脚手架（挑架），是利用建筑结构外边缘向外伸出的悬挑结构来支承外脚手架，它必须有足够的强度、稳定性和刚度，并能将脚手架的荷载全部或部分传递给建筑结构。

1. 构造

悬挑支承结构的形式一般均为三角形桁架，根据所用杆件的种类不同可分成钢管支承结构和型钢支承结构两类。

（1）型钢支承结构　结构形式主要分为斜拉式和下撑式两种。

① 斜拉式　是用型钢作悬挑梁外挑，再在悬挑端用钢丝绳或钢筋拉杆与建筑物斜拉，形成悬挑支承结构，见图 6-47。

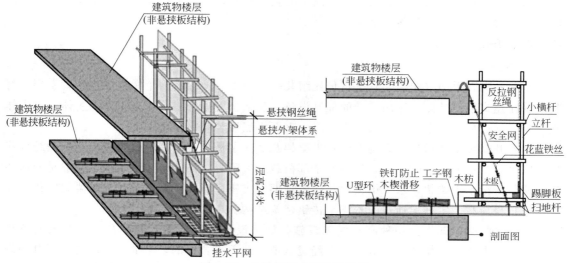

图 6-47　悬挑斜拉式脚手架示意

② 下撑式　是用型钢焊接成三角形桁架，其三角斜撑为压杆，桁架的上下支点与建筑物相连，形成悬挑支承结构，见图 6-48。

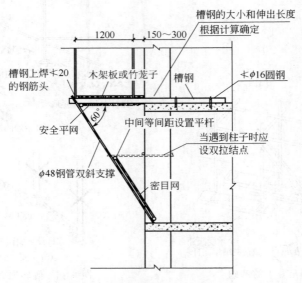

图 6-48　型钢悬挑双斜支撑系统示意（单位：mm）

（2）钢管支承结构　由普通脚手钢管组成的三角形桁架。斜撑杆下端支在下层的边梁或其他可靠的支托物上，且有相应的固定措施。当斜撑杆较长时，可采用双杆或在中间设置连接点。

2. 防护及管理

挑脚手架在施工作业前除需有设计计算书外，还应有含具体搭设方法的施工方案。当设计施工荷载小于常规取值，即按三层作业、每层 $2kN/m^2$，或按二层作业、每层 $3kN/m^2$ 时，除应在安全技术交底中明确外，还必须在架体上挂上限载牌。

架体除在施工层上下三步的外侧设置 1.2m 高的扶手栏杆和 18cm 高的挡脚板外，外侧还应用密目式安全网封闭。在架体进行高空组装作业时，除要求操作人员使用安全带外，还应有必要的防止人、物坠落的措施。

四、附着升降脚手架

1. 特点

附着升降脚手架（爬模架）是指预先组装一定高度（一般为四个标准层）的脚手架，将其附着在建筑物的外侧，利用自身的提升设备，从下至上提升一层，施工一层主体；当主体施工完毕，再从上至下装修一层下降一层，直至将底层装修完毕。

附着升降脚手架通过承力构架（水平梁架及竖向主框架）采用附着支撑与建筑程结构连接，属侧向支承的悬空脚手架，架体的全部荷载通过附着支撑传给建筑结构。一般是架体的竖向荷载传给水平梁架，水平梁架以竖向主框架为支座，竖向主框架承受水平梁架的传力及主框架自身荷载，主框架通过附着支承传给建筑结构。

附着升降脚手架作为一种高空施工设施，如果设计或使用不当即存在着比较大的危险性，会导致发生脚手架坠落事故。凡未经过认证或认证不合格的，不准生产制造附着升降脚手架；使用附着提升脚手架的工程项目，必须向当地建筑安全监督管理机构登记备案，并接受监督检查。

2. 安全装置

（1）防坠装置　为防止脚手架在升降工况下发生断绳、折轴等意外故障造成的脚手架坠落事故，当脚手架意外坠落时能及时牢靠地将架体卡住，确保附着升降脚手架在升降过程中的安全。如楔块锁紧钢绞线的防坠装置，见图 6-49。

① 防坠装置应设在竖向主框架部位，提升设备处必须设一个。

② 防坠装置必须灵敏，其制动距离：对于整体式升降脚手架不大于 80mm，对于单片式升降脚手架不大于 150mm。

③ 防坠装置应有专门详细的检查方法和管理措施，以确保其工作可靠有效。

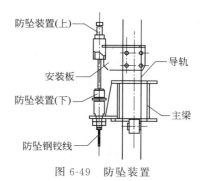

图 6-49　防坠装置

④ 防坠装置与提升设备必须分别设置在两套附着支承结构上，若有一套失效，另一套必须能独立承担全部坠落荷载。

（2）防倾装置　为了控制脚手架在升降过程中的倾斜度和晃动的程度，架体在两个方向（前后、左右）的晃动倾斜均不能超过 30mm。因此防倾装置应有足够的刚度，在架体升降过程中始终保持水平约束，确保升降状态的稳定性。

附着升降脚手架滑轮式防倾器，包括具有纵向内凹面的直杆形防倾轨道和防倾组件，防倾组件的结构如图 6-50 所示。

① 防倾装置必须与竖向主框架、附着支撑结构或建筑结构可靠连接。应用螺栓连接，不得采用钢管扣件或碗扣方式连接。

② 防倾装置的导向间隙应小于 5mm。

③ 在升降和使用工况下，位于在同一竖向平面的防倾装置均不得少于二处，并且其最上和最下一个防倾覆支承点之间的最小间距不得小于架体全高的 1/3。

（3）同步和荷载控制装置　同步及荷载控制系统应通过控制各提升设备间的升降差、控制各提升设备的荷载来控制各提升设备的同步性，且应具备超载报警停机、欠载报警等功能。

控制脚手架在升降过程中，各机位应保持同步升降，当其中一台机位超过规定的数值时，同步装置即切断脚手架升降动力源停止工作，避免发生超载事故。要求相邻提升点的高差不大于 30mm，整体架最大升降差不得大于 80mm。

脚手架升降过程中，由于跨度不均、架体受力不均以及架体受阻、机械故障等各种原因造成各吊点受力不同步、机具超载，从而引发事故。限载预警装置，则可控制各吊点最大荷载达到设备额定荷载的 80％时报警，自动切断动力源。

（4）液压油缸安全锁　当因为停电（有意无意地）或者液压系统和液压缸功能故障，而必须保护人和机器安全的关键时刻，液压安全锁紧装置可以迅速可靠地将活塞杆固定在其锁定的位置，在问题解决之前，活塞杆被牢牢地固定在原位，而无须额外的能量供给。

3. 安全施工措施

《建筑施工附着升降脚手架安全技术规程》（DGJ 08—905—1999）、《建筑施工附着升降脚手架管理暂行规定》（建〔2000〕230 号）对安全措施有具体要求。

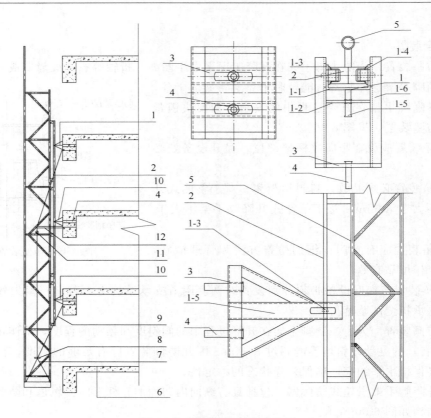

图 6-50　滑轮式防倾器示意图

1-1—防倾组件；1-2—防倾构造盒；1-3—固定滑轮连接板；1-4—滑轮；1-5—伸缩调节螺栓；
1-6—支架；2—防倾轨道；3—与建筑物连接板；4—穿墙螺栓；5—附着升降脚手架内
立杆；6—标准层楼面；7—承力吊件；8—夹钳防坠器；9—承力斜拉杆；10—滑轮
式防倾器；11—电动升降机；12—承力钢梁

（1）附着升降脚手架的安装及升降作业人员属特种作业人员，操作人员均应体检合格、无恐高症、精神正常，经过安全操作培训与考核后，持操作证方可上岗操作。

（2）安装前必须严格检查穿墙螺栓孔位置，孔位允许偏差±10mm，孔径允许偏差±3mm。

（3）附墙作业必须在结构混凝土强度达到 10MPa 以上，并由主任工程师下达爬升批准书后进行。附着升降脚手架属高危险作业，在安装、升降、拆除时，应划定安全警戒范围，并设专人监督检查。脚手架升降过程要有专人指挥、协调。施工时脚手架严禁超载，物料堆放要均匀，避免荷载过于集中。

（4）初次安装完毕后，由项目部工程部组织安全、生产、技术人员，验收合格并签字后，方可投入正常使用；附着升降脚手架每次爬升前，检查合格后，必须填写爬架爬升前安全检查记录；施工期间，加强检查。

（5）脚手架升降时人员不能站在脚手架上面，升降到位后也不能立即上人，必须把脚手架固定可靠，并达到上人作业的条件方可上人。架子升降时倒链的吊挂点应牢靠、稳固，每次升降前应取得升降许可证后方可升降。为防架子升降过程中意外发生，架子升降前应检查防坠器是否灵活正常。架子升降过程中，架子上的物品均应清除，除操作人员外，其他人员必须全部撤离。不允许夜间进行架子升降操作。

（6）附着升降脚手架搭设完毕或升降完毕后，应立即对该组架进行整体验收，特别是防坠、防倾装置必须灵敏可靠、齐全。经检查验收取得准用证后方可使用。

（7）结构施工时，施工荷载小于 $3kN/m^2$。采用大模板施工时，附着升降脚手架上只可吊放大模板和站人操作，严格控制施工荷载，不允许超载。严禁放置影响局部杆件安全的集中荷载，建筑垃圾应及时清理。

（8）架上高空作业人员必须佩带安全带和工具包，以防坠人坠物。

（9）脚手架只能作为操作架，不得作为施工外模板的支模架。禁止利用脚手架吊运物料、在脚手架上推车、在脚手架上拉结吊装线缆、任意拆除脚手架杆部件和附着支承结构、任意拆除或移动架体上的安全防护设施、塔吊起吊构件碰撞或扯动脚手架、其他影响架体安全的违章作业。

（10）附墙导向座在使用中不得少于四个，升降过程中不得少于三个；直线布置的架体支承跨度不应大于 8.0m，折线或曲线布置的架体支承跨度不应大于 5.4m；上下两导座之间距离必须大于 2.6m；端部架体的悬挑长度必须小于 3.0m，悬挑端应以导轨主框架为中心成对称设置斜拉杆，其水平夹角应大于 $45°$。

（11）脚手架每层必须满铺脚手板和踢脚板，架体外侧必须用密目安全网（≥800目/$100cm^2$）围挡，且必须可靠固定在架体上；架体底层的密封板必须铺设严密，且应用平网

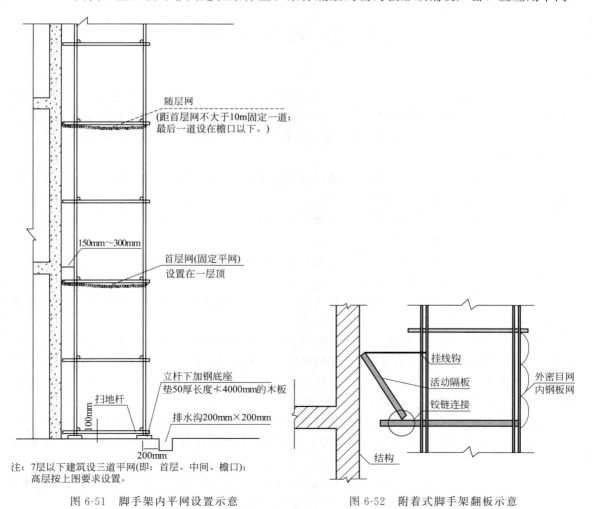

注：7层以下建筑设三道平网(即：首层、中间、檐口)；
　　高层按上图要求设置。

图 6-51　脚手架内平网设置示意　　　　　　图 6-52　附着式脚手架翻板示意

及密目安全网兜底（图 6-51）；特别是最底部作业层，宜采用活动翻板（底层脚手板在架体升降时可折起）将离墙空隙封严，以防止人和物料坠落，见图 6-52。

（12）在每一作业层架体外侧必须设置上、下两道防护栏杆（上杆高度 1.2m，下杆高度 0.6m）和挡脚板（高度 180mm）；升降架在安装、升降及拆除时应在地面设立围栏和警戒标志，并派专人把守，严禁一切人员入内。

（13）在脚手架上作业时，应注意随时清理堆放、掉落在架子上的材料，保持架面上规整清洁，不要乱放材料、工具，以免发生坠落伤人。

（14）使用过程中或在空中暂时停用时，应以一个月为周期，按《建筑施工附着升降脚手架安全技术规程》第 6.4.1 条中 1、2、3、7 项的要求作安全检查，不合格部位应立即整改。空中停用时间超过一个月后或遇六级以上（包括六级）大风后复工时，同样应进行检查，检查合格后方能投入使用。

（15）升降架若在相邻建筑物、构筑物防雷保护范围之外，则应安装防雷装置，防雷装置的冲击接电电阻值不得大于 30Ω。在每次升架前，必须将升降架架体和建筑物主体的连接钢筋断开，置于一边，然后再进行提升。提升到位后，再用连接圆钢筋把架体和主体结构竖向钢筋焊接起来。所有连接均应焊接，焊缝长度应大于接地线直径的 6 倍。

第三节　模　板　工　程

一、模板

随着高层、超高层建筑的发展，现浇结构数量越来越大，相应模板工程发生的事故也在增加，主要原因多发生在模板的支撑和立柱的强度及稳定性不够。模板工程的安全管理及安全有关技术方法，应遵守《建筑施工模板安全技术规范》（JGJ 162—2008）的要求。

1. 安装

① 安装模板时人员必须站在操作平台或脚手架上作业，禁止站在模板、支撑、脚手杆上、钢筋骨架上作业和在梁底模上行走。

② 安装模板必须按照施工设计要求进行，模板设计时应考虑安装、拆除、安放钢筋及浇捣混凝土的作业方便与安全。

③ 整体式钢筋混凝土梁，当跨度大于等于 4m 时，安装模板应起拱。当无设计要求时，可按照跨度的 1/1000～3/1000 起拱。

④ 单片柱模吊装时，应采用卡环和柱模连接，严禁用钢筋钩代替，防止脱钩。待模板立稳并支撑后，方可摘钩。

⑤ 安装墙模板时，应从内、外角开始，向相互垂直的两个方向拼装。同一道墙（梁）的两侧模板采用分层支模时，必须待下层模板采取可靠措施固定后，方可进行上一层模板安装。

⑥ 大模板组装或拆除时，指挥及操作人员必须站在可靠作业处，任何人不得随大模板起吊，安装外模板时作业人员应挂牢安全带。

⑦ 混凝土施工时，应按施工荷载规定严格控制模板上的堆料及设备，当采用人工小推车运输时，不准直接在模板或钢筋上行驶，要用脚手架钢管等材料搭设小车运输道，将荷载传递给建筑结构。

⑧ 当采用钢管、扣件等材料搭设模板支架时，实际上相当于搭设一钢管扣件脚手架，应由经培训的架子工指导搭设，并应满足钢管扣件脚手架规范的相关规定。

2. 使用

① 在模板上运输混凝土，必须铺设垫板，设置运输专用通道。走道垫板应牢固稳定。

② 走道悬空部分必须在两侧设置 1.2m 高防护栏及 300mm 高挡脚板。

③ 浇筑混凝土的运输通道及走道垫板，必须按施工组织设计的构造要求搭设。

④ 作业面孔洞防护，在墙体、平板上有预留洞时，应在模板拆除后随时在洞口上做好安全防护栏，或将洞口盖严。

⑤ 临边防护，模板施工应有安全可靠的工作面和防护栏杆。圈梁、过梁施工应设马凳或简易脚手架；垂直交叉作业上下应有安全可靠的隔离措施。

⑥ 在钢模板上架设的电线和使用的电动工具，应采用 36V 的低压电源或采取其他的有效安全措施。

⑦ 登高作业时，连接件必须放在箱内或工具袋中，严禁放在模板或脚手板上，扳手和各类工具必须系持在身上或置放于工具袋内以防掉落。

⑧ 钢模板用于高层建筑施工时，应有防雷措施。

3. 拆除

① 模板拆除必须经工程负责人批准和签字及对混凝土的强度报告试验单确认。

② 非承重侧模的拆除，应在混凝土强度达到 $2.5N/m^2$，并保证混凝土表面和楞角不受损坏的情况下进行。

③ 承重模板的拆除时间，应按施工方案的规定。当设计无具体要求时，《混凝土结构工程施工质量验收规范（2010 版）》（GB 50204—2002）中要求混凝土强度应符合表 6-5 的规定。

表 6-5　底模拆除时的混凝土强度要求

构件类型	构件跨度/m	达到设计的混凝土立方体抗压 强度标准值的百分率/%
板	≤2	≥50
	>2,≤8	≥75
	>8	≥100
梁、拱、壳	≤8	≥75
	>8	≥100
悬臂构件	—	≥100

④ 模板拆除顺序应按方案的规定，当混凝土强度达到拆模强度后，顺序进行。当无规定时，应按照先支的后拆、先拆非承模板后拆承重模板的顺序。应对已拆除侧模板的结构及其支承结构进行检查，确定结构有足够的承载能力后，方可拆除承重模板和支架。

⑤ 拆除较大跨度梁下支柱时，应先从跨中开始，分别向两端拆除。拆除多层楼板支柱时，应确认上部施工荷载不需要传递的情况下方可拆除下部支柱。

⑥ 当立柱大横杆超过两道以上时，应先拆除上两道大横杆，最下一道大横杆与立柱同时拆除，以保持立柱的稳定。

⑦ 钢模拆除应逐块进行，不得采用成片撬落方法，防止砸坏脚手架和将操作者摔伤。

⑧ 拆除模板作业必须认真进行，不得留有零星和悬空模板，防止模板突然坠落伤人。

⑨ 模板拆除作业严禁在上下同一垂直面上进行；大面积拆除作业或高处拆除作业时，应在作业范围设置围栏，并有专人监护。

⑩ 拆除模板、支撑、连接件严禁抛掷，应采取措施用槽滑下或用绳系下。

⑪ 拆除的模板、支撑等应分规格码放整齐，定型钢模板应清理后分类码放，严禁用钢模板垫道或临时作脚手板用。

⑫ 大模板存放应设专用的堆放架，保证其自稳角度，应面对面成对存放，防止碰撞或被大风刮倒。

二、设计

1. 基本要求

（1）原则要求

① 模板及支架必须符合的规定　保证工程结构和构件各部分形状尺寸和相互位置的正确；具有足够承载力、刚度和稳定性，能可靠的承受新浇混凝土的自重和侧压力及在施工过程中所增加的活荷载；构造简单、使用方便，并便于钢筋的绑扎和混凝土浇筑、养护等要求；模板接缝严密不应漏浆。

② 模板及支架设计应考虑的荷载　模板及支架自重、新浇筑混凝土自重、钢筋自重、施工人员及施工设备荷载、振捣混凝土时产生的荷载、新浇筑混凝土对模板侧面的压力、倾倒混凝土时产生的荷载、风荷载。

（2）模板荷载计算

① 荷载标准值

1）不变荷载　普通混凝土取 $24kN/m^3$，钢筋按图纸确定（一般可按楼板取 $1.1kN/m^3$、梁取 $1.5kN/m^3$），模板及支架荷载按表 6-6 确定。

表 6-6　模板及支架荷载　　　　　　　　　　　单位：kN/m^2

模板构件名称	木模板	定型组合钢模板
平板的模板及小楞的重量	0.3	0.5
楼板模板的重量(包括梁板的模板)	0.5	0.75
楼板模板及支架的重量(楼层高度为4m以下)	0.75	1.1

2）施工荷载　面板及小楞按 $2.5kN/m^2$ 均布荷载及 $2.5kN$ 集中荷载计算最大值，支架立柱按 $1.0kN/m^2$ 计算。

3）振捣荷载　侧立模取 $4kN/m^2$，平模取 $2kN/m^2$。

4）倾倒混凝土产生的水平荷载　料斗容量小于等于 $0.2m^3$ 的按 $2kN/m^2$，料斗容量小于 $0.2m^3$ 且大于等于 $0.8m^3$ 的按 $4kN/m^2$，料斗容量大于 $0.8m^3$ 的按 $6kN/m^2$。

② 荷载组合　计算不同项目时考虑不同荷载组合，具体见表 6-7。

表 6-7　荷载组合种类

模板类别	参与组合的荷载项	
	承载能力	验算刚度
平板、薄壳的模板及支架	①+②+③+④	①+②+③
梁、板模板的底板及支架	①+②+③+⑤	①+②+③
梁、拱、柱(边长≤300mm)、墙(厚≤100mm)的侧面模板	⑤+⑥	⑥
大体积结构、柱(边长>300mm)、墙(厚>100mm)的侧面模板	⑥+⑦	⑥

注：① 为模板及支架自重，② 为新浇混凝土自重，③ 为钢筋自重，④ 为施工人员及设备自重，⑤ 为振捣混凝土荷载，⑥ 为混凝土对模板侧压力，⑦ 为倾倒荷载

2. 模板（扣件钢管架）设计计算

（1）支架立杆的计算　当支模立杆采用钢管扣件材料时，立杆的轴向压力设计值、稳定性计算，照相同材料的脚手架立杆的计算公式计算。

模板支架立杆的计算长度 l_0，应按下式计算

$$l_0 = h + 2a \qquad\qquad (6\text{-}19)$$

式中　h——支架立杆的步距；

　　　a——支架立杆伸出顶层大横杆至模板支撑点的长度。

（2）立杆的压缩变形值与在自重和风荷载作用下的抗倾覆计算　应符合《混凝土结构工程施工质量验收规范 2010 版》的有关规定。

（3）构造要求

① 立柱底部应垫实木板，并在纵横方向设置扫地杆。

② 立柱底部支承结构必须能够承受上层荷载。当楼板强度不足时，下层的立柱不得提前拆除，同时应保持上层立柱与下层立柱在一条垂直线上。

③ 立柱高实在 2m 以下的，必须设置一道大横杆，保持立柱的整体稳定性；当立柱高度大于 2m 时，应设置多道大横杆，步距为 1.8m。

④ 满堂红模板支柱的大横杆应纵横两个方向设置，同时每隔 4 根立杆设置一组剪刀撑，由底部至顶部连续设置。

⑤ 立柱的间距由计算确定。当使用钢管扣件材料的，间距一般不大于 1m，立柱的接头应错开，不在同一步距内和竖向接头间中大于 50cm。

⑥ 为保持支模系统的稳定，应将支架的两端和中间部分与建筑结构进行连接。

【本章小结】

介绍高处作业中三宝、四口、五临边、攀爬、悬挂等的防护措施；使学生掌握脚手架工程中脚手架的制作、使用安全技术要求，各类脚手架的基本设计方法；使学生掌握模板工程中模板的安拆安全及技术要求，模板的基本设计方法；了解拆除工程的特点和安全施工要求。

通过本章学习，学生应掌握施工现场高处作业的安全技术要求和防护措施，脚手架及模板工程的安全施工管理。

【关键术语】

高处作业、三宝、四口五临边、脚手架、脚手板、水平杆、立杆、连墙件、剪刀撑、扫地杆、脚手架搭拆、模板、模板支撑

【实际操作训练或案例分析】

高处坠落事故发生的 11 种主要原因

（1）违章指挥、违章作业、违反劳动纪律的"三违"行为。主要表现如下。

① 指派无登高架设作业操作资格的人员从事登高架设作业，比如项目经理指派无架子工操作证的人员搭拆脚手架即属违章指挥；

② 不具备高处作业资格（条件）的人员擅自从事高处作业，根据《建筑安装员工安全技术操作规程》有关规定，从事高处作业的人员要定期体检，凡患高血压、心脏病、贫血病、癫痫病以及其他不适合从事高处作业的人员不得从事高处作业。

（2）未经现场安全人员同意擅自拆除安全防护设施。比如砌体作业班组在做楼层周边砌体作业时，擅自拆除楼层周边防护栏杆即为违章作业。

（3）不按规定的通道上下进入作业面，而是随意攀爬阳台、吊车臂架等非规定通道。

（4）拆除脚手架、井字架、塔吊或模板支撑系统时，无专人监护且未按规定设置足够的防护措施。

（5）高空作业时不按劳动纪律规定穿戴好个人劳动防护用品（安全帽、安全带、防滑鞋）等。

（6）注意力不集中，作业或行动前不注意观察周围的环境是否安全而轻率行动。比如没有看到脚下的脚手板是探头板或已腐朽的板而踩上去坠落造成伤害事故，或者误进入危险部位而造成伤害事故。

（7）施工现场安全生产检查、整改不到位。表现为施工现场安全防护设施已损坏而没有及时修复，高处作业人员不按规定佩戴安全防护用品而无人管，高处作业人员不执行高处作业的措施无人监督管理等。

（8）高处作业的安全防护设施的材质强度不够、安装不良、磨损老化等。主要表现如下。

① 用作防护栏杆的钢管、扣件等材料因壁厚不足、腐蚀、扣件不合格而折断、变形失去防护作用；

② 吊篮脚手架钢丝绳因摩擦、锈蚀而破断导致吊篮倾斜、坠落而引起人员坠落；

③ 施工脚手板因强度不够而弯曲变形、折断等导致其上人员坠落；

④ 因其他设施设备（手拉葫芦、电动葫芦等）破坏而导致相关人员坠落。

（9）劳动防护用品缺陷。主要表现为安全帽、安全带、安全绳、防滑鞋等用品，因内在缺陷而破损、断裂、失去防滑功能。有的单位贪图便宜，而不管产品是否有生产许可证、产品合格证，劳动防护用品本身质量就存在问题，根本起不到安全防护作用。

（10）露天流动作业使临边、洞口、作业平台等处的安全防护设施的自然腐蚀、人为损坏频率增加，隐患增加。

（11）特殊高处作业的存在使高处坠落的危险性增大。比如强风高处作业、异温高处作业、雪天高处作业、雨天高处作业、夜间高处作业等特殊高处作业。

高处作业工程施工人员安全要求

① 凡参加高处作业人员必须经医生体检合格，方可进行高处作业。对患有精神病、癫痫病、高血压、视力和听力严重障碍的人员，一律不准从事高处作业。

② 登高架设作业（如架子工、塔式起重机安装拆除工等）人员必须进行专门培训，经考试合格后，持劳动安全监察部门核发的《特种作业安全操作证》，方准上岗作业。

③ 凡参加高处作业人员，应在开工前进行安全教育，并经考试合格。

④ 参加高处作业人员应按规定要求戴好安全帽、扎好安全带，衣着符合高处作业要求，穿软底鞋，不穿带钉易滑鞋，并要认真做到"十不准"：一不准违章作业；二不准工作前和工作时间内喝酒；三不准在不安全的位置上休息；四不准随意往下面扔东西；五严重睡眠不

足不准进行高处作业；六不准打赌斗气；七不准乱动机械、消防及危险用品用具；八不准违反规定要求使用安全用品、用具；九不准在高处作业区域追逐打闹；十不准随意拆卸、损坏安全用品、用具及设施。

⑤ 高处作业人员随身携带的工具应装袋精心保管，较大的工具应放好、放牢，施工区域的物料要放在安全不影响通行的地方，必要时要捆好。

⑥ 施工人员要坚持每天下班前清扫制度，做到工完料净场地清。

⑦ 吊装施工危险区域，应设围栏和警告标志，禁止行人通过和在起吊物件下逗留。

⑧ 夜间高处作业必须配备充足的照明。

⑨ 必须认真执行有关安全设施标准化的规定，并要与施工进度保持同步。如果不能与进度同步再好的安全设施也无济于事。

⑩ 尽量避免立体交叉作业，立体交叉作业要有相应的安全防护隔离措施，无措施严禁同时进行施工。

⑪ 高处作业前应进行安全技术交底，作业中发现安全设施有缺陷和隐患必须及时解决，危及人身安全时必须停止作业。

⑫ 在高处吊装施工时，密切注意、掌握季节气候变化，遇有暴雨、6级及以上大风、大雾等恶劣气候，应停止露天作业，并做好吊装构件、机械等稳固工作。

⑬ 盛夏做好防暑降温，冬季做好防冻、防寒、防滑工作。

⑭ 高处作业必须有可靠的防护措施。如悬空高处作业所用的索具、吊笼、吊篮、平台等设备设施均需经过技术鉴定或检验后方可使用。无可靠的防护措施绝不能施工。特别在特定的较难采取防护措施的施工项目，更要创造条件保证安全防护措施的可靠性。在特殊施工环境安全带没有地方挂，这时更需要想办法使防护用品有处挂，并要安全可靠。

⑮ 高处作业中所用的物料必须堆放平稳，不可置放在临边或洞口附近，对作业中的走道、通道板和登高用具等，必须随时清扫干净。拆卸下的物料、剩余材料和废料等都要加以清理及时运走，不得任意乱置或向下丢弃。各施工作业场所内凡有可能坠落的任何物料，都要一律先行撤除或者加以固定，以防跌落伤人。

⑯ 实现现场交接班制度，前班工作人员要向后班工作人员交代清楚有关事项，防止盲目作业发生事故。

⑰ 认真克服管理性违章。

【习题】

针对下面各种习惯性违章的表现，给出纠正方法。

1. 把安全带挂在不牢固的物件上

举例：有的工人在高处作业时，安全意识淡薄，不注意检查，随意将安全带挂在不牢固的物件上。如果人员从高处坠落，安全带就起不到保护作用，而发生人员伤亡。

2. 高处作业不使用工具装

举例：高处作业时，有的工人嫌麻烦，不使用工具袋，工具随便放置，极易导致高处坠物伤人事故。

3. 使用吊篮工作时不使用安全带

举例：有的工人认为站在吊篮里工作安全，因而不使用安全带，如果吊篮发生故障坠落，人也同吊篮一起坠落而受伤害。

4. 高处作业时，传运跳板不系安全绳

举例：在炉膛内搭设脚手架，一名工人站在 46.6m 高处，由 1/9 轴走台往 1/10 轴方向传运跳板。由于方法不当，跳板未用绳索拴系，另一名工人在接时跳板滑落，将零米地面一名工人击伤。

5. 骑在跳板的端头撤跳板

举例：工作结束后，在撤除高处水泥盖板与平台组件之间的跳板时，有的工作人员不扎安全带，骑在跳板端头往回撤跳板，使跳板一端的平台组件滑下，跳板撅起，人同跳板一同滑落于地面，造成人员伤亡。

6. 在高处平台上倒退着行走

举例：在高处平台作业时，有的工作人员手拿氧气带和乙炔带割把，倒退着行走，只注意观察手拿的物品不被刮住，却忽视观察身后的预留口，导致失足坠落，造成伤害。

7. 擅自使用有缺陷的吊篮作业

举例：有的工人在作业中，不经批准，不做检查，擅自使用吊篮，进入吊篮后不挂安全带即起升。当吊篮升入高处时，因一端钢丝绳缺少一个卡扣而脱落，使一端垂落，将吊篮内的工人抛出坠落死亡。

8. 自做卡凳，未采取防滑措施

举例：在安装门窗时，有的工作人员自做两个高 1.9m 的卡凳，然后铺跳板，站在上面工作。由于未采取防滑措施，混凝土地面上滑动，作业人员跌落摔伤。

9. 随意移动孔洞盖板，坠落伤身

举例：有的作业人员为了图省事，移开孔洞盖板抛扔垃圾。当两人相向抬起盖板移动，后面的人一脚踩空，从孔洞坠落。

10. 用绳索溜放木脚手杆时，大头朝下绑扎不当

举例：某施工现场用小绳溜放一根 10 余米长的木脚手杆时，让脚手杆大头朝下，因绑扎方法不当，绳扣逐渐移向小头松脱以至无法控制，使脚手杆从 20m 高处掉下，将下面收拾工具的人员砸伤。

第七章　建筑施工现场开挖作业安全技术与管理

【本章教学要点】

知识要点	相关知识
土石方作业	挖填方、放坡、基坑排降水方法，斜坡、滑坡地段特点，土方机械作业，边坡防护种类及特点
基坑支护	放坡的要求、边坡稳定，支护的荷载种类、传递和组合，常见支护的基本构造和设计方法
桩基工程	人工挖孔桩及机械入土桩施工

【本章技能要点】

技能要点	应用方向
土石方	掌握挖填方的一般规定及安全措施，熟悉土方边坡的放坡方法。了解基坑排降水的基本要求
支护	掌握基坑工程中边坡稳定及支护的安全技术，了解简单基坑支护种类、要求、设计计算
桩基施工	了解人工挖孔桩、机械入土桩的施工安全要求等

【导入案例】

塌方事故之一

某施工现场基坑边坡护坡失效（如例图 7-1）

例图 7-1　边坡护坡毁坏

事故原因：明沟排水与方案不符，原方案为 200mm 水管排水；设计放坡 1：0.5，面层喷 5cm 厚混凝土内设双向 200mm 钢丝网；相当于自然放坡，坡度无依据。

塌方事故之二

某工程基坑护壁用土钉墙破坏（如例图 7-2）。

例图 7-2 土钉支护失效

事故原因：上层滞水未疏干（两层滞水）；冬季施工混凝土强度不够，反复冻融；土钉与面板连接点强度不够；面板钢筋网放置位置不合理。

塌方事故之三

某工程基坑土锚支护破坏（如例图 7-3）。

例图 7-3 坑内积水

事故原因：排水不合理；每步超挖；位移检测只有顶面无其他侧面；面板钢筋网放置位置不合理，施工工艺不合理；对基坑及护壁的水未引起重视。

第一节 土石方与降水施工

建筑施工中，土石方工程施工安全应执行《建筑施工土石方工程安全技术规范》（JGJ 180—2009）。

一、挖填方的一般规定及安全措施

1. 土的分类

土石按坚硬程度（即施工开挖难易程度不同）分为两大类及八个分类，以便选择施工方法和确定劳动量，为计算劳动力、机具及工程费用提供依据。它们分别为松软土、普通土、坚土、砂砾坚土、软石、次坚石、坚石、特坚石，前四种是土，后四种是石。

2. 挖方一般安全措施

用各种施工方法（机械的、爆破的或人工的）挖除一部分土石，使其形成设计要求规格的建筑物，或腾出空间以坐落建筑物基础，这样的工程称之为挖方。

在挖方工程中，从地表向下开挖，形成上部开口的具有一定形状的基坑的挖方，叫做明挖，也称露天开挖；在地表以下一定深度处进行开挖，形成一定形状断面的挖方，叫做洞挖或地下工程开挖。

（1）施工人员必须按安全技术交底要求进行挖掘作业。

（2）土方开挖前必须做好降（排）水，防止地表水、施工用水和生活废水侵入施工场地，基坑积水影响基坑土体结构或冲刷边坡。

（3）挖土应从上而下逐层挖掘，土方开挖应遵循"开槽支撑，先撑后挖，层层分挖，严禁掏（超）挖"的原则，见图 7-1。

图 7-1　挖土操作违章掏挖

（4）开挖坑（槽）沟深度超 1.5m 时，必须根据土质和深度放坡或加可靠支撑。挖土时要注意土壁的稳定性，发现有裂缝渗水或支撑断裂、移位或部分塌方等现象及倾塌可能时，必须采取果断措施，将人员撤离，并立即报告施工负责人及时采取有效措施，排除隐患确保安全，待险情排除后方可继续作业。

（5）人工挖土，前后操作人员间距离不应小于 2～3m，禁止面对面进行挖掘作业。用十字镐挖土时，禁止戴手套，以免工具脱手伤人。

（6）每日或雨后必须检查土壁及支撑稳定情况，在确保安全的情况下继续工作，并且不得将土和其他物品堆在支撑上，不得在支撑下行走或站立。

（7）机械挖土，起动前应检查离合器、钢丝绳等，经空车试运转正常后再开始作业。机械操作中进铲不应过深，提升不应过猛。挖土机械不得在施工中碰撞支撑，以免引起支撑破坏或拉损。

（8）机械不得在输电线路下工作，应在输电线路一侧工作，不论在任何情况下，机械的任何部位与架空输电线路的最近距离应符合安全操作规程要求。

（9）机械应停在坚实的地基上，如基础过差，应采取走道板等加固措施；不得将挖掘机履带与挖空的基坑平行距离 2m 内停、驶，运土汽车不宜靠近基坑平行行驶，防止塌方翻车。

（10）地下电缆两侧 1m 范围内应采用人工挖掘。

（11）配合机械挖土、平地修坡等作业时，工人不准在机械回转半径下工作。

（12）向汽车上卸土应在汽车停稳定后进行，禁止铲斗从汽车驾驶室上空越过。

（13）场内道路应及时整修，确保车辆安全畅通，各种车辆应有专人负责指挥引导。车辆进出门口的人行道下，如有地下管线（道）必须铺设厚钢板，或浇捣混凝土加固。

（14）基坑开挖前，必须摸清基坑下的管线排列和地质开采资料，以利考虑开挖过程中的意外应急措施（流砂等特殊情况）。

（15）土方深度超过 2m 时，基坑四周必须设置 1.5m 高的护栏，危险处夜间设红色警示灯。要设置一定数量的人员上下临时通道或爬梯。严禁在坑壁上掏坑攀登上下。

（16）清坡清底人员必须根据设计标高作好清底工作，不得超挖。如果超挖不得将松土回填，以免影响地基的质量。

（17）开挖出的土方，要严格按照组织设计堆放，不得堆于基坑外沿，并且高度不得超过 1.5m。坑（槽）沟边 1m 以内不准堆土、堆料、不准停放机械。以免引起地面堆载超荷引起土体位移、板桩位移或支撑破坏。

（18）在电杆附近挖土时，对于不能取消的拉线地垄及杆身，应留出土台。土台半径为：电杆 1.0～1.5m，拉线 1.5～2.5m，并视土质决定边坡坡度。土台周围应插标杆示警。

（19）在公共场所如道路、城区、广场等处进行开挖土方作业时，应在作业区四周设置围栏和护板，设立警告标志牌，夜间设红灯示警。

（20）挖掘土方作业时，如遇有电缆、管道、地下埋设物或辨识不清的物品，应立即停止作业，设专人看护并立即向施工负责人报告，不得擅自处理。

3. 回填土工程

（1）装载机作业范围不得有人平土。

（2）打夯机工作前，应检查电源线是否有缺陷和漏电，机械运转是否正常，机械是否装置电开关保护，按"一机一开关"安装，机械不准带病运转，手持电动工具操作人员应穿绝缘鞋、戴绝缘手套，并有专人负责电源线的移动。

（3）基坑（槽）的支撑，应按回填的速度、施工组织设计及要求依次拆除，即填土时应从深到浅分层进行，填好一层拆除一层，不能事先将支撑拆掉。

（4）施工作业时，应正确佩戴安全帽，杜绝违章作业。

二、基坑排降水

基坑内应设置明沟和集水井，以排除暴雨和其他突然而来的明水倒灌，基坑边坡视需要可覆盖塑料布，应防止大雨对土坡的侵蚀。膨胀土场地应在基坑边缘采取抹水泥地面等防水措施，封闭坡顶及坡面，防止各种水流（渗）入坑壁。不得向基坑边缘倾倒各种废水并应防止水管泄露冲走支护桩的桩间土。软土基坑、高水位地区应做截水帷幕，应防止单纯降水造成基土流失。截水结构的设计，必须根据地质、水文资料及开挖深度等条件进行，截水结构必须满足隔渗要求，且支护结构必须满足变形要求。

在降水井点与重要建筑物之间宜设置回灌井（或回灌沟），在基坑降水的同时，应沿建筑物地下回灌，保持原地下水位，或采取减缓降水速度等措施，控制地面沉降。

1. 排降水方法

（1）排水方法

① 明沟　坑（槽）开挖时，为排除渗入坑（槽）的地下水和流入坑（槽）内的地面水，一般可采用明沟排水。适用于少量地下水的排除，以及槽内的地表水和雨水的排除；对软土或土层中含有细砂、粉砂或淤泥层，不宜采用这种方法。

明沟排水是将流入坑（槽）内的水，经排水沟将水汇集到集水井，然后用水泵抽走的排水方法，如图 7-2 所示。

当坑（槽）开挖到接近地下水位时，先在坑（槽）中央开挖排水沟，使地下水不断地流入排水沟，再开挖排水沟两侧土。如此一层层挖下去，直至挖到接近槽底设计高程时，将排水沟移至沟槽一侧或两侧，如图7-3所示。

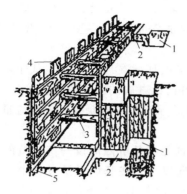

图7-2　明沟排水系统

1—排水井；2—进水口；3—横撑；

4—竖撑板；5—排水沟

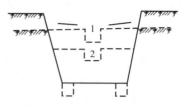

图7-3　排水沟开挖示意

排水沟的断面尺寸，应根据地下水量及沟槽的大小来决定，一般排水沟的底宽不小于0.3m，排水沟深应大于0.3m，排水沟的纵向坡度不应小于1‰～5‰，且坡向集水井。若在稳定性较差的土壤中，可在排水沟内埋设多孔排水管，并在周围铺卵石或碎石加固，也可在排水沟内设支撑。

② 集水井　集水井排水法是使地下水自然地流入到设置在较开挖面较低之集水井内，而后利用抽水机抽出排至外面。

集水井一般设在管线一侧或设在低洼处，以减少集水井土方开挖量；为便于集水井集水，应设在地下水来水方向上游的坑（槽）一侧，同时在基础范围以外。通常集水井距坑（槽）底应有1～2m的距离。集水井直径或宽度，一般为0.7～0.8m，集水井底与排水沟底应有一定的高差，一般开挖过程中集水井底始终低于排水沟底0.7～1.0m，当坑（槽）挖至设计标高后，集水井底应低于排水沟底1～2m，见图7-4。集水井间距应根据土质、地下水量及水泵的抽水能力确定，一般间隔50～150m设置一个集水井。一般

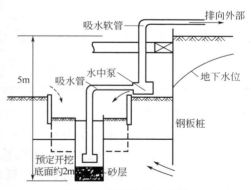

图7-4　集水井排水示意

都在开挖坑（槽）之前就已挖好。集水井井底还需铺垫约0.3m厚的卵石或碎石组成反滤层，以免从井底涌入大量泥砂造成集水井周围地面塌陷。

为保证集水井附近的槽底稳定，集水井与槽底有一定距离，在坑（槽）与集水井间设进水口，进水口的宽度一般为1～1.2m。为了保证进水口的坚固，应采用木板、竹板支撑。

排水沟、进水口需要经常疏通，集水井需要经常清除井底的积泥，保持必要的存水深度以保证水泵的正常工作。

（2）降水方法　在土方开挖过程中地下水渗入坑内，不但会使施工条件恶化，而更严重的是会造成边坡塌方和地基承载能力下降。因此在基坑土方开挖前和开挖过程中，必须采取措施降低地下水位。降低地下水位的方法主要有集水井降水法和井点降水法。

① 集水井降水法　集水井应设置在基础范围以外，地下水走向的上游。集水井数量根据地下水量大小、基坑平面形状及水泵能力，集水井每隔20～40m设置一个。集水坑的直径或宽度，一般为0.6～0.8m；其深度随着挖土的加深而加深，要经常低于挖土面0.7～1.0m。

井壁可用竹、木或钢筋笼等简易加固。当基坑挖至设计标高后，井底应低于坑底1～2m，并铺设碎石滤水层，以免在抽水时将泥砂抽出，并防止井底的土被搅动。

在建筑工地上，排水用的水泵主要有：离心泵、潜水泵和软轴水泵等。根据流量和扬程等参数选用。

② 井点降水法　井点降水法就是在基坑开挖前，预先在基坑四周设一定数量的滤水管（井），利用抽水设备从中抽水，使地下水位降落到坑底以下；在基坑开挖过程中仍不断抽水，可使开挖的土始终防止流沙发生，避免了地基隆起，改善了工作条件；土内含水量降低后，边坡可以陡一些以减少挖土量；还可以加速地基土的固结，保证地基土的承载力和稳定。

井点降水法有轻型井点、喷射井点、管井井点、深井井点及电渗井点等，适用范围见表7-1。可根据土的渗透系数、降低水位的深度、工程特点及设备条件等选用。

表7-1　各种井点的适用范围

井点类型	渗透系数/(m/d)	降低水位深度/m
单层轻型井点	0.1～50	3～6
多层轻型井点	0.1～50	6～12
喷射井点	0.1～20	8～20
电渗井点	<0.1	根据选用的井点确定
管井井点	20～200	根据选用的水泵确定
深井井点	10～250	>15

2. 降排水安全要求

（1）开挖低于地下水位的基坑（槽）、管沟和其他挖方时，应根据施工区域内的工程地质、水文地质资料、开挖范围和深度以及防坍、防陷、防流砂的要求，分别选用集水坑降水、井点降水或两者结合降水等措施降低地下水位，施工期间应保证地下水位经常低于开挖底面1.5m以上。

（2）在软土地区开挖时，施工前需要做好地面排水和降低地下水位的工作，若为人工降水时，要降至坑底0.5～1.0m时方可开挖。采用明排水时可不受此限。

（3）采用集水坑降水时，应符合下列要求。

① 根据现场地质条件，应能保持开挖边坡的稳定；

② 集水井和集水沟一般应设在基础范围以外，防止地基土结构遭受破坏，大型基坑可在中间加设小支沟与边沟连通；

③ 集水井应比集水沟、基坑底面深一些，以利于集排水；

④ 集水井深度以便于水泵抽水为宜，井壁可用竹筐、钢筋网外加碎石过滤层等方法加以围护，防止堵塞抽水泵；

⑤ 排泄从集水井抽出的泥水时，应符合环境保护要求；

⑥ 边坡坡面上如有局部渗出地下水时，应在渗水处设置过滤层，防止土粒流失，并应设置排水沟，将水引出坡面；

⑦ 土层中如有局部流砂现象，应采取防止措施。

（4）采用井点降水时，应根据含水层土的类别及其渗透系数、要求降水深度、工程特点、施工设备条件和施工期限等因素进行技术经济比较，选择适当的井点装置。

当含水层的渗透系数小于 5m/昼夜，且不是碎石类土时，宜选用轻型井点和喷射井点（如渗透系数小于 0.1m/昼夜时，宜增加电渗装置），当含水层渗透系数 20m/昼夜时，宜选用管井井点装置；当含水层渗透系数为 5～20m/昼夜时，上述井点装置均可选用。

（5）降水前，应考虑在降水影响范围内的已有建筑物和构筑物可能产生附加沉降、位移或供水井水位下降，以及在岩溶土洞发育地区可能引起的地面塌陷，必要时应采取防护措施。在降水期间，应定期进行沉降和水位观测并作出记录。

（6）在第一个管井井点或第一组轻型井点安装完毕后，应立即进行抽水试验，如不符合要求时，应根据试验结果对设计参数作适当调整。

（7）采用真空泵抽水时，管路系统应严密，确保无漏水或漏气现象，经试运转后方可正式使用。

（8）降水期间，应经常观测并记录水位，以便发现问题及时处理。

（9）井点降水工作结束后所留的井孔，必须用砂砾或黏土填实。如井孔位于建筑物或构筑物基础以下，且设计对地基有特殊要求时，应按设计要求回填。

（10）在地下水位高而采用板桩作支护结构的基坑内抽水时，应注意因板桩的变形、接缝不密或桩端处透水等原因而渗水量大的可能情况，必要时应采取有效措施堵截板桩的渗漏水，防止因抽水过多使板桩外的土随水流入板桩内，从而淘空板桩外原有建（构）筑物的地基，危及建（构）筑物的安全。

（11）开挖采用平面封闭式地下连续墙作支护结构的基坑或深基坑之前，应尽量将连续墙范围内的地下水排除，以利于挖土。发现地下连续墙有夹泥缝或孔洞漏水的情况，应及时采取措施加以堵截补漏，以防止墙外泥（砂）水涌入墙内，危及墙外原有建（构）筑物的基础。

第二节　基坑开挖与支护

一、基坑开挖

1. 浅基坑（槽）和管沟挖方与放坡

（1）安全措施要求

① 施工中应防止地面水流入坑、沟内，以免边坡塌方。

② 挖掘基坑时，当坑底无地下水，坑深在 5m 以内，且边坡坡度符合表 7-2 规定时，可不加支撑。

表 7-2　边坡坡度最大限值

土性质	砂土、回填土	粉土、砾石土	粉质黏土	黏土	干黄土
在坑沟底挖方	1000△750	1000△500	1000△330	1000△250	1000△100
在坑沟上边挖方	1000△1000	1000△750	1000△750	1000△750	1000△330

③ 土壁天然冻结，对施工挖方的工作安全有利。在深度 4m 以内的基坑（槽）开挖时，允许采用天然冻结法垂直开挖而不加设支撑。但在干燥的砂土中应严禁采用冻结法施工。

（2）土方直立壁开挖深度计算

土方最大直壁开挖高度按下式计算

$$h_{\max} = \frac{2c}{\gamma k \tan\left(45° - \dfrac{\phi}{2}\right)} - \frac{q}{\gamma} \tag{7-1}$$

式中 $h_{\max}$——土方最大直壁开挖高度；

γ——坑壁土的重度，kN/m^3；

ϕ——坑壁土的内摩擦角，（°）；

c——坑壁土黏聚力，kN/m^2；

k——安全系数（一般用 1.25）；

q——坑顶沿的均布荷载，kN/m^2。

2. 深基坑挖方与放坡

（1）安全措施要求

① 深基坑施工前，作业人员必须按照施工组织设计及施工方案组织施工。深基坑挖土时，应按设计要求放坡或采取固壁支撑防护。

② 深基坑施工前，必须掌握场地的工程环境，如了解建筑地块及其附近的地下管线、地下埋设物的位置、深度等。

③ 雨期深基坑施工中，必须注意排除地面雨水防止倒流入基坑，同时注意雨水的渗入使土体强度降低、土压力加大，造成基坑边坡坍塌事故。

④ 基坑内必须设置明沟和集水井，以排除暴雨形成的积水。

⑤ 严禁在边坡或基坑四周超载堆积材料、设备以及在高边坡危险地带搭建工棚。

⑥ 施工道路与基坑边的距离应满足要求，以免对坑壁产生扰动。

⑦ 深基坑四周必须设置 1.2m 高牢固可靠的防护围栏，底部应设置踢脚板，以防落物伤人。

⑧ 深基坑作业时，必须合理设置上下行人扶梯或搭设斜道等其他形式通道，扶梯结构牢固，确保人员上下方便。禁止蹬踏固壁支撑或在土壁上挖洞蹬踏上下。

⑨ 基坑内照明必须使用 36V 以下安全电压，线路架设符合施工用电规范要求。

⑩ 土质较差且施工工期较长的基坑，边坡宜采用钢丝网、水泥或其他材料进行护坡。

⑪ 当挖土深度超过 5m 或发现有地下水以及土质发生特殊变化等情况时，应根据土的实际性能计算其稳定性，再确定边坡坡度。

（2）基坑安全边坡计算

挖方安全边坡按下式计算：

$$h = \frac{2c \cdot \sin\theta \cdot \cos\phi}{\gamma \sin^2 \dfrac{\theta - \phi}{2}} \tag{7-2}$$

式中 θ——土方边坡角度，（°）。

3. 坑边防护

（1）深度大于 2m 的基坑施工，其临边应设置防止人及物体滚落基坑的安全防护措施，必要时应设置警告标志，配备监护人员，夜间施工在作业区应设置信号灯。

（2）基坑临边防护的一般做法（图 7-5）：毛竹横杆小头直径应不小于 70mm，栏杆柱小头直径应不小于 80mm，并需用不小于 16 号的镀锌钢丝绑扎，应不少于 3 圈并无泻滑，其立柱间距应小于或等于 2m；钢管横杆及栏杆柱均采用 A48×3.5mm 的钢管，以扣件或电焊固定。

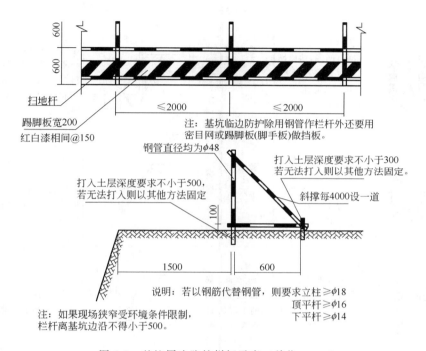

图 7-5　基坑周边防护栏杆示意（单位：mm）

（3）基坑临边防护栏杆应由上、下两道横杆及栏杆柱组成。上杆离地高度为 1～1.2m，下杆离地高度为 0.5～0.6m。

（4）在基坑四周的钢管防护栏杆固定时，可采用钢管打入地面 50～70cm 深，钢管离坑边的距离最小 50cm。当基坑周边采用板桩时，钢管可打在板桩外侧。

（5）防护栏杆必须用密目网自上而下全封闭挂设或设 300mm 高的挡脚板。

二、基坑支护

基坑支护是指在基础施工过程中，常因受场地的限制不能放坡而对基坑土壁采取的护壁桩、地下连续墙、土层锚杆、大型工字钢支撑等边坡支护方法，及在土方开挖和降水方面采取的措施。支护不但必须保障基础工程的顺利进行，还应做到周围的建筑、道路、管线等不受土方工程施工的影响。

1. 支护类型

（1）浅基坑（槽）支撑　一般我们把深度在 5m 以内的基坑（槽），称为浅基坑（槽）。采用的支撑形式见表 7-3。

表 7-3 浅基坑（槽）支撑形式

名称	支撑简图	支撑方法	适用范围	名称	支撑简图	支撑方法	适用范围
间断式水平支撑		两侧挡土板水平，用撑木加木楔顶紧，挖一层支顶一层	干土、天然湿度的黏土类，深度2m以内	锚拉支撑		挡土板水平顶在柱桩内侧，柱桩下端打入土中上端用拉杆与远处锚桩拉紧，挡土板内侧回填土	较大基坑、使用较大机械挖土，而不能安装横撑时
断续式水平支撑		挡土板水平，中间有间隔，两侧同时对称立竖方木，用工具式槽撑上下顶紧	湿度较小的黏性土，深度小于3m	斜柱支撑		挡土板水平钉在柱桩内侧，柱桩外侧用斜撑支牢，斜撑底端顶在撑桩上，挡土板内侧回填土	较大基坑、使用较大机械挖土，而不能用锚拉支撑时
连续式水平支撑		挡土板水平、靠紧，两侧对称立竖方木，上下各顶一根撑木，端头用木楔顶紧	较湿或散体的土，深度小于5m	短柱横隔支撑		短木桩一半打入土中，地上部分内侧钉水平挡土板，挡土板内侧回填土	较大宽度基坑，当部分地段下部放坡不足时
连续式垂直支撑		挡土板垂直，每侧上下各水平放置一根木方，顶木撑，木楔顶紧	松散的或湿度很高的土，深度不限	临时挡土墙支撑		坡脚用砖、石叠砌，草袋装土叠砌	较大宽度基坑，当部分地段下部放坡不足时

注：1—水平挡土板；2—垂直挡土板；3—竖方木；4—水平方木；5—撑木；6—工具式槽撑；7—木楔；8—柱桩；9—锚桩；10—拉杆；11—斜撑；12—撑桩；13—回填土；14—挡土墙。

（2）深基坑（槽）支撑　一般我们把深度在5m以上或地质情况较复杂其深度不足5m的基坑（槽），称为深基坑（槽）。采用的支撑形式见表7-4。

2. 基坑支护的安全要求

（1）采用钢（木）坑壁支撑时，要随挖随撑、支撑牢固，且在整个施工过程中应经常检查，如有松动、变形等现象，要及时加固或更换。

（2）钢（木）支撑的拆除，要按回填顺序依次进行。多层支撑应自下而上逐层拆除，随拆随填。

（3）采用钢板桩、钢筋混凝土预制桩或灌注桩作坑壁支撑时，要符合下列规定。

1）应尽量减少打桩时，对邻近建筑物和构筑物的影响。

2）当土质较差时，宜采用啮合式板桩。

3）采用钢筋混凝土灌注桩时，要在桩身混凝土达到设计强度后开挖被支撑土体。

4）在桩身附近挖土时，不能伤及桩身。

表 7-4　深基坑（槽）支撑形式

名称	支撑简图	支撑方法	适用范围	名称	支撑简图	支撑方法	适用范围
钢构架支护		基坑外围打板桩，在柱位打入临时钢柱，坑内挖土每3～4m，装一层构架式横撑，在构架网格中挖土	软弱土层中挖较大、较深基坑，而不能用一般支护方法时	挡土护坡桩与锚杆结合支撑		基坑外围现场灌注桩，桩内侧挖土，装横撑，沿横撑每隔一定距离装钢筋锚杆，挖一层装一排锚杆	大型较深基坑，周围有高层建筑不允许支护较大变形时
地下连续墙支护		基槽外围建连续墙，墙内挖土。墙刚度满足要求时可不设内支撑；逆作法时每下挖一层，浇筑下层梁板柱作墙的水平框架支撑	较大较深，周围有建筑物、公路，墙作为复合结构一部分，高层建筑逆作法作为地下室结构外墙	板桩中央横顶支撑		基坑周围打板桩或护坡桩，桩内侧放坡挖土到坑底，施工中央部分建筑框架至地面，以此支承向桩支水平横顶梁，挖土坡一层支一层横顶梁	较大较深基坑，板桩刚度不足又不允许设过多支撑时
地下连续墙锚杆支护		基槽外围建地下连续墙，墙内挖土至锚杆处，墙钻孔装锚杆。挖一层装一层锚杆	较大较深（超过10m），周围有高层建筑不允许支护较大变形，机械挖土不允许坑内设支撑时	板桩中央斜顶支撑		基坑周围打板桩或护坡桩，桩内侧放坡挖土到坑底，施工中央部分建筑基础，从基础向板桩上方支斜顶梁，挖土坡一层支一层斜顶梁	较大较深基坑，板桩刚度不足又不允许设过多支撑时
挡土护坡桩支撑		基坑外围现场灌注桩，桩内侧挖土至1m装横撑，其上拉锚杆，锚杆固定在坑外锚桩上拉紧。不能设锚杆时则加密桩距或加大桩径	较大较深（超过6m），邻近建筑不允许支护较大变形时				

注：1—钢板桩；2—钢横撑；3—钢囊；4—地下连续墙；5—地下室梁板；6—土层锚杆；7—灌注桩；8—斜撑；9—连系板；10—建筑基础或设备基础；11—后挖土坡；12—后施工结构；13—锚桩。

（4）采用钢板桩、钢筋混凝土桩作坑壁支撑并设有锚杆时，要符合下列规定：

1）锚杆宜选用螺纹钢筋，使用前应清除油污和浮锈，以便增强黏结的握裹力和防止发生意外。

2）锚固段应设意在稳定性较好土层或岩层中，长度应大于或等于计算规定。

3）钻孔时不应损坏土中已有管沟、电缆等地下埋设物。

4）施工前测定锚杆的抗拔力，验证可靠后方可施工。

5）锚固段要用水泥砂浆灌注密实，应经常检查锚头紧固和锚杆周围土质情况。

（5）人工开挖时，两人操作间距应保持2～3m，并应自上而下逐层挖掘，严禁采用掏洞的挖掘操作方法。

（6）挖土时要随时注意土壁变动的情况，如发现有裂纹或部分塌落现象，要及时进行支撑或改缓放坡，并注意支撑的稳固和边坡的变化。

（7）上下坑沟应先挖好阶梯或设木梯，不应踩踏土壁及其支撑。

（8）用挖土机施工时，在挖工机的工作范围内，不进行其他工作。且应至少留 0.3m 深不挖，最后由人工修挖至设计标高。

第三节　桩基础施工

一、人工挖孔桩

人工挖孔桩是指采用人工挖成井孔，然后往孔内浇灌混凝土成桩，见图 7-6。

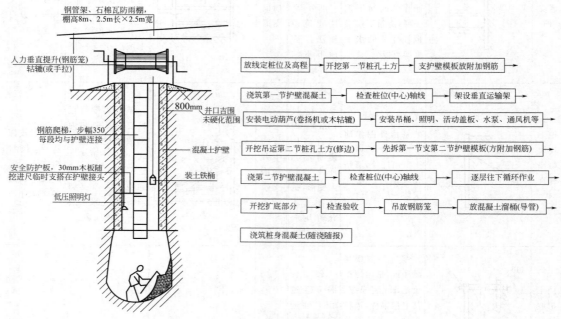

图 7-6　人工挖孔桩开挖示意

人工挖孔主要用于高层建筑和重型构筑物，一般孔径在 1.2～3m，孔深在 5～30m。

人工挖孔桩工程容易造成的安全事故如下。

（1）高处坠落　作业人员从作业面坠落井孔内。

（2）窒息和中毒　孔内缺氧、有毒有害气体对人体造成重大伤害。

（3）坍塌　挖孔过程出现流砂、孔壁坍塌。

（4）物体打击　处于作业面以上的物体坠落砸到井孔内作业人员身体的某个部位。

1. 护壁形式

护壁形式常见的有两类，见表 7-5。护壁施工可采用一节组合式钢模拼装而成，拆上节支下节周转使用，模板用 U 形卡连接，上下设两半圆组成的钢圈顶紧不另设支撑。

2. 挖孔安全措施

（1）参加挖孔的工人事先必须检查身体，凡患精神病、高血压、心脏病、癫痫病及聋哑人等不能参加施工。在施工前必须穿长筒绝缘鞋，头戴安全帽，腰系安全带，井下设置安全绳。作业人员严禁酒后作业，不准在孔内吸烟，不准带火源下孔。

表 7-5　人工挖孔桩护壁基本形式

支撑名称	支撑简图	支撑方法	适用范围
混凝土或钢筋混凝土支护	（单位:mm）	挖土每 1m，浇筑一节混凝土护壁	天然湿度的黏土类土，地下水较少，地面荷载较大，深度 6～30m，圆形护壁、人工挖孔桩
锥式混凝土或钢筋混凝土支护	（单位:mm）	挖土每 1～1.2m，浇筑一节混凝土护壁，锥形上口内径为设计桩径，锥形台阶可供操作人员上下	天然湿度的黏土、砂土类土，地下水较少或无，地面荷载较大，深度 6～30m，圆形护壁、人工挖孔桩

注：1—主筋 $\phi6@200$ 或 $\phi8@250$；2—水平筋 $\phi6@180$ 或 $\phi8@200$；3—混凝土浇注口；4—坡度 $i=1\%$。

（2）孔下人员作业时，孔上必须设专人监护，地面不得少于 2 名监护人员，不准擅离职守；如遇特殊情况需夜间挖孔作业时，须经现场负责人同意，并有安全员在场。井孔上、下应设可靠的联络设备和明确的联络信号，如对讲机等

（3）井下作业人员连续工作时间不宜超过 2h，应勤轮换井下作业人员。夜间一般禁止挖孔作业，如遇特殊情况需要夜班作业时，必须经现场负责人同意，并必须要有领导和安全人员在现场指挥和进行安全检查与监督。

（4）人员上下应使用专用安全爬梯或利用滑车并有断绳保护装置，要另配粗绳或绳梯，以供停电时应急使用，不得乘吊桶上下。见图 7-7。当桩孔挖深超过 5m 以上时，离桩底 2m 处必须设置半圆钢网挡板，提土上、下时，井下人员应站在挡板下方。每天上岗时，孔口操作人员应检查绞车、缆绳、吊桶，发现有安全隐患的，须随时更换。孔内上下传递材料、工具，严禁抛掷。

（5）提升吊桶的机构其传动部分及地面扒杆必须牢靠，制作、安装应符合施工设计要求。挖桩的绞车须有防滑落装置，吊桶应绑扎牢固。

（6）孔口边 1m 范围内禁止堆放泥土、杂物，堆土应离孔口边 1.5m 以外。

（7）直径 1.2m 以上的桩孔开挖，应设护壁（图 7-8），挖一节浇一节混凝土护壁，不准漏打，以保证孔壁稳定和操作安全。孔口设置 15cm 高井

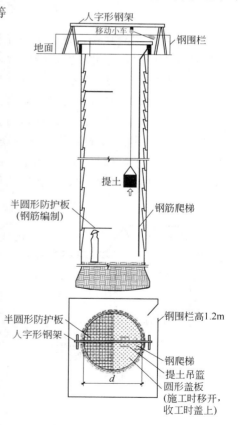

图 7-7　人工挖孔桩安全防护示意

圈，防止地表水、构件、弃土掉入孔内。对直径较小不设护壁的桩孔，应采用钢筋笼护壁，随挖随下，并用 A6mm 钢筋按桩孔直径作成圆形钢筋圈，随挖桩孔随将钢筋圈以间距100mm 一道圈定在孔壁上，并用 1∶2 快硬早强水泥砂浆抹孔壁，厚度约 30mm，形成钢筋网护壁，以确保人身安全。

（8）应在孔口设水平移动式活动安全盖板，当土吊桶提出孔升到离地面约 1.8m 时，推活动盖板关闭孔口再进行卸土，作业人员应在防护板下面工作。严防土块、操作人员掉入孔内伤人。采用电葫芦提升吊桶，桩孔四周应设安全栏杆。挖孔作业进行中，当人员下班休息时，必须盖好孔口且能安全承受 2000kN 的重力，或距孔口顶周边 1m 搭设 1000mm 高以上的护栏，见图 7-8。

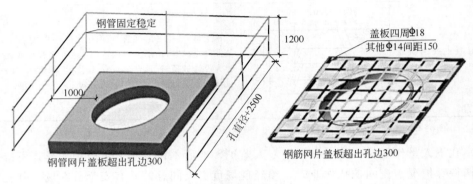

图 7-8   孔口安全防护（单位：mm）

（9）正在开挖的井孔，每天上班工作前，应对井壁、混凝土支护、井中孔气等进行检查，发现异常情况，应采取安全措施后，方可继续施工。

（10）雨季施工，应设砖砌井口保护圈，高出地面 150mm，以防地面水流入井孔。最上一节混凝土护壁，在井口处混凝土应出 400mm 宽的沿，厚度同护壁，以便保护井口。

（11）遇到起吊大物件、块石时，孔内人员应先撤至地面。

（12）随时加强对土壁涌水情况的观察，发现异常情况应及时采取处理措施，对于地下水要采取随挖随用吊桶将泥水一起吊出。若为大量渗水，可在一侧挖集水坑用高扬程潜水泵排出桩孔外。井底需抽水时，应在挖孔作业人员上地面以后再进行。抽水用的潜水泵，每天均应逐个进行绝缘测试记录，不符合要求的不准使用。每个漏电开关也进行编号，每天做灵敏度检查记录，失效的及时修理更换。潜水泵在桩孔内吊人或提升时，严禁以电缆拉吊传递，防止电缆磨损。

（13）多桩孔开挖时，应采用间隔挖孔方法，以减少水的渗透和防止土体滑移。

（14）已扩底的桩，要尽快浇灌桩身混凝土；不能很快浇灌的桩应暂不扩底，以防扩大头塌方。孔内严禁放炮，以防震塌上壁造成事故，或震裂护壁造成事故。

（15）照明、通风要求，见图 7-9。施工现场

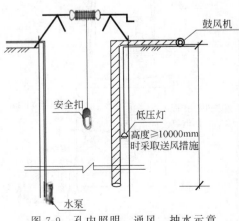

图 7-9   孔内照明、通风、抽水示意

必须备有氧气瓶、气体检测仪器。

① 挖井至 4m 以下时，需用可燃气体测定仪，检查孔内作业面是否有沼气，若发现有沼气应妥善处理后方可作业。

② 每次下井前，应对井孔内气体进行抽样检查，发现有毒气体含量超过允许值，应将毒气清除后，并不致再产生毒气时，方可下井工作。并在工作过程中始终控制化学毒物在最低允许浓度的卫生标准内，而且要采用足够的安全卫生防范措施，如对深度超过 10m 的孔进行强制送风，设置专门设备向孔内通风换气（通风量不少于 25L/s）等措施，以防止急性中毒事故的发生。

③ 上班前，先用鼓风机向孔底通风，必要时应送氧气，然后再下井作业。严禁用纯氧进行通风换气。在其他有毒物质存放区施工时，应先检查有毒物质对人体的伤害程度，再确定是否采用人工挖孔方法。

④ 井孔内设 100W 防水带罩灯泡照明，并采用 12V 的低电压用防水绝缘电缆引下。

（16）施工所用的电气设备必须加装漏电保护器，井上现场可用 24V 低压照明，并使用防水、防爆灯具。现场用电均应安装漏电保护装置。

（17）发现情况异常，如地下水、黑土层和有害气味等，必须立即停止作业，撤离危险区，不准冒险作业。

（18）挖孔完成后，应当天验收，并及时将桩身钢筋笼就位和浇注混凝土。正在浇注混凝土的桩孔周围 10m 半径内，其他桩不得有人作业。

二、机械入土桩

1. 锤击预制桩

打桩锤：为修建桥梁、提堰和其他筑路、水利及一般建筑工程中专供打植木桩、金属桩、混凝土预制桩、锤击夯扩灌注桩。桩架见图 7-10。

打桩作业区应有明显标志或围栏，作业区上方应无架空线路。

（1）预制桩施工桩机作业时，严禁吊装、吊锤、回转、行走动作同时进行；桩机移动时，必须将桩锤落至最低位置；施打过程中，操作人员必须距桩锤 5m 以外监视。

（2）吊桩前应将桩锤提升到一定位置固定牢靠，防止吊桩时桩锤坠落。起吊时吊点必须正确。速度要均匀，桩身应平稳，必要时桩架应设缆风绳。

（3）桩身附着物要清除干净，起吊后人员不准在桩下通过。吊桩与运桩发生干扰时，应停止运桩。

（4）插桩时，手脚严禁伸入桩与龙门之间。用撬棍等工具校正桩时，用力不宜过猛。

（5）打桩前，桩头的衬垫严禁用手拨正，不得在桩锤未落到桩顶就起锤，或过早制动。

（6）打桩时应采取与桩型、桩架和桩锤相照应的桩帽及衬垫，发现损坏应及时修整或更换。锤击不宜偏心，开始落距要小。如遇贯入度突然增大、桩身突然倾斜、位移、桩头严重损坏、桩身断裂、桩锤严重回弹等，应停止锤击，经采取措施后方可继续作业。

（7）套送桩时，应使送桩、桩锤和桩三者中心在同一轴线上。送桩拔出后，地面孔洞必须及时回填或加盖。

（8）硫黄胶泥的原料及制品在运输、储存和使用过程中应注意防火，熬制胶泥操作人员要穿好防护用品，工作棚应通风良好，容器不准用锡焊，防止熔穿渗泄；胶泥浇注后，上节桩应缓慢放下，防止胶泥飞溅。

2. 灌注桩

（1）泥浆护壁机械成孔灌注桩　灌注桩成孔机械，见图 7-11。

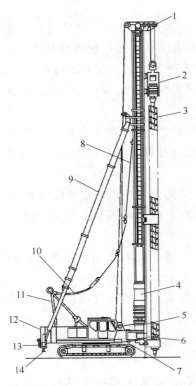

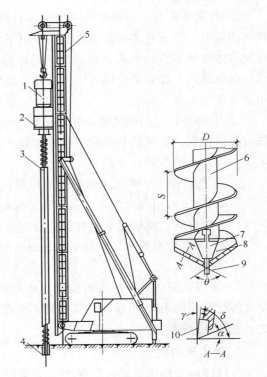

图 7-10　吊机履带式桩架构造示意

1—导向架顶部滑轮组；2—钻机动力头；3—长螺旋钻杆；
4—柴油打桩锤；5—前导向滑轮；6—前支腿；7—前托
架；8—背梢钢丝绳；9—斜撑；10—导向架起升钢丝绳；
11—三脚架；12—配重块；13—后横梁；14—后支腿

图 7-11　长螺旋钻孔机构造示意

1—电动机；2—减速器；3—钻杆；
4—钻头；5—钻架；6—无缝钢管；
7—钻头接头；8—刀板；9—定
心尖；10—切削刃

① 进入施工现场人员应戴好安全帽，施工操作人员应穿戴好必要的劳动防护用品。

② 在施工全过程中，应严格执行有关机械的安全操作规程，由专人操作并加强机械维修保养，经安全部门检验认可，领证后方可投入使用。

③ 电气设备的电源，应按有关规定架设安装；电气设备均须有良好的接地接零，接地电阻不大于 4Ω，并装有可靠的触电保护装置。

④ 注意现场文明施工，对不用的泥浆地沟应及时填平；对正在使用的泥浆地沟（管）加强管理，不得任泥浆溢流，捞取的沉渣应及时清走。各个排污通道必须有标志，夜间有照明设备，以防踩入泥浆，跌伤行人。

⑤ 机底枕木要填实，保证施工时机械不倾斜、不倾倒。

⑥ 护筒周围不宜站人，防止不慎跌入孔中。

⑦ 起重机作业时，在吊臂转动范围内，不得有人走动或进行其他作业。

⑧ 湿钻孔机械钻进岩石时，或钻进地下障碍物时，要注意机械的震动和颠覆，必要时停机查明原因方可继续施工。

⑨ 拆卸导管人员必须戴好安全帽，并注意防止扳手、螺钉等往下掉落。拆卸导管时，

其上空不得进行其他作业。

⑩ 导管提升后继续浇注混凝土前，必须检查其是否垫稳或挂牢。

⑪ 钻孔时，孔口加盖板，以防工具掉入孔内。

（2）干作业螺旋钻孔成孔灌注桩

① 现场所有施工人员均必须戴好安全帽，高空作业系好安全带。

② 各种机电设备的操作人员，都必须经过专业培训，领取驾驶证或操作证后方准开车。禁止其他人员擅自开车或开机。

③ 所有操作人员应严格执行有关"操作规程"。在桩机安装、移位过程中，注意上部有无高压线路。熟悉周围地下管线情况，防止物体坠落及轨枕沉陷。

④ 总、分配电箱都应有漏电保护装置，各种配电箱、板均必须防雨，门锁齐全，同时线路要架空，轨道两端应设两组接地。

⑤ 桩机所有钢丝绳要检查保养，发现有断股情况，应及时调换，钻机运转时不得进行维修。

⑥ 在未灌注混凝土以前，应将预钻的孔口盖严。

【本章小结】

介绍土石方与降水施工工艺方法和安全技术要求；使学生掌握基坑工程的放坡及支护的基本方法；了解深基础的安全施工要求。

通过本章学习，学生应掌握施工现场开挖作业的安全技术要求和安全措施。

【关键术语】

挖方、填方、放坡、降水、排水、支护、护壁、人工挖土桩

【实际操作训练或案例分析】

新加坡地铁 Nicoll Highway 站破坏

属于新加坡地铁循环线，此段地铁线路采用明挖，用地下连续墙和内支撑支护；该场地的地基土为新加坡海洋黏土，属于软黏土。其分布是西北较浅而东南深；基坑开挖深度30～40m 之间，对部分软土进行了分层水泥喷浆加固。

2004 年 4 月 20 日新加坡时间 3：30，新加坡地铁循环线 Nicoll 大道正在施工的基坑突然倒塌，造成四名工人死亡，三人受伤；塌方吞下两台建筑起重机；使有六车道的 Nicoll 大道受到严重破坏，无法使用。

事故现场留下了一个宽 150m、长 100m、深 30m 的塌陷区，扭曲的钢梁、破碎的混凝土板一片狼藉，如例图 7-4、图 7-5。

最大的侧向土和墙位移发生在东半部开挖倒塌前。深度方向最大位移的位置大约在海洋黏土最深的地方。南墙的最大位移大于北墙，和地面位移倾斜计的测量结

例图 7-4　新加坡地铁
Nicoll Highway 站破坏

例图 7-5　新加坡地铁 Nicoll Highway 站破坏全貌

果一致；在倒塌前，南墙弯曲变形大大超过北墙。墙接点的抗拉性能弱，缺少横撑系统来重分配支撑杆力，导致了墙的倒塌。

局部区域曾经喷浆，但地基加固效果不明显。事故现场的软黏土抗剪强度低，基坑开挖较深以及支护设计和基坑施工的缺陷是事故的主要原因。

事故造成地铁循环路线的工期拖延，计划 2010 年才可完成，车站转移约 100m 以外，造成巨大经济损失。

事故发生后，四人受到刑事指控。组织了调查委员会对事故的责任进行了调查和原因分析；新加坡国立大学用三维分析研究倒塌事件的机理和过程。

【习题】

1. 基坑里架设的水平支撑或撑杆，是起支撑作用的物件。但有的工人上下基坑时，喜欢攀登水平支撑和撑杆上下。这样做，很容易破坏水平支撑和撑杆的稳定性，造成土石失去支撑坍塌而伤及人员。如何纠正？

2. 挖掘电缆沟时，有的工作人员贪图方便，把工具材料等放在土方的斜坡上，有时工具材料滚落于沟内，既造成工作不便，而且容易砸伤人员。如何纠正？

3. 当在井（地）下施工中有人发生中毒时，应如何急救？

4. 影响边坡稳定的因素有哪些？

5. 人工开挖土方顺序如何？

6. 基坑开挖中造成坍塌事故的主要原因有哪些？

7. 多台机械同时挖基坑，机械间的间距应为多少较为安全？

8. 在开挖土方作业时，应该自上而下还是自下而上？

9. 人工挖掘土方，作业人员操作间距应保持多少？

10. 施工中常用的边坡护面措施有几种，坑壁常用支撑有几种形式？

第八章　建筑施工现场文明施工与建筑职业卫生

【本章教学要点】

知识要点	相 关 知 识
文明施工	施工现场文明施工的内容与要求
施工环境	环境因素、环境影响的控制
职业卫生	职业病种类、影响因素、预防和控制，职业健康安全管理体系及认证

【本章技能要点】

技能要点	应 用 方 向
文明施工现场管理	熟悉建筑施工现场文明施工的内容、要求及相应措施，掌握现场布置、安全标识、临时设施的要求
施工环境保护	熟悉环境因素、环境影响控制的基本内容和要求
建筑施工职业卫生	了解建筑行业职业病种类、影响因素、预防和控制要求，熟悉施工现场应急救护要求及自救技术

【导入案例】

文明施工几个必要做法

项目伊始，按规范要求完成现场三通一平及临建布置（如例图8-1）。施工作业区与办公、生活区应格划分，并设有隔离措施及绿化美化。道路通畅，并设有排水、防泥浆、防污水和废水措施。

例图 8-1　现场临建布置

施工现场的车辆冲洗设施，不将工地浮尘、泥土带出工地之外，土方施工时期裸露土的覆盖（如例图8-2）。利用现场围挡作安全知识的教育宣传（如例图8-3）。建筑材料、构件、料具均按创优方案进行布置（如例图 8-4），材料标明名称、规格、使用部位及抽样送检情况等。食堂区采用清洁燃料，采用防滑地砖。为职工提供了一个窗明几净的就餐环境（如例图 8-5）。生活区厕所采用防滑地面砖，设置配有延时自闭阀的蹲式大便器（如例图 8-6），并且安排专人每天清扫，并喷洒药物消毒，防止蚊蝇滋生。生活区并配有电热水箱（如例图 8-7），方便职工的日常洗漱、生活饮用，也因此杜绝了宿舍区职工的私拉乱接及使用大功率热水器的现象。设置集中施工样板展示区（如例图 8-8），木模板工程、铝模板工程、砌筑工程、防水工程、钢筋工程等做到样板先行，全面覆盖工程的每个环节。垃圾集中分类堆放回收（如例图 8-9）。

例图 8-2　现场避免环境污染（扬尘）做法

例图 8-3　例图 22 现场围挡与宣传

例图 8-4　现场材料堆放

例图 8-5　洁净整齐的就餐环境

例图 8-6　生活区卫生间

例图 8-7　方便高效的饮用水供应

例图 8-8　集中施工样板展示区

例图 8-9　现场垃圾分类集中

第一节　文明施工现场

一、施工现场布置

1. 场地

（1）施工单位应按照施工现场平面图设置各项临时设施，并随施工不同阶段进行调整合理布置。

（2）施工现场地面应进行硬化处理，做到平整、不积水、无散落物。1000 万元以上的工程，道路必须采用混凝土硬化，而对于小型工程现场道路应采用 3∶7 灰土、砂石路面硬化；搅拌机场地、物料提升机场地，砂石堆放场地及其他原材料堆放场地等易积水场地，必须混凝土硬化。其他场地可采用砖铺地或砂石硬化。

（3）施工现场严格按防汛要求，设置连续、通畅的排水设施，场地应有排水坡度、排水管、排水沟等，做到排水畅通、无堵塞、无积水。设污水沉淀池，防止泥浆、污水、废水外流或不经处理直接外排造成堵塞下水道和排水河道，建筑物四周浇捣散水坡。

（4）进出工地的运输车辆应采取措施，防止建筑材料、垃圾和工程渣土飞扬洒落或流溢。

（5）施工现场道路应在施工总平面图上标示清楚。道路要平坦、畅通、整洁，不乱堆乱放设备或建筑材料。

（6）现场要有安全生产宣传栏、读报栏、黑板报。主要施工部位、作业点、危险区域以及主要道路口，设有醒目的安全宣传标语或合适的安全警告牌。

（7）遵守国家有关环境保护的法律规定，有效控制现场各种粉尘、废气、废水、固体废弃物以及噪声、振动，减少甚至消除对环境的污染和危害。

（8）温暖季节，施工现场必须有适当绿化，并尽量与城市绿化协调。

2. 材料堆放

（1）建筑材料、设备器材、现场制品、半成品、成品、构配件等，应严格按现场平面布置图指定位置堆放并挂上标牌，注明名称、品种、规格型号、批量、产地、质量等内容。建立收、发、存保管制度。

（2）特殊材料的使用和保存，应有相应的防尘、防火、防爆、防雨、防潮、防毒等措施，易燃易爆物品应分类存放。

（3）工地水泥库搭设应符合要求，库内不进水、不渗水，有门有锁。各品种水泥按规定标号分清，堆放整齐，安排专人管理，账、牌、物三相符，遵守先进先用、后进后用原则。袋装水泥堆放高度小于 10 层，远离墙壁 10～20cm，并应挂设品名标牌。

（4）钢筋和钢管堆放垫高 30cm，一头齐，并按不同型号分开放置，如图 8-1 所示。钢模板堆放垫高 20～30cm，一竖一丁，成方扣放，不得仰放。机砖堆放应成丁成排，堆放高度不得超过 10 层。砂、石堆放在砌高 60～80cm 高的池子内，池内外壁抹水泥砂浆。

（5）工具间整洁，各类物品堆放整齐（图 8-2），过目能成数，账、卡、物三相符，有专人管理、有收、发、存管理制度。

（6）施工现场应建立清扫制度，落实到人，做到工完料清、场地清，机械设备、机具及时出场。

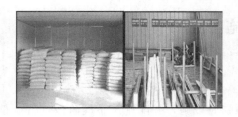

图 8-1 施工现场材料堆放示例

图 8-2 施工现场工具间示例

（7）建筑废旧材料应集中堆放于废旧材料堆放场，堆放场应封闭挂牌。建筑垃圾应及时存放于建筑垃圾堆放池（图 8-3），池内外壁抹水泥砂浆，垃圾堆放处应挂设标牌，显示名称及品种，并定时清运。严禁随意堆放。

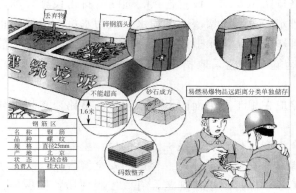

图 8-3 施工现场建筑垃圾堆放池示意

（8）易燃物品应分类堆放，易爆物品应有专门仓库存放，存放点附近不得有火源，并有禁火标示及责任人标示。

3. 现场生活设施

（1）基本要求

① 施工现场的施工区域与非施工区域（生活、办公区）要严格分离（图 8-4）。现场应设置食堂、宿舍或更衣室、男女简易浴室（图 8-5）或清洗设备、男女厕所、茶水棚（亭）。生活区应给职工设置学习娱乐场所。

图 8-4 施工现场生产区和生活区要严格分开

图 8-5 简易浴室和盥洗室

② 现场临时设施（一般包括办公室、会议室、娱乐室、项目部工会小组办公室、食堂、餐厅、宿舍、仓库、厕所、淋浴室、门卫室、医疗室、配电室、钢筋棚、木工棚等）檐高应大于 3m。临时设施除钢筋棚、木工棚外，都应有吊顶、纱门和纱窗，窗不要设前后窗，窗口面积大于 1.5m×1.8m，并在搭设前必须由项目技术人员负责设计施工图，并经项目技术

负责人及项目经理审核，报公司总工程师批准后方可搭建。

③ 工地要有环境卫生及文明施工的各项管理制度、措施要求，并责任落实到人。

④ 相对集中的工地应设置医务室，配备经培训的医务人员，无医务室的应配备急救医药箱。

⑤ 落实消灭蚊蝇孳生地承包措施，与承包单位签订检查监督约定，以保证措施落实。

⑥ 生活垃圾集中归堆、遮挡，及时处理，保持现场清洁卫生。

⑦ 施工现场应设专用吸烟室，做到不随处吸烟。既要方便作业人员吸烟，又要防止火灾发生。

（2）食堂

① 食堂管理

1）具有健全的卫生管理制度。单位领导要负责食堂管理工作，并将提高食品卫生质量、预防食物中毒，列入岗位责任制的考核评奖条件中。

2）集体食堂要经常开展食品卫生检查工作，食堂环境、食品采购、贮存及加工等符合《食品卫生法》等相关法律法规要求。卫生管理人员每天进行卫生检查；各部门每周进行一次卫生检查；单位负责人每月组织一次卫生检查。各类检查应有检查记录，发现严重问题应有改进及奖惩记录。检查内容包括食品加工、储存、销售的各种防护设施、设备及运输食品的工具，冷藏、冷冻和食具用具洗消设施，损坏应维修并有记录，确保正常运转和使用。

3）施工单位负责人为工地食堂的卫生责任人，全面负责工地食堂的食品卫生工作。每个工地食堂还要设立专职或兼职的卫生管理人，负责工地食堂的日常食品卫生管理工作和卫生档案的管理工作。

4）卫生档案应每年进行一次整理。档案内容包括申请卫生许可的基础资料、卫生管理组织机构、各项制度、各种卫生检查记录、个人健康证明、卫生知识培训证明、食品原料和有关用品索证资料、餐具消毒自检记录、检验报告等。

② 食堂设施

1）集体食堂在选址和设计时应符合卫生要求，远离有毒有害场所，30m 内不得有露天坑式厕所、暴露垃圾堆（站）和粪堆畜圈等污染源。

2）需有与进餐人数相适应的餐厅、制作间和原料库等辅助用房。餐厅和制作间（含库房）建筑面积比例一般应为 1∶1.5。其地面和墙壁的建筑材料，要用具有防鼠、防潮和便于洗刷的水泥等；有条件的食堂，制作间灶台及其周围要镶嵌白瓷砖，炉灶应有通风排烟设备。餐厅要有适量的餐桌椅，并保持整洁。

3）制作间应分为主食间、副食间、烧火间，有条件的可分开设置生料间、摘菜间、炒菜间、冷荤间、面点间。冷荤间应具备"五专"（专人、专室、专容器用具、专消毒、专冷藏）。

4）主、副食应分开存放，易腐食品应有冷藏设备（冷藏库或冰箱）。冰箱、冰柜和冷藏设备及控温设施必须正常运转。冷藏设备和设施不能有滴水、结霜厚度不能超过 1cm，冷冻温度必须低于 $-18℃$，冷藏温度必须保持在 $0\sim10℃$。

5）食品加工机械、用具、炊具、容器，应有防蝇、防尘设备，用具、容器和与食物接触的苫布（棉被）要有生、熟及反、正面标记，防止食品污染。加工用工具、容器、设备必须经常清洗，保持清洁，直接接触食品的加工用具、容器必须消毒。

6）采购运输要有专用食品容器及专用车。

7）食堂应有相应的更衣、消毒、盥洗、采光、照明、通风、防蝇、防尘设备以及通畅的上下水管道。操作间及库房门应设立高50cm、表面光滑、门框及底部严密的防鼠板。发现老鼠、蟑螂及其他有害害虫应即时杀灭。发现鼠洞、蟑螂滋生穴应即时投药、清理，并用硬质材料进行封堵。

8）建筑工地食堂要配备符合卫生标准的给水、排水等设施。

餐厅应有洗手设备。公用餐具应有专用洗刷、清毒和存放设备。洗碗消毒必须有专间、专人负责，食（饮）具有足够数量周转。

9）餐具常用的消毒方式：煮沸、蒸气消毒，保持100℃作用10min；远红外线消毒一般控制温度120℃，作用15～20min；洗碗机消毒一般水温控制85℃，冲洗消毒40s以上；消毒剂如含氯制剂，一般使用含有效氯250mg/L的浓度，食具全部浸泡入液体中，作用5min以上。洗消剂必须符合卫生要求，有批准文号、保质期。

食（饮）具清洗必须做到一刮、二洗、三冲、四消毒、五保洁。一刮：将剩余在食（饮）具上的残留食品倒入垃圾桶内并刮干净；二洗：是将刮干净的食（饮）具用加洗涤剂的水或2%的热碱水洗干净；三冲：是将经清洗的食（饮）具用流动水冲去残留在食（饮）具上的洗涤剂或碱液；四消毒：洗净的食（饮）具按要求进行消毒；五保洁：将消毒后的食（饮）具放入清洁、有门的食（饮）具保洁柜存放。

10）消毒后餐具感官指标必须符合卫生要求：物理消毒（包括蒸气等热消毒）食具，必须表面光洁、无油渍、无水渍、无异味；化学（药物）消毒食具，表面必须无泡沫、无洗消剂的味道，无不溶性附着物。

11）保洁柜必须专用、清洁、密闭、有明显标记、每天使用前清洗消毒。保洁柜内无杂物，无蟑螂、老鼠活动的痕迹。已消毒与未消毒的餐具不能混放。

12）盛放丢弃食物的废弃物盛放容器（桶、缸），必须密闭、外观清洁；设置能盛装一个餐饮垃圾的密闭容器，并做到班产班清。

③ 炊事人员　建筑工地食堂要配备专职或兼职食品卫生管理人员，食堂从业人员必须持有效体检合格证明上岗。

1）食堂炊事人员（包括合同工、临时工），上岗前必须到卫生行政部门确定的体检单位进行体检，取得健康证明才能上岗。发现痢疾、伤寒、病毒性肝炎等消化道传染病（包括病原携带者），活动性肺结核，化脓性或者渗出性皮肤病，以及其他有碍食品卫生的疾病患者应及时调离。从业人员每年体检1次。

2）从业人员上岗前必须取得卫生知识培训合格证明，培训每2年复训1次。

3）炊事人员操作时必须穿戴好工作服、发帽，做到"三白"（白衣、白帽、白口罩），并保持清洁整齐，做到文明操作，不赤背、不光脚，禁止随地吐痰。

4）炊事人员必须做好个人卫生，要坚持做到四勤（勤理发、勤洗澡、勤换衣、勤剪指甲）。

（3）宿舍

① 宿舍应确保主体结构安全、设施完好。禁止油毡、竹板等易燃材料搭设的简易工棚做宿舍，在建工程内不能兼作住宿。

② 宿舍、更衣室应明亮通风，门窗齐全、牢固，室内整洁，无违章用电、用火及违反治安条例现象。宿舍内应有保暖、消防、防暑、防中毒、防蚊虫叮咬等措施。

6人以上宿舍门应向外开，室内电线排线整齐，统一使用钢管床，床与床间应由1～

1.5m 的活动空间；宿舍要配备职工贮物柜、碗柜和学习用具等，并在墙上悬挂卫生管理制度、宿舍人员名单、责任人及值日表和其他有关标语；宿舍内每个职工应配置有关学习资料；宿舍内严禁堆放施工用具等杂物，生活用品摆放整齐；床头应设床头卡，内容显示姓名、性别、年龄、工种、籍贯、身份证号码等；夏季宿舍必须安装电扇。

③ 宿舍周围应清洁卫生，有排水明沟不积水，宿舍有防盗措施，保安人员要经常巡逻检查。

④ 施工现场应设住外人员更衣室，内配更衣柜、衣架等设施。

⑤ 职工宿舍要有卫生管理制度，实行室长负责制。规定一周内每天卫生值日名单并张贴上墙，做到天天有人打扫，保持室内窗明地净，通风良好。

⑥ 生活废水应有污水池，二楼以上也要有水源及水池，做到卫生区内无污水、无污物。

⑦ 未经许可，一律禁止使用电炉及其他用电加热器具。冬季办公室和职工宿舍取暖炉，必须有验收手续，合格后方可使用。

（4）厕所

① 施工现场要按规定设置厕所。厕所要远离食堂 30m 以外，屋顶、墙壁要严密，门窗齐全有效，便槽内必须铺设瓷砖。应有化粪池，严禁将粪便直接排入下水道或河流沟渠中，露天粪池必须加盖。

② 建立厕所定期清扫制度。要有水冲设施，设专人每天冲洗打扫，做到无积垢、垃圾及明显臭味，并应有洗手水源。

③ 厕所应按规定采取冲水或加盖等保护措施，实施定期打药、撒白灰粉等灭蝇蛆措施。

④ 高层建筑施工，每隔 2～3 层设置便溺池，且有专人管理，保持清洁。

（5）保健急救

① 对于较大工地，应设医务室，有专职医生值班；对一般工地无条件设医务室的，应配备经过培训合格的急救人员，掌握常用的"人工呼吸"、"固定绑扎"、"止血"等急救措施，并会使用简单的急救器材；预备就近医院的医生及巡回医疗的联系电话。

② 一般工地应配备医药保健箱及急救药品（如创可贴、胶带、纱布、藿香正气水、仁丹、碘酒、红汞、酒精等）和急救器材（如担架、止血带、氧气袋、药箱、镊子、剪刀等），以便在意外情况发生时，能够及时抢救，不扩大险情。

③ 为保障职工身体健康，应在平时及流行病高发季节，定期开展卫生防病宣传教育，并在适当位置张贴卫生知识宣传挂图。

二、围挡封闭

1. 工地大门

（1）施工现场进出口应设置大门，门梁高度应大于 4m。有门卫室，设警卫人员，制定值班制度。

（2）施工现场工地的大门口设置企业标志，标明集团、企业的规范简称，工地内还须立旗杆，升挂集团、企业等旗帜。

2. 围挡

建设工程工地四周应设置连续、密闭的围挡，其高度与材质要求如下：

（1）在主要路段和市容景观道路及机场、码头、车站、广场，设置的围挡其高度不得低于 2.5m。

（2）在其他路段设置的围挡，其高度不得低于 1.8m。

（3）市政工地，可按工程进度分段设置围挡或按规定使用统一的连续的安全防护设施。

（4）围挡的材料，应采用砖墙（用砂浆抹光）、木板或瓦楞板等材料（砌筑 60cm 高的底脚并抹光）；不得采用竹笆、彩条布等。围挡要稳固、整洁、美观。围挡外不得堆放建筑材料、垃圾和工程渣土。

若无特殊要求，可以按如下方案施工：围挡厚度采用 240mm 砖墙，围挡内外侧要用砂浆抹平，刷白；临街工程围挡外侧距地面 50cm 及距围挡顶端 30cm 刷标准蓝色带，中间刷白色；非临街工程围挡内外侧采用刷白，外侧距地面 30cm 及距挡墙顶 20cm 刷标准蓝色带；中间刷白部分写红色楷书标语；围挡顶可为简易仿古压顶（刷暗红色）。

3. 安全施工标牌

（1）七牌二图 "七牌二图"要以板报形式设在大门口醒目处。图牌应设置稳固，规格统一、位置合理、字迹端正、线条清晰、表示明确。下框边沿距地面大于 1m（见图 8-6），严禁挂在外脚手架上。

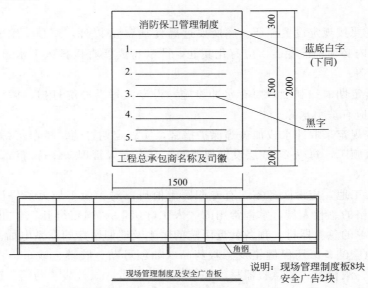

图 8-6 现场管理制度及安全广告板制作示意（单位：mm）

① 七牌：施工单位及工地名牌（附监督电话）、工程概况牌、安全生产六大纪律牌、防火须知牌、十项安全技术措施牌、工地管理人员名单牌、安全生产无重大事故计数牌。

② 二图：施工现场平面图、施工现场卫生责任包干图。

（2）操作规程牌 按其性质，有固定场所的挂于操作处，无固定场所时集中挂于施工场地明显位置处。

（3）安全宣传和警示牌 施工现场应合理悬挂，标牌悬挂牢固可靠，特别是主要施工部位、作业点和危险区及主要通道口，都必须有针对性地悬挂安全警示牌，见图 8-7。

图 8-7 施工现场安全警示牌示例

（4）荣誉奖牌　现场大门外，应该有企业及工程简介和企业的有关荣誉奖牌彩印件，以提高施工企业在社会上的形象。

三、现场管理

1. 目标

当施工现场文明施工达标目标和伤亡率目标制定后，应通过目标分解到岗位、到人，确定责任人的达标要求和保证措施，真正把目标落实到安全生产管理体系的运行中。

（1）文明施工目标分解　按《建筑施工安全检查标准》(JBJ 59—2011) 中 3.0.3 表的要求，把争创文明工地的目标分成 11 个分项，落实到责任人并明确要求，见图 8-8。

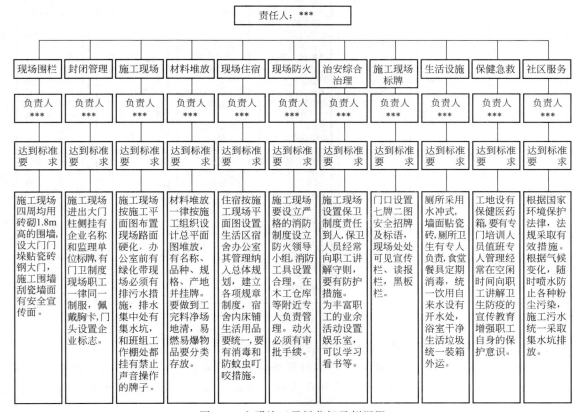

图 8-8　文明施工目标分解示例框图

（2）安全达标　按《建筑施工安全检查标准》(JBJ 59—2011) 中表 B.2～B.19 的要求，把施工现场安全生产防护达标率的目标分成 7 个分项，落实到责任人并明确保证措施，见图 8-9。

（3）伤亡控制　按施工现场常见的、危害大的伤害类型，把伤亡控制指标分解到 6 个分项，落实到责任人并明确保证措施，见图 8-10。

2. 管理要求

（1）管理原则

① 实行动态管理　依据施工组织设计中的施工总平面图和当地政府及主管部门对场容

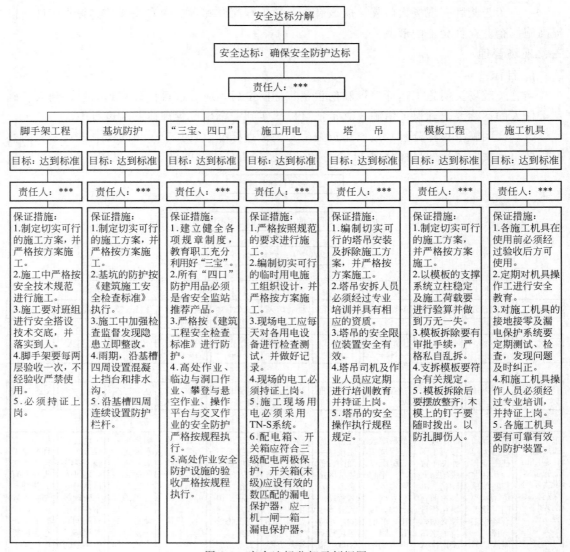

图 8-9 安全达标分解示例框图

的有关规定，针对施工进度情况进行场容动态管理。

② 执行岗位责任制 按专业分工种实行现场管理岗位责任制，对现场管理的目标进行层层分解，落实到有关专业和工种。为明确责任，可通过施工任务单或承包合同落实到责任者。

③ 及时检查整改 对文明施工的检查工作要从工程开工开始做起，直到竣工交验为止。由于施工现场情况复杂，也可能出现三不管的死角，在检查中要特别注意，一旦发现要及时协调、重新落实，消灭死角。

（2）检查方法

① 检查组织 生产安全部门人员除进行经常性的安全生产检查外，公司每月组织一次定期检查，项目部每周检查一次，并应有专门记录，班组每天班前组织检查，并将检查的情况记入《上岗检查记录簿》内，以便查考。

② 检查内容 建筑工地安全生产文明施工检查，一般内容见表 8-1。

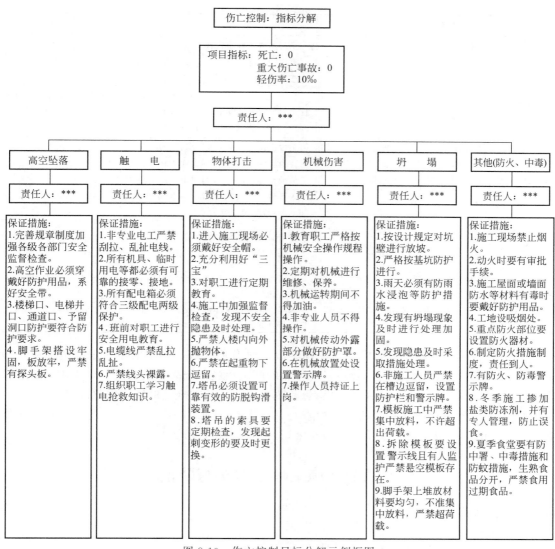

图 8-10 伤亡控制目标分解示例框图

表 8-1 建筑工地安全生产文明施工标准化检查表

考评内容	评分说明
施工现场围挡完整,符合建筑工地文明施工管理规定。总平面布置合理,设施设备、材料等按总平面布置图规定设置堆放	未设围挡扣 2 分,围挡不完整、不整洁、高度不够扣 1~2 分,未按施工总平面布置堆放各种设施和材料扣 1 分,未悬挂标识牌扣 0.5 分,材料堆放不符合规范要求扣 1 分,直至得分为 0
工地大门应采用防锈铁大门,"五牌一图"设置规范,监督电话和管理人员照片齐全。工程名称及建设、监理、施工单位名称书写规范	未设置施工大门扣 2 分,大门不透空扣 1 分,无"五牌一图"扣 2 分,"五牌一图"不规范扣 1 分,无监督电话扣 1 分,照片不齐扣 1 分
工地出入口通道必须进行混凝土硬化处理,排水沟、沉淀池按规定设置,冲洗设备完好,保洁人员和大门守卫人员到位	出入口未硬化扣 1 分,无排水沟扣 0.5 分,无沉淀池扣 0.5 分,无冲洗设备扣 1 分,无保洁人员扣 1 分,无门卫值班扣 1 分,直至得分为 0
现场主要道路必须采用混凝土或沥青砼硬化,裸露地面要进行覆盖或绿化,场内不积水,道路畅通	主要道路未硬化扣 1 分,裸露地面未绿化或覆盖扣 1 分,场内积水或不通畅扣 1 分,直至得分为 0

考评内容	评分说明
砂浆搅拌棚按规定设置,并经审批	未封闭或未经审批扣1分,封闭不严扣1分,直至得分为0
消防器材配置合理,符合消防要求	高层建筑随层无消防水源管道扣0.5分,灭火器放置位置不正确或过期,发现一处扣0.5分,直至得分为0
食堂操作间、储藏间应分设,墙面贴砖高度不低于1.8m,地面硬化、设置机械排风措施	食堂无卫生许可证扣1分,炊事人员未持有健康合格证扣0.5分,食堂两大间未分设扣1分,墙面未贴砖扣1分,墙面贴砖高度不够扣0.5分,地面未硬化扣1分,无排风措施扣0.5分,直至得分为0
宿舍搭设材质符合要求,墙面设置可开启式窗户,宿舍内人数不超过12人且为不超过2层单人铁架床,配备生活柜,人均居住面积不得小于4m²	宿舍搭设材质不符合要求扣2分,未设置可开启窗户扣1分,一间宿舍内居住人数超过16人或人均居住面积小于2 m²扣0.5分,无生活柜扣0.5分,搭设通铺扣2分,无排水扣0.5分,直至得分为0
工地应设简易浴室,保证供水,保持整洁	未设置浴室扣1分,浴室未保证供水扣0.5分,卫生不符合要求扣0.5分,直至得分为0
施工现场必须修建符合卫生标准的水冲式厕所,并设专人管理,地面应采用砼或地砖硬化,墙面1.8m以下贴瓷砖	厕所未采用水冲式扣1分,墙面未贴地砖或地面未硬化扣1分,无保洁人员扣1分,直至得分为0
生活垃圾必须按卫生要求随时清运或按卫生要求妥善处理	生活垃圾未采用封盖密闭容器扣0.5分,生活垃圾未及时清运扣1分,直至得分为0
夜间施工有批准,应在工地主要进出口醒目处张贴批准文件,接受社会监督	未经有关部门批准擅自延长施工时间的扣1分,未在主要进出口醒目处张贴批准文件的扣1分,直至得分为0

③ 整改　对查出的安全隐患必须限期整改,对有危及人身安全的紧急危险情况应立即停止作业,如暂时无法整改的,必须采取可靠的防范措施,定人、定时间、定措施、定要求(四定)整改。凡安全检查发出的安全隐患整改指令,必须在规定的期限内整改完毕。

④ 记录　公司管理层平时到工地检查时,每次都必须填写"安全生产及文明施工检查单"一式三份,一份交被查单位,一份交公司经理,一份检查人员留底。

第二节　施工环境保护与防治

一、环境因素

1. 环境因素分类

(1) 确定环境因素时应考虑的要素

① 环境因素的识别。

② 确定重大环境因素。

③ 新产品、新工艺或新材料对环境影响。

④ 是否处于环境敏感地区。

⑤ 活动、产品或服务发生变化对环境因素有什么影响。

⑥ 环境影响的频度和范围。

(2) 分类

① 噪声污染　涉及所有产生较大噪声的过程、活动和场所。噪声,包括施工机械、运输设备、电动工具的运行和使用,模板与脚手架等周转材料的装卸、安装、拆除、清理和修复等造成的噪声。振动,包括打桩和爆破等施工对周边建筑物、构筑物、道路桥梁等市政公用设施的影响。

② 大气污染　主要是由粉尘、废气和烟尘排放造成的污染。粉尘,包括场地平整作业、

土堆、砂堆、石灰、现场路面、水泥搬运、混凝土搅拌、木工房锯末、现场清扫、车辆进出等引起的粉尘。废气，包括油漆、油库、化学材料泄漏或挥发等引起的有毒有害气体排放。烟尘排放，涉及锅炉使用、食堂作业、垃圾焚烧等过程、活动和场所。

③ 水污染　主要由废水排放造成的污染。废水，包括施工过程搅拌站、洗车处等产生的生产废水，生活区域的食堂、厕所等产生的生活废水。

④ 固体废弃物污染　涉及所有产生固体废物排放的过程、活动和场所。固体废物是指在生产建设、日常生活和其他活动中产生的污染环境的固态、半固态废弃物质，按照其对环境与人类健康的危害程度可分为一般固体废物和危险废物。包括建筑渣土、建筑垃圾、生活垃圾、废包装物、含油抹布等。

⑤ 液态危险废物　施工现场常见的液态危险废物有：木材防腐剂废物、有机溶剂废物、废矿物油（如废机油、原油、液压油、真空泵油、柴油、汽油、重油、煤油、润滑油、冷却油等）、废乳化液、精（蒸）馏残渣（如沥青渣、焦油渣、液化石油气残液等）、涂料废物（如醇酸树脂涂料、丙烯酸树脂涂料、聚氨酯树脂涂料、聚乙烯树脂涂料、还氧树脂涂料、双组分涂料、油墨、重金属颜料等），其环境影响是"污染土壤"和"污染水体"。

⑥ 化学危险品、油品泄漏和遗洒　各类化学危险品、油品在贮存、使用过程中发生泄漏、遗洒现象造成的环境污染，其环境影响主要是"污染土壤"、"污染水体"和"影响人体健康"。

⑦ 运输遗洒　涉及土方、散装原材料、建筑垃圾等的运输过程，其环境影响是"污染环境卫生"。

⑧ 火灾、爆炸　涉及所有易燃、易爆物品的储存、使用和易发生火灾的场所，其环境影响主要是"污染大气"。

⑨ 光污染　涉及产生强光的焊接、夜间施工高亮度照明等，其环境影响是"影响人体健康"。

⑩ 放射性污染　涉及可能产生放射性污染的原材料、放射性废液等的加工生产和使用，其环境影响是"影响人体健康"。

⑪ 能源消耗　主要包括燃油和电的消耗，涉及各类燃油设备和用电设备的使用、办公和生活用电等。

⑫ 资源消耗　包括各类大宗建筑材料的消耗。

2. 环境因素识别

环境因素的识别，宜按照设计、准备、地基与基础施工、主体结构施工、各专业安装施工、装饰装修施工、交工验收及其后使用阶段的顺序进行。

在识别过程中，要充分考虑施工现场的周边环境、产品的特性、施工工艺、施工组织、现场布置等情况，逐一识别可能存在的环境因素。要特别注意相关支持性活动和外包过程的环境因素，避免漏项。可控环境因素和可施加影响的环境因素一起识别，分别汇总和评价。

（1）环境影响的识别应考虑的因素　一般应考虑包括对大气的污染、对水的污染、对土壤的污染、废弃物、噪声、资源和能源的浪费、局部地区性环境问题（例如一般情况下，震动、无线电波可不视作环境影响，而在特殊条件下，这些因素可成为环境影响）7个方面。

（2）识别方法　环境因素识别的方法包括：产品生命周期分析、物料测算、问卷调查、现场调查、专家咨询、水平对比、纵向对比、查阅文件和记录、测量等。

（3）识别要点

① 了解环境因素的分布：包括影响范围（施工现场、毗邻社区）、相关方（分包单位、供

应单位、建设单位、监理单位）、内容、状态（正常、异常、紧急）、时间（过去、现在、将来）。

② 明确环境因素影响的方式或途径。

③ 确认环境因素影响的范围。

④ 重点在重大环境因素，防止遗漏。

⑤ 持续进行动态识别环境因素。

⑥ 充分发挥全体员工对环境因素识别的作用，广泛听取每一个员工的意见和建议；必要时可征求设计单位、监理单位、专家和政府主管部门等的意见。

3. 环境因素的环境影响评价

环境因素的环境影响评价，目的是对建设工程施工全过程的全部有害环境影响进行评价分级，根据评价分级结果有针对性地进行环境影响控制，从而取得良好的安全业绩，达到持续改进的目的；评价的前提是现有的和计划准备采取的技术及管理措施得到实施。

项目管理人员一般通过定量和定性相结合的方法进行环境影响的评价，从中筛选出优先控制的重大环境因素。施工现场的重大环境因素，要根据项目特点和工程所在地环境情况等条件具体判断，常见重大环境因素参见表 8-2。

表 8-2　建筑施工现场常见重大环境因素清单示例

序号	环境因素	活动点/工序/部位	环境影响	时态/状态	管理方式
1	噪声排放	1. 推土机的噪声	影响人体健康、社区居民休息	现在/正常	环境管理方案 运行控制程序
		2. 挖掘机的噪声			
		3. 装载机的噪声			
		4. 打桩机的噪声			
		5. 混凝土输送泵的噪声			
		6. 砼搅拌机的噪声			
		7. 电锯的噪声			
		8. 空压机的噪声			
		9. 切割机的噪声			
		10. 混凝土振捣器的噪声			
2	粉尘的排放	11. 施工场地平整作业的扬尘	污染大气、影响居民身体健康	现在/正常	环境管理方案 运行控制程序
		12. 土堆的扬尘			
		13. 砂堆的扬尘			
		14. 现场路面的扬尘			
		15. 进出车辆车轮带泥砂的扬尘			
		16. 水泥搬运的扬尘			
		17. 混凝土搅拌机的扬尘			
		18. 锯末的扬尘			
3	运输的遗洒	19. 现场渣土运输的遗洒	污染路面影响居民生活	现在/异常	环境管理方案 运行控制程序
		20. 商品混凝土运输的遗洒			
		21. 生活垃圾运输的遗洒			
		22. 砂石运输的遗洒			
4	化学危险品、油品泄漏或挥发	23. 油漆泄漏挥发	污染土地、大气	现在/异常	运行控制程序
		24. 油泄漏挥发			

续表

序号	环境因素	活动点/工序/部位	环境影响	时态/状态	管理方式
5	有毒有害废弃物的排放	25. 废玻璃丝布	污染土地、大气	现在/异常	环境管理方案　运行控制程序
		26. 含油棉纱棉布			
		27. 废化工材料包装物			
		28. 废渣：散落的建材颗粒和零星材料、割下的体积比较小的建材、垃圾	污染土地、水体	现在/异常	运行控制程序
		29. 废办公用品：废旧的复印机墨盒、色带、电池、磁盘、计算器、日光灯			
6	火灾、爆炸的发生	30. 油漆	污染大气	将来/异常	应急准备及响应消防管理
		31. 易燃材料库房及作业面			
		32. 木工房			
		33. 电气焊作业点			
		34. 氧气瓶库、乙炔气瓶库			
7	固体废弃物排放	35. 过期建筑材料	污染土地、水体	现在/正常	安全文明施工方案
		36. 试验强度不符合设计好施工要求的建筑材料			
		37. 品种或规格不符合设计要求的建筑材料			
		38. 废金属、废玻璃、废塑料、废纸、废机油			
		39. 废包物料：木包装箱、草绳、纸箱、塑料、金属筒和罐、编织袋、玻璃瓶			
8	液体废弃物	40. 添加剂、油漆、涂料、胶水、隔离剂、防腐剂、稀料	污染土地、水体	现在/正常	安全文明施工方案
9	放射性材料、设备	41. 大理石、花岗岩	影响人体健康	现在/正常	安全文明施工方案
		42. 电脑、手机、电视、复印机			
10	废水排放	43. 生活污水：施工现场职工食堂、厕所、职工日常生活	污染水体、影响人体健康	现在/正常	安全文明施工方案
		44. 施工生产污水：混凝土和砂浆搅拌机、混凝土输送管和泵的清洗、管道试压、水磨石施工、闭水试验、运输车辆的清洗、雨水排放、混凝土养护用水			
11	光污染	45. 施工现场夜间施工照明、电气焊	影响居民生活	现在/正常	安全文明施工方案
12	化学品、危险品危害（油、油漆、稀料、胶水、油毡、沥青、乙炔、氧气、液化气、草酸、电、煤）	46. 施工机械	污染土地、水体、人体自身安全	现在/正常/将来	安全文明施工方案
		47. 食堂			
		48. 工程装修			
		49. 焊接作业			
		50. 防水工程			
		51. 块材装饰面清洗			
		52. 配电室			
		53. 木工棚			
		54. 冬季施工（取暖、保温）容易煤气中毒和火灾			
13	资源、能源消耗（水、电、油、纸、煤、气、木材）	55. 施工现场	资源浪费	现在/正常	安全文明施工方案
		56. 办公区			
		57. 生活区			

（1）评价依据　环境因素评价的主要依据是环境因素调查识别的结果，即对识别出的所有环境因素逐一进行评价。

主要考虑环境影响的规模、严重程度、发生的频率和持续时间、环境保护法律法规遵循情况、社区及相关方的关注程度和抱怨程度。

（2）评价方法　环境因素评价的方法有多种，如打分法、专家评价法、头脑风暴法等，也可以综合采用几种方法。

① 专家评价法　通过组织熟悉工程及环境保护方面的专家，利用他们的知识和经验进行分析和评价。

② 打分法　对污染物（粉尘、废气、废弃物、废水等）、噪声、振动，从法规符合性、发生频率、影响规模规模与范围、影响程度、社区关注度等方面进行打分。记分的过程可以按程序规定的记分准则进行，也可以采用其他方法（如组织相关人员共同讨论）。

（3）评价记录　环境影响评价结果一般可与环境因素识别结果合并记录。对确定的重大环境因素还应另外建立清单，并确定优先考虑顺序。

对判定出的重大环境因素合并同类项，即以相同的重大环境因素为主项，汇总列出涉及的过程、活动和场所，填写重大环境因素清单，经项目经理批准后重点予以控制。

二、环境影响的控制

1. 控制的原则

（1）如果可能，完全消除环境因素；

（2）如果不可能消除，应努力降低环境影响；

（3）利用科技进步，改善控制措施；

（4）保护工作人员的措施；

（5）将技术管理与程序控制结合；

（6）引入安全防护措施；

（7）使用个人防护用品；

（8）考虑应急方案；

（9）引入预防性监测控制措施。

2. 控制措施

（1）控制措施的策划　一般按环境因素的评价分级确定控制措施。

① 对未列为重大环境因素的环境影响，一般可按现有的控制措施运行，加强管理。

② 对重大环境因素，应具体制定相应的技术和管理控制措施、改善计划及相应的资金计划。

（2）控制措施的制定方法

① 计划方法　应广泛听取员工和有关方面的意见，必要时寻求设计单位、工程监理单位、专家和政府部门等帮助。计划的结果应不断优化、形成记录，一般可与环境因素识别、评价结果合并列表记录。

② 重大环境因素控制措施　制定目标、指标和专项技术及管理方案；制定管理程序、规章制度与安全操作规程；组织针对性的培训与教育；改进现有控制措施；制定应急预案；加强现场监督检查和监测。

③ 控制措施计划评审：

1）控制措施是否能使环境影响降低到可接受或可容许的水平（对于法律法规、标准规范和其他要求以及相关方的要求和工程项目的安全目标，是合理可行的最低水平）；

2）是否会产生新的环境因素；

3）是否已选定了投资效果最佳的解决方案，资金是否能够保证；

4）影响的相关方如何评价预防措施的必要性和可行性；

5）计划的控制措施是否会被应用于实际工作中，可操作性如何。

（3）施工现场主要环境污染的防治措施

① 噪声防治　防止噪声污染的措施主要从声源、传播途径、接受者等方面进行。

1）声源控制　尽量采用低噪声设备和工艺代替高噪声设备与加工工艺，这是防止噪声污染的最根本的措施。

2）传播途径的控制　吸声，利用吸声材料或由吸声结构形成的共振结构（金属或木质薄板钻孔制成的空腔体）吸收声能，降低噪声；隔声，用隔声结构阻碍噪声向空间传播，将接收者与噪声声源分隔，隔声结构包括隔声室、隔声罩、隔声屏障、隔声墙等，施工现场涉及产生强噪声的成品、半成品加工和制作作业（预制构件、木门窗制作等），应尽量放在工厂、车间完成，施工现场的强噪声机械（搅拌机、电锯、电刨、砂轮机等）要设置封闭的降噪棚，以减少强噪声的扩散；消声，利用消声器阻止传播，允许气流通过的消声降噪是防治空气动力性噪声的主要装置；减振降噪，通过降低机械振动减小噪声，如用阻尼材料涂在振动源上，或改变振动源与其他刚性结构的连接方式等。

3）接收者的防护　处于噪声环境下的人员使用耳塞、耳罩等防护用品，减少相关人员在噪声环境中的暴露时间，以减轻噪声对人体的危害。

4）强噪声作业时间的控制　凡在居民稠密区进行强噪声作业的，严格控制作业时间。晚间作业不超过22时，早晨作业不早于6时。特殊情况需连续作业（或夜间作业）的，应尽量采取降噪措施，事先做好周围群众的工作，并报工地所在地的政府有关管理部门同意后方可夜间施工。

5）加强施工现场的噪声监测　采取专人监测、专人管理的原则，按照《建筑施工场界噪声测量方法》(GB 12524—2011) 规定的方法进行测量，根据测量结果填写建筑施工场地噪声测量记录表，凡超过标准要求的（见表8-3），及时对施工现场噪声超标的有关因素进行调控，达到施工噪声不扰民的目的。

表 8-3　建筑施工场界环境噪声排放限值　　　　　　　单位：dB（A）

昼间	夜间
70	55

夜间噪声最大声级超过限值的幅度不得高于15dB（A）。当场界距噪声敏感建筑物较近，其室外不满足测量条件时，可在噪声敏感建筑物室内测量，并将表8-3中相应的限值减10dB（A）作为评价依据。

建筑施工场界指由有关主管部门批准的建筑施工场地边界或建筑施工过程中实际使用的施工场地边界。

根据《中华人民共和国环境噪声污染防治法》，"昼间"是指6：00至22：00之间的时段；"夜间"是指22：00至次日6：00之间的时段。县级以上人民政府为环境噪声污染防治的需要（如考虑时差、作息习惯差异等）而对昼间、夜间的划分另有规定的，应按其规定执行。

② 废水防治　把废水中所含有的有害物质清理分离出来。

1）物理法　利用筛滤、沉淀、气浮等。施工场地进行搅拌作业的，必须在搅拌机前台及运输车清洗处设置沉淀池，排放的废水要排入沉淀池内经二次沉淀后，方可排入市政污水管线或回收用于洒水降尘。施工现场现制水磨石作业产生的污水，禁止随地排放，作业时严格控制污水流向，经沉淀池沉淀后方可排入市政污水管线。施工现场临时食堂要设置简易有效的隔油池，产生的污水经下水管道排放要经过隔油池，平时加强管理，定期掏油，防止污染。

2）化学法　利用化学反应来分离、分解污染物，或使其转化为无害物质。

3）物理化学方法　如吸附法、反渗透法、电渗析法。

4）生物法　利用微生物新陈代谢功能，将废水中成溶解和胶体状态的有机污染物降解，并转化为无害物质，使水得到净化。

施工现场要设置专用的油漆油料及化学用品储存库，库房地面和墙面要做防渗漏的特殊处理，储存、使用和保管要专人负责，防止油料、化学用品、添加剂等的跑、冒、滴、漏，污染水体。禁止将有毒有害废弃物用作土方回填，以免污染地下水和环境。

对建筑施工中产生的泥浆应采用泥浆处理技术，减少泥浆的数量。并妥善处理泥浆水和生产污水，水泵排水抽出的水也要经过沉淀。洗车区应设沉淀池，再与下水接通。

工地临时厕所、化粪池应采取防渗漏措施，城市市区施工现场的临时厕所可采用水冲式厕所，并有防蝇、灭蝇措施，防止污染水体和环境。

③ 大气污染防治

1）除尘技术　在气体中除去或收集固态或液态粒子的设备称为除尘装置。主要种类有机械除尘装置、洗涤式除尘装置、过滤除尘装置和电除尘装置等。建设工地的烧煤茶炉、锅炉、炉灶等应选用装有上述除尘装置的设备。施工现场其他粉尘可用遮盖、淋水等措施防治。

2）防扬尘措施　施工现场应对施工区域实行封闭或隔离，建筑主体、装饰装修施工时应从建筑物底层外围开始搭设防尘密目网，并且封闭高度应高于施工作业面 1.2m 以上，同时采取其他有效防尘措施。拆除施工时，应采取封闭或隔离施工，封闭材料应选用防尘密目网，并配合洒水，减少扬尘污染。

3）气态污染物治理技术　吸收法，选用合适的吸收剂，可吸收空气中的二氧化硫、氮氧化物等；吸附法，让气体混合物与多孔性固体接触，把混合物中的某个组分吸留在固体表面；催化法，利用催化剂把气体中有害物质转化为无害物质；燃烧法，通过热氧化作用，将废气中的可燃有害部分，转化为无害物质的方法；冷凝法，使处于气态的污染物冷凝，从气体分离出来的方法，特别适合处理有高浓度的有机废气，如沥青气体的冷凝、回收油品；生物法，利用微生物的代谢活动过程把废气中的气态污染物转化为少害甚至无害的物质，该法适用于低浓度污染物。

④ 固体废物处理　处理的原则是资源化、减量化和无害化的处理。

1）回收利用　是资源化、减量化的重要手段之一。如对建筑渣土可视其情况加以利用，平衡挖填方，但禁止将有毒、有害的废弃物用作土方回填。废钢可按需要用作金属原材料；废电池等废弃物应分类回收，集中处理等。

2）减量化处理　是对已经产生的固体废物进行分选、破碎、压实浓缩、脱水等减少最终处置量，降低处理成本，减少对环境的污染。

3）焚烧技术　用于不适合再利用且不宜直接予以填埋处置的废物，尤其是对于受到病菌、病毒污染的物品，可以用焚烧进行无害化处理。但应使用符合环境要求的处理装置，注意避免对大气的二次污染。

4）稳定和固化技术　利用水泥、沥青等胶结材料，将松散的废物包裹起来，减小废物的毒性和迁移性，使得污染减小。

5）填埋　是固体废物处理的最终技术。经过无害化、减量化处理的废物残渣集中到填埋场进行处置。填埋时应尽量使需处置的废物与周围的生态环境隔离，并注意废物的稳定性和长期安全性。

在城市施工时如有泥土场地易污染现场外道路时可设立冲水区，用冲水机冲洗轮胎，防止污染。修理机械时产生的液压油、机油、清洗油料等不得随地泼倒，应集中到废油桶，统一处理。

第三节　职业卫生与急救

一、职业危害防治

1. 职业性危害因素

职业性有害因素是指在生产过程中、劳动过程中、作业环境中存在的危害劳动者健康的因素。

职业性有害因素对人体造成不良的影响，主要取决于职业性有害因素的强度（数量）、人体接触职业性有害因素的时间和程度，以及个体因素、环境因素等几个方面。在实际的生产场所中，这些有害因素常不是单一存在的，往往同时存在着多种有害因素，这对劳动者的健康将产生联合的、危害更大的影响。职业性有害因素按其来源可分为以下 3 类：

（1）生产过程中产生的有害因素

① 化学因素，包括：有毒物质，如铅、汞、苯、氯、一氧化碳、有机磷农药等；生产性粉尘，如矽尘、石棉尘、煤尘、水泥尘、有机粉尘等。

② 物理因素，包括：异常气象条件，如高温和热辐射、低温等；异常气压，如高气压、低气压等；噪声、振动、超声波、次声等；非电离辐射，如可见强光、紫外线、红外线、射频、微波、激光等；电离辐射，如 X 射线、γ 射线等。

③ 生物因素　如炭疽杆菌、布氏杆菌、森林脑炎病毒及蔗渣上的霉菌等；医务工作者接触的传染性病源，如 SARS 病毒。

（2）劳动过程中的有害因素

① 劳动组织和制度不合理，如劳动时间过长、劳动作息制度不健全或不合理等。

② 劳动者精神（心理）性职业紧张，个别器官或系统过度紧张，如视力紧张等。

③ 劳动强度过大或生产定额安排不当，如安排的作业与劳动者生理状况不相适应，或生产定额过高，超负荷的加班加点，检修时工作量过大等。

④ 劳动者长时间处于不良体位长时间处于某种姿势，或使用不合理的工具设备，不符合安全人机工程的要求等。

（3）作业环境中的有害因素　此类有害因素与一般卫生条件和卫生技术设施不良有关。

① 自然环境中的因素，如炎热季节的太阳辐射，寒冷季节的低温等。

② 生产场所设计不符合卫生要求或卫生标准，如厂房矮小、狭窄，车间布置不合理（有毒和无毒工段安排在一个车间）等。

③ 缺乏必要的卫生技术措施，如没有通风换气或照明设备，或未加净化而排放污水；

缺乏防尘、防毒、防暑降温、防噪声等措施、设备或有而不完善、效果不好。

④ 生产过程不合理或管理不当导致环境污染，作业环境的卫生条件不符合国家卫生标准。

⑤ 缺少必要的个人劳动防护用品和安全卫生防护设施或有缺陷。

2. 职业病

《职业病防治法》（主席令第 52 号）的施行，为预防、控制和消除职业病危害，防治职业病，保护劳动者健康及其相关权益提供了法律保障。要求职业病防治工作应坚持"预防为主、防治结合"的方针，实行分类管理、综合治理。

（1）职业病的特点　职业病，是指企业、事业单位和个体经济组织的劳动者在职业活动中，因接触粉尘、放射性物质和其他有毒、有害物质等因素而引起的疾病。

① 病因明确，病因即职业性有害因素。

② 所接触的病因大多数是可检测的，需达到一定的强度（浓度或剂量）才能致病，降低和控制接触强度可减少发病。

③ 在接触同一因素的人群中常有一定的发病率，很少只出现个别病例。

（2）职业病分类　根据《职业病分类和目录》（国卫疾控发〔2013〕48 号），在建筑工程中有一些常见职业病，见表 8-4。

表 8-4　职业病在建筑工程中的常见表现

编号	职业病危害因素	职业病危害因素来源	职业病
1	水泥尘	水泥运输、投料、拌和、浇捣	水泥尘肺
2	矽尘（游离二氧化硅含量超过 10% 的无机粉尘）	砂石装卸、筛选、转运、堆垛、运输、辅助、装卸、筛选、转运、投料、拌和、浇注、辅助、石材切割、雕凿、研磨、整修、辅助、荒料锯切、板材研磨、板材切割	
3	石棉尘	防水材料混合	石棉肺
4	滑石尘	防水材料混合、包装、卷毡	滑石尘肺
5	电焊烟尘	手工电弧焊、气体保护焊、氩弧焊、碳弧气刨、气焊	电焊工尘肺
6	一氧化碳	土砂石炮采	一氧化碳中毒
7	硫化氢	防水材料浸涂、防水材料混合、城建环卫、窨井作业	硫化氢中毒
8	甲苯	防水材料混合、居室装潢（家庭、办公楼、公共场所）、油漆	甲苯中毒
9	汽油	防水材料混合	汽油中毒
10	激光	轻质材料粉碎、轻质材料球磨、轻质材料锯边、石灰砖瓦破碎、荒料锯切、板材研磨、板材切割	白内障

（3）职业病的危害

① 粉尘的种类和危害　工业生产中的粉尘作业是很普遍的，矿石的开采与粉碎，粉状原材料的过筛、配制和储运，金属冶炼与铸造，零件喷砂和抛光以及木工、工具磨床、砂轮机等作业都会产生粉尘。一般来说，无机粉尘比有机粉尘危害大。粉尘的浓度愈高，吸入粉尘量愈多，愈易发病；粉尘的分散度愈大，危险性愈大；含游离 SiO_2 成分愈多，危险性愈大。

② 工业毒物的危害　毒物进入人体后与人体组织发生化学、物理化学和生物化学作用，并在一定条件下破坏人体的正常生理机能，使人体某些器官和系统发生暂时或永久性病变，这种病变叫中毒。工业毒物进入人体的途径有呼吸道、皮肤、消化道。从呼呼吸道进入人体

是最主要、最危险的途径，其次是皮肤，从消化道进入人体是很少的。

1) 对神经系统的危害 中毒性神经衰弱病症、中毒性多发性神经炎、中毒性脑病或脑脊髓病。

2) 对血液或造血系统的危害 主要是引起血细胞减少，表现为头昏、无力、牙齿出血、鼻出血等症状，如慢性苯中毒。

3) 对呼吸系统的危害 主要是引起支气管炎、肺炎、肺水肿等。常见于刺激性气体（如硫酸、盐酸、硝酸、氯气、光气、氨气、四氯氢硅和三氯氢硅等）引起的中毒。支气管哮喘，如苯二胺、乙二胺、甲苯、二异氰酸脂、氯气等可引起过敏性支气管哮喘。肺纤维化，长期吸入某些灰尘后肺内可发生弥漫性纤维增生为主的病理变化。

4) 皮肤损害 是指皮肤接触毒物后，由于毒物（如石油、沥青、铬的化合物及酸雾）的刺激可发生搔痒、刺痛、潮红、斑丘疹、疱疹等各种类型的皮炎和湿疹。

5) 中毒性肝炎 其临床表现很难与病毒性肝炎区别，如四氯化碳、砷、三硝基甲苯、磷等引起的中毒性肝炎。

（4）职业病诊断 《职业病诊断与鉴定管理办法》（卫生部令第 24 号）自 2002 年实施，2008 年修订。其中明确指出：职业病诊断应当依据职业病诊断标准，结合职业病危害接触史、工作场所职业病危害因素检测与评价、临床表现和医学检查结果等资料，进行综合分析做出。对不能确诊的疑似职业病病人，可以经必要的医学检查或者住院观察后，再做出诊断。

（5）工作场所有害因素职业接触限值 工作场所指劳动者进行职业活动的全部地点。工作地点指劳动者从事职业活动或进行生产管理过程，而经常或定时停留的地点。

《工作场所有害因素职业接触限值化学有害因素》（GBZ2.1—2002，2007 年修订）中指出，职业接触限值（Occupational Exposure Limit，OEL）是职业性有害因素的接触限制量值，指劳动者在职业活动过程中长期反复接触对绝大多数接触者的健康不引起有害作用的容许接触水平。并对工作场所空气中有毒物质容许浓度、空气中粉尘容许浓度、物理因素职业接触限值（电磁辐射暴露限值、高温作业场所气象条件的卫生学评价标准）提出了相应的卫生要求。

二、建筑行业职业病预防控制

1. 基本原则

（1）防控基础

① 职业病预防控制工作坚持"预防为主、防治结合"的方针，实行分类管理、综合治理。依法为职工创造符合国家职业卫生标准和卫生要求的工作环境和条件，保障职工获得相应的职业卫生保护，依法为职工交纳工伤社会保险。

② 积极推广、应用有利于职业病防治和保护劳动者健康的新技术、新工艺、新材料，限制使用或淘汰职业病危害严重的技术、工艺、材料。

③ 建筑行业安全管理部门，应设专人负责各在建工程职业卫生、劳动保护情况监督，加强对职工职业病防治的宣传教育，在各在建工程普及职业病防治的知识，提高职工的自我健康保护意识。

（2）投入 在建工程的职业病防护设施所需费用纳入建设项目工程预算，并与工程同时设计，同时施工，同时投入使用。

（3）防护

① 为职工采用有效的职业病防护设施，提供符合防治职业病要求的职业病防护用品。

② 对职业病防护设备、应急救援设施和个人使用的职业病防护用品，进行经常性的维护、

检修，定期检测其性能和效果，确保其处于正常状态，使用期间不得擅自拆除或者停止使用。

③ 一旦发现职工工作场所职业病危害因素不符合国家职业卫生标准和卫生要求时，立即采取相应治理措施，职业病危害因素经治理后，符合国家职业卫生标准和卫生要求的，方可重新作业。

④ 在可能发生急性职业损伤的有毒、有害工作场所，设置警示标志，在施工现场配置急救用品、冲洗设备、应急撤离通道。

⑤ 对施工中所使用的材料，向施工人员提供相关的有害因素、可能产生的危害后果、安全使用注意事项、职业病防护以及应急救治措施等信息。

⑥ 与职工订立劳动合同时，将工作过程中可能产生的职业病危害及其后果、职业病防护措施和待遇等如实告知职工，并在劳动合同中写明，不隐瞒或欺骗。

⑦ 按"三级教育"的原则对职工进行上岗前的职业卫生培训和在岗期间的定期职业卫生培训，普及职业卫生知识，督促职工遵守职业病防治法律、法规、规章和操作规程，指导职工正确使用职业病防护设备和个人使用的职业病防护用品。

⑧ 对从事接触职业病危害的作业的职工，应按照有关规定组织上岗前、在岗期间和离岗位时的职业健康检查，并将检查结果如实告知劳动者。

2. 各类职业病预防控制措施

（1）对工作场所的措施　产生职业病危害的工作场所，应当符合下列职业卫生要求：

① 职业病危害因素的强度或者浓度符合国家职业卫生标准；

② 有与职业病危害防护相适应的设施；

③ 生产布局合理，符合有害与无害作业分开的原则；

④ 有配套的更衣间、洗浴间、孕妇休息间等卫生设施；

⑤ 设备、工具、用具等设施符合保护劳动者生理、心理健康的要求；

⑥ 法律、行政法规和国务院卫生行政部门关于保护劳动者健康的其他要求。

（2）对单位的措施　用人单位应当采取下列职业病防治管理措施：

① 设置或者指定职业卫生管理机构或者组织，配备专职或者兼职的职业卫生专业人员，负责本单位的职业病防治工作；

② 制定职业病防治计划和实施方案；

③ 建立、健全职业卫生管理制度和操作规程；

④ 建立、健全职业卫生档案和劳动者健康监护档案；

⑤ 建立、健全工作场所职业病危害因素监测及评价制度；

⑥ 建立、健全职业病危害事故应急救援预案。

⑦ 在各在建工程施工现场醒目位置设置公告栏，公布有关职业病防治的规章制度、操作规程、职业病危害事故应急救援措施和工作场所职业病危害因情况。

（3）接触各种粉尘引起的尘肺病预防控制措施　采取综合性防尘措施，可将生产过程中的粉尘浓度控制在卫生标准容许范围之内，有效地保护劳动者的健康。防尘措施包括工艺改革、设备密闭、湿法作业、通风除尘、个人防护等。

① 作业场所防护措施：加强水泥等易扬尘的材料的存放处、使用处的扬尘防护，任何人不得随意拆除，在易扬尘部位设置警示标志。

② 个人防护措施：落实相关岗位的持证上岗，给施工作业人员提供扬尘防护口罩（表8-5)，杜绝施工操作人员的超时工作。

表 8-5　过滤式呼吸保护用品的常见类型

类型	主要组件	适用范围
防尘口罩		用于防尘的过滤式呼吸用具,重量轻、佩戴柔软舒适,与面部密合性好。不适在氧含量低于 19.5% 的含有有害气体、烟、雾的作业环境中佩戴
防微粒口罩		滤尘及低浓度有机蒸汽、酸性气体。不适于氧含量低于 19.5% 的含有有害气体、浓烟、浓雾的作业环境中佩戴
过滤式防毒半面罩		仅能密合遮盖住鼻和口的罩体,亦称口鼻罩 过滤尘、毒气、烟雾、放射性气溶胶等化学污染物。空气中氧的含量应高于 18%(体积),使用环境中毒气体积浓度应低于 0.1%
过滤式防毒全面罩		与头部密合能遮盖住眼、面、鼻和口的罩体 过滤尘、毒气、烟雾、放射性气溶胶等化学污染物。全面罩的眼窗必须使用无色透明材料,透光度应不低于 85%。空气中氧的含量应高于 18%(体积),使用环境中毒气体积浓度应低于 0.1%

③ 检查措施:在检查工程项目安全的同时,检查工人作业场所的扬尘防护措施的落实,检查个人扬尘防护措施的落实,每月不少于一次,并指导施工作业人员减少扬尘的操作方法和技巧。

(4) 电焊工尘肺、眼病的预防控制措施

① 作业场所防护措施:为电焊工提供通风良好的操作空间。

② 个人防护措施:电焊工必须持证上岗,作业时佩戴有害气体防护口罩、眼睛防护罩(表 8-6),杜绝违章作业,采取轮流作业,杜绝施工操作人员的超时工作。

表 8-6　眼睛/面部保护品类型

主要类型	优点/适宜性	局限性/缺点
安全眼镜	适用于许多场合,可以配备有近视矫正功能的眼镜。 带着轻便和舒适。 保护使用者免遭日常工作对眼睛的危害,比如飞尘和颗粒	只适用于一般作业场所,不适合高风险作业; 必须与侧护板一起使用; 对飞溅的化学物只能提供有限的保护,不能保护面部; 不适用于有尘、雾、有害烟气的作业环境; 具矫正近视功能的安全眼镜必须由有资格的专业人员配制
通风式护目镜(眼罩)	与安全眼镜相比,具有更好的保护作用;只能提供冲击保护	使用的型号必须合适; 可能引起局部不适; 不能保护面部; 可能影响近视眼镜和其他个人防护用品的正常佩戴; 多人使用时,必须在使用后进行清洁和消毒; 可能由于护目镜内有雾气产生而使镜片模糊
间接通风式护目镜	提供冲击和化学物飞溅保护	
密闭式护目镜	为避免有害的尘埃、蒸汽和烟雾提供保护,也能防护受冲击和化学物飞溅	
焊接用护目镜	为避免热火花和闪光提供保护	
面罩	保护面部免遭飞尘、微粒、飞溅的化学物体和热火星等的伤害; 为高风险的作业提供另外的保护	在有害尘埃、烟和雾的环境中不能保护眼睛; 必须作为次级保护使用(如:在戴上安全眼镜或护目镜后,再戴上面罩); 可能引起局部不适; 戴上后,可能会自行松动; 可能影响其他个人防护用品的穿戴; 当多人共用时,应及时检查和清洗

③ 检查措施：在检查工程项目安全的同时，检查落实工人作业场所的通风情况、个人防护用品的佩戴、8h 工作制，及时制止违章作业。

（5）直接操作振动机械引起的手臂振动病的预防控制措施

① 作业场所防护措施：在作业区设置防职业病警示标志。

② 个人防护措施：机械操作工要持证上岗，提供振动机械防护手套，采取延长换班休息时间，杜绝作业人员的超时工作。

③ 检查措施：在检查工程安全的同时，检查落实警示标志的悬挂、工人持证上岗、防震手套佩戴、工作时间不超时等情况。

（6）油漆工、粉刷工接触有机材料散发不良气体引起的中毒预防控制措施　防止职业中毒，必须采取综合防毒措施，这些措施包括组织措施、技术措施、个人防护、卫生保健和有毒气体监测。

① 组织措施，主要是加强领导，把防毒工作纳入企业管理的轨道，和发展生产统一起来。在编制安排生产计划时，同时制订改善劳动条件防治毒物的计划。企业应加强防毒宣传教育，普及工业卫生知识，提高对劳动保护的认识，不断改善劳动条件。建立健全防毒规章制度，并贯彻执行。

② 技术措施，主要是改革工艺、改进设备，以无毒、低毒代替有毒、高毒。如电泳涂漆、无溶剂滴漆、无苯稀料、无汞仪表、无氰电镀，无毒原料代替铅原料，采用低尘低毒碱性焊条、无毒洗净剂代替三氯乙烯去油，对容易逸散出有毒物质的作业实现生产设备、工艺的密闭化，机械化、自动化是搞好防毒工作的根本性措施。

③ 个人防护，是重要的防护措施，是防毒的最后一道防线，包括皮肤防护和呼吸防护。皮肤防护是为了防止毒物从皮肤进入人体，主要使用防护服、手套、鞋盖、防护膏、清洁剂等。呼吸防护是为了防止毒物从呼吸道进入人体，主要使用送风面盔、过滤式防毒面具、口罩、氧气呼吸器等。

④ 卫生保健措施，一是工人要注意饭时洗脸洗手，工作区内禁止饮食、饮水、吸烟、班后淋浴，工作服和清洁服分开存放、定期清洗；二是应按国家规定发给从事有毒作业工人保健食品，以增加营养、增强体质。医院应定期进行健康检查，早期发现，及早治疗职业中毒患者。对有急性中毒危险的作业，应进行中毒急救知识的教育，并备有中毒急救医疗器材，以便及时抢救急性中毒人员。

⑤ 施工现场具体做法有：

1）作业场所防护措施：加强作业区的通风排气措施。

2）个人防护措施：相关工种持证上岗，给作业人员提供防护口罩，采取轮流作业，杜绝作业人员的超时工作。

3）检查措施：在检查工程安全的同时，检查落实作业场所的良好通风，工人持证上岗，佩戴口罩，工作时间不超时，并指导提高中毒事故中职工救人与自救的能力。

（7）接触噪声引起的职业性耳聋的预防控制措施

① 作业场所防护措施：在作业区设置防职业病警示标志，对噪声大的机械加强日常保养和维护，减少噪声污染源。

② 个人防护措施：为施工操作人员提供劳动防护耳塞，采取轮流作业，杜绝施工操作人员的超时工作。

③ 检查措施：在检查工程安全的同时，检查落实作业场所的降噪声措施。

（8）长期超时、超强度地工作，精神长期过度紧张造成相应职业病的预防控制措施

① 作业场所防护措施：提高机械化施工程度，减小工人劳动强度，为职工提供良好的生活、休息、娱乐场所，加强施工现场的文明施工。

② 个人防护措施：不盲目抢工期，即使抢工期也必须安排充足的人员能够按时换班作业，采取 8h 作业换班制度。

③ 检查措施：工人劳动强度适宜，文明施工，工作时间不超时，及时发放工人工资稳定工人情绪。

（9）高温中暑的预防控制措施　中暑是指在高温环境下，人体体温调节功能紊乱而引起的中枢神经系统和循环系统障碍为主要表现的急性疾病。除了高温、烈日曝晒外，工作强度过大、时间过长、睡眠不足、过度疲劳等均为常见的诱因。中暑分热射病、热痉挛和日射病。但在临床往往难以严格区别，而且常以混合式出现，故统称中暑。

施工现场针对高温中暑情况可采取的措施有：

① 作业场所防护措施　在高温期间，为职工备足饮用水或绿豆水、防中暑药品、器材。为补偿高温作业工人因大量出汗而损失的水分和盐分，最好的办法是供给含盐饮料。一般每人每日供水 3～5L、盐 50g 左右即可。如膳食中已有 12～15g 食盐，则饮料中只补充 8～10g 足够。这些食盐可通过 0.2%～0.3% 的冷盐开水、含盐清凉饮料或盐茶补充。由于茶可促进唾液分泌，具有解渴作用，且能兴奋神经、解除疲劳，故采用食盐浓度较低的茶水比单纯盐开水更好。

② 个人防护措施　减少工人工作时间，尤其是作业时间避开中午高温时段、延长中午休息时间。

③ 检查措施　夏季施工，在检查工程安全的同时，检查落实饮水、防中暑物品的配备，工人劳逸适宜，并指导提高中暑情况发生时，职工救人与自救的能力。

对高温作业工人要进行体格检查，凡有心血管器质性疾病者不且从事高温作业。炎热季节医务人员要现场巡回医疗，对重点工作间、工段要加强指导，发现重症中暑，应立即抢救并及时报告。

3. 女工健康安全保护

建筑施工企业中女工所占比例虽然不大，但施工现场一些工种中都或多或少有女工存在。她们在为企业做出应有贡献的同时，也受到一些工种职业有害因素的危害。而且如果预防控制不利，就可能造成不良后果。

（1）职业危害因素对女工的影响　职业危害因素对女性体格和生理功能方面的影响，可以分为下面几种类型。

① 妇女负重作业　使女工腹压增高，当超过 20kg 时会造成子宫下垂，停止负重后可恢复；当超过 40kg 并负重一段时间时，子宫周围支持组织会松弛，引起子宫脱垂。尤其是对孕期妇女甚至会造成流产。

② 长时间定位作业　由于下肢回流受阻，可致盆腔充血。长时间定位作业也能引起腹压增高，导致月经不调，以至痛经。

③ 受毒性物质侵害的作业　一方面对妇女的造血系统及肝脏会造成损害，另一方面会对妇女的月经、生育、胎儿及哺乳儿产生多种损害或不利影响。另外，妇女的皮肤由于比较柔嫩，也易受刺激性毒物的侵害。

④ 有粉尘、紫（红）外线侵害的作业　主要对怀孕期、哺乳期妇女产生侵害，甚至影响胎儿或哺乳婴儿的健康。

（2）国家禁止安排女职工从事的劳动

① 矿山井下作业以及人工锻打、重体力人工装卸、冷藏、强烈振动的工作；

② 森林业伐木、归楞及流放作业；

③ 国家标准规定的第四体力劳动强度的作业；

④ 建筑业脚手架的组装和拆除作业，以及电力、电信行业的高处架线作业；

⑤ 单人连续负重量（指每小时负重次数在六次以上）每次超过 20kg，间歇负重量每次超过 25kg 的作业；

⑥ 女职工在月经、怀孕、哺乳期间禁忌从事的其他劳动。

（3）女职工特殊时期保护

① 女职工在月经期间，所在单位不得安排其从事高空、低温和冷水、野外露天和国家规定的第Ⅲ级体力劳动强度的劳动；从事以上工作的经期应尽可能调整其从事适宜的工作，如不能调整时，根据工作和身体情况，给予经期假 1～2d，不影响考勤。

② 女职工怀孕期间，待孕女职工禁忌从事铅、汞、苯、镉等作业场所属于《有毒作业分级》标准第Ⅲ、Ⅳ级的作业。

女职工怀孕期间，不得安排从事国家规定的第Ⅲ级体力劳动强度和孕妇禁忌从事的劳动，不得在正常劳动日以外延长劳动时间；对不能承受原劳动的，应根据医务部门证明，予以减轻劳动量或安排其他劳动。工程部门从事野外勘测工作及施工一线的女职工，应安排适当工作。

对怀孕的女职工禁忌从事的劳动有：作业场所空气中铅及其化合物、汞及其化合物、苯、镉、铍、砷、氰化合物、氮氧化物、一氧化碳、二硫化碳、氯乙内酰胺、氯丁二烯、氯乙烯、环氧乙烷、苯胺、甲醛等有毒物质浓度超过国家卫生标准的作业；制药行业中从事抗癌药物及乙烯雌酚生产的作业；作业场所放射性物质超过《放射性防护规定》中规定剂量的作业；人力进行的土方和石方的作业；伴有全身强烈振动的作业，如风钻、捣固机、锻造等作业，以及拖拉机驾驶等；工作中需要频繁弯腰、攀高、下蹲的作业，如焊接作业；《高处作业分级》标准所规定的高处作业。

女职工在怀孕期间保护规定：怀孕七个月以上的女职工，每天给予 1h 工间休息并计算为劳动时间；怀孕女职工在劳动时间内作产前检查，检查时间视作劳动时间；怀孕七个月以上的女职工，经本人申请、单位批准，可请假休息，休息期间的工资应为本人标准工资的 75% 左右，休息期间不影响其福利待遇和参加晋级、评奖。

③ 女职工在哺乳期间，应特殊保护。不得安排其从事国家规定的第Ⅲ级体力强度的劳动；不得安排其从事作业场所空气中铅等有毒物质浓度超过国家卫生标准的作业；不得延长劳动时间，一般不得安排其从事夜班劳动；产假期满后，是否办理离岗休假，根据工作情况和自愿相结合的原则，由有关部门批准。在批准休假期间内工资不得低于 75%。

三、应急救护及自救技术

在抢救生命过程中，时间就是生命，获救时间越短，人们生存的希望就越大。因此，遭遇灾难后，人们应当不等不靠，尽早、尽快地开展自救和互救，而提前掌握自救方法则使自救与互救成为可能。

现场急救的步骤是首先检查呼吸、心跳，如呼吸、心跳停止，应立即进行人工呼吸和胸外心脏挤压；其次是对于流血不止的伤员，应即刻采取止血措施，迅速止血；再次是治疗休克、对骨折进行固定、包扎伤口等。

1. 人工呼吸法与胸外心脏挤压法

进行人工呼吸和胸外心脏挤压是现场急救的第一步。

（1）人工呼吸的操作方法　人工呼吸法主要有两种，一是口对口呼吸法，一种是口对鼻呼吸法。

① 口对口人工呼吸法　使病人仰卧，松解腰带和衣扣，清除病人口腔内的痰液、呕吐物、血块、泥土等，保持呼吸道通畅。救护人员一手将病人下颌托起，并使其头尽量后仰，将其口唇撑开，另一只手捏住病人的两只鼻孔，深吸一口气，对着病人口用力吹气，注意不要漏气，然后立即离开病人口，同时松开捏鼻孔的手，见图 8-11。吹气力量要适中，次数以每分钟 16～20 次为宜。

② 口对鼻呼吸法　病人因牙关紧闭等原因，不能进行口对口人工呼吸，可采用口对鼻人工呼吸法，方法与口对口人工呼吸法基本相同。用一手闭住伤员的口，以口对鼻吹气。

③ 施行人工呼吸时的注意事项

1）实行人工呼吸前，把伤员所穿有碍呼吸的衣服和领扣、腰带解开，必要时可用剪刀剪开，不可强扯。

2）用衣服等作垫子，放在他的腰部（仰卧时）或腹部（俯卧时）下，把腰部或腹部垫高，同时检查肋骨、脊椎、手部是否有骨折情况，以便选用一种适宜的人工呼吸法。

图 8-11　口对口呼吸法配合胸外按压示意

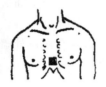

胸外心脏挤压部位

胸外心脏挤压法

图 8-12　胸外心脏挤压法示意

3）把下颌角向前推，使嘴张开，如果舌头后缩，将舌头拉出口外，并检查口内，如有血块、泥土、脱落的假牙等妨碍呼吸的东西，则要立即清除。

4）口对口吹气的压力要掌握好，开始可略大些，频率也可稍快些，经过 10～20 次人工吹气后逐渐降低压力，只要维持胸部轻度升起即可。

（2）胸外心脏挤压的操作方法　胸外心脏挤压法是指心跳骤停时，依靠外力有节律地挤压心脏来代替心脏的自然收缩，可暂时维持心脏排送血液功能的方法。

① 具体操作步骤是：将病人仰卧在地上或硬板床上，救护人员跪或站于病人一侧，面对病人，将右手掌置于病人胸骨下段及尖突部，左手叠压于右手上，两臂保持垂直，以身体的重量用力把胸骨下段向后压向脊柱，随后将手腕放松；如此反复地有节律地进行挤压和放松，每分钟挤压 60～80 次，见图 8-12。

② 注意事项

1）在进行胸外心脏挤压时，宜将病人头部放低以利于静脉血液回流。

2）若病人同时伴有呼吸停止，在进行胸外心脏挤压的同时，还应进行人工呼吸。一般做 15 次胸外心脏挤压，做 2 次人工呼吸。按压时用力要适中，以每次按压使胸骨下陷 3～5cm 为度。

3）挤压频率要控制好，有时为了提高效果，可加大频率，达到每分钟 100 次左右。胸外心脏挤压应与口对口人工呼吸同时进行，挤压时间与放松时间之比应为 1：2。

4）在进行胸外心脏挤压抢救时，挤压应有节奏，有一定冲击力，防止因用力过猛而造成继发性组织器官的损伤或肋骨骨折。

5）手掌始终不要脱离按压部位。挤压绝对不能中途停顿，一些不可避免的暂停时间也不能超过 5s。除非断定伤员已复苏，否则在伤员没有送达医院之前，抢救不能停止。

（3）心跳呼吸全无的心肺复苏操作方法　实施心肺复苏时，首先用拳头有节奏地用力叩击患者前胸左乳头内侧的心脏部位 2～3 次，拳头抬起时，离胸部 20～30cm，以掌握叩击的力量。

若脉搏仍未恢复搏动，应立即连续做 4 次口对口人工呼吸，接着再做胸外心脏按压。一人施行心肺复苏时，每做 15 次心脏按压，再做次人工呼吸。两人合作进行心肺复苏时，先连做 4 次人工呼吸，随后，一人连续做 5 次心脏按压后停下，另一人做一次人工呼吸。

2. 止血与包扎

（1）止血

① 常用止血方法：压迫止血法、止血带止血法、加压包扎止血法、加垫屈肢止血法。

② 身体不同组织出血的止血方法

1）动脉出血，血色鲜红、出血量多、速度快、危险性大，一般使用压迫止血法，即在出血动脉的近心端用手指把动脉压在骨面上，予以止血。

2）静脉出血，血色暗红、缓慢不断流出，一般抬高出血肢体以减少出血，然后在出血处放几层纱布，加压包扎即可止血。

3）毛细血管出血，只需要在伤口处盖上消毒纱布或干净手帕等，再加上棉花团或纱布卷等，用绷带扎紧即可止血。

③ 止血时的注意事项

1）止血带不能直接缠在皮肤上，必须用三角巾、毛巾、衣服等做成平整的垫子垫上。

2）采用压迫止血法时，应根据不同的受伤部位，正确选择指压点。

3）绑扎止血带（1886 年埃斯马赫发明的一种橡皮管，主要用于较大的动脉血管破裂，其他方法无法止血时）部位不要离出血点太远，以避免使更多的肌肉组织缺血、缺氧。一般绑扎止血带的位置是上臂或大腿上的 1/3 处。

4）绑扎好止血带后，在伤者明显部位标记时间，尽快送医院处理。为防止远端肢体缺血坏死，在一般情况下，绑扎止血带的时间不超过 2～4h，每隔 40min 松解一次，以暂时恢复血液循环。松开止血带之前应用手指压迫止血，将止血带松开 1～3min 之后，再在另一稍高的部位绑扎。松解时，仍有大出血者，不再在运送途中松放止血带，以免加重休克。

5）没有止血带时也可以用宽的布条、毛巾、绷带等代替，严禁用电线、铁丝、绳索代替止血带。

（2）包扎

① 卷轴绷带包扎　有环形包扎法、螺旋包扎法、螺旋反折包扎法、"8"字形包扎法、回反包扎法（图 8-13）、蛇形包扎法。

② 三角巾包扎　三角巾制作方便，包扎操作简便易学、容易掌握，适用范围广。缺点是不便于加压，也不够牢固。

1）头部包扎法，见图 8-14、图 8-15。

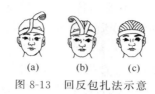

图 8-13　回反包扎法示意

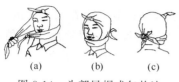

图 8-14　头部风帽式包扎法

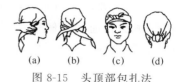

图 8-15　头顶部包扎法

2）面部面具式包扎法，见图 8-16。

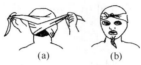

图 8-16　面具式包扎法

3）上肢包扎法，见图 8-17、图 8-18。

4）下肢包扎法，见图 8-19。

③ 包扎时的注意事项

1）在急救中，如果伤员出现大出血或休克情况，则必须先进行止血和人工呼吸，不要因为忙于包扎而耽误了抢救时间。

图 8-17　手部包扎法

图 8-18　肩部包扎法

2）如果是头部或四肢外伤，一般用三角巾或绷带包扎。如果没有三角巾和绷带，可以用衣服或毛巾等物代替。

3）进行包扎时，让患者取舒适的座位或卧位，扶托患肢，并尽量使肢体保持功能位。对于伤情严重者，应密切观察患者生命体征的变化。

4）包扎时要做到快、准、轻、牢。也就是说，包扎动作要迅速、敏捷、熟练、轻柔，包扎部位要准确、牢靠，不能过紧或过松。

3. 断肢、断指与骨折的处理

（1）断肢与断指的处理　发生断肢或断指事故后，除进行必要的急救外，还应注意保存断肢或断指，以求进行再植。保存的方法是：

① 将断肢或断指用清洁纱布包好，放在塑料袋里。若有条件，可将包好的断肢或断指置于冰块中。

② 将断肢或断指随伤员一同送往医院，进行再植手术。

③ 不要用水冲洗断肢或断指，也不要用各种溶液浸泡。切记不要在断肢或断指上涂碘酒、酒精或其他消毒液，否则会使细胞变质，造成不能再植的严重后果。

（2）骨折的固定方法

① 上肢肱骨骨折的固定　上肢肱骨骨折可用夹板固定，即就地取材，如木板、竹片、条状物等，放在上臂内外两侧并用绷带或布带缠绕固定，然后把前臂屈曲固定于胸前。也可用一块夹板放在骨折部位的外侧，中间垫上棉花或毛巾，再用绷带或三角巾固定。

② 前臂骨折的固定　用两块长度超过肘关节至手心的夹板分别放在前臂的内外侧（只有一块夹板，则放在前臂外侧），并在手心放好衬垫，让伤员握好，以使腕关节稍向背屈，再固定夹板上下两端，用三角巾将前臂吊在胸前，屈肘 90°，用大悬臂带悬吊，手略高于肘。

③ 股骨（大腿）骨折的固定　股骨（大腿）骨折时，取一块长约自足跟至超过腰部的夹板置于伤腿外侧，另一长约自足跟至大腿根部的夹板置于伤腿内侧，然后用三角巾或绷带分段固定，见图 8-20。如果没有夹板也可用三角巾、腰带、布带等将双腿固定在一起。两踝及两腿间隙之间要垫好衬垫。

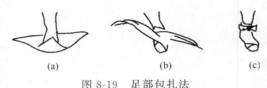

　　　(a)　　　　　　　(b)　　　　　　　(c)

　　　图 8-19　足部包扎法　　　　　　　　图 8-20　股骨（大腿）骨折的固定

④ 小腿骨折的固定　取长度相当于自大腿中部到足跟那样长的两块夹板，分别放在受伤的小腿内外两侧，如只有一块木板，就放在伤腿外侧或两腿之间，用棉花或毛巾垫好，再用绷带或三角巾分别固定膝上部、膝下部、骨折上、骨折下及踝关节处。也可用绷带或三角巾将受伤的小腿和另一条没有受伤的腿固定在一起。

⑤ 脊椎骨折的固定　这是一种大型固定。由于伤情较重，在转送前必须妥善固定。取一块平肩宽的长木板垫在背后，左右腋下各置一块稍低于身后约 2/3 的木板，然后分别在小腿膝部、臀部、腹部、胸部用宽带予以固定。

⑥ 骨折固定时的注意事项

1）对于开放性骨折，应先进行止血、包扎处理，然后再固定骨折部位。若骨折断端刺出伤口，不可将刺出的骨端送回伤口内，以免造成感染。有休克者，先进行人工呼吸。

2）临时固定用的夹板和其他可作固定的材料，其长度和宽度要适宜，长度要超过骨折肢体两端的关节。固定后伤肢应处于功能位：上肢屈肘 90°，下肢呈伸直位。

3）固定前尽量不移动伤员和伤肢，以免增加痛苦和加重损伤；随意移动会造成二次伤害，脊椎受伤如果移动脊椎变形，有可能会终身瘫痪。要尽可能原位固定。进行骨折固定时，要防止伤口感染和断骨刺伤血管、神经，以免给以后的救治造成困难。

4）夹板不可与皮肤直接接触，其间应垫棉花、毛巾或床单等软质物品。

5）骨折固定应松紧适度，以免影响肢体血液循环。固定时，肢体指（趾）端一定要外露，以便随时观察末梢血液循环情况。如发现指（趾）尖苍白发冷并呈青紫色，说明包扎过紧，要放松后重新固定。

4. 伤员的搬运

（1）徒手搬运法

① 单人徒手搬运法 背负法和把持法,见图 8-21。

背负法   把持法
图 8-21 单人徒手搬运伤员示意

图 8-22 双人平托搬运伤员示意

② 双人搬运法 见图 8-22。

(2) 不同伤员的搬运法

① 颅脑伤昏迷者 首先要清除伤员身上的泥土、堆盖物,解开衣襟。搬运时要注意重点保护头部,伤员在担架上应采取半俯卧位,头部侧向一边,以免呕吐时呕吐物阻塞气道而窒息,若有暴露的脑组织应加以保护。抬运需两人以上,抬运前头部给以软枕,膝部、肘部要用衣服垫好,头颈部两侧垫衣物使颈部固定。

② 脊柱骨折者 对于脊柱骨折的伤员,一定要用木板做的硬担架进行抬运。应由 2～4 人搬运,在同一侧同时托住伤员的头、肩、臀和下肢,把伤员平托起来,使伤员成一线起落,步调要一致。切忌一人抬胸,一人抬腿。伤员被抬到担架上以后,要让他平卧,腰部垫一个衣服垫,然后用 3～4 根布带把伤员固定在木板上,以免伤员在搬运中跌落,造成脊柱移位或扭转,刺激血管和神经,致使下肢瘫痪。禁用普通的软担架搬运。

③ 颈椎损伤者 应平抬伤员至担架上,让患者仰卧,专人牵引、固定其头部,头部垫一薄软枕,使头颈呈中立位,并上颈托。一时无颈托时,应在伤员的颈部两侧放置沙袋或软枕、衣服卷等固定颈部,防止左右摆动扭转或屈曲导致颈椎损伤加重。搬运时要有专人扶住患者头部,并沿纵轴稍加牵引,以防颈部扭动。

④ 腹部骨折者 严重腹部损伤者,多伴有腹腔脏器从伤口脱出,可采用布带、绷带做一个略大的环圈盖住加以保护,然后固定。搬运时采取仰卧位,并使下肢屈曲,防止负压增加而使肠管继续脱出。

5.救护

(1) 中毒窒息的救护 如果发生中毒或窒息事故,则应该按照下述方法进行抢救:

① 抢救人员在进入危险区域前必须戴上防毒面具、自救器等防护用品,必要时也应给受难者戴上,迅速把受难者转移到有新鲜空气的地方;如果需要从一个有限的空间,如深坑或地下某个场所进行救援工作,应及时报警以求帮助;如果伤员失去知觉,可将其放在毛毯上提拉,或抓住衣服,头朝前地转移出去。

② 如果是一氧化碳中毒,中毒者还没有停止呼吸或者呼吸已停止但心脏还在跳动时,在清除中毒者口腔、鼻腔内的杂物使呼吸道保持畅通以后,要立即进行人工呼吸。若心脏跳动停止,应迅速进行胸外心脏挤压,同时进行人工呼吸。

③ 如果是硫化氢中毒,在进行人工呼吸前,要用浸透食盐溶液的棉花或手帕盖住中毒者的口鼻。

④ 如果是因瓦斯(甲烷 CH_4)或二氧化碳而窒息,情况不太严重的,只要把窒息者转移到空气新鲜的场所,窒息者稍作休息后,就会苏醒;若窒息时间较长,就要进行人工呼吸抢救。

⑤ 在救护中，急救人员一定要沉着冷静，动作要迅速。在进行急救的同时，应通知医生到现场进行诊治。

⑥ 如果毒物污染了皮肤，应立即用水冲洗；对口服毒物的中毒者，要设法催吐。

⑦ 毒气泄漏中毒者，无论轻重，均应立即送医院救治，以防毒物在体内引起慢性中毒。

（2）触电与烧伤救助

① 触电急救的方法：迅速脱离电源，现场急救。

1）对于低压触电事故，可采用下列方法使触电者脱离电源：如果触电地点附近有电源开关或插销，可立即拉开电源开关或拔下电源插头，以切断电源。可用有绝缘手柄的电工钳、干燥木柄的斧头、干燥木把的铁锹等切断电源线。也可采用干燥木板等绝缘物插入触电者身下，以隔离电源。当电线搭在触电者身上或被压在身下时，也可用干燥的衣服、手套、绳索、木板、木棒等绝缘物为工具，拉开提高或挑开电线，使触电者脱离电源。切不可直接去拉触电者。

2）对于高压触电事故，可采用下列方法使触电者脱离电源：立即通知有关部门停电。带上绝缘手套，穿上绝缘鞋，用相应电压等级的绝缘工具按顺序拉开开关。用高压绝缘杆挑开触电者身上的电线。

3）触电者如果在高空作业时触电，断开电源时，要防止触电者摔下来造成二次伤害。

4）如果触电者伤势不重，神志清醒，但有些心慌，四肢麻木，全身无力或者触电者曾一度昏迷，但已清醒过来，应使触电者安静休息，不要走动，并对其严密观察。

5）如故触电者伤势较重，已失去知觉，但心脏跳动和呼吸还存在，应将触电者抬至空气畅通处，解开衣服、平直仰卧，并用软衣服垫在身下，使其头部比肩稍低，以免妨碍呼吸，如天气寒冷要注意保温，并迅速送往医院。

6）如果发现触电者呼吸困难，发生痉挛，应立即准备对心脏停止跳动或者呼吸停止后的抢救。

7）如果触电者呼吸停止或心脏跳动停止或二者都已停止，应立即进行口对口人工呼吸法及胸外心脏挤压法进行抢救，并送往医院。

对于触电者，特别高空坠落的触电者，要特别注意搬运问题，很多触电者除电伤外还有摔伤，搬运不当（如折断的肋骨扎入心脏等）可造成死亡。

在送往医院的途中，不应停止抢救，许多触电者就是在送往医院途中死亡的。只有经过医生诊断确定死亡，才能够决定停止抢救。

② 触电救护时的注意事项：

1）救护人员千万不可用手、其他金属或潮湿的物件作为救护工具，必须使用干燥绝缘的工具。救护人员最好只用一只手操作，以防自己触电。

2）为防止触电者脱离电源后可能摔倒，应准确判断触电者倒下的方向，特别是触电者身在高处的情况下，要采取防摔措施。

3）人在触电后，有时会有较长时间的"假死"，因此，救护人员要耐心进行抢救，绝不要轻易中止。但也不可随便给触电者打强心针。

③ 热烧伤

1）烧伤严重程度估计：三度四分法、九分法。

2）热烧伤的救护方法：冷疗，应立即用冷水冲洗或冷敷受伤部位，持续15分钟左右，以缓解疼痛，减轻受伤程度。

④ 电烧伤的救护方法：迅速切断电源，现场急救。

一旦发生热烧伤，不要擅自在伤口处涂药，更不能用涂酱油、植物油等土办法处理伤口。若受伤处有水疱，不要挑破，可用干净纱布覆盖，去医院处理。

（3）坍塌事故的救护及自救

① 坍塌事故的伤害类型：直接机械型损伤、掩埋窒息、挤压综合征。

② 坍塌事故的一般急救措施

1）将被压埋的人扒出来后，不要轻易移动他们，应该先检查呼吸和心跳，如果停止了，应立刻进行急救。检查他们的口、鼻，内有堵塞物应立即清除，随后做口对口人工呼吸。

2）检查伤者脊椎是否被折断，发现有骨折、外伤性出血时，应立即予以固定和止血。

3）压埋时间不论长短，都要喂其服下碱性饮料（每 8g 碳酸氢钠溶于 1000～2000mL 水中，再加适量糖及食盐），既可利尿，又可碱化尿液，避免肌红蛋白在肾小管中沉积。现场没有碱性饮料时，可以口服淡盐水。如果不能口服，可经静脉注射 5%碳酸氢钠 150mL，则效果更好。

③ 坍塌事故的自救　首先应该大声呼救，同时仔细观察周围状况，考虑合适的脱险方法。如果确定无法自救，则应保存体力，等待救援人员到来。如果有脱险的可能，最好朝着有光线和空气的地方移动。

【本章小结】

介绍施工现场布置、围挡封闭等的管理要求；使学生了解建设工程环境管理基本思路、过程，环境因素的识别方法、评价及控制；熟悉职业病危害及防控要求；掌握应急救护基本方法及逃生要点。

通过本章学习，学生应熟悉施工现场文明施工要求和措施，了解职业卫生的常识。

【关键术语】

文明施工、施工现场布置、环境影响、环境保护、职业卫生、职业危害、职业病、应急救护

【实际操作训练或案例分析】

常见急症的急救措施，见例表 8-1。

例表 8-1　常见急症及急救措施

序号	急症	定义	原因/性质	措施
1	出血	许多疾病的一个急性症状,也是创伤后的主要并发症之一 动脉出血者,出血为搏动样喷射,呈鲜红色; 静脉出血者,血液从伤口持续涌出,呈暗红色 毛细血管出血,血液从伤口渗出或流出,量少,呈红色	500ml 以下出血,病人常无明显反应。500～1000ml 出血,病人可表现口唇苍白或紫绀、四肢冰凉、头晕、无力等。1000～2000ml 出血,病人可表现心悸、四肢厥冷、脉搏细速、反应冷淡、心率 130 次/分钟以上、血压下降	要及时判断血压是否正常,估计出血量。根据出血性质,采用不同的止血措施,方可达到良好的止血效果

续表

序号	急症	定义	原因/性质	措施
2	晕厥	突然发生的短暂的、完全的意识丧失		①卧床休息； ②保持呼吸道畅通，解开衣领，病人平卧或头低脚高； ③注意环境空气流通； ④注意保暖； ⑤病人清醒后可给热糖水； ⑥安慰病人
3	抽搐与惊厥	抽搐是一时性脑功能紊乱，伴有或不伴有意识丧失，出现全身或局部骨骼肌群非自主的强直性或阵挛性收缩，导致关节运动 惊厥是全身或局部肌肉突然出现的强直性或阵发性痉挛，双眼球上翻并固定，常伴有意识障碍	抽搐是由于各种不同原因引起的	发作时的救护 ①平卧，头偏向一侧； ②开放气道； ③安全保护，保持环境安静，避免刺激； ④降温、解毒 发作后的护理 ①安静、充分休息让其恢复体力； ②安慰病人
4	昏迷	指高级神经活动对内、外环境的刺激处于抑制状态		①使昏迷的人取平卧位，避免搬动，松解衣领、腰带，取出义齿。头偏向一侧，防止舌后坠，或用舌钳将舌拉出，开放气道。 ②保持呼吸道通畅。 ③禁食。 ④针灸。根据病情，可按压或针刺人中、合谷等穴位。 ⑤转运。迅速转运到医院进一步救护
5	猝死	突然意外临床死亡（从发病到死亡不超过1小时）	冠心病、心律失常、胰腺炎、触电、溺水、中毒、创伤等	心脏骤停或呼吸停止的识别、气道阻塞的处理、建立气道、人工呼吸和循环 开放气道与通气支持、人工辅助循环、心电监测 脑复苏，自主呼吸和循环恢复，智能恢复
6	休克	以突然发生的低灌注导致广泛组织细胞缺氧和重要器官严重功能障碍为特征的临床综合征	①失血大于1000ml引起的休克； ②心肌梗死、心衰引起的休克； ③过敏引起的休克； ④神经源性引起的休克； ⑤放射性引起的休克； ⑥烧伤引起的休克； ⑦呕吐、腹泻引起的休克； ⑧感染性休克	①据各种原因的不同，采取不同的措施。对最常见的低血容量性休克或神经源性休克，应取仰卧位，下肢抬高20°～30°，心源性休克（因心脏因素出乎意料的猝死）有呼吸困难者，头部抬高30°～45°。 ②保暖。 ③观察病情并及时转院
7	中毒	一氧化碳中毒 轻型——头晕、心悸、恶心、呕吐、无力 重型——昏睡、昏迷、猝死	吸入过量CO。CO进入血液与血红蛋白结合成碳化血红蛋白而降低血液携带氧气的能力，使肌体缺氧	①脱离环境，打开门窗、吸入新鲜空气（氧气）； ②保温； ③对猝死者立即进行心肺复苏； ④急送医院高压氧舱治疗

序号	急症	定义	原因/性质	措施
7	中毒	食物中毒 　轻度,一般急性胃肠炎表现,如呕吐、腹痛、腹泻等 　中度,出现神经、循环、呼吸系统症状 　重度,昏迷、休克、呼吸心跳停止	食用不洁、有毒的食物 ①食物中存在过多致病微生物; ②有毒物质污染(常见:农药、砷、亚硝酸盐)导致吸收中毒; ③食物加工不合理生成毒物(如:扁豆、蚕豆、白果、发芽土豆、野蘑菇、木薯等)导致中毒	①排除毒物:主要有催吐、导泻、洗胃、利尿; ②对症处理:补液、休息; ③对毒处理:微生物中毒选用抗生素;亚硝酸盐中毒选用1%美蓝静脉注射
		铅中毒 　神经系统出现末梢神经炎(典型为腕下垂)、智力降低(儿童明显)、感觉迟钝、神经衰弱等 　消化系统出现脐周阵发腹痛(绞痛)、消化不良;血液系统出现贫血、苍白无力	人体内存在超标准的铅(100mg/L)主要原因是焊接、印刷、油漆作业及吸入含铅汽油、使用陶器所致,经呼吸、口进入体内 铅中毒特征表现为牙齿铅线、点彩红细胞、铅口味	①用依地酸二钠钙驱铅; ②10%葡萄糖酸钙推注止腹痛
8	软组织扭伤	指踝关节受到外力冲击引起关节周围软组织的损伤	①行、跑时足踩到不平地面,受力不平衡; ②腾空落地时,足部受力不均匀; ③躯体摆动时,足部摆动不平衡。 部分软组织(肌肉、肌腱、韧带)过渡牵拉或收缩	①立即休息,受伤踝关节不许活动; ②抬高患肢、冷敷(24h内冷敷,24h后热敷); ③用绷带"8字"缠裹固定; ④服药——跌打丸、白药等; ⑤怀疑骨折时,应送医院检查、治疗; ⑥急性期过后,可按摩治疗
9	急性腰扭伤	腰部脊柱、软组织受到外力冲击	过重外力、不平衡外力使脊柱关节、软组织过度牵拉或收缩、移位,而使关节结构改变、软组织受伤 ①局部撕裂感(响声)、立即剧烈疼痛; ②局部肿胀、僵直,不敢活动(翻身、起床、咳嗽时剧烈痛); ③明显的压痛点; ④椎间盘突出者脊柱侧弯,出现下肢麻木、放射痛	①立即休息,止动; ②局部封闭治疗; ③急性期后按摩治疗; ④怀疑椎间盘突出时应送医院检查、处理
10	多发伤	在同一伤因的打击下,人体同时或相继有两个或两个以上解剖部位的组织或器官受到严重创伤	受伤部位其中之一即使单独存在也可能危及生命	①立即脱离现场,避免现场再度损害; ②保持良好通气:使伤员呼吸道始终保持通畅; ③对疑为呼吸、心搏停止者,应立即试行心肺复苏; ④止血:压迫、加压包扎,抬高伤肢,四肢大血管撕裂时可用止血带止血等; ⑤包扎:因包扎可减轻疼痛,还可以帮助止血和保护创面,减少污染;包扎材料可就地取材,如清洁毛巾、衣服、被单、布类等均可; ⑥固定:固定可减轻疼痛和休克,并可避免骨折移位,而导致血管和神经损伤。现场固定材料可以是树枝、树皮、树干、木棍、木板、书卷成筒等; ⑦观察病情,及时转入医院

续表

序号	急症	定义	原因/性质	措施
11	烧伤	由于热力、化学物质、电流及放射线所致引起的皮肤、黏膜及深部组织器官的损伤，一般指热烧伤	烧伤面积计算，以人体表面积9%为单位计算烧伤面积 ①成人头颈部表面积为：9%（1个9%）； ②双上肢：18%（2个9%）；躯干：27%（含会阴 1%，3个9%）； ③双下肢：46%（含臀部，5个9%＋1%）	①脱离致伤场所（灭掉伤员身上之火），若是酸、碱等化学品所致的伤，应用清水长时间冲洗，最好采用中和方法冲洗 ②检查危及生命的情况，首先处理和抢救。如大出血、窒息、开放性气胸、严重中毒等，应迅速进行处理与抢救 ③镇静、镇痛 ④保持呼吸道通畅 ⑤全面处理：防感染，用清洁被单、衣服等简单保护，冬季防寒保暖，急救包扎时，已肯定灭火的衣服可不脱掉，以减少再污染，若为化学烧伤，浸湿衣服必须脱掉 ⑥掌握运转时机转运医院
12	中暑	由于高温环境或烈日曝晒，引起人的体温调节中枢功能障碍、汗腺功能衰竭和水、电解质丢失过多，从而导致代谢失常而发病	中暑分类：①热射病；②日射病；③热痉挛；④热衰竭。 除了高温、烈日曝晒外，工作强度过大、时间过长、睡眠不足、过度疲劳等均为常见的诱因	①脱离高温环境，移到凉爽、低温处； ②积极降温，用冷水、风扇等方法； ③休息、安慰病人； ④补液、补盐； ⑤危重者送医院抢救
13	电击	当一定量的电流或电能量（静电）通过人体时所造成的组织损伤和功能障碍称为电损伤，严重者可危及生命		①使触电者摆脱电流的作用，救护人不得接触触电者的皮肤，也不能抓他的鞋； ②在医生到达前对其进行医疗救护，在心脏停止跳动不超过4～5min的情况下，救护者对触电者不断地施行人工呼吸和心脏按摩。在医生到达之前，急救工作不能间断，有时甚至要坚持数小时

【习题】

1. 建筑施工企业职业危害因素对女工体格和生理功能方面的影响有哪些？
2. 中暑有哪些症状？
3. 施工现场材料堆放常见安全隐患有哪些？
4. 施工场地常见安全隐患有哪些？
5. 施工现场防火常见安全隐患有哪些？
6. 施工现场生活设施常见安全隐患有哪些？
7. 如何使触电者脱离带电体？
8. 职业病防治法赋予劳动者哪些权利？
9. 施工现场防扬尘的常用措施有哪些？
10. 为减少噪声污染，施工现场所使用的固定式混凝土输送泵（地泵）应如何采取措施？

第九章　建筑施工安全生产保证

【本章教学要点】

知识要点	相关知识
安全生产保证	安全生产保证体系要素、结构和程序、保证计划、运行、施工现场安全目标管理
安全保证措施	安全施工组织设计、专项安全施工方案的内容和编制，安全标志、安全记录、安全检查
安全宣传教育培训	宣传培训的原则、形式、途径、内容和方法

【本章技能要点】

技能要点	应用方向
安全生产保证体系	了解安全生产保证体系要素、结构和程序、保证计划等的内容，了解体系运行方法，了解体系建立方法，熟悉安全施工组织设计、专项安全施工方案的内容和编制方法
安全保证措施	了解安全标志使用要求，熟悉安全记录编写方法，掌握安全技术交底的内容和方法
安全宣传教育培训	熟悉宣传培训的方法，会编制培训方案

【导入案例】

安全生产保证体系网络图（目标分解）

施工企业安全生产保证目标分解如例图9-1。

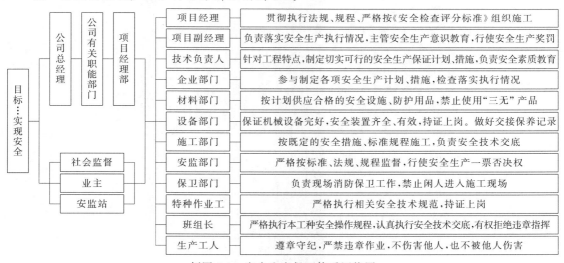

例图 9-1　安全生产保证体系网络图

"垃圾桶"理论

荷兰有一个城市为解决垃圾问题而购置了垃圾桶，但由于人们不愿意使用垃圾桶，乱扔垃圾现象仍十分严重。该市卫生机关为此提出了许多解决办法。第一个方法是：把对乱扔垃圾的人的罚金从25元提高到50元。实施后，收效甚微。第二个方法是：增加街道巡逻人员的人数，成效亦不显著。后来，有人在垃圾桶上出主意：设计了一个电动垃圾桶，桶上装有一个感应器，每当垃圾丢进桶内，感应器就有反应而启动录音机，播出一则故事或笑话，其内容还每两周换一次。这个设计大受欢迎，结果所有的人不论距离远近，都把垃圾丢进垃圾桶里，城市因而变得清洁起来。

也许这样的案例过于理想主义，但我们还是应该可以从中得到启发。在垃圾桶上安装感应式录音机，丢垃圾进去播出一则故事或笑话，效果远比那些惩罚手段好得多，既省钱，又不会让人们感到厌恶。

要解决员工在施工现场的习惯性违章问题，用监管和处罚的手段实际上不是我们的终极目标，常常也很难奏效。我们需要对具体的事具体的分析，大部分员工的违章，是故意违章还是潜意识的、习惯性的违章？我们需要消除的是人的不安全行为，而人的不安全行为，源自人的不安全的意识形态，必须消除产生不安全行为的意识，引导员工自觉遵章守纪，在企业营造一个"我要安全"而成的氛围，而不是靠在违章要被处罚的大棒威慑之下维持的安全秩序。那么，上面这个可爱的垃圾桶好不好呢？

第一节　安全生产保证体系

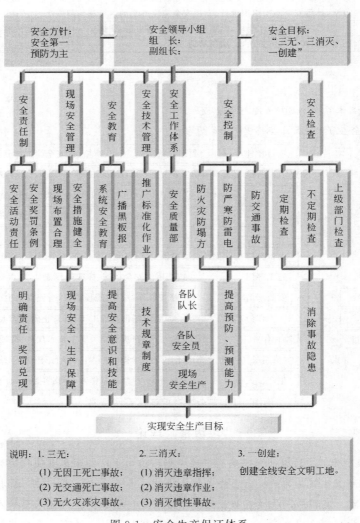

图 9-1　安全生产保证体系

　　安全管理包括两个"体系"：安全保证体系和安全监察体系。安全保证体系可分为安全生产保证体系（图 9-1）、职业健康保证体系（图 9-2）、文明施工保证体系（图 9-3）、环境保护体系（图 9-4）4 个方面。本章主要介绍的是建筑施工现场安全生产保证体系。

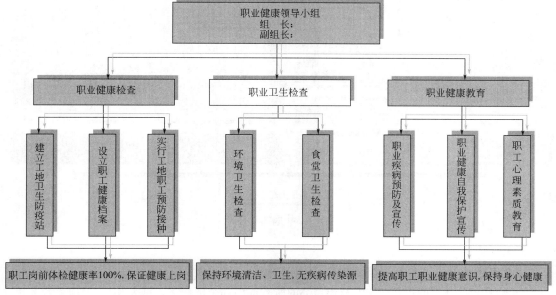

图 9-2　职业健康保证体系

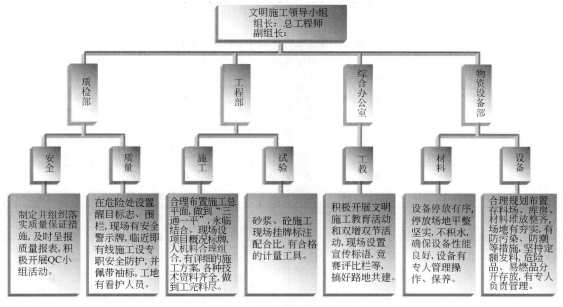

图 9-3　文明施工保证体系

　　施工现场安全生产保证体系对安全与健康管理提出要求，提供一个系统化的管理过程。它根据施工现场安全生产各项管理活动的内在联系和运行规律，归纳出一系列体系要素，并将离散无序的活动置于一个统一有序的整体中来考虑，使得体系更便于操作和评价。

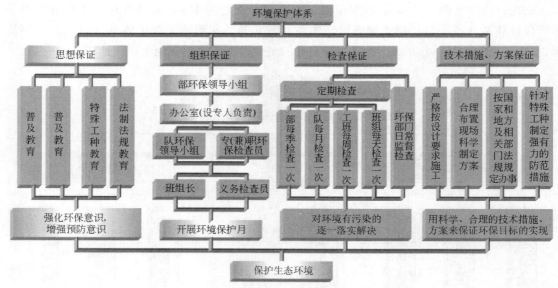

图 9-4 环境保护体系

一、要求（要素）

1. 要素组成

安全生产保证体系的建立，应涉及项目部的所有部门和全体职工，见表 9-1。工程项目部建立以项目经理为现场安全保证体系第一责任人。机构中对从事安全管理、执行、检查监督人员的职员权利，安全生产保证体系中的有关文件应予明确，特别是独立行使权力开展工作的管理人员职责和权限的规定，安全体系运行中各个管理要素的接口工作相互之间明确，并形成必要的文件。

表 9-1　工程项目部安全生产保证体系要素及职能分配表

编号	安全生产保证体系要素	项目经理	项目副经理	项目工程师	项目经济师	综合办	经营部门	施工部门	技术部门	安全部门	材料部门	劳资部门	宣教部门	保卫部门
1	管理职责	★	★	★		●		●	●	●		●		
2	安全体系	★		★				▲	●	●				▲
3	采购(安全设施所需的材料、设备及防护用品)				★				▲	●				
4	分包方控制	★	★	★	★	▲		▲	▲	▲	●			
5	施工现场安全控制		★					▲	▲	●				
6	检查、检验和标识							▲	▲	●				
7	事故隐患控制							●	●	●				
8	纠正与预防措施							▲	●	●				
9	教育与培训					●				●			●	
10	安全记录										●			
11	内部安全审核			★		▲	▲	▲	▲	●	▲	▲	▲	▲

注：★—主管领导；●—主管部门（个人）；▲—相关部门（个人）。

这 11 个安全体系要素可分解为 44 个二级要素。这些要素描述了施工现场安全生产保证体系建立、实施并且保持的过程。

2. 基本要求

（1）管理组织

① 拟定落实安全管理目标，制订安全保证计划，根据保证计划的要求落实资源的配置。

② 负责安全体系实施过程中的运行监督和运行一个阶段后对安全保证体系的检查。

③ 对安全生产保证体系运行过程中，出现不符合要素的要求（即不合格）、施工中存在的事故隐患，应制订纠正和预防措施，以及对上述措施的复查工作。

（2）资源

① 参与施工的人员都须经过培训后上岗。管理人员必须按建设系统"十一大员（资料员、材料员、预算员、试验员、质检员、安全员、施工员、机械员、劳资员、计划员、统计员）"培训要求做到持证上岗，特种作业人员必须经劳动部门培训考核合格后持证上岗，一般施工人员也须经过技能培训，取得上岗资格证。

② 采用先进、可靠的施工安全技术，作业过程中配置各类安全防护设施。

③ 临时安全用电技术及防触电措施、消防器材及设施，应按防火规定的要求配置。

④ 各类建筑施工机械的安全装置齐全、有效。

⑤ 配备安全检测工具。如测定扣件螺栓紧固程度的力矩板子、接地电阻测试仪、兆欧表、风速仪、声级计、测试照明度等。

⑥ 工程项目部对劳动保护、安全防护措施，落实必要的经费。

二、基本结构

安全保证体系结构主要包括：安全生产保证机构和人员、安全生产责任制度、安全生产资源。

1. 安全生产保证机构和人员

（1）安全生产保证机构　安全生产保证机构在安全管理组织构成中，主要对安全生产的正常运行起支持作用，它的基本组成及职责、各部分之间的关系，见图 9-5。

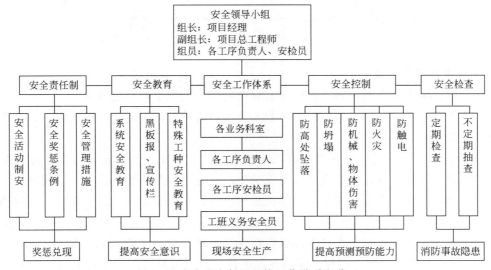

图 9-5　安全生产保证机构工作关系和分工

（2）安全生产保证岗位人员　在安全生产保证体系中，各岗位要配备适当人员，并赋予相应职责和权限，从而确保体系正常运行。岗位设置与人员基本职责见图 9-6。

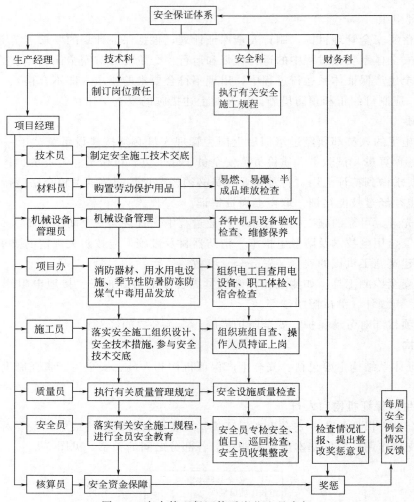

图 9-6 安全管理保证体系岗位人员责任

2. 安全生产保证的资源

安全生产保证资源主要包括人力资源、安全物资和安全生产资金资源。

（1）人力资源 人力资源包括配置专职安全生产管理人员、高素质技术人员、操作工人及安全教育培训投入等。

① 安全生产管理人员 根据《建设工程安全生产管理条例》规定，施工单位应配备专职安全生产管理人员。其主要职责是负责安全生产，并进行现场监督检查；发现安全事故隐患，应当及时向项目负责人和安全生产管理机构报告；对违章指挥、违章作业的，应当立即制止。

根据《建筑施工企业安全生产管理机构设置及专职安全生产管理人员配备办法》（建质〔2008〕91号）的要求，项目经理部应建立以项目经理为组长的安全生产管理小组，按工程规模设安全生产管理机构或配专职安全生产管理人员（由施工企业委派）。该办法对人员配备数量做了具体规定。

② 工程技术人员 根据我国近50年来所发生的死亡事故统计资料表明，由于生产工艺

工艺流程本身的缺陷、职工违反操作规程和作业环境条件、设备、工具的缺陷造成的伤亡事故，已占所有事故总数的 60% 以上。

从本质上讲，技术工作和安全工作是紧密相连的。工程技术工作的全过程中都含有安全工作。施工质量的好坏直接影响着安全生产的质量。当产品（半成品）质量缺陷小的时候，就表现为不合格产品（半成品）或出现质量事故，当产品（半成品）质量缺陷增大或累积叠加到一定程度时，就会质变为安全隐患，甚至酿成安全事故。

工程技术人员直接组织生产、检查生产质量，一定要时刻要牢记安全，结合现场实际，用科学的方法指导生产、控制质量和安全，杜绝违章指挥、消除违章作业，为企业创造更好的社会效益和经济效益。

1）优化施工计划和施工技术方案。

2）加强对施工方案和施工安全技术措施的落实力度。

3）认真组织专业性安全检查和不定期的特种检查。

③ 操作工人　作为行使安全行为主体的工人，在企业安全生产中发挥着至关重要的作用。

1）提高工人的安全素质是做好安全生产的关键　企业工人的安全文化是企业安全生产水平和保障程度的最基本元素。

工人的安全素质，主要来源于管理者的指引和工人本身的工作经验。最根本的体现是识别危险源、减少或消除危险因素、事故的应急处理方法等预防性思想行为。管理者应积极鼓励技术经验丰富和安全意识强的工人带动"新手"，只有这样才能让"新手"更贴切地掌握第一线最基本的东西。工人入场"三级安全教育"做到位，让工人充分认识到安全的重要性。工人应对自己的工作环境中有哪些不安全因素有全面而细致的了解，并能够对可能发生事故正确的处理。

2）提高员工的安全文化素质是预防事故的最根本措施　企业工人的安全文化素质包括多方面：一是在安全需求方面，要有较高的个人安全需求，珍惜生命、爱护健康，能主动离开非常危险和尘毒严重的场所；二是在安全意识方面，要有较强的安全生产意识，遵守"安全第一、以防为主"的安全生产方针；三是在安全知识方面，要有较多的安全技术和安全操作规程知识；四是在安全技能方面，有较熟练的安全操作能力；五是在遵章守纪方面，能自觉遵守有关安全生产法规制度，并长年坚持；六是应急方面的能力。

3）让工人掌握安全生产技术知识是提高安全生产的基础　安全生产离不开技术，生产技术知识是人类在征服自然的斗争所积累起来的知识、技能和经验。工人必须通过学习去掌握这些生产技术知识，才能保证生产的安全性。

4）工人安全生产技能的表现在于积累　安全生产技能包括作业技能、熟练掌握作业安全装置设施的技能，以及在应急情况下进行妥善处理的技能。要具备这些技能，要求员工有一定的生产实践和锻炼积累。

（2）安全物资　为防止假冒、伪劣或存在质量缺陷的安全物资流入施工现场造成安全隐患，项目经理部应对安全物资供应单位的评价和选择、供货合同条款约定、进场安全物资的验收，作出具体规定并组织实施。

工程施工过程中应加强安全物资的维修保养等管理工作。

（3）安全生产资金　《安全生产法》将安全投入列为保障安全生产的必要条件之一，从3 个方面做出严格的规定。

① 生产经营单位安全投入的标准　安全生产法第十八条规定，生产经营单位应当具备的安全生产条件所必需的资金投入。

施工现场安全生产资金主要包括：施工安全防护用具及设施的采购和更新的资金、安全施工措施的资金、改善安全生产条件的资金、安全教育培训的资金、事故应急措施的资金。

② 安全投入的决策和保障　《安全生产法》第十八条根据不同生产经营单位安全投入的决策主体的不同，分别规定：按照公司法成立的公司制生产经营单位，由其决策机构董事会决定安全投入的资金；非公司制生产经营单位，由其主要负责人决定安全投入的资金；个人投资并由他人管理的生产经营单位，由其投资人即股东决定安全投入的资金。

项目经理部制定安全生产资金保障制度，落实和管理好安全生产资金。安全生产资金保障制度是指施工单位对安全生产资金必须用于施工安全防护用具及设施的采购和更新、安全施工措施的落实，安全生产条件的改善等。工程项目负责人对列入建设工程概算的安全作业环境及安全施工措施所需费用，必须用于施工安全生产，不得挪作他用。

③ 安全投入不足的法律责任　进行必要的安全生产资金投入，是生产经营单位的法定义务。由于安全生产所需资金不足导致的后果，即有安全生产违法行为或者发生生产安全事故的，安全投入的决策主体将要承担相应的法律责任。

《安全生产法》第八十条规定，生产经营单位的决策机构、主要负责人、个人经营的投资人不依照本法规定保证安全生产所必需的资金投入，致使生产经营单位不具备安全生产条件的，责令限期改正，提供必需的资金；逾期未改正的，责令生产经营单位停产停业整顿。有违法行为致发生生产安全事故，构成犯罪的，依照刑法有关规定追究刑事责任；尚不够刑事处罚的，对生产经营单位的主要负责人给予撤职处分，对个人经营的投资人处 2 万元以上20 万元以下的罚款。

三、体系建立的程序

建立安全生产保证体系是项目经理部的基本任务。建立和实施体系是一个规范的有计划的系统性工作过程，一般程序可分为以下三个阶段。

1. 前期与策划阶段

（1）教育培训，统一认识　安全生产保证体系的建立和完善的过程，是始于教育、终于教育的过程，也是提高认识和统一认识的过程。要分层次、循序渐进地进行教育培训。

① 管理层　全面接受施工现场安全生产保证体系规范有关内容的培训，方法上可以采取讲解与研讨结合，理论与实际结合。

② 操作层　培训本岗位安全活动有关内容，包括在施工作业中应承担的安全和环保任务和权限，以及造成安全和环保过失应承担的责任等。

（2）拟定计划，组织落实

① 领导小组　由项目经理部负责人任组长，负责安全生产保证体系建立过程中重大问题的决策和组织协调，如体系建设的总体规划，制定安全目标，提供人、财、物的支持等。

② 工作小组　由项目经理部主要部门（岗位）人员组成，应具有开展相关工作的知识和技能。在领导小组指导下，开展安全生产保证体系建立过程中涉及施工现场范围内的具体工作，如组织宣传教育、体系策划、体系文件的编制汇总等。

2. 文件化阶段

主要工作是按照相关的法律法规、标准规范和其他要求编制安全生产保证体系文件。建筑安全生产保证体系文件，包括：安全保证计划、工程项目所属上级制订的各类安全管理标准、相关的国家、行业或地方法律法规文件、各类记录（施工中的作业交底文本、安全记录、报告）、报表和台账。

（1）体系文件编制的范围

① 制定安全目标。制定安全目标要根据党和国家的方针政策、上级下达的指标，结合环境因素及历史和现实，制定一个通过全体职工努力可以实现的安全总目标。这个安全目标，必须具备明确性、可行性、系统性、应变性。

施工现场安全总目标一般包括：职工死亡事故为率、重大设备损坏和重大火灾事故率、现场职工工伤率等控制目标，现场安全管理达标等级和文明施工等基本目标；荣誉奖项（地市安全文明优秀工地、省安全文明优良工地、省安全文明示范工地、国家级安全文明优秀工地）的争创目标等。

总目标制定后，要逐级提出分目标，通过目标的展开，明确划分各部门及个人的职责范围。分目标由下级提出后，必须经上级纵横协调，综合平衡后确定。

② 准备本企业制定的各类安全和环境管理标准，贯彻 ISO9000 族标准、ISO14000 系列标准或 GB/T 28000 系列标准的项目，可以在作出必要实施说明后，直接执行部分适用的质量、环境或职业健康安全体系程序文件，如采购、分包、培训、过程控制、检查考核、内审程序文件及其支持性文件等。

③ 准备国家、行业、地方的各类有关安全的法律法规和标准规范。

④ 编制项目经理部安全生产保证计划及相应的专项计划、专门方案、作业指导书等支持性文件。

⑤ 准备各类安全记录、报表和台账。

（2）体系文件编制内容

① 安全生产保证体系的程序文件（为实施安全生产保证体系要素，所涉及到各职能部门或个人的活动要求内容、安全保证计划、其他安全文件）。

② 施工现场安全、文明施工各项管理制度（由上级部门制定）。

③ 承包责任制，要有明确的安全指标和包括奖惩在内的保证措施。

④ 支持性文件（国家、行业及企业内的安全方面需执行的文件，如安全技术管理手册、行业管理文件汇编和各种安全技术操作规程）。

（3）体系文件编制的过程　安全生产保证体系的文件编制，应在安全体系的策划和设计完成以后，再着手编制体系文件，必要时可交叉进行。体系文件应按分工不同，由归口负责的职能部门或个人分别制订，先提出草案再组织审核。安全生产保证体系文件要做到协调、统一，并按规定的安全体系要素，逐个开展各项安全活动（包括直接安全活动和间接安全活动），将安全职责分配落实到各个职能部门或个人。

① 由工作小组结合工程项目的实际和特点，在施工准备阶段，对需要建立的安全生产保证体系搜集信息并提供依据，主要内容包括：

1）识别与确定本项目适用的法律法规，标准规范和其他要求；

2）识别、评价和确定本项目施工现场各类活动、产品、设施设备、场所所涉及的危险源和不利环境因素，特别是重大危险源和重大不利环境因素；

3）审查与施工现场有关的安全和环境管理的运行程序、规章制度和作业指导书，评价其有效性。

② 根据上述调查分析结果，对本项目的安全生产保证体系进行总体设计，主要包括：

1）制定安全目标和指标。根据我国"安全第一、预防为主"的安全方针，针对已识别的重大危险源和重大不利环境因素，制定具体的安全目标，可能时还需分解为可测量或量化的指标。

2）确定组织机构和职能分配。对本项目管理职能进行分析，按合理分工、加强协作和赋予权限的原则，设置项目经理部部门（岗位），确定组织结构关系，并把施工现场安全生产保证体系规范中各个要素所涉及的职能逐一分配到部门（岗位）。

3）确定对本项目已识别的危险源和不利环境因素的控制方法。

4）编制管理方案。针对已识别和评价出的重大危险源和不利环境因素，以及相应的目标和指标要求及技术措施，编制相应的专项管理方案或安全措施计划。

5）编制施工现场安全生产保证计划。对本项目如何具体贯彻施工现场安全生产保证体系规范的各个要素的要求，作出相应描述。

（4）体系文件编制的要求　应以适当的媒介（如纸或电子形式）建立并保持描述管理体系核心要素及其相互作用、提供查询相关文件的途径。重要的是，按有效性和效率要求使文件数量尽可能少。

① 项目安全目标应与企业的安全总目标、已识别的重大危险源和重大环境因素协调一致；

② 安全生产保证计划的编制，应根据工程项目的规模、结构、环境和施工风险等因素，进行安全策划。

③ 制定切实可行的安全技术措施。如临时用电安全施工组织设计、大型机械的装拆施工方案、劳动保护技术措施要求和计划、危险部位和施工过程（特别是施工风险程度较大项目）应进行技术论证，采取相应的技术措施。

④ 体系文件应经过自上而下，自下而上的多次反复讨论与协调，以提高编制工作的质量，并对安全生产责任制、安全生产保证计划的完整性和可行性、项目经理部满足安全生产和环境保护的保证能力等进行确认，建立并保存确认记录；

⑤ 体系文件需要在体系运行过程中定期、不定期地评审和修改，必要时予以修订并由被授权人员确认，以确保其完善和持续有效。

⑥ 文件和资料易于查找，凡对安全体系的有效运行具有关键作用的岗位，都可得到有关文件和资料的现行版本。及时将失效文件和资料从所有发放和使用场所撤回，或采取其他措施防止误用。

⑦ 对出于法规和（或）保留信息的需要而留存的档案文件和资料，予以适当标识。

3. 运行阶段

（1）发布施工现场安全生产体系文件　有针对性地多层次开展宣传教育活动，使现场每个员工都能明确本部门（岗位）在实施中应做些什么工作，使用什么文件，如何依据文件要求开展这些工作，以及如何建立相应的安全记录等。

（2）配备资源　应保证适应工作需要的人力资源，适宜而充分的设施、设备以及综合考虑成本、效益和风险的财务预算。

（3）运行　体系要素通过合理的资源配置、职责分工以及对各个要素有计划、不间断地检查审核和持续改进，有序地、协调一致地处理体系的安全事务，从而形成螺旋上升循环、保持体系不断完善提高的过程，见图9-7。

从图中可以看出保证体系构成PDCA动态循环过程，各环节连同对体系运行起主导作用的安全管理目标，是保证施工现场安全与健康管理落实的重点所在。

（4）加强信息管理、日常安全监控和组织协调　通过全面、准确、及时地掌握安全管理信息，对安全和环保活动过程及结果进行连续的监视、测量和验证，以及对涉及体系的问题与矛盾进行协调，促进安全生产保证体系的正常运行和不断完善，是形成体系良性循环运行机制的必要条件。

图 9-7　安全生产保证体系运行循环示意

（5）审核　经过一段时间的试运行，由项目经理部和企业按规定对施工现场安全生产保证体系运行进行内部审核，验证和确认安全生产保证体系的符合性、有效性和适宜性，重点是体系文件的完整性、符合性与一致性，以及体系功能的适用性和有效性。

（6）评估及调整　通过内审暴露问题，组织制定并实施纠正措施，达到不断改进的目的。在内审的基础上，项目经理部应收集来自外部与内部各方面的信息，对运行阶段的进行安全评估，即对体系整体状态作出全面的评判，对体系的适宜性、和有效性作出评价。根据安全评估的结论，决定对体系是否需调整、修改，适当时可作出是否提出上级机构内审或认证申请。

第二节　安全保证文件

一、安全生产保证计划

1. 内容

根据工程项目的规模、结构、环境、承包性质、技术要求和施工风险程度等因素，进行施工安全生产策划。根据策划的结果编制安全保证计划。

（1）配备必要的设施、装备和专业人员，确定控制和检查的手段、措施。针对施工现场规模大小、进度、施工人数，来制订安全检查的次数。明确安全防护设施的搭设部位、数量、时间。

（2）确定整个施工过程中应执行的文件、规范、标准。如脚手架、高空作业、机械作业、临时用电、动用明火、深基础施工、爆破作业等工程，作业前按具体要求做好针对性的安全技术措施和进行书面交底。

（3）确定冬季、雨季、雪天施工的安全技术措施，及夏季的防暑降温及卫生防疫方案。

（4）确定危险部位或过程。对风险较大和专业性较强的工程项目进行安全论证，同时采取相适应的安全技术措施，并取得有关部门的确认。

（5）作出因本工程项目的特殊性而需要补充的安全操作规定。如电动升降吊篮的操作、整体式提升脚手架升降的操作、新工艺等，都要做好补充规定。

（6）选择或制订施工各阶段针对性安全技术交底文件。主要针对施工过程中的分部分项工程情况，从现有的安全操作技术规程的交底文本中，选择针对性条款作为交底资料，也可按行业或企业上级部门制定的安全操作技术规程进行交底。

（7）制定安全记录的表式，确定收集整理和记录各种安全活动的人员和职责。所使用的表式，可采用当地行业主管部门下发的统一形式；不能满足记录需要时，要确定补充表式的使用项目、内容及相应的标识。

2. 确认

安全保证计划在实施前，必须经工程项目部的上级机构确认。确认的要求有：

（1）项目部上级主管部门有关负责人主持，执行计划的项目部负责人及相关部门参与。

（2）确认保证计划的完整性，和制订的措施、方法在实际施工中的可行性。

（3）各级安全生产岗位责任制完善性和可操作性。

（4）与保证计划不一致的事宜都应得到解决。包括控制手段、措施、采用的施工技术等是否与安全计划保持一致等。

（5）项目部有满足安全保证的能力。主要指机构设置的合理性，管理人员与其相担任工作的资格、资历，施工生产中的机械设备、安全设施的可靠性，都需要进行评价。

（6）记录并保存确认过程。

（7）批准通过的安全保证计划，应送上级主管部门备案。

二、安全施工组织设计

1. 概念

（1）施工组织设计　根据工程建设任务的要求，研究施工条件、制定施工方案用以指导施工的技术经济文件。是施工技术与施工项目管理有机结合的产物，是用以组织工程施工的指导性文件和工程施工的总纲领。在工程设计阶段和工程施工阶段分别由设计、施工单位负责编制。

它体现了实现基本建设计划和设计的要求，提供了各阶段的施工准备工作内容，协调施工过程中各施工单位、各施工工种、各项资源之间的相互关系。

（2）安全施工组织设计　是在施工组织设计的框架上，从技术角度编制的比较详细的安全生产方面的技术文件。

依据工程施工组织设计编制本项目的安全施工组织设计，在此基础上对那些施工工艺复杂、专业性强的项目进一步编制专项安全施工技术措施、方案，为安全生产打下坚实基础。安全技术措施是安全施工组织设计的重要组成部分，是安全生产的技术性概括。

在建筑施工过程中，安全施工组织设计及专项安全施工方案、安全技术交底三者即相互关联又有不同分工，见表9-2。

表 9-2　安全施工组织（施组）设计、方案、交底之间的对比

文件	安全施工组织设计	专项安全施工方案	安全技术交底
依据	—	施工组织设计	施工方案
性质	全局性、综合性的技术文件，施工单位编制月旬计划的基础性文件，宏观的决策，是定性的描述	关于某一分项工程的施工方法的具体施工工艺，是单位工程施组的核心	施工企业极为重要的一项技术管理工作，是施工方案的具体化，它的内容更具体更详细
用途	指导施工前的一次性准备，指导单位工程全过程各项活动技术、经济的全局性、指导性文件，它是拟建施工的战术安排	施工方案的正确与否直接影响工程质量、安全的关键所在。是对施组中的施工方法的细化，反映的是如何实施，内容比施组内容更为具体详实而且更具针对性	对施工工艺的操作进行的交底，它是一个具体的、细化的工作，是一个具体的操作过程，侧重的是如何去操作
编制人	是以施工图为依据，由项目经理组织，项目技术负责人召集相关人员编制	项目部负责人组织本单位施工技术、安全、质量等部门的专业技术人员进行编制	技术人员或工长编写，向班组长交底，再由作业班组长带领工人按照要求去完成

（3）施工组织设计与安全施工组织设计的关系　工程施工组织设计和安全施工组织设

计，从表面上看无论从施工上和内容上有很多关联之处，可它又是包括不同内涵的两个文件，在实际施工过程中还是分为两个文件较为可行。因此，所有建设工程除了编制施工组织设计外，还必须编写安全施工组织设计；而对工程较大、施工工艺复杂、专业性很强的施工项目，还必须进一步编写专项安全施工方案。安全技术措施或专项施工方案，应符合工程建设强制性标准。

（4）安全施工组织设计的编制原则　安全施工组织设计编制，应根据施工规范和建设工程施工安全规程的要求进行，对工程特点、工程结构、施工环境、作业条件、使用材料、机具、设备的情况等综合因素进行全面考虑，分别从管理、技术和防护设施等方面分析，为消除不安全因素、预防事故发生，采用适当的施工方案来保证工程施工安全。

2. 编写内容

安全施工组织设计文件的基本内容，包括编制依据、工程概况、控制程序、控制目标、组织结构、职责权限、安全管理制度及方法、危险性较大的分部分项工程专项施工方案、安全技术措施、应急预案等。

（1）编制依据　安全施工组织设计应以下列内容作为编制依据：

① 与工程建设安全生产有关的法律、法规和文件。

② 国家现行安全生产有关的施工技术规范、行业现行安全生产有关的施工技术规范及标准、与安全生产有关的地方标准。

③ 工程所在地区行政主管部门的批准文件，建设单位对施工的要求。

④ 工程施工合同或招标投标文件，工程设计文件（建筑、结构、电气、给排水、人防等施工图纸）。

⑤ 施工组织总设计（工程施工范围内的现场条件，工程地质及水文地质、气象等自然条件，与工程有关的资源供应情况，施工企业的生产能力、机具设备状况、技术水平等）。

⑥ 安全资料及图集。

在编制过程中，特别要注意避免以下问题：

① 没有体现出编制依据、缺乏编制依据，针对性不强；

② 编制依据的有关文件已经过期作废；

③ 把一些常规经验或没有经过论证的技术方法作为编制依据；

④ 中小项目照搬现成模块。

（2）工程概况

① 建设责任方　一般包括设计、勘察、建设、项目管理、监理、总承包、主要分包等单位和监督部门。

② 工程总体概况

1）工程建筑设计概况：建筑功能（地理位置、用途、主要尺寸）、建筑等级（工程结构安全、抗震设防）、建筑面积（总建筑面积、地上地下建筑面积）、建筑层数及层高（地上、地下）、室内外装修（顶棚、楼地面、内墙、门窗、楼梯间、公用部分、屋面、外墙面）、建筑防水（地下、屋面、卫生间）、建筑保温（内外墙、屋面）。

2）工程结构设计概况：地质情况、地基承载力、基础形式、结构体系、设计要求、混凝土强度设计（基础、墙、柱、梁、板、过梁、构造柱、其他构件）、结构设计要求的环境类别、混凝土保护层、钢筋（规格、直径、类别、连接方式）、结构断面尺寸（筏板厚度、防水底板厚度、外墙厚度、内墙厚度、楼板厚度、梁柱截面）等。

③ 建设地点及环境特征　主要包括建筑物位置、工程所在地的地形和地质、地下水位、年平均气温、冬雨期的时间、历年的主导风向、地震烈度等情况。

④ 工程特点

1）设计特征　主要介绍工程设计图纸的情况，特别是设计中是否采用了新结构、新技术、新工艺、新材料等内容，提出施工的重点和难点。

2）工程特征　不同类型的建筑、不同条件下的工程施工，均有不同的安全生产特点。

3）环境特征　有些工程所处的环境为闹市区，人流、车流量大，有些工程地基状况不良、地下水位高等特殊环境，必须在安全文明施工组织设计中予以重点考虑。

4）工期特征　有些工程对工期要求十分紧迫，需要组织抢工、夜间施工等，容易发生安全事故和施工扰民，安全文明施工组织难度大。

5）季节特征　有些工程施工要经历冬期、雨期、强台风、沙尘暴、酷热天气等恶劣气候，可能发生自然灾害，产生重大安全隐患。

⑤ 施工条件

1）施工现场的水、电、气等资源供应及来源，管道布设和线路架设情况及要求。

2）道路状况，车辆通行和人员交通出入，消防要求，材料设备的运输情况。

3）现场材料、成品，半成品的采购、加工、制作、安装情况。

4）施工现场周边对安全防护和文明施工的要求，安全设施和费用的投入。

⑥ 施工部署　包括工程的质量、进度、成本及安全文明目标，拟投入的最高人数和平均人数，主要资源供应，施工程序，施工管理总体安排。

⑦ 工期安排　包括工程开工日期、工程竣工日期、工期控制节点。

⑧ 特殊要求　主要可能有特殊技术与工艺、特殊施工部位、特殊材料与机械、施工特殊要求等方面。

（3）安全计划

① 确定安全目标、组织结构；

② 确定控制目标、过程控制要求和程序（见图9-8）；

图 9-8　安全文明施工控制程序

③ 制定安全技术措施、配备必要资源；

④ 检查评价，确保安全目标的实现。

（4）施工安全保证措施

① 安全生产措施：安全生产保证措施、消防安全管理措施、治安保卫管理措施。

② 安全生产保障体系：安全管理保证体系表、各部门安全责任制。

③ 安全、文明措施费用计划。

（5）危险性较大的分部分项专项方案　危险性较大的分部分项工程，是指建筑工程在施工过程中存在的、可能导致作业人员群死群伤或造成重大不良社会影响的分部分项工程，见表 9-3。

表 9-3　危险性较大的分部分项工程范围

序号	分部分项	范　　围
1	基坑支护、降水工程	开挖深度超过 3m（含 3m）或虽未超过 3m 但地质条件和周边环境复杂的基坑（槽）支护、降水工程
2	土方开挖工程	开挖深度超过 3m（含 3m）的基坑（槽）的土方开挖工程
3	模板工程及支撑体系	各类工具式模板工程，包括大模板、滑模、爬模、飞模等工程
4		包括搭设高度 5m 及以上、搭设跨度 10m 及以上、施工总荷载 10kN/m² 及以上、集中线荷载 15kN/m 及以上、高度大于支撑水平投影宽度且相对独立无联系构件的混凝土模板支撑工程
5		承重支撑体系，指用于钢结构安装等满堂支撑体系
6	起重吊装及安装拆卸工程	采用非常规起重设备、方法，且单件起吊重量在 10kN 及以上的起重吊装工程
7		采用起重机械进行安装的工程
8		起重机械设备自身的安装、拆卸
9	脚手架工程	搭设高度 24m 及以上的落地式钢管脚手架工程
10		附着式整体和分片提升脚手架工程
11		悬挑式脚手架工程
12		吊篮脚手架工程
13		自制卸料平台、移动操作平台工程
14		新型及异型脚手架工程
15	拆除、爆破工程	建筑物、构筑物拆除工程
16		采用爆破拆除的工程
17	其他	建筑幕墙安装工程
18		钢结构、网架和索膜结构安装工程
19		人工挖扩孔桩工程
20		地下暗挖、顶管及水下作业工程
21		预应力工程
22		采用新技术、新工艺、新材料、新设备及尚无相关技术标准的危险性较大的分部分项工程

表 9-4　超过一定规模的危险性较大的分部分项工程范围

序号	分部分项	范　　围
1	深基坑工程	开挖深度超过 5m（含 5m）的基坑（槽）的土方开挖、支护、降水工程
2		开挖深度虽未超过 5m，但地质条件、周围环境和地下管线复杂，或影响毗邻建筑（构筑）物安全的基坑（槽）的土方开挖、支护、降水工程

序号	分部分项	范　围
3	模板工程及支撑体系	工具式模板工程,包括滑模、爬模、飞模工程
4		包括搭设高度 8m 及以上、搭设跨度 18m 及以上、施工总荷载 15kN/m² 及以上、集中线荷载 20kN/m 及以上的混凝土模板支撑工程
5		承重支撑体系:用于钢结构安装等满堂支撑体系,承受单点集中荷载 700kg 以上
6	起重吊装及安装拆卸工程	采用非常规起重设备、方法,且单件起吊重量在 100kN 及以上的起重吊装工程
7		起重量 300kN 及以上的起重设备安装工程;高度 200m 及以上内爬起重设备的拆除工程
8	脚手架工程	搭设高度 50m 及以上落地式钢管脚手架工程
9		提升高度 150m 及以上附着式整体和分片提升脚手架工程
10		架体高度 20m 及以上悬挑式脚手架工程
11	拆除、爆破工程	采用爆破拆除的工程
12		码头、桥梁、高架、烟囱、水塔,或拆除中容易引起有毒有害气(液)体或粉尘扩散、易燃易爆事故发生的特殊建、构筑物的拆除工程
13		能影响行人、交通、电力设施、通讯设施或其他建、构筑物安全的拆除工程
14		文物保护建筑、优秀历史建筑或历史文化风貌区控制范围的拆除工程
15	其他	施工高度 50m 及以上的建筑幕墙安装工程
16		跨度大于 36m 及以上的钢结构安装工程;跨度大于 60m 及以上的网架和索膜结构安装工程
17		挖孔深度超过 16m 的人工挖孔桩工程
18		地下暗挖工程、顶管工程、水下作业工程
19		采用新技术、新工艺、新材料、新设备及尚无相关技术标准的危险性较大的分部分项工程

施工单位应当在危险性较大的分部分项工程施工前编制专项方案。危险性较大的分部分项工程安全专项施工方案(以下简称"专项方案"),是指施工单位在编制施工组织(总)设计的基础上,针对危险性较大的分部分项工程单独编制的安全技术措施文件。

对于超过一定规模的危险性较大的分部分项工程(见表 9-4),施工单位应当组织专家对专项方案进行论证。

分部分项工程专项方案的具体内容,可参考下列主要要求。

① 土方开挖、回填及支护方案　工程概况、土方开挖、边坡放坡、基坑支护及防护安全计算、基坑降水、边坡监测、回填土、应急措施、挖土安全技术措施、回填土施工的注意事项、季节性施工、基坑支护施工图。

② 基础工程专项方案　工程概况、编制依据、技术准备、生产准备、主要施工方法、雨期施工、质量标准、安全防护措施。

③ 现场临时用电专项方案　现场临时用电编制依据、工程概况及特点、现场临时用电方案、负荷计算、安全用电防护措施、安全用电组织措施、电气安全防火措施。

④ 模板工程方案　工程概况、支模方法、模板及支架设计的验算、保证支模质量的技术措施、模板工程的安装验收、模板施工的安全技术、拆模的安全技术、混凝土成品保护。

⑤ 脚手架专项方案　工程概况、脚手架选型、脚手架工程施工安全计算、施工准备、脚手架的搭设、脚手架的检查与验收、脚手架的拆除、脚手架安全管理规定、文明施工要求。

⑥ 起重机械设备专项方案　塔吊、施工电梯施工,垂直运输工程施工安全计算。

⑦ 卸料平台专项方案　概况、材料要求、搭设方法、平台使用及拆除、安全技术验算、附图。

⑧ 施工机具专项方案　劳动部署、材料部署、机具部署、机具防护。

⑨ 预防高空坠落专项方案　工程概况、编制依据、安全施工措施、文明施工要求。

⑩ 文明施工管理措施。

⑪ 环境保护专项方案　编制依据、工程概况、施工现场环保工作制度、施工现场环保工作措施。

⑫ 季节性施工专项方案　雨季施工技术措施、冬季施工技术措施。

⑬ 消防安全专项方案　工程概况、消防安全管理目标、消防安全管理组织、防火消防安全制度和措施、防火器材的配置、消防安全控制重点项目、安全应急小组。

⑭ 施工现场各项应急预案　触电应急预案、大型机械设备倒塌应急预案、防台防汛应急预案、高空坠落应急预案、火灾应急预案、基坑坍塌应急预案、脚手架整体倒塌应急预案、模板整体倒塌应急预案、食物中毒应急预案、有毒气体中毒应急预案、突发性停电应急预案。

三、专项安全施工方案

1. 专项安全施工方案的编制

（1）专项安全施工方案内容　应包括工程概况、编制依据、施工计划、施工工艺技术、施工安全保护措施、检查验收标准、计算书及附图等。

① 工程概况　危险性较大的分部分项工程概况、施工平面布置、施工要求和技术保证条件。

② 编制依据　相关法律、法规、规范性文件、标准、规范及图纸（国标图集）、施工组织设计等。

③ 施工计划　包括施工进度计划、材料与设备计划。

④ 施工工艺技术　技术参数、工艺流程、施工方法、检查验收等。

⑤ 施工安全保证措施　组织保障、技术措施、应急预案、监测监控等。

⑥ 劳动力计划　专职安全生产管理人员、特种作业人员等。

⑦ 计算书及相关图纸。

专项安全施工方案的编制还要符合以下规定：

① 建筑施工企业应根据工程规模、施工难度等要素，明确各管理层方案编制、审核、审批的权限。

② 专业分包工程，应先由专业承包单位编制，专业承包单位技术负责人审批后报总包单位审核备案。

③ 经过审批或论证的方案，不准随意变更修改。确因客观原因需修改时，应按原审核、审批的分工与程序办理。

（2）专项方案的审核及论证　施工安全组织设计编制完，交总工程师审阅后呈上级主管部门审批方可执行。其中专项方案的审核及论证应符合下列要求。

① 专项方案应当由施工单位技术部门组织本单位施工技术、安全、质量等部门的专业技术人员进行审核。经审核合格的，由施工单位技术负责人签字；实行施工总承包的，专项方案应当由总承包单位技术负责人、相关专业分包单位技术负责人签字。

② 超过一定规模的危险性较大的分部分项工程专项方案，应当由施工单位组

织召开专家论证会；实行施工总承包的，由施工总承包单位组织召开专家论证会。

③ 专项方案经论证后，专家组应当提交论证报告，对论证的内容提出明确的意见，并在论证报告上签字。该报告作为专项方案修改完善的指导意见。

④ 施工单位应当根据论证报告修改完善专项方案，并经施工单位技术负责人（实行施工总承包的，应当由施工总承包单位、相关专业分包单位技术负责人签字）、项目总监理工程师、建设单位项目负责人签字后，方可组织实施。

⑤ 专项方案经论证后需做重大修改的，施工单位应当按照论证报告修改，并重新组织专家进行论证。施工单位应当严格按照专项方案组织施工，不得擅自修改、调整专项方案。

⑥ 不需专家论证的专项方案，经施工单位审核合格后报监理单位，由项目总监理工程师审核签字。

⑦ 专家论证会。专家组成员应当由 5 名及以上符合相关专业要求的专家组成。下列人员应当参加专家论证会：专家组成员、建设单位项目负责人或技术负责人、监理单位项目总监理工程师及相关人员、施工单位分管安全的负责人及技术负责人、项目负责人及项目技术负责人、专项方案编制人员、项目专职安全生产管理人员、勘察与设计单位项目技术负责人及相关人员。本项目参建各方的人员不得以专家身份参加专家论证会。

⑧ 专家论证的主要内容：

1）专项方案内容是否完整、可行；

2）专项方案计算书和验算依据是否符合有关标准规范；

3）安全施工的基本条件是否满足现场实际情况。

（3）专项安全施工方案实施

① 专项方案实施前，编制人员或项目技术负责人应当向现场管理人员和作业人员进行安全技术交底。

② 施工单位应当指定专人，对专项方案实施情况进行现场监督和按规定进行监测。发现不按照专项方案施工的，应当要求其立即整改；发现有危及人身安全紧急情况的，应当立即组织作业人员撤离危险区域。

③ 施工单位技术负责人应当定期巡查专项方案实施情况。

④ 对于按规定需要验收的危险性较大的分部分项工程，施工单位、监理单位应当组织有关人员进行验收。验收合格的，经施工单位项目技术负责人及项目总监理工程师签字后，方可进入下一道工序。

2. 安全施工技术措施

安全技术措施，是指企业单位为了防止工伤事故和职业病的危害，保护职工生命安全和身体健康，促进施工任务顺利完成，从技术上采取的措施。主要体现为在编制的安全施工组织设计或专项施工方案中，针对工程特点、施工方法、使用的机械、动力、设备及现场环境等具体条件，所制订的安全技术措施，以及各种设备、设施的安全技术装置等。

（1）基本要求

① 坚决贯彻"安全第一、预防为主"的方针。在施工管理工作中始终要认真考虑安全

施工问题，不给生产的安全留下隐患。从图纸会审、编制施工组织设计或施工方案开始，就要考虑安全施工；从选用的施工方法、施工机械、变配电设施、架设工具等等，首先考虑的是能否保证安全施工。在确保安全施工的基础上，安排施工进度、改进施工方法、加强施工管理、提高经济效益。

② 安全技术措施必须有针对性。应根据有关规程的规定，结合以往施工的经验，参照以前的事故教训，有针对性地编制安全技术措施。

（2）注意事项

① 针对不同工程的结构特点。它们可能形成安全施工的危害，对应地从技术上采取措施消除危险，保护施工安全。

② 针对施工工艺特点。如对应滑模施工、网架整体提升吊装等可能给施工带来的危险因素，应从技术措施、安全装置上加以控制等。

③ 针对选用的各种机械、设备、变配电设施。它们可能给施工人员带来不安全因素，应从技术措施、安全装置上加以控制等。

④ 针对工程采用材料的特点。一些特殊材料有害施工人员身体健康或有爆炸危险，应从使用技术、采购上采取保护措施，保证施工人员安全。

⑤ 针对施工场地及周围环境。这些因素可能给施工人员或周围居民带来危害，材料、设备运输带来的困难和危害，从技术上采取措施，给以保护。

第三节　安全保证措施

一、安全标志

为了使安全标志的使用规范化，减少或避免事故的发生，《安全标志及其使用导则》（GB 2894—2008）规定了安全信息的标志及其设置、使用的原则，适用于工矿企业、建筑工地、厂内运输和其他有必要提醒人们注意安全的场所。

1. 标志种类

安全标志分为 4 类 103 个，其中禁止类 40 个、警告类 39 个、指令类 16 个、提示类 8 个。在建筑工程中常用的基本上有 16 个，具体见表 9-5。

2. 标志的使用

（1）标志牌的型号选用　在型号选用时，主要根据观察者与标志牌之间的距离选择牌子的大小。标志牌的型号及对应尺寸，见表 9-6。

① 工地、工厂等的入口处设 6 型或 7 型。

② 车间入口处、厂区内和工地内设 5 型或 6 型。

③ 车间内设 4 型或 5 型。

④ 局部信息标志牌设 1 型、2 型或 3 型。

（2）标志牌的设置高度　标志牌设置的高度，应尽量与人眼的视线高度相一致。悬挂式和柱式的环境信息标志牌的下缘距地面的高度不宜小于 2m；局部信息标志的设置高度应视具体情况确定。

（3）标志牌的使用要求

① 标志牌应设在与安全有关的醒目地方，并使大家看见后，有足够的时间来注意它所表示的内容。环境信息标志宜设在有关场所的入口处和醒目处；局部信息标志应设在所涉及

的相应危险地点或设备（部件）附近的醒目处。

②　标志牌不应设在门、窗、架等可移动的物体上，以免标志牌随母体物体相应移动，影响认读。标志牌前不得放置妨碍认读的障碍物。

表 9-5　建筑施工现场常用安全标志

类别	标志	设置的位置	类别	标志	设置的位置
禁止类（红色）	●禁止吸烟	材料库房、成品库、油料堆放处、易燃易爆场所、材料场地、木工棚，施工现场、打字复印室	警告类（黄色）	●当心塌方	坑下作业场所、土方开挖
	●禁止通行	外架拆除、坑、沟、洞、槽、吊钩下方、有危险的作业区（如起重、爆破现场，道路施工工地等）		●当心吊物	有吊装设备作业的场所，如施工工地、港口、码头、仓库、车间等
	●禁止攀登	外用电梯出口、通道口、马道出入口，不允许攀爬的危险地点（如有坍塌危险的建筑物、构筑物、设备旁）		●当心坠落	易发生坠落事故的作业地点，如：脚手架、高处平台、地面的深沟（池、槽）、建筑施工（洞口、临边）、高处作业场所
	●禁止跨越	首层外架四面、栏杆、未验收的外架，作业现场的沟、坎、坑等		●当心机械伤人	机械操作场所、电锯、电钻、电刨、钢筋加工现场，机械修理场所等，易发生机械卷入、轧压、碾压、剪切等机械伤害的作业地点
指令类（蓝色）	●必须戴安全帽	头部可能受外力伤害的作业，如建筑施工工地、起重吊运、指挥挂钩、坑井和其他地下作业以及有起重设备的车间、厂房等。设置在作业区入口处		●当心绊倒	容易绊倒的工作场所，如建筑施工钢筋存放处和钢筋施工场地，凸出地面的物体或临时堆有障碍物及物料堆放的场所。设置在障碍物附近（前后 5～10m）
	●必须系安全带	有坠落危险的作业场所，如高处建筑、修理、安装等作业，船台、船坞、码头及一切 2m 以上的高处作业场所。设置在登高脚手架扶梯旁	提示类（绿色）	●注意安全	安全通道、行人车辆通道、外架施工层防护、人行通道、防护棚
	●必须穿防护服	对人体皮肤等有损害的作业，如从事有电离辐射、化学清洗、粉尘作业，清砂除锈、打磨喷涂作业区等。设置在作用区周围通道和更衣室墙壁上		●可动火区	经消防、安全部门确认划定可动火的区域，以及禁火区内经批准采取措施的临时动火场所。设置在动火区内
	●必须戴防护眼镜	对眼睛有伤害的作业场所，如抛光间、冶炼浇注、清砂混砂、气割、焊接、锻工、热处理、酸洗电镀、加料、出发、电渣重熔、破碎、爆破等。设置在场所入口处或附近		●急救点	设置现场急救仪器设备及药品的地点

表 9-6　安全标志牌的尺寸

型号	观察距离 L/m	圆形标志的外径/m	三角形标志的外边长/m	正方形标志的边长/m
1	0<L≤2.5	0.070	0.088	0.063
2	2.5<L≤4.0	0.110	0.142	0.100
3	4.0<L≤6.3	0.175	0.220	0.160
4	6.3<L≤10.0	0.280	0.350	0.250
5	10.0<L≤16.0	0.450	0.560	0.400
6	16.0<L≤25.0	0.700	0.880	0.630
7	25.0<L≤40.0	1.110	1.400	1.000

注：允许有 3% 的误差。

③ 标志牌的平面与视线夹角应接近 90°，观察者位于最大观察距离时，最小夹角不低于 75°，见图 9-9。

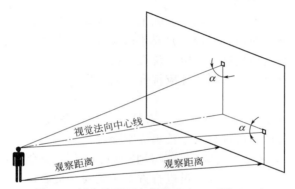

图 9-9　标志牌平面与视线夹角 α 不低于 75°

④ 标志牌应设置在明亮的环境中。

⑤ 多个标志牌在一起设置时，应按警告、禁止、指令、提示类型的顺序，先左后右、先上后下地排列。

⑥ 标志牌的固定方式分附着式、悬挂式和柱式三种。悬挂式和附着式的固定应稳固不倾斜，柱式的标志牌和支架应牢固地连接在一起。

⑦ 其他要求应符合《公共信息导向系统设置原则与要求》（GB/T 15566.1～10—2007～2009）的规定。

（4）**标志牌的检查与维修**

① 安全标志牌至少每半年检查一次，如发现有破损、变形、褪色等不符合要求时应及时修整或更换。

② 在修整或更换激光安全标志时应有临时的标志替换，以避免发生意外的伤害。

二、安全技术交底

1. 安全技术交底的编制

（1）**编制要求**　安全技术交底要依据安全施工组织设计中的安全措施，结合具体施工方法，根据现场的作业条件及环境，以书面形式编制出具有可操作性的、针对性的、内容全面的安全技术交底材料（见表 9-7）。

表 9-7 安全技术交底表式示例

×××工程安全技术交底　　　　　　No：

工程名称		施工期限	年 月 日至　　年 月 日
施工单位		建设单位	
设备名称		作业部位	
工种		交底时间	年 月 日
交底部门		交底人	
接受交底班组或员工签名：			
交底内容：			
补充作业指导内容：			

（2）审批　安全技术交底必须由施工现场的施工技术人员编制，然后由公司的技术负责人负责审批，履行审批手续，并有审批签字。

2. 安全技术交底的交底要求

安全技术交底由工程技术人员组织有关施工管理人员及施工班组人员进行认真得交底，安全技术交底必须是以书面的形式进行，并要严格履行签字手续，交底人、接底人、安全监督人都要进行签字，交底人与接底人各留一份交底材料。

安全技术交底应采取分级交底制，并应符合下列规定。

（1）交底的双方

① 危险性较大的工程开工前，新工艺、新技术、新设备应用前，企业的技术负责人及安全管理机构，向施工管理人员进行安全技术方案交底。

② 分部分项工程、关键工序实施前，项目技术负责人、安全员应会同方案编制人员、项目施工员，向参加施工的施工管理人员进行方案实施安全交底。

③ 总承包单位向分包单位，分包单位向作业班组进行安全技术措施交底。

④ 安全员及各管理员应对新进场的工人实施作业人员工种交底。

⑤ 作业班组应对作业人员进行班前安全操作规程交底。

（2）交底注意事项

① 安全技术交底与建筑工程施工技术交底要融为一体，不能分开。各工种安全技术交底一般同分部分项工程交底同时进行，如果工程项目的施工工艺很复杂、技术难度大、作业条件很危险，可单独进行工种交底，以引起操作者高度重视，避免安全事故的发生。

② 必须严格按照施工进度，在施工前进行交底。不得施工过程中进行交底，也不得交底提前得过早，否则没有实际意义。

③ 要按工程的不同特点和不同施工方法，针对施工现场和周围的环境，从防护、技术上，提出相应的安全措施和要求。

④ 安全交底要全面、具体，针对性强，做到安全施工万无一失。

⑤ 建筑机械安全技术交底，要向操作者交代机械的安全性能、安全操作规程和安全防护措施，并经常检查操作人员的交接班记录。

⑥ 由施工技术人员编写并向施工班组及责任人交底时，安全员负责监督执行。

三、安全记录

1. 安全记录概念

安全工作记录是对我们所做的安全工作的反映，是可供日后进行追溯和查证的证据，为改进安全管理状态提供信息。

工程项目部应建立证明安全生产保证体系运行必需的安全记录，其中包括相关的台账、报表、原始记录等。

（1）作用

① 可以为检查上级文件、方针的贯彻执行情况提供依据；

② 安全工作记录是一种监督，它督促我们按照安全文件、方针将安全工作管理做好、做细；

③ 通过安全工作记录能够使我们发现平常安全管理中的不足，促进我们把安全工作做得更好。

④ 对安全检查进行记录，总结安全生产中查找出来的各类隐患。它从另外一个侧面反映出班组的安全状况，为下一步加强管理、消除隐患提供了参考，使安全管理能更具针对性。

（2）记录与文件的区别　文件包括手册、程序、作业指导书、记录表单及其他形式的文件，主要用来管理和指导体系运行，告诉人们是什么、做什么、怎么做、何时做及为什么做等，故对其应予以控制。

记录是体系运行过程中留下的客观信息、数据以及某事件已经完成的证据，主要用来追溯体系的相关活动以及证明体系运行的符合性和有效性，故对记录应进行管理。

2. 安全记录种类

安全记录包括：交接班记录、安全培训记录、设备检查检测记录、安全活动记录、各种登记台账（如材料、设备及防护用品的采购、检验、试验、不合格的处置记录）、安全检查记录、设备检修和维护记录、安全监测仪器校准和维护记录，事故和不合格事项的调查处理及跟踪记录、企业安全管理体系定期内部审核记录、预防措施记录，其他记录和各种报告、信息报表。

（1）安全日志　建筑工地实施安全日志制度，主要目的是进一步强化施工现场安全管理，充分发挥项目经理、工地安全员在安全管理中的能动性，增强安全生产工作的针对性和实效性。

① 填写要求

1）安全日志按单位工程填写，由安全员进行记录；项目经理对安全员每日记录内容进行检查，并签署意见。记录时间从工程开工时起到竣工验收时止，逐日记载、不能中断。

2）记录内容必须真实、完备。中途发生人员变动，应当办理交接手续，保持安全日志的连续性、完整性。

② 填写内容

1）组织施工班组学习安全操作规程和企业安全生产规定，对工人进行安全技术和安全生产教育等情况；

2）参与编制分项作业安全技术措施，组织并监督施工班组在分部分项工程施工前，向操作人员进行安全技术交底等情况；

3）对进场的各种设备、安全设施及防护用具、消防用具进行安全检查和验收等情况；

4）巡查施工班组、操作工人是否按照安全生产、文明施工管理办法及安全技术交底的要求进行作业，对发现的事故隐患及时处理，提出改进意见和纠正措施、督促整改，并对操作人员的违规行为做出处罚等情况；

5）对违章指挥和违章作业，或遇到严重险情、发生重大事故等的处理情况；

6）针对各级安全监督机构签发的隐患整改通知单，逐项落实"三定"（定整改责任人、定整改措施、定整改时间）措施情况。

（2）安全会议记录　安全会议可分为安全专题会议、安全例会、安全通风（报）会等。

一般会议记录的格式包括两部分：一部分是会议的组织情况，要求写明会议名称、时间、地点、出席人数、缺席人数、列席人数、主持人、记录人等；另一部分是会议的内容，要求写明发言、决议、问题，这是会议记录的核心部分。具体格式可以参照表9-8。

表 9-8　安全会议记录表示例

会议名称			会议时间		年 月 日
会议地点					时 分至 时 分
会议主持人		职务	会议记录人		核稿人签名
会议主要内容					
出席人					
缺席人					
注	附签到表				

对于发言内容的记录方法，一是详细具体地记录，尽量记录原话，主要用于比较重要的会议和重要的发言；二是摘要性记录，只记录会议要点和中心内容，多用于一般性会议。

会议结束，记录完毕，要另起一行写"散会"二字，如中途休会，要写明"休会"字样。

（3）安全检查　是施工现场安全工作的一项重要内容，是保护施工人员的人身安全，保护国家和集体财产不受损失，杜绝各类伤亡事故发生的一项主要施工措施，各施工现场、工程不论大小，都要建立定期或不定期的安全检查制度，并将检查情况予以记录、整改。

① 根据不同的季节特点和施工进度，每周由工地安全领导小组组织进行针对性的安全检查一至二次。项目部内建筑施工安全检查记录，见表9-9。

表 9-9　建筑施工安全检查记录表

工程名称		施工形象进度	
检查内容	□1、安全管理　　　　□2、文明施工 □3、脚手架　　□4、基坑支护与模板工程 □5、"三宝、四口"防护　□6、施工用电	□7、外用电梯（龙门架）　　□8、塔吊 □9、起重吊装　　　　□10、施工机具	
检查出的问题			
处置办法			
参加检查人员			

② 施工现场要贯彻"五查"（查安全管理、查安全意识、查事故隐患、查整改措施、查安全技术资料）"三边"（边检查、边宣传、边整改）的原则。

③ 施工现场要根据工程自检或各级检查提出的隐患整改通知单（见表9-10），按照"三定"整改原则，及时准确将整改内容认真落实，隐患整改完毕，做好书面记录。

表 9-10　隐患整改通知单示例

编号		检查时间	年　月　日
施工单位		施工负责人及电话	
工程名称		建筑面积	（m²）
工程地点		工程造价	（万元）
开竣工时间		形象进度结构层次	
存在隐患			
检查结果			
处理意见	上述存在的安全隐患于　　年　月　日前整改完毕，并将整改情况书面上报企业主管部门，待有关部门复查。		
签字		检查人	

④ 每次检查的记录都要认真填写，并做好技术资料予以存档。

⑤ 公司月检查、项目部周检查、项目负责人及安全管理人员每日巡回检查，记安全日记。

⑥ 上级各部门检查所下达隐患整改通知单一律留存，并后附"三定"整改反馈资料（见表 9-11）。

表 9-11　隐患整改报告书示例

报告单位(公章)		原通知书编号	
工程名称		工程地点	
整改情况		项目负责人： 　　　　年　月　日	
复查情况		复查负责人： 　　　　年　月　日	
批复意见		负责人： 　　　　年　月　日	

注：1. 附原隐患整改通知书。

2. 整改情况要有整改人、整改时间、整改措施等内容。

（4）安全教育　安全教育记录主要包括：安全教育与培训制度、职工安全教育培训花名册、职工安全教育档案（职工自然情况、新入厂工人三级安全教育记录、变换工种安全教育记录、特种作业人员安全教育记录、经常性安全教育记录）、施工管理人员年度培训考核记录。工地一般记录方法参见表 9-12。

表 9-12　安全教育记录示例

工程名称				类别	□节假日前后安全教育　　□转岗、复岗教育
主讲部门		主讲人			□季节性施工安全教育　　□经常性安全教育
教育日期		参加人数			□特岗作业人员教育　　　□违章、事故教育
受教育部门(人员)	各施工班组				
教育内容：					
受教育人员签字					
部门(项目)负责人			记录人		

3. 安全记录的管理

安全记录应完整及时，并延续到工程竣工。记录的表现形式根据需要，可以是纸张、光盘、照片、磁带等各种媒体形式。各级安全记录的主管部门（岗位）应定期检查安全记录的填写、标识、保存情况，并填写《安全记录检查表》。

（1）记录的收集和填写　安全记录由项目部安全资料员进行收集、整理并进行标识、编目和立卷。并符合国家、行业、地方和上级有关规定。

① 安全记录的标识　安保体系程序文件所产生的安全记录的标识，如图9-10所示。

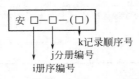

图9-10　安全记录标识方法示例

② 安全记录的编目　项目部（施工现场）应编制《安全记录一览表》，如记录有增、删，应动态反映在表内。

③ 与安全记录的填写、审核、审批的有关人员，应认真填写相关的安全记录，要求做到及时、准确、完整、真实、清晰、规范。

④ 记录的填写应字迹清楚，内容完整、真实、正确，注明记录日期、记录人姓名。

⑤ 记录不得随意涂改。如需要改动，应做出标识，并由改动人签字。

⑥ 项目部及有关部门要随时收集本部门产生的记录，记录应能准确地反映安全管理活动的实际情况。

⑦ 记录表格填写应按所列项目逐条填写不得遗漏，项目内无此项内容的划斜线，填写时必须做到真实可靠、字迹清晰、签字齐全，禁用铅笔。记录关键数据、信息发现错误，应做划改，划改时由责任人签字。

（2）记录的保存及归档　公司的安全记录由职能要素分配表的各主管部门保存，项目经理部的安全记录由各部门填写后交安全贯标员保存，施工现场的安全记录由各主管岗位人员填写后交安全员（资料员）保存，属工程资料归档的安全记录应随工程资料交公司档案室归档保存。

① 应及时对各种记录进行整理、编目，并分类保存，以便于查找和使用。应按《建设工程文件归档整理规范》（GB/T 50328—2014）、《安全生产监管档案管理规定》（安监总办〔2007〕126号）、《基本建设项目档案管理办法》（安监总厅〔2007〕24号）的规定对有关记录进行归档。

② 记录的存放应有适宜的环境，应做到防火、防潮、防盗、防虫，以保证记录的安全，防止损坏和丢失。

③ 需归档的记录的保管期限应按《档案管理办法》中的有关规定执行，除交档案室归档的安全记录外，其他安全记录一般保存至工程竣工后的一年。

（3）记录的查（借）阅

① 内部人员需查阅其他部门记录时，须经部门负责人批准。

② 外部人员一般不得借阅归档记录，特殊情况需查阅时，应经管理处分管领导批准。合同期内，业主及其代表有权查阅，但要办理登记手续。

③ 借阅记录时，不得涂改、损坏或丢失，并应在规定日期内归还。

④ 查（借）阅者阅后归还，并办理归还手续。

（4）记录的销毁处理　记录保存期限在记录清单中标明。到期后，确属失效的记录，由保管人填写《文件资料销毁登记表》，经公司总工程师批准后方可销毁。

对已过保管期限的记录，按《档案管理办法》规定的程序销毁。

四、安全检查验收

1. 安全生产检查内容

安全生产检查，要针对易发生事故的主要环节、部位、工艺完成情况，通过全过程的动态监督检查，及时发现事故隐患、排除施工中的不安全因素、纠正违章作业、监督安全技术措施的执行、堵塞事故漏洞、防患于未然，从而不断改善劳动条件，防止工伤事故、设备事故和物损事故的发生。

主要是查制度、查机构设置、查安全设施、查安全教育培训、查操作规程、查劳保用品使用、查安全知识掌握情况和伤亡事故及处理情况等。

检查的详细内容，参见第十章的有关部分。

2. 检查程序

（1）人员组织。每次检查首先要组织好各部门的人员参加，按照检查的要求及规范、标准对施工现场进行全面的检查。

（2）检查隐患。对查出的安全隐患做好记录，填写安全隐患整改通知书，详细进行填写，以书面的形式下发给有关人员。对重大隐患和随即将要发生的安全隐患，检查部门应立即责成被查单位采取强有力的措施进行整改，并按照有关法律程序及要求对有关责任单位（责任人）进行处理。

（3）检查整改。安全隐患找出以后，安全监督管理部门应确定相应的处理部门和人员，规定其职责和权限；应对隐患的整改期限给予限期，一般问题当天解决，重大问题限期（一般3～7天）解决。处理方式有：

① 停止使用、封存，做好标识，必要时派专人值班，防止误用。对性质严重的隐患都应这样做；

② 指定专人进行整改，以达到规定的要求；

③ 进行返工，以达到规定的要求；

④ 对有不安全行为的人员，先停止其作业或指挥，纠正违章行为，然后进行批评教育，情节严重的给以必要的处罚；

⑤ 对不安全生产的过程，重新组织等。

施工企业应根据有关检查部门所下达的安全隐患整改通知单，组织有关部门和人员召开专项会议，研究整改方案，并做好详细的记录。对隐患整改要做到"三定"，"一验收"，即定措施、定人员、定时间，整改完毕后要逐项验收。

（4）隐患处理后的复查验证，主要包括：

① 对存在隐患的安全设施、安全防护用品的整改措施落实情况，必要时由工程项目部安全部门组织有关专业人员对其进行复查验证，并做好记录。只有当险情排除、采取了可靠措施后，方可恢复使用或施工。

② 上级或政府行业主管部门提出的事故隐患通知，由工程项目部及时报告企业主管部门，同时制定措施、实施整改，自查合格报企业主管部门复查后，再报有关上级或政府行业主管部门销项。

（5）隐患整改报告。如果上级需要对安全隐患的整改进行复查，施工企业应针对安全隐患整改通知书上的安全隐患问题，逐一进行整改，填写安全隐患整改报告书，把隐患整改落实情况逐项写清楚，有相应的防范措施。报上级检查部门，然后由上级检查部门对安全隐的整改情况进行检查验收。

五、安全宣传教育培训

安全生产教育主要分为三种类型：宣传、教育、培训。宣传使人信服，教育给人提供信息，培训力图传授技能。实际上它们之间无明显的区别，结合使用就能收到一定的教育效果。

1. 安全生产教育培训要求

（1）培训制度建设　建筑施工企业及其内部单位要设置安全教育培训部门，配备专、兼职的安全培训管理人员，负责制定本单位的职工安全教育培训计划并组织实施。

① 外部约束　企业和项目部安全评估考核、安全资格认证年审、年度责任目标完成考核以及企业和项目经理任职资格审查考核。都与安全教育培训对接，实行一票否决。

② 内部控制　建立职工安全教育培训档案，对培训人员的安全素质进行跟踪和综合评估，在招收员工时与历史数据进行比对，比对的结果可以作为是否录用的重要依据。培训档案应具备以下功能：个人培训档案录入和查询、个人安全素质评价、企业安全教育与培训综合评价。

（2）培训对象和时间

① 培训对象　主要分为管理人员、特殊工种人员、一般性操作工人。包括三级教育、变换工种教育、特殊工种安全教育、经常安全教育等。

② 培训的时间　建筑施工企业从业人员每年应接受一次专门的安全培训，可分为定期（如管理人员和特殊工种人员的年度培训）和不定期培训（如一般性操作工人的安全基础知识培训、企业安全生产规章制度和操作规程培训、分阶段的危险源专项培训等）。具体培训学时要求见表 9-13。

表 9-13　建筑施工企业从业人员安全生产培训学时限值

培训对象	培训时长
企业法定代表人、生产经营负责人、项目经理	不少于 30 学时
专职安全管理人员	不少于 40 学时
其他管理人员和技术人员	不少于 20 学时
特殊工种作业人员	不少于 20 学时
其他从业人员	不少于 15 学时
待岗复工、转岗、换岗人员重新上岗前	不少于 20 学时
新进场工人三级安全教育培训（公司、项目、班组）	分别不少于 15、15、20 学时

（3）培训经费　安全教育和培训计划还应对培训的经费作出概算，这也是确保安全教育和培训计划实施的物质保障。

政府可以尝试强制增加安全培训投入费用比例。企业应把培训经费用于积极参与和选送业务骨干参加培训，或去优秀施工企业的工地进行现场参观学习，进行技术交流，不断更新知识，学习和借鉴他人的安全生产管理先进理念和先进管理经验。工人本身的素质偏低，增加培训课时会提高他们的安全技术的掌握程度。

（4）培训师资　培训机构应邀请高层次专家、名校教授，到培训班来授课、交流、讲座。

2. 安全生产教育培训内容

（1）通用安全知识培训

① 法律法规的培训，企业在对使用的法律法规适用条款作出评价后，应开展法律法规的专门培训；

② 安全基础知识培训；

③ 建筑施工主要安全标准、企业安全生产规章制度和操作规程培训，同行业或本企业历史事故的培训。

（2）专项安全知识培训

① 岗位安全培训 施工现场不论是管理岗位还是操作岗位，都要进行相应的安全知识培训，对特殊作业岗位还要通过考核取得相应资质。一般要做好上新岗、转岗、重新上岗等各个环节的培训。

② 分阶段的危险源专项培训 项目危险源的识别与分阶段专项安全教育，是搞好建筑施工企业安全生产关键的一个环节。分阶段的专项培训主要按建筑工程的施工程序（作业活动）来进行分类，一般分为基础阶段、主体阶段、装饰装修阶段、退场阶段。首先在工程开工前针对作业流程和分类对整个项目涉及的危险源进行评价，确定重大危险源和一般危险源，并制定重大危险源的控制方案和一般危险源的控制措施，针对重大危险源和一般危险源的分布制订培训计划。

（3）施工现场常用几种安全教育形式及内容

① 新工人三级安全教育 是企业必须坚持的安全生产基本教育制度。对新工人（包括新招收的合同工、临时工、学徒工、劳务工及实习和代培人员）都必须进行公司、项目、班组的三级安全教育。三级安全教育一般由安全、教育和劳资等部门配合组织进行，经教育考试合格者才准许进入生产岗位，不合格者必须补课、补考。要建立档案、职工安全生产教育卡等。新工人工作一个阶段后还应进行重复性的安全再教育，以加深安全的感性和理性认识。

1）公司进行安全基本知识、法规、法制教育：包括党和国家的安全生产方针；安全生产法规、标准和法制观念；本单位施工（生产）过程及安全生产规章制度、安全纪律；本单位安全生产的形势及历史上发生和重大事故及应吸取的教训；发生事故后如何抢救伤员、排险、保护现场和及时报告。

2）工程项目部进行现场规章制度和遵章守纪教育：包括项目部施工安全生产基本知识；本单位（包括施工、生产场地）安全生产制度、规定及安全注意事项；本工种的安全技术操作规程；机械设备、电气安全及高处作业安全基本知识；防毒、防尘、防火、防爆知识及紧急情况安全处置和安全疏散知识；防护用品发放标准及防护用具、用品使用的基本知识。

3）班组安全生产教育：由班组长主持进行，或由班组安全员及指定技术熟练、重视安全生产的老工人讲解，进行本工种岗位安全操作及班组安全制度、纪律教育。主要内容包括本班组作业特点及安全操作规程、班组安全生产活动制度及纪律、爱护和正确使用安全防护装置（设施）及个人劳动防护用品、本岗位易发生事故的不安全因素及防范对策、本岗位的作业环境及使用的机械设备及工具的安全要求。

② 特种作业人员的培训 《特种作业人员安全技术培训考核管理规定》（安监局令第30号）自2010年7月1日起施行，对特种作业的定义、范围、人员条件和培训、考核、管理都做了明确的规定。

特种作业是容易发生事故，对操作者本人、他人的安全健康及设备、设施的安全可能造成重大危害的作业。特种作业人员，是指直接从事特种作业的从业人员。

特种作业目录中规定了特种作业的范围，包括电工作业、焊接与热切割作业、高处作业等 9 大类 41 种，与工程建设内容有关的见表 9-14。

表 9-14　新旧特种作业目录对应表

新 工 种		旧 工 种	备 注
电工作业	高压电工作业	高压安装修造作业	新旧作业类别和工种可对应
		高压调试试验作业	
		高压运行维护作业	
	低压电工作业	低压电工作业	
	防爆电气作业	防爆电气作业	
焊接与热切割作业	熔化焊接与热切割作业	等离子切割作业	新旧作业类别和工种可对应
		电渣焊作业	
		焊条电弧焊与碳弧气刨作业	
		埋弧焊作业	
		气焊与气割作业	
		气体保护焊作业	
		特殊焊接与热切割作业	
	压力焊作业	电阻焊作业	
	钎焊作业	钎焊作业	
高处作业	登高架设作业	登高架设作业	新旧作业类别和工种可对应
	高处安装、维护、拆除作业	高处装修与清洁作业	

建筑行业特种作业人员，主要包括电工、架子工、电（气）焊工、爆破工、机械操作工（平刨、圆盘锯、钢筋机械、搅拌机、打桩机等）、起重工、司炉工、塔吊司机及指挥人员、物料提升机（龙门架、井架）、外用电梯（人货两用电梯）司机、信号指挥、厂内车辆驾驶员、起重机械拆装作业人员等。

特种作业人员必须经专门的安全技术培训并考核合格，取得《中华人民共和国特种作业操作证（IC 卡）》（国家安全监管总局办公厅 2010 年 9 月 25 日，"关于实施《特种作业人员安全技术培训考核管理规定》有关问题的通知"，样式见图 9-11），方可上岗作业。

正面　　　　　　　　背面

图 9-11　中华人民共和国特种作业操作证样式

③ 经常教育　安全教育培训工作，必须做到经常化、制度化。经常性的安全教育，也就是通常所说的安全宣传活动，如国家的安全月、企业的"百日无事故安全活动"、班前安

全教育活动等。通过看录像、图片，参观施工现场等，使安全教育的活动覆盖全员，贯穿施工全过程。

1）主要内容包括：上级的劳动保护、安全生产法规及有关文件、指示，各部门、科室和每个职工的安全责任，遵章守纪，事故案例及教育和安全技术先进经验、革新成果等。

2）采用新技术、新工艺、新设备、新材料和调换工作岗位时，要对操作人员进行新技术操作和新岗位的安全教育，未经教育不得上岗操作。

3）班组应每周安排一次安全活动日，可利用班前和班后进行。其内容是：学习党、国家和上级主管部门及企业随时下发的安全生产规定文件和操作规程；回顾上周安全生产情况，提出下周安全生产要求；分析班组工人安全思想动态及现场安全生产形势，表扬好人好事和需吸取的教训。

④ 适时安全教育 根据建筑施工的生产特点，在五个环节要抓紧安全教育。五个环节包括：工程突击赶任务，往往不注意安全；工程接近收尾时，容易忽视安全；施工条件好时，容易麻痹；季节气候变化，外界不安全因素多；节假日前后，思想不稳定；纠正违章教育。

（4）培训内容的选择 培训中应根据不同培训对象选择不同的培训内容。

① 建筑施工企业负责人和项目经理培训：主要内容是国家安全生产方针、政策、法律法规、标准和规范及重大伤亡事故分析。还要培训安全理论方面的知识，如安全人机学、安全心理学、安全经济学、安全文化和国外先进的安全管理理念等，提高他们对安全管理的认识和理解水平。

② 对专职安全管理人员的培训：不仅要学习党和国家的安全生产方针政策、法律法规，还要重点学习安全生产技术标准和规范，危险源和安全隐患的确定方法，掌握检查、评定、分析和提出整改措施的方法。

③ 对施工现场作业人员培训：除国家安全生产方针政策、法律法规外，重点要学习安全常识和本工种操作规程，事故案例、应急救援措施等。

对从事特种作业人员，重点学习的有建筑施工企业所涉及的法规条款、强制条文、验收标准及安全技术、安全操作规程等专业知识，加强解决问题的能力。

3. 安全生产教育培训方式

国务院安委会发布《国务院安委会办公室关于贯彻落实国务院〈通知〉精神加强企业班组长安全培训工作的指导意见》[安委办（2010）27号]，要求培训内容形式多样，创新培训方式方法，增强培训的针对性和实效性。提高从业人员的安全意识和技能。

（1）培训形式

安全生产教育的方式方法是多种多样的，安全活动日、班前班后安全会、安全会议、讲课以及座谈、安全知识考核、安全技术报告交流、开展安全竞赛及安全日活动、事故现场会、安全教育陈列室、安全卫生展览、宣传挂图、安全教育电影、电视以及幻灯、宣传栏、警示牌、横幅标语、宣传画、安全操作规程牌、黑板报、简报等等，都是进行经常性安全教育的方法。

以上教育方法可以分为课堂教育、现场观摩、影像教育、正反面对比教育、现场宣传教育五种类型。

① 集中进行课堂培训 进行电化声像教育，组织职工观看违规违章存在重大事故隐患现场录像，结合事故案例讲评分析违章指挥、违章操作、违反劳动纪律的危害性，并同时播

放规范标准作业录像进行强化对比教育。

② 有针对性的对比教育 组织各类安全会议、安全活动日、现场的技能专项学习，进行现场观摩讲析、查隐患找原因，提出整改措施。

③ 班前班后安全活动 这种活动作为安全教育与培训的重要补充，应予以充分重视。班组成员通过了解当日存在的危险源及采取的相应措施，作为自己在施工时的指南，当天作业完后由班组长牵头对所属工人进行安全施工安全讲评。

（2）培训形式的选择原则

一般可根据职工文化程度的不同，采用不同的方式方法。力求做到切实有效，使职工受到较好的安全教育。

① 对象是管理人员 他们一般具有丰富实践经验，在某些问题上的见解，不一定不如某些培训教师。因此应积极研究和推广交互式教学等现代培训方法。

② 对象是一般性操作工人 针对操作人员的安全基础知识培训，应遵循易懂、易记、易操作、趣味性的原则。建议采用发放图文并茂的安全知识小手册、播放安全教育多媒体教程的方式增加培训效果。

（3）培训手段

目前安全教育和培训的教学方法，主要是沿袭传统的课堂教学方法，"教师讲，学员听"。从培训手段看，目前多数还是"一张讲台，一支粉笔，一块黑板"的传统手段。采用灵活适用的手段，提高培训质量，是我们培训中考虑的重要内容。

① 采用多媒体教育的方式 安全教育多媒体教程可采用计算机和投影相结合的方式，内容应以声、像、动画相结合的为主要体现模式。

② 广泛的、连续的教育方式 利用安全知识竞赛、演讲会、研讨会、座谈会等多种形式进行广泛的教育，还可以利用标语、板报等宣传工具进行长期教育。

③ 集中制作成安全宣传展板，利用板报、安全读物、幻灯和电影等形式进行安全宣传，能够制造一个良好的氛围，有一定的效果，应长期坚持；但同时也存在一定的缺陷，不能起到"一把钥匙开一把锁"的作用，不能具体指出每个工人克服危险因素的关键所在。

④ 安全竞赛及安全活动 许多企业开展"百日无事故竞赛"，"安全生产××天"等多种形式的活动，把安全竞赛列入企业的安全计划中去，在车间班组进行安全竞赛，对优胜者给予奖励，可以提高职工安全生产的积极性。当然，竞赛的成功与否不在于谁是优胜者，而在于降低整个企业的事故率。

⑤ 展览及安全出版物 展览是以非常现实的方式，使工人了解危害和怎样排除危害的措施，体现安全预防措施和实用价值。展览与有一定目的其他活动结合起来时，可以得到最佳效果。

安全出版物涉及的问题较为广泛。例如，定期出版的安全杂志、通讯、简报，新的安全装置介绍、操作规则等方面的调查和研究成果，以及预防事故的新方法等。

安全宣传资料的其他形式还有小册子和传单、安全邮票上的图示和标语等等。

⑥ 充分发挥劳动保护教育中心和教育室的作用 20 世纪 80 年代以来，各省、自治区、直辖市劳动部门先后建立了一些劳动保护教育中心，各行业、企业也建立了劳动保护教育室，这是开展安全知识教育、交流安全生产先进经验的重要场所，需采取多种形式，充分发挥劳动保护教育中心和教育室的作用，推动安全教育进一步发展。

除了上述的方法外，还有许多进行安全宣传教育的方法。例如，师傅带徒弟，现场教学；制定安全生产合同，作为安全生产目标管理的一部分等等。

4. 安全生产教育培训考核

考核是评价培训效果的重要环节，依据考核结果，可以评定员工接受培训的认知的程度和采用的教育与培训方式的适宜程度，也是改进安全与培训效果的重要反馈渠道。

（1）考核制度　应设置完备的考核制度，如签到、签退、回答问题、闭卷考试、补考制度等。建立安全教育档案，并与奖罚挂钩。

（2）考核的形式

① 书面形式开卷　这种考试形式对考场纪律要求不严，在监考教师不多的情况，是一种较好的选择。考试环境相对宽松，考生心理相对比较放松。适宜普及性培训的考核，如针对一般性操作工人的安全教育培训。

② 书面形式闭卷　这种形式试题的质问角度比较简单，多数是能从书面上直接找到答案的问题，这种考试形式有利于考查考生的识记、理解和应用能力，也是对考生多方面基本能力素质的考查。适宜专业性较强的培训，如管理人员和特殊工种人员的年度考核。

③ 计算机联考　是将试卷按系统实现方法（图 9-12），编制好计算机程序，并放在企业局域网上，公司管理人员或特殊工种人员可以通过在本地网或通过远程登录的方式在计算机上答题。

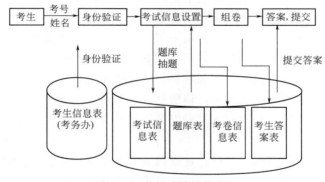

图 9-12　考试系统功能分析

④ 现场技能考核　这种方式以现场操作为主，然后参照相关标准对操作的结果进行考核。由于施工技术特点的需要，这种方式是其他考试形式无法替代的。

5. 安全生产教育培训评估

开展安全培训效果评估的目的，是为改进安全教育与培训的诸多环节提供信息输入。评估主要从间接培训效果、直接培训效果和现场培训效果三个方面来进行。

（1）间接培训效果　主要是在培训完后通过问卷的方式，对培训采取的方式、培训的内容、培训的技巧方面进行评价。

（2）直接培训效果　评价依据主要为考核结果，以参加培训的人员的考核分数来确定安全教育与培训的效果。

（3）现场培训效果　主要以在生产过程中出现的违章情况和发生的安全事故的频数，来确定培训效果。

【本章小结】

介绍安全生产保证体系的要素、构成及建立程序；使学生掌握安全保证文件的组成、编写方法；熟悉安全保证措施内容和实施方法；了解安全检查及教育培训的要求。

通过本章学习，学生应了解建筑施工安全保证体系的建立及运行要求和方法。

【关键术语】

保证体系、保证措施、安全专项方案、安全施工组织设计、安全标志、安全技术交底、安全记录

【实际操作训练或案例分析】

造就世界级安全的 12 个步骤

建立一个世界级的安全体系，一个保护雇员、提供高度满意的工作环境以及通过低成本、高质量和高生产率使公司在市场上处在优势地位的体系。下述 12 步安全计划，使你的企业取得成功。

1. 检查你的文化

从管理层开始，排除困难将工作开展下去，这可以通过认知调查、直接提问或观察来进行。要真正认识一项工作，亲自做一下这项工作是十分重要的。完成当前提供的作业培训、对正在工作的雇员进行观察，而后再亲自做一下这项工作，这才使你能真实地知道作业中安全之所在。但是不要在此花太多的时间，只需要基本的资料就行了。

作业过程中，一定要通过提问来掌握雇员们的安全文化观念，这对信任关系的建立是十分重要的。不要就此作出判断。实际上，你所进行的是评估管理部门建立起来的安全文化，而没有直接提问雇员是否觉察到管理人员对安全作出的努力。

2. 检查管理体系

从收集有关你们企业的目的、目标、业绩措施以及编制培训文件的资料开始，这将向你提供这样一种背景资料，即对你们企业的成功最重要的是什么？

检查培训的内容，查出不足之处，检查管理部门制订的作业措施，寻找包括人员检查等安全方面的问题。许多时候，安全作业措施在检查中是一个重要的部分，但经理们却未经适当培训就对这些措施进行评估。

用什么手段来判定安全目标是否已经达到？检查你们企业制订的安全目标，并判定是否已提供足够的手段来达到这些目标。你对此的分析将用来制订余下的步骤。

3. 明确管理人员职责

因为安全往往被视作安全人员一个人的职责，而许多管理人员不知道在安全体系方面对他们的期望。与管理人员一起讨论你的背景评估，然后制订出企业多个层面的安全计划和责任，这是加强你的安全体系的基础。

4. 成立安全指导小组

这是明确职责及得到承诺的最好方法，小组成员数量要保持少一些，应限定于总经理（或现场最高层次的经理）、安全（及环境）人员、技术经理、生产经理、人力资源经理以及质量经理。

该小组提出企业安全战略并制订出既有适度目标又有达到目标的时间安排的计划，该小组将提供达到目标所需的资源、资金、指导及战略。制订适度安全方面的基准，例如事故

率、严重事故率、报告事故种类、产生事故的作业种类以及企业跟踪的其他安全数据。

5. 开发判定成功的体系

你可以称此为安全记分卡体系，除了跟踪滞后的指标（例如可记录的事故率或损失工作日事故率）之外，把重点放在先导的指标上，从劳动力、设施及设备的检查、日常维护、培训及完成纠正行动诸方面来跟踪安全的参与程度，通过跟踪先导指标就可看出滞后指标的变化。

6. 成立安全委员会

委员会成员应接受适当的培训，他们须知道如何举行有效的会议以及懂得一般的安全及卫生知识。作为这种培训的一部分，有必要提出作用、责任及委员会的期望和细则，其中的一个部分可以包括委员会的"使命"陈述。

7. 创立发表创造性意见的安全理念

安全委员会保持对其成员能直接完成或控制的问题和项目的关注是很关键的。

每个安全委员会成员提出 2～3 项有关安全的，他们希望能完成的项目之后，检查项目表以确定哪些项目是委员会觉得能够直接控制和影响的。

8. 对委员们提供额外的培训

这通常可以由安全人员来完成，通过提供诸如人机工程学、QSHA 方面的议题、危险点分析技术、将委员会成员送到外面去参加会议等的培训，或通过与其他公司连通网络等诸多方法来完成，安排车间参观以及与来自其他企业的安全委员会会见是十分有意义的。

9. 给管理人员提供安全培训

没有生产线管理人员的支持，安全体系的责任及义务、成功，就落在了你这安全人员的肩上。要想取得成功会变得十分的困难。

对生产线管理人员来说，似乎安全总是处于次要的地位，这并不是因为没有承诺。管理人员往往不具备这方面的知识或技术，要生产线的管理人员能够对安全体系的成功负责，有必要进行大量的培训。诸如事故调查技术、纠正行动制订及跟踪、安全记分卡评定以及安全计划责任诸项方法的培训。培训须加进安全体系的内容以及有关通过管理人员的检查能够直接用于工作环境的 QSHA 标准方面的详细资料。

10. 劳动力的培训

尽可能避免将录像资料作为单一培训手段进行培训，这会使雇员感到困倦。有效的培训可包括多种方法的结合，不妨试试利用计算机的培训，随后再就相同的话题让有关部门与生产线上的管理人员进行定期的"安全对话"（每天或每周 5～10 min 的对话），由临时的雇员，或许就用你的委员会成员进行培训，可能是非常有效的。

11. 制订安全计划

安全计划应包括基础体系经常所需的项目，例如遵守与培训。还要为日后的成功设立项目，比如行为安全手段、作业安全以及人机工程学评估。计划要有伸缩性，但伸缩不宜过大，在与安全指导委员会一起开定期会议时，要准备好修改计划，但不要牺牲正在取得的成功。

从何处着手？首先，根据公司的安全目标设定目标及措施，目标一定要是可以达到的，但也要富有进取性，目标也应符合业务总计划，同时考虑生产、质量与技术。

由谁来决定安全目标？需要有管理小组中的主要成员，该小组需要评议当前关注的安全问题，并决定公司的短期及长期安全计划。安全指导委员会能最好地完成此任务。

12. 避免目标过高

事故率目标比较常用因此可以被采用，但它往往是一种滞后的指标。目标应集中于可计量的、先导的指标上，当成功时它能实现较低的事故率。可计量的目标可能包括如下诸项目：完成所要求的培训、完成作业安全及人机工程学分析、参与安全或即时的事故通知及调查。记住"要进行评定的项目一定要完成"。

这将我们带回到了第 1 步：评估。评估是由计划推动的，而同时又评定计划的完成情况，评估也可显示出计划中何处需要调整及能取得成功。

【习题】

1. 在编制专项施工方案时，应针对哪些重点内容进行？
2. 专项安全技术方案有哪些主要管理要求？
3. 施工现场正确使用安全警示标识，要注意哪些问题？
4. 施工现场安全生产保证体系运行分哪四个环节？
5. 安全技术交底工作程序有哪些？
6. 安全技术交底工作注意事项有哪些？
7. 安全教育培训制度中应明确哪些岗位人员需进行安全教育培训？
8. 安全教育培训专项资金包括哪些？

第十章　建筑施工安全检查与安全评价

【本章教学要点】

知识要点	相关知识
安全检查	检查的形式、内容,安全检查表
安全资料	资料的内容、收集、整理和建档
安全生产评价	评价的依据、内容、等级和方法

【本章技能要点】

技能要点	应用方向
建筑施工现场安全检查	掌握建筑施工安全检查标准的内容和执行方法,掌握安全检查评分内容和计算,了解评价的依据、内容、等级和方法
建筑施工现场安全资料管理	熟悉安全资料内容,了解资料的收集、整理和建档的要求

【导入案例】

扁鹊与安全文化事后控制

扁鹊三兄弟从医,魏文王问名医扁鹊说:"你们家兄弟三人,都精于医术,到底哪一位最好呢?"扁鹊答说:"长兄最好,中兄次之,我最差。"文王再问:"那么为什么你最出名呢?"扁鹊答说:"我长兄治病,是治病于病情发作之前。由于一般人不知道他事先能铲除病因,所以他的名气无法传出去,只有我们家的人才知道。我中兄治病,是治病于病情初起之时。一般人以为他只能治轻微的小病,所以他的名气只及于本乡里。而我扁鹊治病,是治病于病情严重之时。一般人都看到我在经脉上穿针管来放血、在皮肤上敷药等大手术,所以以为我的医术高明,名气因此响遍全国。"文王说:"你说得好极了。"

小故事折射出大道理:事后控制不如事中控制,事中控制不如事前控制。

安全检查不要总等到事故发生之后

两千多年前战国末期的思想家教育家荀子就说过:"一曰防,先于未然谓之防;二曰救,发而止之谓之救;三曰戒,行而责之谓之戒。防为上,救次之,戒为下。"

天津爆炸事故引发全社会关注,对于事故中伤亡的群众、消防、警察,人们纷纷以各种方式表达悲伤、同情、关心、帮助,一时之间,华夏大地沉浸在极度有悲伤氛围中。在事故发生后的这几天,网络上出现很多质疑、挞伐之声,要求严厉追究事故相关部门和负责官员责任,绝不姑息。

不容置疑,追责是必要的,也是必需的,但事后追责能否避免悲剧再次发生?毕竟造成天津大爆炸的诱因是多方面的,绝不仅仅是港口管理部门和官员失职渎职。相反,在事故发生后，我们看到当地安全警察消防人员第一时间冲进事故现场，充分展现了尽忠履职的形象。但，我们也能发现，类似的大爆炸不只一次，同样的安全事故近年来在各地频频发生。公众的眼泪不是廉价的，社会的容忍和信任是有底线的。

第一节　建筑施工安全检查

安全检查是指对安全管理体系活动和结果的符合性和有效性进行的常规监测活动，建筑施工企业通过安全检查掌握安全管理体系运行的动态，发现并纠正安全管理体系运行活动或结果的偏差，并为确定和采取纠正措施或预防措施提供信息。

一、安全检查的形式

1. 按检查时间分类

（1）经常性安全检查　建筑工程施工应经常开展预防性的安全检查工作，以便于及时发现并消除事故隐患，保证施工生产正常进行。施工现场经常性的安全检查方式主要有：

① 现场专（兼）职安全生产管理人员及安全值班人员每天例行开展的安全巡视、巡查。

② 现场项目经理、责任工程师及相关专业技术管理人员在检查生产工作的同时进行的安全检查。

③ 作业班组在班前、班中、班后进行的安全检查。

（2）临时性安全检查　在工程开工前的准备工作、施工高峰期、工程处在不同施工阶段前后、人员有较大变动期、工地发生工伤事故及其他安全事故后以及上级临时安排等，所进行的安全检查。

开工、复工安全检查，是针对工程项目开工、复工之前进行的安全检查，主要检查现场是否具备保障安全生产的条件。

（3）定期安全检查　建筑施工企业应建立定期分级安全检查制度，定期安全检查属全面性和考核性的检查，企业确定安全大检查的时间及时间间隔。总公司或主管局，可每半年一次的普遍大检查，工程公司可每季一次普遍检查，项目部可每月一次普遍检查。工程项目部每天应结合施工动态，实行安全巡查；总承包工程项目部应组织各分包单位每周进行安全检查，每月对照《建筑施工安全检查标准》，至少进行一次定量检查，施工现场的定期安全检查应由项目经理亲自组织。

（4）季节性安全检查　企业应针对承建工程所在地区的气候与环境特点可能给安全生产造成的不利影响或带来的危害，组织季节性的安全检查。包括冬季施工的安全检查（以防寒、防冻、防火为主）、雨季施工的安全检查（以防风、防汛、防雷、防触电、防潮、防水淹、防倒塌为主）、暑季施工的安全检查（以防暑降温为主）等。

（5）节假日安全检查　在节假日、特别是重大或传统节假日（如"五一"、"十一"、元旦、春节等）前后和节日期间，为防止现场管理人员和作业人员思想麻痹、纪律松懈等进行的安全检查。节假日加班，更要认真检查各项安全防范措施的落实情况。

2. 按检查项目的性质不同分类

（1）专业性安全检查　这类检查专业性强，应由熟悉专业知识的有关安全技术部门人员（专业工程技术人员、专业安全管理人员）参加，对现场某项专业安全问题或在施工生产过程中存在的比较系统性的安全问题进行的单项检查。

（2）一般性安全检查　与操作人员密切相关，要由班组长、班组安全员、工长等参加组成安全委员会，主要检查安全技术操作、安全劳动保护用品及装置、安全纪律和安全全隐患等方面的现场安全检查。

（3）安全管理检查　由安全技术部门组织。对安全规划、安全制度、安全措施、责任制、有关安全的材料（记录、资料、图表、总结、分析等）进行检查。

3. 按检查的主体不同分类

（1）公司安全生产大检查　由主管生产的公司领导负责，由生产部具体组织，召集技术部、车间等分管安全负责人共同参加检查。企业应对工程项目施工现场安全职责落实情况进行检查，并针对检查中发现的倾向性问题、安全生产状况较差的工程项目，组织专项检查。

（2）项目部级安全生产检查　由项目经理负责，召集有关人员参加，并做好检查记录，自行能解决的隐患则自行落实整改，需要公司解决的报公司安全部。

（3）班组的检查　按要求进行，检查结果填写在班组的安全检查原始记录上，并将结果及时报告车间。

二、安全检查的内容

1. 检查安全管理的情况

主要内容包括：安全管理目标和规划的实现程度、安全管理制度的执行情况、安全责任制的落实情况、安全教育开展情况、生产安全事故或未遂事故和其他违规违法事件的调查处理情况、安全生产法律法规和标准规范及其他要求的执行情况、单位内部的安全资料建档情况。

2. 检查安全技术的情况

（1）安全技术要求　施工现场安全隐患排查和安全防护情况、安全技术措施、安全技术操作规程完善程度、安全技术交底、三新应用中的安全措施等。

（2）施工设备和机具　施工用的各类机具、机电设备的完好程度和它们的安全装置可靠程度，保养维修记录等。

三、安全检查的结果

1. 检查报告

每次检查都要由负责检查的领导主持，对检查结果进行总结，写出书面报告。还应复查和通报上次安全隐患的整改情况。

安全生产检查报告的内容大体上可以分成以下四个部分：

（1）安全生产检查的概况　主要包括检查的宗旨和指导思想，检查的重点，检查的时间，负责人，参加人员，分几个检查组，检查了哪些单位，以及对检查活动的基本评价等。

（2）安全生产工作的经验和成绩　总结安全生产工作经验、成绩，加以肯定并组织推广。

（3）安全生产工作存在的问题　对存在的问题进行分析，找出问题的产生原因。

（4）对今后安全工作的意见和建议　主要是针对检查中发现的问题，提出有针对性的改进措施。

2. 检查结果的处理

建筑施工企业对安全检查中发现的问题和隐患等不安全因素，组织整改并跟踪复查。做到"四定"、"三不交"，即：定项目、定措施、定完成时间、定项目负责人；班组能整改的不交项目部、项目部能整改的不交公司、公司能整改的不交上级。

在各级安全检查中，发现违章作业者，应立即纠正，作好记录，对不听劝阻者，检查人员有权令其停止作业，经检查认识并改正后方可恢复作业。情节严重者，按规定给予处罚。

检查中发现的隐患，安生部负责签发隐患整改通知单，各部门接到通知后必须按要求进行整改，如无故拖延不整改又不采取任何措施，则追究其部门、单位主要领导责任，发生事故的按有关规定加重处罚。对物质、技术、时间条件暂不具备整改条件的隐患，应及时报告上级，同时采取有效防范措施，防止事故的发生。

建筑施工企业对安全检查中发现的问题，应定期统计、分析，确定多发和重大隐患，制定并实施治理措施。各级检查组应将检查结果、查出的隐患和改进活动记录整理存档，同时按要求报上一级主管部门。

四、建筑施工安全检查表

1. 安全检查表概念

根据《建筑施工安全检查标准》（JGJ 59—2011），对建筑施工中易发生伤亡事故的主要环节、部位和工艺等的完成情况做安全检查评价时，采用检查评分表的形式，由十项分项检查评分表和一张检查评分汇总表构成。适用于建筑施工企业及其主管部门对建筑施工安全工作的检查和评价。

2. 安全检查表的内容

检查表列项时根据项目的内在联系、结构重要度大小、对系统安全所起的作用等，划分出保证项目、一般项目，保证项目应是安全检查的重点和关键，以便突出重点检查内容。在安全管理、文明施工、脚手架、基坑工程、模板支架施工用电、物料提升机与施工升降机、塔式起重机与起重吊装八项检查评分表中，设立了保证项目和一般项目。有些表的各检查项目之间无相互联系的逻辑关系，不列出保证项目，如高处作业和施工机具。

（1）检查评分汇总表　是对十个分项检查结果的汇总，利用汇总表得分，作为对一个施工现场安全生产情况的评价依据，来确定总体系统的安全生产工作情况。共包含十七张检查评分表，主要内容应包括安全管理、文明施工、脚手架、基坑工程、高处作业、模板支架施工用电、物料提升机与施工升降机、塔式起重机与起重吊装和施工机具十项。表中专业性较强的项目要单独编制专项安全技术措施，如脚手架工程、施工用电、基坑支护、模板工程、起重吊装作业、塔吊、物料提升机及其他垂直运输设备。

（2）分项检查表　包括安全管理检查评分表、文明施工检查评分表、脚手架检查评分表、高处作业检查评分表、基坑工程检查评分表、模板支架检查评分表、施工用电检查评分表、物料提升机（龙门架、井字架）检查评分表、施工升降机（人货两用电梯）检查评分表、塔式起重机检查评分表、起重吊装检查评分表、施工机具检查评分表等。

3. 评分方法

（1）基本规定

① 各分项检查评分表，满分为 100 分。表中各检查项目得分应为按规定检查内容所得分数之和。每张表总得分应为各自表内各检查项目实得分数之和。

② 在检查评分中，遇有多个脚手架、塔吊、龙门架与井字架等时，则该项得分应为各单项实得分数的算术平均值。

③ 检查评分不得采用负值。各检查项目所扣分数总和不得超过该项应得分数。

④ 在检查评分中，当保证项目中有一项不得分或保证项目小计得分不足 40 分时，此检查评分表不应得分。这是为了突出保证项目中的各项，对系统的安全与否所起的关键作用。

⑤ 汇总表满分为 100 分。各分项检查表在汇总表中所占的满分分值应分别为：安全管理 10 分、文明施工 15 分、脚手架 10 分、基坑工程 10 分、模板支架 10 分、高空作业 10 分、施工用电 10 分、物料提升机与施工升降机 10 分、塔式起重机与起重吊装 10 分和施工机具 5 分。由于施工机具近些年有较大改观，防护装置日趋完善，所以确定为 5 分；而文明施工是独立的一个方面，也是施工现场整体面貌的体现和树立建筑业现象综合反映，所以确定为 15 分。

（2）注意事项 分项检查表共有十九张，归纳为十项内容，每次在工地检查使用时，不一定都能遇到，如有的工地无塔吊等，在汇总表中就要进行换算，计算出这个工地的总得分。

① 在汇总表中各分项项目实得分数应按下式计算：

$$在汇总表中各分项目实得分数 = 该项检查评分表实得分数 \times \frac{汇总表中该项应得满分分值}{100}$$

$$(10\text{-}1)$$

【例 10-1】《安全管理检查评分表》实得 76 分，换算在汇总表中"安全管理"分项实得分为多少？

$$分项实得分 = 76 \times \frac{10}{100} = 7.6\ 分$$

② 汇总表中遇有缺项时，汇总表总得分应按下式计算：

$$遇有缺项时汇总表总得分 = \frac{实查项目在汇总表中按各对应的实得分值之和}{实查项目在汇总表中应得满分的分值之和} \times 100$$

$$(10\text{-}2)$$

【例 10-2】 某工地没有塔吊，则塔吊在汇总表中为缺项，其他各分项检查在汇总表实得分为 84 分，计算该工地汇总表实得分为多少？

$$有缺项时汇总表总得分 = \frac{84}{100-10} \times 100 = 93.33\ 分$$

③ 分表中遇有缺项时，分表总分计算方法：

$$缺项的分表分 = \frac{实查项目实得分值之和}{实查项目应得分值之和} \times 100$$

$$(10\text{-}3)$$

【例 10-3】《施工用电检查评分表》中"外电防护"缺项（该项应得分值为 20 分），其他各项检查实得分为 64 分，计算该分表实得多少分？换算到汇总表中应为多少分？

$$缺项的分表分 = \frac{64}{100-20} \times 100 = 80\ 分$$

$$汇总表中施工用电分项实得分 = 80 \times \frac{10}{100} = 8\ 分$$

④ 分表中遇保证项目缺项时，按"保证项目小计得分不足 40 分，评分表得零分"，计

算方法即实得与应得分之比＜66.7％（40/60＝66.7％）时，评分表得零分。

【例 10-4】 如在施工用电检查表中，外电防护这一保证项目缺项（该项应得分为 20 分），另有其他"保证项目"检查实得分合计为 15 分，该分项检查表是否能得分？

$$\frac{15}{60-20}=36\%<66.7\%$$

则，该分项检查表记零分。

⑤ 在各汇总表的各分项中，遇有多个检查评分表分值时，则该分项得分应为各单项实得分数的算术平均值。

【例 10-5】 某工地多种脚手架和多台塔吊，落地式脚手架实得分为 86 分、悬挑脚手架实得分为 80 分；甲塔吊实得分为 90 分、乙塔吊实得分为 85 分。计算汇总表中脚手架—塔吊实得分值为多少？

1) 　　　　　脚手架实得分＝(86＋80)/2＝83 分

　　　　换算到汇总表中分值＝83×10/100＝8.3 分

2) 　　　　　塔吊实得分＝(90＋85)/2＝87.5 分

　　　　换算到汇总表中分值＝87.5×10/100＝8.75 分

在无保证项目的分项检查表中，遇有缺项时如施工机具检查评分表中，无平刨等机具时，也要算出分项表的得分。

⑥ 多人对同一项目检查评分时，应按加权评分方法确定分值。在组织检查时，遇到意见不统一的情况，为了突出安全专职人员的作用，权数的分配原则为：专职安全人员与其他人员：专职安全人员的权数为 0.6，其他人员的权数为 0.4。

4. 检查评价标准

建筑施工安全检查评分，应以汇总表的总得分及保证项目达标与否，作为对一个施工现场安全生产情况的评价依据，分为优良、合格、不合格三个等级。

（1）优良 分项检查表无零分，汇总表得分值应在 80 分及其以上。就是说优良的标准为在施工现场内无重大事故的隐患，各项工作达到行业平均先进水平。

（2）合格 分项检查表无零分，汇总表得分值应在 80 分以下，70 分及以上。就是说合格的标准为达到施工现场保证安全的基本要求。

（3）不合格 不合格的标准为施工现场隐患多，出现重大伤亡事故的几率比较大。

① 汇总表得分值不足 70 分。就说明施工现场重大事故隐患较多，随时可能导致伤亡事故的发生，因此定为不合格。

② 有一分项检查表得零分。

第二节 施工现场安全资料管理

一、安全管理的基础资料

建筑施工现场安全资料，是指建筑施工企业按施工规范的规定要求，在施工管理过程中所建立与形成的，应当归档保存的安全文明生产的资料。

1. 建筑施工现场安全资料管理的意义

（1）安全资料是安全生产过程的产物和结晶，资料管理工作的科学化、标准化、规范化，可不断的推动现场施工安全管理向更高的层次和水平发展。

（2）安全资料有序的管理，是建筑施工实行安全报告监督制度、贯彻安全监督、分段验收、综合评价全过程管理的重要内容之一。

（3）真实可靠的安全资料为指导今后的工作、领导工作的决策提供依据。可以减少不必要的时间浪费和费用损失，可进一步规范安全生产技术、提高劳动生产效率、减少伤亡事故发生频率。

（4）安全资料的真实性，为施工过程中发生的伤亡事故处理提供可靠的证据，并为今后的事故预测、预防提供可依据的参考资料。

2. 施工单位安全管理的基础资料的内容

施工单位安全管理的基础资料内容，组成如表 10-1。

表 10-1　建设工程施工单位安全管理基础资料分类

序号	类型	文　件
1	基础文件	建设工程施工组织设计、建设工程施工安全计划、施工方案（基坑工程、慢板工程、脚手架、起重吊装、临时用电、塔机、施工电梯等安装拆除）
2		安全事故的应急救援预案
3		企业和项目经理部安全管理制度
4		各工种及主要施工机具安全技术操作规程、安全作业指导书
5	安全策划文件	危险源与重大危险源控制措施清单
6		重大危险源控制目标和管理方案
7		环境因素与重大环境因素控制措施清单
8		重大环境因素控制目标、指标和管理方案
9		法规文件清单
10		安全记录清单
11	安全生产管理机构和职责	工程概况
12		工程项目经济承包责任制（明确的安全指标、含奖惩在内的保证措施）
13		安全生产目标责任书（各级施工管理人员安全生产责任制）
14		工程项目安全管理体系及组织机构
15		工程项目安全管理体系要素及职能分配表
16		安全管理体系文件
17		安全生产值班表及值班记录
18		安全生产奖惩记录
19		安全生产责任制考核表
20	目标管理	工程项目安全管理目标表、目标分解及分解网络图
21		工程项目安全管理办法
22		工程项目安全责任目标考核标准、考核表
23	安全物资采购控制	合格供应商名录
24		安全物资采购、租赁计划或协议书
25		安全物资验收记录汇总表

续表

序号	类型	文　件
26	分包方控制	工程项目分包方名录
27		对分包方编制的专项施工组织设计（方案）、安全技术措施审批记录表
28		提供给分包方的安全物资（施工机具、设备）移交验收记录表
29		对分包方的分部（分项）安全技术交底记录表
30		对分包方的安全监督、检查记录表
31		分包方安全业绩评定表
32	施工过程控制	安全技术交底：项目技术负责人对责任工长、责任工长对分部（分项）各分管工长的安全技术交底记录，各分管工长对作业班组的安全技术交底记录，总包对分包的安全技术交底记录、对危险部位和重点部位的专项安全技术交底记录等
33		基坑支护验收表：基坑毗邻建筑物沉降观测记录表、基坑支护变形监测记录表
34		模板拆除（安全）令
35		安全设施拆除申请表
36		危险作业的监控记录表
37		防火控制（动火许可证）
38		落地式（挂式、悬挑式、吊篮、附着式升降式）脚手架验收记录
39		安全防护搭设验收记录表
40		模板支撑系统验收表
41		井架与龙门架的验收记录表
42		大型机械管理：大型机械（装拆）施工方案、大型机械（装拆）的安全交底、基础验收资料、隐藏工程验收单、上（或下）回转塔式起重机安装验收记录表、施工升降机安装（加节）验收记录表、机械检测中心检测报告及合格证书、大型机械的出厂合格证书、大型机械运行及维修管理记录
43		施工用电管理：临时用电施工组织设计、临时用电安全技术交底资料、临时用电验收记录表、临时用电的专项安全检查记录表、接地电阻测定记录表、绝缘电阻测定记录表、电工巡视（维修）工作记录表
44		施工机具检查验收记录表
45		卸料平台验收表
46		机械设备运转记录
47	安全教育培训	职工劳动保护教育卡汇总表
48		新工人三级安全教育卡
49		各类安全教育记录表
50		班前安全活动及周讲评记录表
51		特种作业人员名册
52		中小型机械作业人员名册
53	安全监督	工程基本情况及现场勘察概况、建设工程规划许可证
54		中标通知书
55		施工许可证、施工企业安全生产许可证
56		安全监督申请表
57		建筑工程安全达标等级评估表（基础施工阶段、结构及装饰装修施工阶段）
58		建设工程施工安全达标等级认定书
59		项目管理人员一览表（或花名册）及相关证件、项目主要管理人员企业任命文件（或任命书）
60		现场安全管理保证体系
61		现场平面布置图、安全标志平面布置图、消防平面布置图

序号	类型	文　　件
62		安全检查表
63		纠正措施和预防措施（事故隐患处理）
64		事故报告及领导批示
65		事故调查组织工作的有关材料，包括事故调查组成立批准文件、内部分工、调查组成员名单及签字等
66		事故抢险救援报告
67		现场勘查报告及事故现场勘查材料，包括事故现场图、照片、录像、勘查过程中形成的其他材料等
68		事故技术分析、取证、鉴定等材料。包括技术鉴定报告，专家鉴定意见，设备、仪器等现场提取物的技术检测或鉴定报告以及物证材料或物证材料的影像材料，物证材料的事后处理情况报告等
69	事故调查及处理	安全生产管理情况调查报告
70		工伤事故报表，伤亡人员名单，尸检报告或死亡证明，受伤人员伤害程度　鉴定或医疗证
71		调查取证、谈话、询问笔录等
72		其他有关认定事故原因、管理责任的调查取证材料，包括事故责任单位营业执照及有关资质证书复印件、作业操作规程
73		关于事故经济损失的材料
74		事故调查组工作简报，与事故调查工作有关的会议记录
75		关于事故调查处理意见的请示（附有调查报告），事故处理决定、批复或结案通知
76		关于事故责任认定和对责任人进行处理的相关单位的意见函，事故责任单位和责任人的责任追究落实情况的文件材料

二、施工现场安全资料的管理

1. 安全资料的编写要求

安全资料的填写与制作必须遵循"如实记录工作、真实反映现状"的原则，使现场与内业管理真正统一起来，从而全面、全员、全过程地实施安全管理。

（1）资料填制人员应经过专业培训，即在全面学习并理解的基础上开展工作。

（2）表式中的各类名称、单位等必须采用全称，不使用简称。

（3）资料中的空格处一般要求必须填写，对无法填写（如暂时不掌握的），可以空缺，待在今后了解后及时补充填写清楚。

（4）资料应做到有专人填制、专人保管，书写字迹应端正，不潦草、不乱涂乱改、不缺页污损。

（5）参考有关书籍及其他单位制作的资料时，切忌照搬照抄，而要根据工程的实际进行编制。

（6）对现场的检查、验收的记录，必须尽量按照"先定量、后定性"的原则进行。即现场的实际情况有具体数字的，必须填写实际数据；无法写清数据的，才可以用文字说明。

2. 安全资料的整理归集

归档材料应确保完整、准确、系统，反映企业安全生产各项活动的真实内容和历史过程。应按照《国家重大建设项目文件归档要求与档案整理规范》（DA/T 28—2002）及《科学技术档案案卷构成的一般要求》（GB/T 11822—2008）等的要求，进行整理、编目。用纸、用笔标准（不用铅笔、圆珠笔），字迹清晰。具有重要保存价值的电子文件，应与内容相同的纸质文件同时归档。

安全生产档案工作人员应对各部门送交的各类安全生产档案认真检查。检查合格后交接双方在移交清册（一式两份）和检查记录上签字，正式履行交接手续。接收电子安全生产档案时，应在相应设备、环境上检查其真实有效性，并确定其与内容相同的纸质安全生产档案的一致性，然后办理交接手续。

（1）归档范围 归档材料须是企业在生产过程中形成的，与安全生产有关的各种文件、规章制度、技术资料、原始记录、图片、图纸等资料。

① 上级安全主管部门的有关文件和通知、通报。

② 公司历年伤亡事故调查报告，处理意见及重要的原始记录。

③ 公司重大的安全工程、系统设计及生产技术等有关资料。

④ 安全重点管理对象和特殊工种的工人履历档案。

⑤ 新工人和关键工种培训试卷。

⑥ 公司制定的安全方面的制度、计划。

⑦ 公司发的各种文件、通知、资料、报刊等。

（2）归档时间

① 基础建设、物料购置与处理、产品生产等活动中形成的与安全相关联材料，在项目结束后整理归档。

② 企业及企业各部门在企业安全管理过程中形成的材料，可以按每月、每季或年归档，也可按项目或活动归档。

（3）档案密级 档案资料视情况确定其密级。一般可按《城乡建设档案密级划分暂行规定》[（88）城办字第 29 号] 执行。

（4）档案资料的保管 应配置保存安全生产档案的专用柜屉和保护设备，采取防火、防潮、防虫、防盗等措施，确保安全生产档案安全。对破损或载体变质的安全生产档案要及时进行修补和复制。

① 保管期限的规定 按《城乡建设档案保管期限暂行规定》[（88）城办字第 29 号] 执行。保管期限规定为永久、长期和短期三种，长期为二十至六十年左右，短期为二十年以下。凡定为短、长期的档案，到期再鉴定时，视其价值可延长保管期限。

② 检索 应进行按级分类保管和编码并要求有检索台账。凡复制、摘录档案，须经负责人同意。利用档案的单位和个人未经上级主管部门或档案室同意，不得擅自公布档案内容。电话查询档案，只限于一般问题的咨询。档案的储存必须规范、分门别类，标识明确，便于查询。

③ 借阅 档案借阅要处理好安全生产档案保密和利用的关系，既要保护企业的知识产权和商业秘密，保障企业的合法权益不受损害，又要充分发挥安全生产档案的指导、借鉴等积极作用。

应执行借阅制度，履行借阅手续，遵守处罚规定。

④ 销毁 归档资料保管到期或确认其无保管价值需要销毁时，由企业负责人、业务部门的管理人员与技术人员、安全管理部门负责人及安全生产档案工作人员组成的鉴定小组进行鉴定，确认其无价值时提出销毁决议，写出鉴定报告并编制销毁清册，报主管负责人审批。销毁安全生产档案时必须履行严格的签字手续，由两人以上监销，销毁清册应长期保存。

（5）档案检查 企业安全生产档案检查，一般按表 10-2 的要求进行。

表 10-2　企业安全生产档案检查表

序号	类别	内容与要求	检查方法
1	安全组织	1. 企业安全管理机构及其负责人任命文件；2. 企业主要负责人的安全资格证书；3. 企业安全管理人员的安全资格证书；4. 分管安全工作的负责人的任命文件及其培训证书；5. 企业安全管理网络体系；6. 企业安全管理人员任命及变动情况记录；7. 有档案管理制度、分管负责人、档案管理人员和档案室(或专门的档案柜)	1. 查安全管理机构设置文件及其管理人员任命文件；2. 查各种证书的原件或复印件；3. 查企业安全管理体系网络设置情况；4. 查档案管理制度文本及档案管理人员对档案管理掌握情况
2	安全规章制度	1. 各级、各部门安全生产责任制；2. 各种安全管理制度；3. 各工种、岗位或设备安全操作规程；4. 应急救援预案及其演练记录；5. 上级部门有关安全生产方面的文件、通知及执行情况汇报、记录；6. 企业上报的各种安全生产方面的计划、总结、报告等材料	1. 抽查责任制、安全管理制度、操作规程、应急预案文本；2. 查上级有关安全方面文件企业落实情况记录文本；3. 抽查企业上报的各类安全生产方面的计划、总结、报告
3	监督执法检查	1. 各级政府及行业主管部门监督检查所发的安全监察指令书、停产整顿通知书等各类执法文书；2. 企业落实执行各类文书所采取的措施及落实情况及其上报上级主管部门的报告及记录；3. 安全监督执法方面的其他文件、文书和记录	1. 查相关主管部门安全监察指令书、停产整顿通知书等各类执法文书文本；2. 查企业落实执行各类文书所采取的措施及落实情况及其上报上级主管部门的报告及记录
4	安全检查	1. 日常检查记录及处理情况记录；2. 月度、季度及年度检查记录及处理情况记录；3. 安全检查存在问题整改通知书及整改情况记录；4. 各专项安全检查的计划安排、检查记录及处理情况；5. 各项检查的总结汇报材料	1. 查检查制度文本和内容是否齐全；2. 抽查各种检查的记录处理情况；3. 抽查隐患整改情况是否与记录相符；4. 抽查相关检查计划、总结文本
5	安全教育	1. 安全教育培训制度文本；2. 主要负责人、安全管理人员受教育的记录及继续教育的记录；3. 特种作业人员和特种设备作业人员资格证书、受教育的记录及继续教育的记录；4. "三级安全教育"记录及厂级教育试卷；5. 换岗教育和日常教育培训原始记录；6. 企业开展的其他教育的记录；7. 各类安全宣传活动记录及总结	1. 查文本和记录；2. 查继续教育证书复印件或教育培训档案及试卷；3. 查"三级安全教育"培训登记表及试卷；4. 查换岗教育、日常教育的原始记录；5. 查安全教育教材；6. 抽查各类安全宣传活动记录及总结
6	安全投入	1. 全年安全投入计划及专项安全投入计划；2. 安全教育、安全、培训投入的情况记录；3. 隐患整改方面的投入记录；4. 防护用品方面的投入记录；5. 安全防护设备、设施方面的投入记录；6. 安全评价、职业安全健康管理体系建设、安全代理方面的投入	1. 查文本和记录；2. 抽查财务费用支出凭证；3. 查劳动防护用品的出入库记录凭证；4. 抽查相关项目的实际状况与安全投入记录是否一致
7	工伤保险	1. 参加工伤保险员工的名单；2. 企业为员工缴纳保险费的凭证或单据；3. 发生工伤的员工获得工伤保险理赔的凭证或单据；4. 其他与工伤保险相关的文件、凭证或单据	1. 查企业为员工缴纳保险费的凭证或单据；2. 发生工伤的员工获得工伤保险理赔的凭证或单据
8	职业病防治	1. 企业产生职业病危害的岗位情况及可能产生的职业病种类；2. 产生职业病危害的岗位的预防措施情况；3. 产生职业危害的岗位定期检测检验报告；4. 接触产生职业病危害的岗位的员工及其身体检查情况；5. 企业内确诊为职业病的员工情况及其身体检查、治疗记录；6. 其他与职业病防治相关的文件、材料	1. 查产生职业病危害岗位的预防措施情况；2. 查接触职业危害员工的体检表；3. 查职业病员工治疗原始记录
9	劳动防护用品	1. 劳动防护用品发放及管理制度文本；2. 各类防护用品的发放记录；3. 员工使用和佩戴劳动防护用品记录	1. 查劳动防护用品发放原始记录；2. 查劳动防护用品使用情况记录

序号	类别	内容与要求	检查方法
10	"三同时"管理	1. 有关安全设施和劳动卫生方面"三同时"项目的文件、材料；2. "三同时"项目的设计图纸及相关资料；3. "三同时"项目的竣工验收报告及相关资料；4. 其他与"三同时"项目相关的文件、资料	抽查有关项目"三同时"文件、图纸、报告
11	安全防护设备管理	1. 各类安全防护设备的种类及型号等基本情况资料；2. 各类安全防护设备管理部门及设备运行情况记录；3. 各类安全防护设备运行维护保养情况记录；4. 应急救援设备的种类、数量和型号及管理部门、状况等记录；5. 其他与安全防护设备相关的文件、资料和记录	1. 抽查某种安全防护设备资料及其运行记录；2. 抽查应急救援设备资料
12	安全用电管理	1. 企业用电管理制度及落实情况记录；2. 配电室运行状况记录；3. 临时用电申请、审批及拆除记录；4. 配电箱等用电设施运行状况记录	1. 查配电室运行状况原始记录；2. 查临时用电相关制度落实原始记录；3. 查配电箱等用电设施的运行状况记录
13	特种设备管理	1. 特种设备的设计文件、制造单位、产品质量合格证明、使用维护说明等文件以及安装技术文件和资料；2. 特种设备的定期检验和定期自行检查的记录；3. 特种设备的日常使用状况记录；4. 特种设备及其安全附件、安全保护装置、测量调控装置及有关附属仪器仪表的日常维护保养记录；5. 特种设备运行故障和事故记录	1. 抽查某特种设备运行记录和相关资料；2. 抽查特种设备检测检验报告
14	事故管理	1. 发生事故情况经过；2. 事故调查组成人员名单及事故调查的相关会议记录；3. 事故调查收集各类证据；4. 事故分析会记录；5. 按"四不放过"原则进行的原因分析、责任认定和防护措施的相关决定文件；6. 企业月度事故统计报表；7. 其他与事故相关的文件、材料	1. 查事故报告单；2. 查事故分析会记录；3. 查事故处理文件；4. 查企业月度事故报表

3. 事故档案管理

生产安全事故档案，是指生产安全事故报告、事故调查和处理过程中形成的具有保存价值的各种文字、图表、声像、电子等不同形式的历史记录，简称事故档案。各级安全生产监督管理部门或负有安全生产监督管理职责的有关部门、各事故发生单位及其他有关单位，依据《生产安全事故档案管理办法》（安监总办〔2008〕202号），对事故档案进行整理。

（1）文件的归档　应当以事故为单位进行分类组卷，组卷时应保持文件之间的有机联系。同一事故的非纸质载体文件材料应与纸质文件材料分别整理存放，并标注互见号。

① 归档文件质量要求　纸质文件材料应齐全完整，字迹清晰，签认手续完备；数字照片应打印纸质拷贝；录音、录像文件（包括数字文件）、电子文件应按要求确保内容真实可靠、长期可读。

② 档案交接　文件材料向档案部门归档时，交接双方应按照归档文件材料移交目录对全部文件材料进行清点、核对，对需要说明的事项应编写归档说明。移交清册一式二份，双方责任人签字后各保留一份。

（2）档案保管

① 保管期限　事故档案的保管期限分为永久、30年两种。凡是造成人员死亡或重伤，或1000万元以上（含1000万元）直接经济损失的事故档案，列为永久保管。未造成人员死亡或重伤，且直接经济损失在1000万元以下的事故档案，结案通知或处理决定以及事故责

任追究落实情况的材料列为永久保管，其他材料列为 30 年保管。

②　档案的使用　事故档案保管单位应提供必要的保管保护条件，确保事故档案的安全。事故档案保管单位应依据《政府信息公开条例》以及知识产权保护等规定要求，建立健全事故档案借阅制度，明确相应的借阅范围和审批程序。要确保涉密档案的安全，维护涉及事故各方的合法权益。

③　档案的销毁　事故档案保管单位应对保管期限已满的事故档案进行鉴定。仍有保存价值的事故档案，可以延长保管期限。对于需要销毁的事故档案，要严格履行销毁程序。事故档案在保管一定时期后，随同其他档案按时向同级国家档案馆移交。

擅自销毁事故文件材料、未及时归档，或违反本办法，造成事故档案损毁、丢失或泄密的，将依照安全生产法律法规、档案法律法规追究直接责任单位或个人的法律责任。

第三节　建筑施工安全生产评价

对施工企业进行安全生产评价，就是科学地评价施工企业安全生产条件、安全生产业绩及相应的安全生产能力，并实现评价工作的规范化和制度化。以加强企业安全生产的监督管理，促进施工企业安全生产管理水平。

一、评价依据

安全生产评价以《施工企业安全生产评价标准》（JGJ/T 77—2010）、《建筑施工安全检查标准》（JGJ 59—2011）、《安全生产法》、《建筑法》和《职业健康安全管理体系》（GB/T 28001—2011）等法律法规的要求为依据，对施工企业安全生产能力的综合评价。适用于施工企业及政府主管部门对企业安全生产条件和业绩的评价。

二、评价内容

施工企业安全生产评价体系由安全生产条件评价和业绩评价这两个单项以及它们组合而成的安全生产能力综合评价构成，见图 10-1。

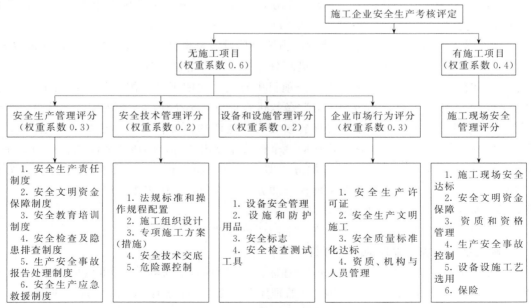

图 10-1　施工企业安全生产评价体系

1. 施工企业无施工现场的评价

（1）评价内容　包括安全生产管理、安全技术管理、设备与设施管理、企业市场行为 4 个分项，每个分项评价又分为若干个评分项目。按照《施工企业安全生产评价标准》中的规定进行项目划分、确定评分方法和标准量化评价按该标准中附录中表 A-1～A-4 进行。

（2）评分方法

① 每张评分表的评分满分分值均为 100 分，评分的实得分为相应评分表中各评分项目实得分之和。

② 每张评分表中的各评分项目的实得分不采用负值，即扣减分数总和不得超过该评分项目应得分分值，最少实得分为 0 分，最大实得分为该评分项目的应得分分值。

确定评分项目各条款起步扣分值的依据是：若不相符，可能造成后果的严重程度。

③ 施工企业安全生产评价的四张分项评分表中，如果评分项目有缺项的，其分项评分的实得分按下式换算：

$$遇有缺项的分项实得分 = \frac{可评分项目的实得分之和}{可评分项目的应得分值之和} \times 100 \qquad (10\text{-}4)$$

【例 10-6】　某劳务分包企业，进行设备与设施管理分项评分，其中评分项目 1 "设备安全管理"，评分项目 2 "大型设备装拆安全控制"，评分项目 4 "特种设备管理"，评分项目 5 "安全检查测试工具管理" 等均为缺项，仅可对评分项目 3 "安全设施和防护管理"（应得分为 20 分）进行评分，评分得分为 15 分，则该劳务分包企业设备与设施管理分项评分的实得分为：$\frac{15}{20} \times 100 = 75$ 分

④ 施工企业安全生产条件单项评分实得分为其 4 个分项实得分的加权平均值。安全生产管理制度，资质、机构与人员管理，安全技术管理和设备与设施管理 4 个分项的权数分别为 0.3、0.2、0.3、0.3。

【例 10-7】　某企业安全生产管理制度，资质、机构与人员管理，安全技术管理和设备与设施管理的分项实得分分别为 76 分，85 分，80 分，90 分，则其施工企业安全生产条件单项评分实得分应为：76×0.3+85×0.2+80×0.3+90×0.2＝81.8 分

⑤ 对安全生产业绩单项进行评分时，当评分项目涉及重复奖励（处罚）时，其加（扣）分数应以该评分项目可加（扣）分数的最高分计算，不得重复加分（扣分）。

【例 10-8】　对 "安全生产奖罚" 评分项目中有关 "文明工地，国家级每项加 15 分，省级加 8 分，地市级加 5 分，县级加 2 分" 条款进行评分，某企业的一个工程，在获得了市级文明工地称号的基础上，被市推荐参加省级文明工地评选，又获得了省级文明工地的称号，市级文明工地、省级文明工地称号均在同一个评价年度内获得，则该企业此条款正确的评分得分应为按省级文明工地的标准进行加分，即加 8 分。如果仅按市级文明工地进行评分加分，加 5 分；或者，既按省级文明工地评分加分，加 8 分，又按市级文明工地评分加分，加 5 分，共计加 13 分，均属不正确评分。

（3）评分标准　按照《施工企业安全生产评价标准》中附录 A 规定。

2. 施工企业有施工现场的单质评价

（1）评价内容　直接分为施工现场安全达标、安全文明资金保障、资质和资格管理、生产安全事故控制、设备设施工艺选用、保险生产管理体系推行 6 个评分项目，不再另设分项评价。

（2）评分标准　按照《施工企业安全生产评价标准》中附录 A 表中 A-1～A-5 规定。

3. 安全生产考核评价

安全生产考核评价记录，可采用表 10-3 行统计计算。

表 10-3 施工企业安全生产评价汇总表

评价类型：□市场准入 □发生事故 □不良业绩 □资质评价 □日常管理 □年终评价 □其他

企业名称：＿＿＿＿＿＿＿＿＿＿＿＿＿＿＿＿＿ 经济类型：＿＿＿＿＿＿

资质等级：＿＿＿＿＿＿ 上年度施工产值：＿＿＿＿＿ 在册人数：＿＿＿＿＿

评价内容		评价结果				
		零分项 （个）	应得分数 （分）	实得分数 （分）	权重系数	加权分数 （分）
无施工项目	表 A-1 安全生产管理				0.3	
	表 A-2 安全技术管理				0.2	
	表 A-3 设备和设施管理				0.2	
	表 A-4 企业市场行为				0.3	
	汇总分数①＝表 A-1～表 A-4 加权值				0.6	
有施工项目	表 A-5 施工现场安全管理				0.4	
	汇总分数②＝汇总分数①×0.6＋表 A-5×0.4					

评价意见：

（应由评价负责人执笔，评价意见应肯定企业成绩，同时明确指明其不足之处，失分的具体部位、内容、原因，突出重点。评价意见应详尽具体，可另附页说明，以切实指导企业进一步完善和改进。）

评价负责人（签名）		评价人员（签名）		
企业负责人（签名）		企业签章	年 月 日	

三、评价等级

施工企业安全生产评价的结果分为合格、基本合格、不合格三个等级。按表 10-4 划分等级。

表 10-4 施工企业安全生产条件单项评价等级划分

评价等级	评 价 项		
	各分项评分表中的实得分为零的项目数（个）	各分项评分实得分	单项评分实得分
合格	0	≥70 且其中不得有一个施工现场评定结果为不合格	≥75
基本合格	0	≥70	≥75
不合格	出现不满足基本合格条件的任意一项时		

合格和基本合格标准既限定加权平均汇总后单项评分实得分的最低分值，又限定各分项评分表的实得分的最低分值，目的是限制各评分分项之间的得分差距，以确保各评分分项均能保持一定水准。

施工企业安全生产考核评定，宜符合下列要求：

1. 对有在建工程的企业，安全生产考核评定应分为合格、不合格两个等级。

2. 对无在建工程的企业，安全生产考核评定应分为基本合格、不合格两个等级。

评价结果（包括评价等级及评价意见）应经评价组织单位和被评价的施工企业共同签名、盖章确认。"评价负责人"为受评价单位委派，担任本次评价小组的组长，"评价人员"由评价单位组织安排。参与评价的人员均应签名，并应与各评分表的评分员签名相对应。施工企业自我评价时，评价组织单位即为施工企业自身。"企业责任人"应为被评价的施工企业的法人或法人代表。

评价人员应具备企业安全管理及相关专业能力，每次评价不应少于 3 人。

施工企业每年度应至少进行一次自我考核评价。发生下列情况之一时，企业应再进行复核评价：

① 适用法律、法规发生变化时；

② 企业组织机构和体制发生重大变化后；

③ 发生生产安全事故后；

④ 其他影响安全生产管理的重大变化。

施工企业考核自评应由企业负责人组织，各相关管理部门均应参与。

【本章小结】

介绍建筑施工安全检查形式、内容、方法，掌握检查标准和评分方法；使学生熟悉施工现场安全资料的内容、编写方法、整理归档要求；了解建筑施工安全生产评价依据、内容和等级。

通过本章学习，学生应熟悉施工现场安全检查的方法和评价要求。

【关键术语】

安全检查、施工现场安全检查表、安全生产评价、安全资料

【实际操作训练或案例分析】

安全检查的实施运作

在确定了安全检查内容后，如何科学地组织、合理地安排、精心地实施是安全检查的关键。

1. 制定科学的安全检查表

将检查项目，分别制成"安全检查表"，检查应统一标准、统一尺度，促使检查不留死角，做到公开、公平、公正。

2. 熟悉检查表内容

组成检查组后，对检查表的内容每个检查组成员都要熟悉精通，这样便于开展工作，也能提高工作效率，还可避免人为的因素。最好是在开展安全检查之前，检查组成员坐在一起，认真地讨论、学习检查表内容，大家统一了思想，熟悉了标准，工作起来得心应手，在检查组成员分头工作时也能做到"一把尺子量到底"。

3. 检查工作要认真负责

必须对检查组成员规定一定的组织纪律和工作要求。一要深入工地现场和岗位；二要认真检查，一丝不苟；三要对自己检查的项目负责；四要服从命令听从指挥；五要态度和蔼，礼貌待人；六要提准问题，热情服务。只要做到这几条，安全检查工作就能开展好。

4. 不能为打分而打分

安全检查表的制定是有分值的，为了延续安全检查表的内容，尊重检查表的严肃性，检

查组成员在工作过程中必须按表打分。但安全检查的目的并不是为了打分而打分，而是为了发现问题，消除隐患，规范管理，杜绝事故，达到安全文明施工。虽然在检查内容中都有"检查均要扣分"的规定，但对检查出的隐患和违反规程项目，一定要责令被检单位及时整改，有的甚至是停工整改，扣分只是为了履行检查表的客观公正。

5. 检查后要下整改通知书

对建筑施工地进行安全检查，是想通过"专家"的会诊，提出工地存在的安全问题，进行整改，对一些当时能改过来的小项目，立即整改，对一些比较大的隐患，检查组一定要在检查结束后下发"隐患整改通知书"限期整改，对一些重大的隐患要停工整改。只有这样，安全检查才有实际意义，才能促进建筑施工工地的安全管理。

6. 对被检查工地进行讲评

在对一个建筑施工工地进行完安全检查后，通过工地现场检查和检查表的综合打分，检查组要和被检单位坐在一起进行讲评、交流，肯定被检查单位的工作成绩和先进经验，并指出被检查单位存在的问题和亟待办好的事情，通过讲评、交流达到互相学习共同提高的目的。

【习题】

1. 什么是安全检查表？
2. 作为一名安全检查人员，到工地进行电气设施安全检查时，主要应检查哪些内容？
3. 安全生产检查制度的目的是什么？
4. 安全检查后要做好哪些工作？
5. 安全事故处理必须坚持"四不放过"的原则是哪些？
6. 定性安全评价常见方法有哪些？
7. 定量安全评价常见方法有哪些？
8. 安全评价方法的选择原则有哪些？
9. 提出安全对策措施时，有哪些基本要求？
10. 通常情况下，安全评价结论的主要内容应包括哪些？

第十一章　建筑施工安全事故报告与应急救援

【本章教学要点】

知 识 要 点	相 关 知 识
安全事故	安全事故的定义与分类,事故报告程序、时限和责任,事故调查处理程序
应急救援	应急救援预案的编制原则、内容、要求、实施方法

【本章技能要点】

技 能 要 点	应 用 方 向
建筑施工安全事故报告	熟悉安全事故报告编制和上报流程,了解安全事故调查处理内容和调查报告编写
建筑施工安全事故应急救援	熟悉建筑施工安全事故应急救援预案的编制,掌握预案的演练、实施流程

【导入案例】

事故救援成功

2010年3月28日13时40分左右,王家岭煤矿发生透水事故(如例图11-1)。事发时共有261人在井下作业,其中108人升井,153人被困井下。

例图11-1　王家岭事故现场模拟

当日,7支专业救护队的200余名救援人员每4小时一轮换,轮番下井抢险作业。参与事故抢险的人数已近千名。3月30日,地上打孔排水的新方案有力推进了救援的进展。3月31日,井下水位首次出现下降,井下巷道钻通。4月1日,救援人数超三千,开始为井下输送营养品。4月2日,井下传来生命迹象,井下水位下降3.3m,被困人员家属已得到妥善安置。4月3日,救援队员和四名"蛙人"下井搜寻,无功而返。4月4日,排水在继续,救护车在等待,救护队员陆续下井,传出消息说井下有灯光晃动。4月5日,115名被困矿工成功升井。

共有115人在被困8天8夜后获救,创造了被困人员的生命奇迹和中国事故救援史上的奇迹。

事故未及时上报耽误施救

2009年贵州晴隆县新桥镇煤矿透水事故发生13个小时以后,矿主才向相关部门报告险情。等第一批救援人员赶到时，至少耽误了 18 个小时。而矿主给出的理由是：自己正组织人员抢救，"以为能够"将被困人员救出来。记者在现场采访了解到，矿主通过撕毁下井人员名单的方式，故意瞒报迟报事故内容，以致耽搁了救援的黄金时间。导致 1 人死亡，15 人失踪。

应急预案处置不当

2003 年重庆开县"12.23"特大井喷事故导致 243 人死亡，上千人住院，6 万多人被迫紧急转移。主要原因：①直接原因是违章作业，回压阀给取掉了，井喷演变成井喷失控，大量有毒有害的硫化氢气体外泄；②在不能有效控制住的情况下，没有及时点火，导致硫化氢扩散；及时点火可能损失数百万元经济损失，但硫化氢气体不可能扩散；③中石油川东钻井队制定应急预案没有与当地政府重庆市和开县备案，导致不能及时疏散群众，形成特别重大伤亡事故和数万名群众转移；④川东北矿未将应急措施报该部门备案，发生事故后，井场方面没有及时将有关情况通知当地政府，与当地政府联络、协调不够；⑤没有及时启动应急救援预案。

第一节　安全事故报告

一、安全事故的定义与分类

1. 事故

（1）概念　从广义的角度理解，事故为个人或集体在为了实现某一意图而采取行动的过程中，突然发生了与人意志相反的情况，迫使这种行动暂时或永久地停止的事件。

从劳动保护角度讲，事故主要是指伤亡性事故，是个人或集体在行动过程中，接触了与周围条件有关的外来能量，致使人身的生理机能部分或全部地丧失的现象。

从企业职工的角度，将伤亡性事故定义为工伤事故，通常指企业职工在生产劳动、工作过程中，发生人身伤害、急性中毒伤亡事故。

（2）特征

① 事故的因果性　因果性一般是指某一现象作为另一现象发生的根据，两种现象的相关性。

导致事故发生的原因是很多的，而且它们之间相互制约、互相影响而共同存在。研究事故就是要比较全面地了解整个情况，找出直接的和间接的因素。在施工前应制定针对性的施工安全技术措施，然后加以认真实施，防止同类事故的重复发生。

② 事故的偶然性、必然性和规律性　由于客观上存在的不安全因素没有消除，随着时间的推移，导致了事故的发生。从总体而言事故是随机事件，有一定的偶然性，事故发生的时间、地点、后果的严重程度是偶然的，这就给事故的预防带来一定的困难。但是在一定范围内，用一定的科学仪器手段及科学分析方法，能够从繁多的因素、复杂的事物中找到内部的有机联系，从事故的统计资料中获得其规律性。因此要从偶然性中找出必然性，认识事故的规律性，并采取针对性措施。

③ 事故的潜在性、再现性和预测性　无论人的全部活动或是机械系统作业的运动，在其所活动的时间内，不安全的隐患总是潜在的。系统存在着事故隐患，具有危险性。如果这时有一触发因素出现，就会导致事故的发生。人们应认识事故的潜伏性，克服麻痹思想。

由于事故在生产过程中经常发生，人们对已发生的事故积累了丰富的经验，对各种生产（施工）事故掌握了一定的规律，并对未来进行的工作、生产提出各种预测指导行动。安全工作就是发现伤亡事故的潜在性，提高预测的可靠性，不使它再现。

2. 分类

（1）一般性事故 指人身没有受到伤害，或受伤轻微、停工短暂，与人的生理机能障碍无关的事故。

在建筑施工中经常发生各种事故，如果按照对人体危害的后果，数理统计表明绝大部分是属于一般性事故。

（2）伤亡性事故

① 按一次发生事故伤亡人数和伤害程度分类 有关的标准和规定有《企业职工伤亡事故分类标准》(GB 6441—1986)、《事故伤害损失工作日标准》(GB/T 15499—1995)、《关于重伤事故范围的意见》([60]中劳护久字第 56 号)、《职工工伤与职业病致残程度鉴定标准》(GB/T 16180—2006)、《人体损伤程度鉴定标准》(2013)。按前两个标准可以把伤亡性事故分为四类，见表 11-1。

表 11-1 事故按一次发生事故伤亡人数和伤害程度分类

事故类型	标 准
轻伤事故	即只有轻伤的事故。职工伤势较轻，不需要进行较大的医疗手术，根据受伤情况按国家标准折算的损失工作日低于 105 日的失能伤害
重伤事故	有 1~2 人重伤而未造成死亡的事故。根据受伤部位按国家标准折算损失工作日等于或超过 105 日的失能伤害
重大伤亡事故	指事故发生后有 1~2 人以上死亡或重伤 3 人以上的事故
特大伤亡事故	指事故发生后一次死亡 3 人以上（含 3 人）的事故

② 按生产安全事故造成的人员伤亡或者直接经济损失分类 根据《生产安全事故报告和调查处理条例》(国务院第 493 号令)，事故一般分为四个等级，见表 11-2。

表 11-2 事故按生产安全事故造成的人员伤亡或者直接经济损失分类

事故类型	伤亡人数	直接经济损失
一般事故	3 人以下死亡，或者 10 人以下重伤(包括急性工业中毒，下同)	或者 1000 万元以下
较大事故	3 人以上 10 人以下死亡，或者 10 人以上 50 人以下重伤	或者 1000 万元以上 5000 万元以下
重大事故	10 人以上 30 人以下死亡，或者 50 人以上 100 人以下重伤	或者 5000 万元以上 1 亿元以下
特别重大事故	造成 30 人以上死亡，或者 100 人以上重伤	或者 1 亿元以上

③ 按职工受伤的原因分类 根据《企业职工伤亡事故分类标准》(GB 6441—86)，企业职工伤亡性事故类型分为 12 类，它们的特点见表 11-3。

表 11-3 企业职工伤亡性事故分类

事故名称	事故特征	事故表现
物体打击	失控物体的惯性力造成的人身伤害事故	落物、滚石、锤击、碎裂、崩块、砸伤等造成的伤害，不包括爆炸而引起的物体打击
车辆伤害	本企业机动车辆引起的机械伤害事故	机动车辆在行驶中的挤、压、撞车或倾覆等事故，在行驶中上下车、搭乘矿车或放飞车所引起的事故，以及车辆运输挂钩、跑车事故
机械伤害	机械设备与工具引起的绞、辗、碰、割戳、切等伤害	工件或刀具飞出伤人，切屑伤人，手或身体被卷入，手或其他部位被刀具碰伤，被转动的机构缠压住等。但属于车辆、起重设备的情况除外
起重伤害	从事起重作业时引起的机械伤害事故	不包括触电，检修时制动失灵引起的伤害，上下驾驶室时引起的坠落式跌倒
触电	电流经人体，造成生理伤害的事故	人体接触带电的设备金属外壳或裸露的临时线，漏电的手持电动手工工具；起重设备误触高压线或感应带电；雷击伤害；触电坠落等

续表

事故名称	事故特征	事故表现
淹溺	大量水经口、鼻进入肺内,造成呼吸道阻塞,发生急性缺氧而窒息死亡的事故	船舶、排筏、设施在航行、停泊、作业时发生的落水
灼烫	强酸、强碱溅到身体引起的灼伤,火焰引起的烧伤,高温物体引起的烫伤,放射线引起的皮肤损伤等事故	不包括电烧伤以及火灾事故引起的烧伤
火灾	造成伤亡的企业火灾事故	不适用于非企业原因造成的火灾,比如居民火灾蔓延到企业
高处坠落	出于危险重力势能差引起的伤害事故	脚手架、平台、陡壁施工等高于地面的坠落,也适用于山地面踏空失足坠入洞、坑、沟、升降口、漏斗等情况。但排除以其他类别为诱发条件的坠落,如高处作业时因触电失足坠落应定为触电事故
坍塌	建筑物、构筑、堆置物的等倒塌以及土石塌方引起的事故	因设计或施工不合理而造成的倒塌,以及土方、岩石发生的塌陷事故。如建筑物倒塌,脚手架倒塌,挖掘沟、坑、洞时土石的塌方等情况。不适用于矿山冒顶片帮事故,或因爆炸、爆破引起的坍塌
冒顶片帮	矿井工作面、巷道侧壁由于支护不当,压力过大造成的坍塌,称为片帮;顶板垮落为冒顶	矿山、地下开采、掘进及其他坑道作业发生的坍塌
透水	矿山、地下开采、坑道作业时,意外水源带来伤亡事故	井巷与含水岩层、地下含水带、溶洞或与被淹巷道、地面水域相通时,涌水成灾的事故。不适用于地面水害事故
放炮	施工时,放炮作业造成的伤亡事故	各种爆破作业。如采石、采矿、采煤、开山、修路、拆除建筑物等工程进行的放炮作业引起
火药爆炸	火药与炸药在生产、运输、贮藏的过程中发生的爆炸事故	火药与炸药生产在配料、运输、贮藏、加工过程中,由于振动、明火、摩擦、静电作用,或因炸药的热分解作为,贮藏时间过长或因存药过多发生的化学性爆炸事故,以及熔炼金属时废料处理不净,残存火药或炸药引起
瓦斯爆炸	可燃性气体瓦斯、煤尘与空气混合形成了达到燃烧极限的混合物,接触火源时,引起的化学性爆炸事故	煤矿,同时也适用于空气不流通,瓦斯、煤尘积聚的场合
锅炉爆炸	锅炉发生的物理性爆炸事故	使用工作压力大于0.7大气压、以水为介质的蒸汽锅炉,但不适用于铁路机车、船舶上的锅炉、列车电站和船舶电站的锅炉
容器爆炸	压力容器破裂引起的气体爆炸,即物理性爆炸	容器内盛装的可燃性液化气在容器破裂后,立即蒸发,与周围的空气混合形成爆炸性气体混合物,遇到火源时产生的化学爆炸,也称容器的二次爆炸
其他爆炸	不属于上述爆炸的事故均列为其他爆炸事故	①可燃性气体(如煤气、乙炔等)与空气混合形成的爆炸;②可燃蒸气与空气混合形成的爆炸性气体混合物(如汽油挥发气)引起的爆炸;③可燃性粉尘以及可燃性纤维与空气混合形成的爆炸性气体混合物引起的爆炸;④间接形成的可燃气体与空气相混合,或者可燃蒸气与空气相混合(如可燃固体、自燃物品,当其受热、水、氧化剂的作用迅速反应,分解出可燃气体或蒸气与空气混合形成爆炸性气体),遇火源爆炸
中毒和窒息	人接触有毒物质,如误吃有毒食物或呼吸有毒气体引起急性中毒事故;在废弃的坑道、暗井、涵洞、地下管道等不通风的地方工作,因氧气缺乏,有时会发生突然晕倒、死亡的事故	不适用于病理变化导致的中毒和窒息的事故,也不适用于慢性中毒的职业病导致的死亡
其他伤害	不属于上述伤害的事故	扭伤、跌伤、冻伤、野兽咬伤、钉子扎伤等

④ 按受伤性质分类　受伤性质是指人体受伤的类型。实质上这是从医学的角度给予创伤的具体名称，常见的有如下一些名称。

1）电伤　指由于电流流经人体，电能的作用所造成的人体生理伤害。包括引起皮肤组织的烧伤。

2）挫伤　指由于挤压、摔倒及硬性物体打击，致使皮肤、肌肉肌腱等软组织损伤。常见有颈部挫伤和手指挫伤。严重者可导致休克、昏迷。

3）割伤　指由于刃具、玻璃片等带刃的物体或器具，割破皮肤肌肉引起的创伤。严重时可导致大出血，危及生命。

4）擦伤　指由于外力摩擦，使皮肤破损而形成的创伤。

5）刺伤　指由尖锐物刺破皮肤肌肉而形成的创伤。其特点是伤口小但深，严重时可伤及内脏器官，导致生命危险。

6）撕脱伤　指因机器的辗轧或绞轧，或炸药的爆炸使人体的部分皮肤肌肉由于外力牵拽造成大片撕脱而形成的创伤。

7）扭伤　指关节在外力作用下，超过了正常活动范围，致使关节周围的筋受伤害而形成的创伤。

8）倒塌压埋伤　指在冒顶、塌方、倒塌事故中，泥土、沙石将人全部埋住，因缺氧引起窒息而导致的死亡或因局部被挤压时间过长而引起肢体麻木或血管、内脏破裂等一系列症状。

9）冲击伤　指在冲击波超压或负压作用下，人体所产生的原发性损伤。其特点是多部位、多脏器伤损，体表伤害较轻而内脏损伤较重，死亡迅速，救治较难。

二、安全事故报告

《建设工程安全生产管理条例》第五十条的规定："施工单位发生生产安全事故，应当按照国家有关伤亡事故报告和调查处理的规定，及时、如实地向负责安全生产监督管理的部门、建设行政主管部门或者其他有关部门报告；特种设备发生事故的，还应当同时向特种设备安全监督管理部门报告。接到报告的部门应当按照国家有关规定，如实上报。实行施工总承包的建设工程，由总承包单位负责上报事故。"

一旦发生安全事故时，及时地报告有关部门是及时组织抢救的基础，也是认真进行调查分清楚责任的基础。因此施工单位在发生安全事故时，不能隐瞒事故情况。

1. 现有的法律法规对于安全事故报告程序的规定

（1）《安全生产法》中的有关规定　第七十条规定："生产经营单位发生生产安全事故后，事故现场有关人员应当立即报告本单位负责人。""单位负责人接到事故报告后，应当迅速采取有效措施，组织抢救，防止事故扩大，减少人员伤亡和财产损失，并按照国家有关规定立即如实报告当地负有安全生产监督管理职责的部门，不得隐瞒不报、谎报或者拖延不报，不得故意破坏事故现场、毁灭有关证据。"

（2）《建筑法》中的有关规定　第五十一条规定："施工中发生事故时，建筑施工企业应当采取紧急措施减少人员伤亡和事故损失，并按照国家有关规定及时向有关部门报告。"

（3）《生产安全事故报告和调查处理条例》国务院令第 493 号有关规定

第九条　事故发生后，事故现场有关人员应当立即向本单位负责人报告；单位负责人接到报告后，应当于 1 小时内向事故发生地县级以上人民政府安全生产监督管理部门和负有安全生产监督管理职责的有关部门报告。

情况紧急时，事故现场有关人员可以直接向事故发生地县级以上人民政府安全生产监督管理部门和负有安全生产监督管理职责的有关部门报告。

第十条　安全生产监督管理部门和负有安全生产监督管理职责的有关部门接到事故报告后，应当依照下列规定上报事故情况，并通知公安机关、劳动保障行政部门、工会和人民检察院：

（一）特别重大事故、重大事故逐级上报至国务院安全生产监督管理部门和负有安全生产监督管理职责的有关部门；

（二）较大事故逐级上报至省、自治区、直辖市人民政府安全生产监督管理部门和负有安全生产监督管理职责的有关部门；

（三）一般事故上报至设区的市级人民政府安全生产监督管理部门和负有安全生产监督管理职责的有关部门。

安全生产监督管理部门和负有安全生产监督管理职责的有关部门依照前款规定上报事故情况，应当同时报告本级人民政府。国务院安全生产监督管理部门和负有安全生产监督管理职责的有关部门以及省级人民政府接到发生特别重大事故、重大事故的报告后，应当立即报告国务院。

必要时，安全生产监督管理部门和负有安全生产监督管理职责的有关部门可以越级上报事故情况。

第十一条　安全生产监督管理部门和负有安全生产监督管理职责的有关部门逐级上报事故情况，每级上报的时间不得超过2小时。

（4）《特种设备安全监察条例》中的有关规定　第六十二条："特种设备发生事故，事故发生单位应当迅速采取有效措施，组织抢救，防止事故扩大，减少人员伤亡和财产损失，并按照国家有关规定，及时、如实地向负有安全生产监督管理职责的部门和特种设备安全监督管理部门等有关部门报告。不得隐瞒不报、谎报或者拖延不报。"条例还规定，在特种设备发生事故时，还应当同时向特种设备安全监督管理部门报告。这是因为特种设备的事故救援和调查处理专业性、技术性更强，因此，由特种设备安全监督部门组织有关救援和调查处理更方便一些。

2. **事故报告**

工地发生安全事故后，企业、项目部除立即组织抢救伤员，采取有效措施防止事故扩大和保护事故现场，做好善后工作外，还应按如表11-4规定报告有关部门。

表 11-4　事故报告规定

事故类型	上报部门	时　　限	报告有关部门
轻伤事故	项目部	在24小时内	报告企业领导、生产办公室和企业工会
重伤事故	企业	在接到项目部报告后24小时内	上级主管单位、安全生产监督管理局和工会组织
重伤3人以上或死亡1～2人的事故	企业	在接到项目部报告后4小时内	上级主管单位、安全监督部门、工会组织和人民检察机关，填报《事故快报表》
	企业工程部负责安全生产的领导	接到项目部报告后4小时	应到达现场
死亡3人以上的重大、特别重大事故	企业		应立即报告当地市人民政府，同时报告市安全生产监督管理局、工会组织、人民检察机关和监督部门
	企业安全生产第一责任人（或委托人）	在接到项目部报告后4小时内	应到达现场
急性中毒、中暑事故			应同时报告当地卫生部门
易爆物品爆炸和火灾事故			应同时报告当地公安部门

员工受伤后，轻伤的送工地现场医务室医治，重伤、中毒的送医院救治。因伤势过重抢救无效死亡的，企业应在 8 小时内通知劳动管理部门处理。

（1）施工单位事故报告要求　事故发生后，事故现场有关人员应当立即向施工单位负责人报告；施工单位负责人接到报告后，应当于 1 小时内向事故发生地县级以上人民政府建设主管部门和有关部门报告。情况紧急时，事故现场有关人员可以直接向事故发生地县级以上人民政府建设主管部门和有关部门报告。实行施工总承包的建设工程，由总承包单位负责上报事故。

（2）建设主管部门事故报告要求

① 建设主管部门接到事故报告后，应当依照下列规定上报事故情况，并通知安全生产监督管理部门、公安机关、劳动保障行政主管部门、工会和人民检察院：

1）较大事故、重大事故及特别重大事故逐级上报至国务院建设主管部门；

2）一般事故逐级上报至省、自治区、直辖市人民政府建设主管部门；

3）建设主管部门依照本条规定上报事故情况，应当同时报告本级人民政府。国务院建设主管部门接到重大事故和特别重大事故的报告后，应当立即报告国务院。必要时，建设主管部门可以越级上报事故情况。

② 建设主管部门按照本规定逐级上报事故情况时，每级上报的时间不得超过 2 小时。

（3）事故报告内容

① 事故发生的时间、地点和工程项目、有关单位名称；

② 事故的简要经过；

③ 事故已经造成或者可能造成的伤亡人数（包括下落不明的人数）和初步估计的直接经济损失；

④ 事故的初步原因；

⑤ 事故发生后采取的措施及事故控制情况；

⑥ 事故报告单位或报告人员；

⑦ 其他应当报告的情况。

事故报告后出现新情况，以及事故发生之日起 30 日内伤亡人数发生变化的，应当及时补报。

第二节　安全事故应急预案

一、应急救援

1. 基本概念

（1）应急救援　是指危险源、环境因素控制措施失效情况下，为预防和减少可能随之引发的伤害和其他影响，所采取的补救措施和抢救行动。

（2）应急救援预案　是指事先制定的，关于重大生产安全事故发生时进行紧急救援的组织、程序、措施、责任以及协调等方面的方案和计划，是制定事故应急救援工作的全过程。

（3）应急救援组织　是指施工单位内部专门从事应急救援工作的独立机构。

（4）应急救援体系　是指保证所有的应急救援预案的具体落实，所需要的组织、人力、物力等各种要素及其配合关系的综合，是应急救援预案能够落实的保证。

（5）应急管理的模式　基本上有预防、准备、响应、恢复 4 个环节组成（见图 11-1），各环节的内容和措施见表 11-5。

表 11-5　应急管理阶段划分

阶段	含　义	内容与措施
预防	无论事故是否发生,企业和社会都处于风险之中	安全规划、应急教育、监测预警、安全研究、制定法规及标准、灾害保险、税收和强制等激励措施
准备	事故发生之前采取的行动,目的是提高应急能力	应急方针政策、应急预案、应急通告与警报、应急医疗、应急中心、应急资源、制定互助协议、应急培训与演习
响应	事故期间所采取的挽救生命和财产,稳定和控制事态一系列行动	启动应急报警系统、启动应急救援中心、报告有关政府机构、提供应急援助、发布紧急公告、疏散与避难、搜寻与营救
恢复	使生产、生活恢复到正常状态,包括短期恢复和长期恢复	清理废墟、损害评估、消毒、去污、保险赔偿、灾后重建、预案复审

2. 事故应急救援的管理

（1）施工单位项目经理部在危险源与环境因素识别、评价和控制策划时，应事先确定可能发生的事故或紧急情况，如高处坠落、物体打击、坍塌、火灾、爆炸、触电、中毒、特殊气候影响等；

（2）确定应急救援预案内容并编制文件；

（3）准备充分数量的应急救援物资；

（4）定期按应急救援预案运行演练；

（5）演练或事故、紧急情况发生后，应对相应的应急救援预案的适用性和充分性进行评价，找出存在的不足和问题，并进一步修订完善；

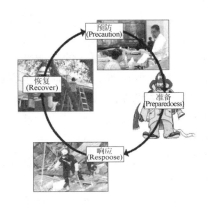

图 11-1　应急管理模式

（6）为了吸取教训，防止事故的重复发生，一旦出现事故施工单位项目经理部应按法律法规要求，配合事故调查、分析，并应主动分析事故原因，制定并实施纠正措施或预防措施。

二、建筑施工安全事故应急救援预案

《安全生产法》第十七条明确规定："生产经营单位要制定并实施本单位的生产安全事故应急救援预案"，第三十三条规定："生产经营单位对重大危险源应当登记建档，进行定期检测、评估、监控，并制定应急预案，告知从业人员和相关人员在紧急情况下应当采取的应急措施"，第六十九条规定："危险物品的生产、经营、储存单位以及矿山、建筑施工单位应当建立应急救援组织；生产经营规模较小，可以不建立应急救援组织的，应当指定兼职的应急救援人员。""危险物品的生产、经营、储存单位以及矿山、建筑施工单位应当配备必要的应急救援器材、设备，并进行经常性维护、保养，保证正常运转。"

《建设工程安全生产管理条例》第四十八条的规定："施工单位应当制定本单位生产安全事故应急救援预案，建立应急救援组织或者配备应急救援人员，配备必要的应急救援器材、设备，并定期组织演练。"该规定是对《安全生产法》的规定在建筑施工单位的细化。

《职业病防治法》规定："用人单位应当建立、健全职业病危害事故应急救援预案"。

《消防法》规定："消防安全重点单位应当制定灭火和应急疏散预案，定期组织消防演练"。

当发生事故后，为及时组织抢救，防止事故扩大，减少人员伤亡和财产损失，建筑施工企业应按照法律法规的要求编制应急救援预案。

应急预案的可划分为五级：Ⅰ级（企业级）、Ⅱ级（县、市/社区级）、Ⅲ级（地区/市级）、Ⅵ级（省级）、Ⅴ级（国家级）应急预案。

Ⅰ级针对事故的有害影响局限在较小的范围内（如某个工厂、火车站、仓库、农场、煤气或石油管道加压站/终端站等），并且可被现场的操作者遏制和控制在该区域内。政府预案，包括Ⅱ、Ⅲ、Ⅵ、Ⅴ级预案，涉及危险范围较广，事故后果较严重，只有动员各方面的力量（甚至跨省区）才可能把事故控制在最小的范围内，将事故损失降至最低。

综合应急预案，是从总体上阐述建筑工程项目施工现场处置事故的应急组织结构及相关应急职责，应急响应、措施和保障等基本要求和程序，是应对施工现场各类事故和紧急情况的管理性文件。

建筑工程项目施工现场专项应急预案，是针对具体的事故类别（如高空坠落事故、坍塌事故、车辆火灾事故、机械伤害事故等）及施工中重大危险因素和应急保障而制定的计划或方案，是综合应急预案的组成部分，应按照综合应急预案的程序和要求组织制定，并作为综合应急预案的附件。专项应急预案应制定明确的救援程序和具体的应急救援措施。

1. 编制原则

（1）重点突出，具有针对性。应根据对危险源与环境因素的识别结果，结合本单位或本工程项目的安全生产的实际情况，确定易发生事故的部位，分析可能导致发生事故的原因，确定安全措施失效时所采取的补充措施和抢救行动，及针对可能随之引发的伤害和其他影响采取的措施；

（2）应与建设工程施工安全计划同步编写；

（3）规定事故应急救援工作的全过程，适用于施工单位项目经理部施工现场范围内可能出现的事故或紧急情况的救援和处理；

（4）实行施工总承包的，总承包单位应当负责统一编制应急救援预案，工程总承包单位和分包单位按照应急救援预案，各自建立应急救援组织或者配备应急救援人员，配备救援器材、设备，并定期组织演练；

（5）落实组织机构，统一指挥、职责明确，明确施工单位和其他有关单位的组织、分工、配合、协调。施工单位应急救援组织机构一般由公司总部、施工现场项目经理部两级构成。

（6）程序简单，具有可行性、可操作性。保证在突发事故时，应急救援预案能及时启动，并紧张有序地实施。

（7）贯彻"安全第一，预防为主"的原则、"以人为本，快速有效"的原则、"属地救援"原则。

2. 编制内容

应急预案的程序结构主要包括：

① 预案概况：对紧急情况应急管理进行综合描述和说明；

② 预防程序：对潜在事故进行确认并采取减缓的措施；

③ 准备程序：说明应急行动前所需采取的准备工作；

④ 基本应急程序：给出事故可适用的应急行动程序；

⑤ 特殊危险应急程序：针对特殊事故危险性的应急程序；

⑥ 恢复程序：说明事故现场应急行动结束后所需采取的清除和恢复行动。

生产经营单位编制安全生产事故应急预案，可按照《生产经营单位安全生产事故应急预案编制导则》(AQ/T 9002—2006) 中的程序、内容和要素等基本要求进行。为做好生产安全事故应急预案编制工作，可参照《生产经营单位生产安全事故应急预案评审指南》[安监总厅应急 (2009) 73 号] 中的具体做法进行编制，以便提高应急预案的科学性、针对性和实效性。具体编制时应重点做好以下几个方面。

(1) 工程项目 (或企业) 的基本情况

① 企业及工程项目基本情况简介　介绍项目的工程概况和施工特点及内容 (所用地内建筑物的组成情况，施工范围、总建筑面积、高度，地上、地下及相关建筑和设备用房等)；项目所在的地理位置、地形特点，从业人数、主要生产作业内容，工地外围的环境、居民、交通和重要基础设施等；气象状况等。

② 施工现场的临时医务室或保健医药设施及场外医疗机构　要说明医务人员名单、联系电话，配备的常用医药和抢救设施，附近医疗机构的情况介绍 (位置、距离、联系电话)。

③ 工地现场内外的消防、救助设施及人员状况　介绍工地消防组成机构和成员，成立义务消防队，装备的消防、救助设施及其分布，消防通道等情况等。

④ 附施工消防平面布置图 (如各楼层不一样，还应分层绘制)　画出消防栓、灭火器的设置位置，易燃易爆物的位置，消防紧急通道，疏散路线等。

(2) 可能发生事故的确定和影响　根据施工特点和任务，分析本工程可能发生较大的事故和发生位置、影响范围等。

① 列出工程中常见的事故　建筑质量安全事故、施工毗邻建筑坍塌事故、土方坍塌事故、气体中毒事故、架体倒塌事故、高空坠落事故、掉物伤人事故、触电事故等；对于土方坍塌、气体中毒事故等应分析和预知其可能对周围的不利影响和严重程度。

② 应急区域范围划定：

1) 工地现场内应急区域范围制定　塔吊、脚手架、施工用载人电梯事故，以事故危害形成后的任何安全区域为应急区域范围；基坑边坡及自然灾害事故等危害半径以外的任何安全区域为应急区域范围；电气设备故障、严重漏电事故以任何绝缘区域 (如木材堆放场等) 为应急区域范围。

2) 工地场外应急区域范围的划定　对事故可能波及工地 (围挡) 处，引起人员伤亡或财产损失的，需要当地政府的协调，属政府职能。

在事故 (危害) 发生后及时通报政府或相关部门确定应急区域范围。

(3) 应急救援机构的组成、责任和分工　组织机构包括指挥机构和救援队伍组成，救援队伍必须是经培训合格的人员组成。具体机构组成可列附表说明。

① 应急救援指挥领导小组　企业或工程项目部应成立重大事故应急救援"指挥领导小组"，由企业经理或项目经理、有关副经理及生产、安全、设备、保卫等负责人组成。领导小组下设若干执行小组 (可设在施工质安部)，日常工作由质安部兼管负责。发生重大事故时，领导小组成员迅速到达指定岗位，因特殊情况不能到岗的，由所在单位按职务排序递补。

② 通讯联络组　项目部综合部负责人为组长，全体人员为组员。

通讯联络组职责包括：确保与最高管理者和外部联系畅通、内外信息反馈迅速；保持通讯设施和设备处于良好状态；负责应急过程的记录与整理及对外联络。

③ 技术支持组　项目部总工办主任为组长，全体人员为组员。

技术支持组职责包括：提出抢险抢修及避免事故扩大的临时应急方案和措施；指导抢险

抢修组实施应急方案和措施；修补实施中的应急方案和措施存在的缺陷；绘制事故现场平面图，标明重点部位，向外部救援机构提供准确的抢险救援信息资料。

④ 消防保安组　项目部保安部负责人为组长，全体保安员为组员。

消防保卫组职责包括：负责工地的安全保卫，支援其他抢救组的工作，保护现场；事故引发火灾，执行防火方案中应急预案等程序；设置事故现场警戒线、岗，维持工地内抢险救护的正常运作；保持抢险救援通道的通畅，引导抢险救援人员及车辆的进入；保护受害人和财产；抢救救援结束后，封闭事故现场直到收到明确解除指令。

⑤ 抢险抢修组　项目部安全部负责人为组长，安全部全体人员为现场抢救组成员。

抢险抢修组职责包括：实施抢险抢修的应急方案和措施，并不断加以改进；采取紧急措施，尽一切可能抢救伤员及被困人员，防止事故进一步扩大；寻找受害者并转移至安全地带；在事故有可能扩大进行抢险抢修或救援时，高度注意避免意外伤害；抢险抢修或救援结束后，直接报告最高管理者并对结果进行复查和评估。

⑥ 医疗救护组　项目部医务室负责人为组长，医疗室全体人员为医疗救治组成员。

医疗救治组职责包括：对抢救出的伤员，在外部救援机构未到达前，对受害者进行必要的抢救（如人工呼吸、包扎止血、防止受伤部位受污染等）；使重度受害者优先得到外部救援机构的救护；协助外部救援机构转送受害者至医疗机构，并指定人员护理受害者。

⑦ 后勤保障组　项目部后勤部负责人为组长，后勤部全体人员为后勤服务组成员。

后勤保障职责包括：负责交通车辆的调配，紧急救援物资的征集；保障系统内各组人员必需的防护、救护用品及生活物品的供给；提供合格的抢险抢修或救援的物资及设备。

应急组织的分工及人数应根据事故现场需要灵活调配。

对于生产经营规模较小、从业人员较少、发生安全事故时应急救援任务相对较轻，可以由兼职应急救援人员胜任的单位，可以不建立应急救援组织，但是由于其所从事的作业同样具有险性，必须指定兼职的应急救援人员。兼职应急救援人员也应当具备与专业应急救援人员相同的素质，在发生生产安全事故时能够有效担当起应急救援任务。兼职应急救援人员在平时参加生产经营活动，但应当安排适当的应急救援培训和演练，并在发生生产安全事故时保证能够立即投入到应急救援工作中来。

（4）建立应急救援报警机制　应急救援报警机制包括上报报警机制、内部报警机制、外部报警机制，形成自下而上、由内到外的有序网络应急救援报警机制。

① 上报报警机制　是指在作业场所发生事故时，第一时间报告项目经理，项目经理应立刻向公司汇报，由公司主要负责人决定是否启动应急救援预案。当公司主要负责人决定启动应急救援预案时，应按相关规定上报当地政府有关管理部门，请求应急救援。

② 内部报警机制　是指应急救援预案启动后，公司总部、项目经理部两级应急救援组织启动，并拉响应急救援警报，通过广播等通知公司总部的相关人员以及事故现场的全体人员进入应急救援状态，公司总部、项目经理部两级应急救援组织执行应急救援预案及实施应急救援。

③ 外部报警机制　是指内部报警机制启动的同时，按应急救援总指挥的部署，立即启动外部报警机制。向已经确定的施工场区周边、外部已建立的应急救援体系、社会公共救援机构（消防、医疗、救险等）报警。

④ 报警信号与通讯　写出各救援电话及有关部门、人员的联络电话或方式。如写出消防报警、公安、医疗、交通、市县建设局、安监局、市县应急机构、工地应急机构办公室及

各成员、可提供救援协助的临近单位、附近医疗机构等的联系电话。

（5）应急救援器材、设备　施工单位应当根据本单位生产经营活动的性质、特点以及应急救援工作的实际需要，有针对、有选择的配备应急救援器材、设备，它们是进行事故应急救援不可缺少的工具和手段。这些器材设备必须在平时就予以配备，否则发生事故时就很难有效进行救援。

为了保证这些器材、设备处于正常运转状态，在发生事故时用得上、用得好，还应当对这些器材、设备进行经常性维护、保养。

① 基本装备

1）特种防护品：如绝缘鞋、绝缘手套等；

2）一般防救护品：安全带、安全帽、安全网、防护网；救护担架1付、医药箱1个及临时救护担架及常用的救护药品等；

3）专用饮水源、盥洗间和冲洗设备。

② 专用装备

1）医疗器材：担架、氧气袋、塑料袋、急救箱。

急救箱使用注意事项：有专人保管，但不要上锁；定期更换超过消毒期的敷料和过期药品，每次急救后要及时补充；放置在合适的位置，使现场人员都知道。

2）抢救工具：一般工地常备工具即基本满足使用；由于现场有危险情况，在应急处理时需有用于危险区域隔离的警戒带，各类安全禁止、警告、指令、提示标志牌；

3）照明器材：手电筒、应急灯36V以下安全线路、灯具（可充电工作灯、油灯等）；

4）通讯器材：电话、手机、对讲机、报警器；

5）交通工具：工地常备一辆值班面包车，该车轮值班时不应跑长途；

6）灭火器材：消防栓及消防水带、灭火器等；灭火器日常按要求就位，紧急情况下集中使用。

（6）事故应急与救援

① 写明应急程序　如发生生产安全事故立即上报，具体上报程序见图11-2。

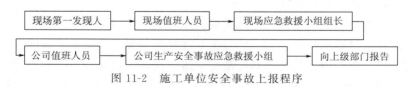

图 11-2　施工单位安全事故上报程序

生产安全事故发生后，应急救援组织立即启动应急救援程序，见图11-3。

② 事故的应急救援措施　可根据本工程项目可能发生的事故列表写出事故类别、事故原因、现场救援措施等。

例如人身意外伤害施工现场抢救时，流程见图11-4。

③ 在作业场所发生事故时，组织抢救、保护事故现场的安排。其中应明确如何抢救，使用什么器材、设备。

（7）有关规定和要求　要写明有关的纪律，救援训练、学习的各种制度和要求。

① 应急知识培训　报警常识、伤员急救常识、灭火器材使用常识、各类重大事故抢险常识等。

② 应急预案培训　制定应急培训计划，对应急救援人员的培训和员工应急响应的培训

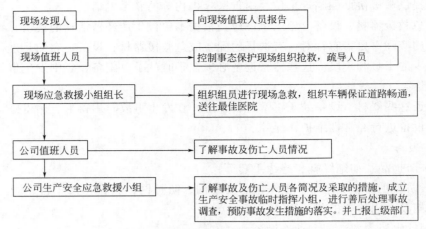

图 11-3　施工现场应急救援基本程序

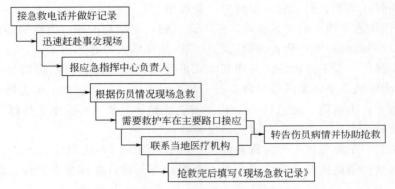

图 11-4　施工现场人身意外伤害抢救流程示意

要分开进行。务必使应急小组成员在发生重大事故时能较熟练地履行抢救职责，员工在发生重大事故时会采取正确的自救措施。

　　培训内容：鉴别异常情况并及时上报的能力与意识、如何正确处理各种事故、自救与互救能力、各种救援器材和工具使用知识、与上下级联系的方法和各种信号的含义、工作岗位存在哪些危险隐患、防护用具的使用和自制简单防护用具、紧急状态下如何行动。

　　③ 演练　对于配备的应急救援组织、人员和器材、设备，施工单位应当定期的组织演练，保证在发生安全事故时，能够及时运用这些资源进行救援，减少损失。应急演习的类型主要有：基础训练、专业训练、战术训练、自选科目训练。

　　成立演练组织，由系统内的最高管理者或其代表适时组织实施，基本过程见图 11-5。演练时必须准备充分，划分演练的范围和频次，演练应有记录。

　　④ 应急培训、演练中应注意的主要问题有：

　　1) 演练过程应尽可能模仿可能事故的真实情况，但不能采用真正的危险状态进行演练，以避免不必要的伤亡；

　　2) 演练之前应对演练情况进行周密的方案策划。编写场景说明书是方案策划的重要内容；

　　3) 演练前应对有关人员进行必要培训，但不应将演练的场景介绍给应急响应人员；

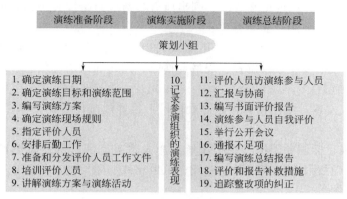

图 11-5　事故应急演练的基本环节

4）演练结束后应认真总结和整改。

（8）应急救援交通

① 建立施工现场应急救援的安全通道体系。应急救援预案中，必须依据施工总平面布置、建筑物的施工内容以及施工特点，确立应急救援状态时的安全通道体系。体系包括垂直、水平、场外连接的通道，并应准备好多通道体系设计方案，以解决事故现场发生变化带来的问题，确保应急救援安全通道能有效地投入使用，满足工作场所内全体人员疏散的要求。

② 建立交通管制机制，由事故现场警戒和交通管制两部分构成。事故发生后，对场区周边必须警戒隔离，并应及时通知交警部门，对事故发生地的周边道路实施有效的管制，为救援工作提供畅通的道路。

（9）附有关常见事故自救和急救常识及其他　如人工呼吸的方法、火灾逃生常识和常见消防器材的使用方法等。

建筑施工安全事故应急救援预案，应当作为安全报告的附件材料，报工程所在地市、县（市）负责建筑施工安全生产监督的部门备案，应当告知现场施工作业人员。施工期间，其内容应当在施工现场显著位置予以公示。

3. 编制要求

（1）现场处置方案要素要求

① 事故特征　明确可能发生事故的类型和危险程度，清晰描述作业现场风险；明确事故判断的基本征兆及条件。

② 应急组织及职责　明确现场应急组织形式及人员；应急职责与工作职责紧密结合。

③ 应急处置　明确第一发现者进行事故初步判定的要点及报警时的必要信息；明确报警、应急措施启动、应急救护人员引导、扩大应急等程序；针对操作程序、工艺流程、现场处置、事故控制和人员救护等方面制定应急处置措施；明确报警方式、报告单位、基本内容和有关要求。

④ 注意事项包括　佩戴个人防护器具、使用抢险救援器材、有关救援措施实施、现场自救与互救、现场应急处置能力确认、应急救援结束后续处置、其他需要特别警示等方面的注意事项。

前三项为应急预案的关键要素，可以只保留应急处置。现场处置方案落实到岗位每个人。

（2）应急预案附件要素要求

① 有关部门、机构或人员的联系方式　列出应急工作需要联系的部门、机构或人员至

少两种以上联系方式，并保证准确有效；列出所有参与应急指挥和协调人员的姓名、所在部门、职务和联系电话，并保证准确有效。

② 重要物资装备名录或清单　以表格形式列出应急装备、设施和器材清单，清单应当包括种类、名称、数量以及存放位置、规格、性能、用途和用法等信息；定期检查和维护应急装备，保证准确有效。

③ 规范化格式文本　给出信息接报、处理、上报等规范化格式文本，要求规范、清晰、简洁。

④ 关键的路线、标识和图纸　警报系统分布及覆盖范围；重要防护目标一览表、分布图；应急救援指挥位置及救援队伍行动路线；疏散路线、重要地点等标识；相关平面布置图纸、救援力量分布图等。

⑤ 相关应急预案名录、协议或备忘录　列出与本应急预案相关的或相衔接的应急预案名称，以及与相关应急救援部门签订的应急支援协议或备忘录。

应急预案附件根据应急工作需要而设置，部分项目可省略。

（3）应急预案形式要求

① 封面　应急预案版本号、应急预案名称、生产经营单位名称、发布日期等内容。

② 批准页　对应急预案实施提出具体要求、发布单位主要负责人签字或单位盖章。

③ 目录　页码标注准确、层次清晰、编号和标题编排合理，预案简单时目录可省略。

④ 正文　文字通顺、语言精练、通俗易懂；结构层次清晰，内容格式规范；图表、文字清楚，编排合理（名称、顺序、大小等）；无错别字，同类文字的字体、字号统一。

⑤ 附件　附件项目齐全，编排有序合理；多个附件应标明附件的对应序号；需要时，附件可以独立装订。

⑥ 编制过程

1）成立应急预案编制工作组；

2）全面分析本单位危险因素，确定可能发生的事故类型及危害程度；

3）针对危险源和事故危害程度，制定相应的防范措施；

4）客观评价本单位应急能力，掌握可利用的社会应急资源情况；

5）制定相关专项预案和现场处置方案，建立应急预案体系；

6）充分征求相关部门和单位意见，并对意见及采纳情况进行记录；

7）必要时与相关专业应急救援单位签订应急救援协议；

8）应急预案经过评审或论证；

9）重新修订后评审的，一并注明。

（4）综合应急预案要素要求　有关要素及要求见表11-6。

表 11-6　综合应急预案要素要求

要素项目		内容及要求
总则	1 编制目的	目的明确、简明扼要
	2 编制依据	①引用的法规标准合法有效 ②明确相衔接的上级预案，不得越级引用应急预案
	3 应急预案体系	①能够清晰表述本单位及所属单位应急预案组成和衔接关系（推荐使用图表） ②能够覆盖本单位及所属单位可能发生的事故类型
	4 应急工作原则	①符合国家有关规定和要求 ②结合本单位应急工作实际

续表

要素项目		内容及要求
5 适用范围		范围明确,适用的事故类型和响应级别合理
危险性分析	6 生产经营单位概况	①明确有关设施、装置、设备以及重要目标场所的布局等情况 ②需要各方应急力量(包括外部应急力量)事先熟悉的有关基本情况和内容
	7 危险源辨识与风险分析	①能够客观分析本单位存在的危险源及危险程度 ②能够客观分析可能引发事故的诱因、影响范围及后果
组织机构及职责	8 应急组织体系	①能够清晰描述本单位的应急组织体系(推荐使用图表) ②明确应急组织成员日常及应急状态下的工作职责
	9 指挥机构及职责	①清晰表述本单位应急指挥体系 ②应急指挥部门职责明确 ③各应急救援小组设置合理,应急工作明确
预防与预警	10 危险源管理	①明确技术性预防和管理措施 ②明确相应的应急处置措施
	11 预警行动	①明确预警信息发布的方式、内容和流程 ②预警级别与采取的预警措施科学合理
	12 信息报告与处置	①明确本单位 24h 应急值守电话 ②明确本单位内部信息报告的方式、要求与处置流程 ③明确事故信息上报的部门、通信方式和内容时限 ④明确向事故相关单位通告、报警的方式和内容 ⑤明确向有关单位发出请求支援的方式和内容 ⑥明确与外界新闻舆论信息沟通的责任人以及具体方式
应急响应	13 响应分级	①分级清晰,且与上级应急预案响应分级衔接 ②能够体现事故紧急和危害程度 ③明确紧急情况下应急响应决策的原则
	14 响应程序	①立足于控制事态发展,减少事故损失 ②明确救援过程中各专项应急功能的实施程序 ③明确扩大应急的基本条件及原则 ④能够辅以图表直观表述应急响应程序
	15 应急结束	①明确应急救援行动结束的条件和相关后续事宜 ②明确发布应急终止命令的组织机构和程序 ③明确事故应急救援结束后负责工作总结部门
16 后期处置		①明确事故发生后,污染物处理、生产恢复、善后赔偿等内容 ②明确应急处置能力评估及应急预案的修订等要求
17 保障措施		①明确相关单位或人员的通信方式,确保应急期间信息通畅 ②明确应急装备、设施和器材及其存放位置清单,以及保证其有效性的措施 ③明确各类应急资源,包括专业应急救援队伍、兼职应急队伍的组织机构以及联系方式 ④明确应急工作经费保障方案
18 培训与演练		①明确本单位开展应急管理培训的计划和方式方法 ②如果应急预案涉及周边社区和居民,应明确相应的应急宣传教育工作 ③明确应急演练的方式、频次、范围、内容、组织、评估、总结等内容
附则	19 应急预案备案	①明确本预案应报备的有关部门(上级主管部门及地方政府有关部门)和有关抄送单位 ②符合国家关于预案备案的相关要求
	20 制定与修订	①明确负责制定与解释应急预案的部门 ②明确应急预案修订的具体条件和时限

注：第3、5、7、8、9、12、13、14、17、18项为应急预案的关键要素。

（5）专项应急预案要素要求　有关要素及要求见表 11-7。

表 11-7　专项应急预案要素要求

要素项目		内容及要求
1 事故类型和危险程度分析		①能够客观分析本单位存在的危险源及危险程度 ②能够客观分析可能引发事故的诱因、影响范围及后果 ③能够提出相应的事故预防和应急措施
组织机构及职责	2 应急组织体系	①能够清晰描述本单位的应急组织体系（推荐使用图表） ②明确应急组织成员日常及应急状态下的工作职责
	3 指挥机构及职责	①清晰表述本单位应急指挥体系 ②应急指挥部门职责明确 ③各应急救援小组设置合理，应急工作明确
预防与预警	4 危险源监控	①明确危险源的监测监控方式、方法 ②明确技术性预防和管理措施 ③明确采取的应急处置措施
	5 预警行动	①明确预警信息发布的方式及流程 ②预警级别与采取的预警措施科学合理
6 信息报告程序		①明确 24h 应急值守电话 ②明确本单位内部信息报告的方式、要求与处置流程 ③明确事故信息上报的部门、通信方式和内容时限 ④明确向事故相关单位通告、报警的方式和内容 ⑤明确向有关单位发出请求支援的方式和内容
应急响应	7 响应分级	①分级清晰合理，且与上级应急预案响应分级衔接 ②能够体现事故紧急和危害程度 ③明确紧急情况下应急响应决策的原则
	8 响应程序	①明确具体的应急响应程序和保障措施 ②明确救援过程中各专项应急功能的实施程序 ③明确扩大应急的基本条件及原则 ④能够辅以图表直观表述应急响应程序
	9 处置措施	①针对事故种类制定相应的应急处置措施 ②符合实际，科学合理 ③程序清晰，简单易行
10 应急物资与装备保障		①明确对应急救援所需的物资和装备的要求 ②应急物资与装备保障符合单位实际，满足应急要求

　　注：第 1、2、3、6、7、8、9、10 项为应急预案的关键要素。如果专项应急预案作为综合应急预案的附件，后者已经明确的要素，前者中可省略。

【本章小结】

　　介绍安全事故的定义与分类，安全事故报告程序要求；学生了解安全事故调查处理程序；熟悉安全事故应急救援要求和方法，学会编制建筑施工安全事故应急救援预案。

　　通过本章学习，学生应了解施工现场安全事故处理程序及应急救援要求。

【关键术语】

　　安全事故、安全事故报告、安全事故调查、应急救援、应急救援预案

【实际操作训练或案例分析】

施工现场急救

1．工地发生伤亡事故时应立即做好三件事

①有组织地抢救受伤人员；

②保护事故现场不被破坏；

③及时向上级和有关部门报告。

发生人身伤害事故后，如果能立即采取现场应急措施，可以大大降低死亡的可能及一些后遗症。因此，每个工人都应熟悉急救方法，以便于事故发生后自救、互救。

2．外伤、骨折的现场救护

高处坠落、物体打击、坍塌、机械伤害常会造成严重的外创伤和骨折，有力的急救必须注意二点：一是抓住急救时间，尽早将伤者送往医院；二是急救措施急救方法必须正确，否则会造成二次伤害。

①止血：出血是工伤事故中威胁伤员生命的主要原因之一。出血过多，就会有生命危险，必须争分夺秒迅速止血。

②骨折的临时固定：骨折固定的目的是避免骨折断端再损伤周围的血管、神经、肌肉、皮肤；减轻疼痛；便于搬运。如被机械把肢（指）轧断，除做必要急救外，还应注意保存断肢（指），以求有再植的希望。将断肢（指）用清洁布包好，不要用水冲洗创面，也不要各种溶液浸泡。若有条件，可将包好的断肢（指）置于冰块中间。

经过止血、包扎、骨折的临时固定等急救处理的伤员，应及时送医院救治。

3．触电事故的现场急救

遇到触电事故，必须迅速急救，关键是"快"。

发现有人触电，发现人或附近的其他人员应尽快使触电者脱离电源。脱离电源的方法：

①如开关箱在附近，可立即拉下闸刀或拔掉插头，断开电源。

②如电闸箱离触电现场较远，应迅速用干燥的木方、木板、竹竿、硬塑料管等不导电的材料（或用带干燥木柄的刀、斧、锹等）砍断电线。

触电者脱离电源后，应就地进行人工急救，并报告工地负责人并立即拨打"120"求救。

触电者呈现昏迷不醒，甚至停止呼吸和心跳，通常都是假死，万万不可当作"死人"草率从事。在医务人员未到现场之前，必须不间断的口对口（鼻）人工呼吸或胸外心脏挤压。

4．中毒事故的现场急救

建筑工地发生急性中毒事故主要有：有害气体中毒（如乙炔、一氧化碳、二氧化碳等）、工业品中毒（如沥青、碱添加剂、苯等）和食物中毒。发现有人中毒，要及时向工地负责人报告，并拨打急救电话120。

急性中毒现场急救的方法如下。

①有害气体中毒：救护者戴好防毒面具后，迅速将中毒者撤离现场；

②接触性中毒：应尽快用肥皂冲洗皮肤；

③食入性中毒：口服中毒者应设法催吐。可用手指刺激舌根，或服用大量盐水催吐；

④对中毒后已昏迷或呼吸停止、心停止跳动者，应立即采取人工呼吸法和心脏胸外挤压法进行抢救，在送往医院的途中也不能间断。

5. 火灾现场人员自救措施

①火灾现场无力扑救时，应迅速报警。了解火灾现场情况的人应及时将现场被困人员及易燃易爆物品情况告诉消防人员；

②人员应注意自我防护，使用灭火器材救火时应站在上风位置，以防因烈火、浓烟熏烤而受到伤害；

③烟火袭来时要迅速疏散逃生；

④穿过浓烟逃生时，应尽量用浸湿的衣物披裹身体，用湿毛巾或湿布捂住口鼻；

⑤身上衣物着火时，可就地打滚，或用厚重衣物覆盖压灭火苗；

⑥封门无法逃生时，可用浸湿的被褥、衣物等堵塞门缝，泼水降温，呼救待援；

⑦烧伤的伤员应立即送医院治疗。

【习题】

1. 生产安全事故报告制度的目的是什么？
2. 生产安全事故档案应包括哪些内容？
3. 应急预案的范围应包括哪些方面？
4. 高处坠落、物体打击应急方案主要包括哪些内容？
5. 塌方应急方案主要包括哪些内容？
6. 触电应急方案主要包括哪些内容？
7. 火灾、爆炸应急方案主要包括哪些内容？

习题参考答题要点

第一章

1.

①整体件——系统是由两个以上的元素所组成的整体；

②相关性——系统内各要素之间是有机联系和相互作用的；

③目的性——系统必须有确定的目标，这是系统存在的前提；

④环境适应性——系统应能适应外部环境的变化。

2.

①能够事先编制，做到系统化、标准化、完整化；

②可以利用已有的法规标准、规章制度等；

③采用表格和提问方式，易于掌握和使用；

④可以和各级安全生产责任制相结合；

⑤应用灵活、适应性好。

3.

①使用系统工程的方法，可以有效地识别出存在于系统各个要素本身、各要素之间的危险性；

②使用系统工程的方法，可以有效地了解各要素间的相互关系，消除各要素由于相互依存、相互制约而产生的危险性；

③系统工程所采用的工具、方法中，很多都能用于解决安全问题。

4. 【解】 $Q(t)=g(k_1+k_2+k_3)=1-[1-q(k_1)][1-q(k_2)][1-q(k_3)]=0.1179$

5. 对比结果如题表 1。

题表 1-1 事件树与事故树对比

项目	事件树	事故树
切入点	初始事件	事故
原理	归纳推理	演绎推理
目的	找出事件可能造成的结果	找出事故发生的根源
单项事件	分为成功和失败两种可能	不分
分析手段	定性、定量	定性、定量

6. 【解】 $T=X_1X_2X_3+X_3X_5+X_4X_5=(X_1+X_5)(X_2+X_5)(X_3+X_5)(X_3+X_4)$

此事故树的最小割集是：(X_1, X_2, X_3)、(X_3, X_5)、(X_4, X_5)

此事故树的最小径集是：(X_1, X_5)、(X_2, X_5)、(X_3, X_5)、(X_3, X_4)

基本事件结构重要度顺序为：$I\Phi(5)>I\Phi(3)>I\Phi(4)>I\Phi(1)>I\Phi(2)$

7.

【解】 由图可知，割集数 4 个，径集数 9 个。

最小割集：$A_1+A_2=X_1(X_1+X_3)X_2+X_4(X_6+X_4X_5)=X_1X_2+X_4X_6+X_4X_5$

所以最小割集有：$(X_1，X_2)$、$(X_4，X_6)$、$(X_4，X_5)$，见题图1-3。

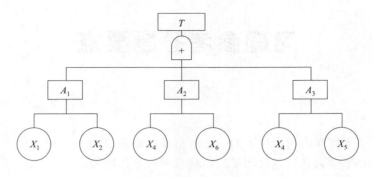

题图1-3　等效事故树

最小割集是顶上事件发生的最低限度基本事件的集合，每个最小割集表示顶上事件发生的一种可能。掌握了最小割集，实际上就掌握了顶上事件发生的各种可能，这有利于我们掌握事故发生规律，为事故调查分析和事故预防提供依据，找出安全系统中存在的漏洞，并制定相应的预防措施，从而提高系统的安全性。

最小径集是顶上事件发生所必需的最低限度的基本事件的集合，若一个最小径集中的所有基本事件都不发生，则顶上事件就不发生。掌握了最小径集，可知要使事故不发生，须控制哪几个基本事件能使顶上事件不发生，并可知道有几种控制系统事故的方案。

第二章

1. 答案：B

注：作业疲劳又称为Ⅰ作疲劳或产业疲劳，是劳动者劳动机能衰退的正常的心理、生理反应，与休息相对应，它们是消耗与恢复的交替过程。而过度疲劳则不能被认为是正常的生理或心理反应，在一定的情况下它会直接导致事故率的增加。一般意义上的疲劳与职业病不具备直接的因果关系，特别是通常不会立即导致发生职业病。但有时职业病却是过度疲劳积累的结果，如噪声性耳聋，就是听觉疲劳长期积累的结果。

2. 答案：B

注：作业环境、装置和工具的设计、设置等与使用它们的人关系密切。这种设置或设计应能适应使用它们的具有一定人种、地域、性别等特征的人。这里的"人"指的是特定的人群，例如"德国的男子"，"中国北方男性"或"南部非洲黑色人种女性"等。

3. 答案：C

注：常用的测量人们作业疲劳的方法有：膝腰反射域值法、皮肤敏感距离法、认知时间法、皮肤电流反应、闪烁光点法等。

4. 答案：B

注：控制器阻力设计过大或者过小，就有可能使控制器调节发生困难，开关位置不易准确控制，这时发生的错误种类应归因于调节错误。

5. 答案：D

注：侥幸心理原因一是错误的经验，二是在思想方法上错误的运用小概率出错思想。逆

反心理是人的言行在好奇心、好胜心、求知欲、思想偏见、对抗情绪之类的一时作用下，产生一种与常态行为相反的对抗性心理反应。凑兴心理是人在社会群体生活中产生一种人际关系反映。省能心理是人们在长期生活中养成了一种习惯性地干任何事总是要以较少的能量获得最大效果。

6. 答案：A

注：疲劳物质累积、局部血流阻断、中枢变化机理与生化变化机理和力源耗竭机理是疲劳产生的机理。肌肉疲劳试验、铁锹作业试验、砌砖作业试验是人机学发展史上三个著名试验，上述试验操作性强，能够使人体体力耗费最少，获得较多的效益。

7. 答案：B

注：安全性指采用现代安全设计方法，通过对机械危险的识别、评价和安全设计，从而使机器在整个寿命周期内发挥预定功能，包括误用时，其机器和人身均是安全的，使人对劳动环境、劳动内容和主动地位的提高得到不断改善。

8. 答案：A

注：本质安全要求设计者在设计阶段采取措施来消除机械危险，也就是为了保证生产的安全，在机械设备的设计阶段就采取本质安全的技术措施，进行安全设计，经过对机械设备性能、产量、效率、可靠性、实用性、经济性、安全性等各方面的综合分析，使机械设备本身达到本质安全。

9. 答案：B

注：人机系统发生事故的原因有机械设备存在先天性潜在缺陷（属物的不安全状态）、设备磨损和恶化（属物的不安全状态）和人的不安全行为。

第三章

1. ①安全生产监督管理；②生产经营单位安全保障；③生产经营单位负责人安全责任；④从业人员安全生产权利义务；⑤安全中介服务；⑥安全生产责任追究；⑦事故应急救援和处理。

2. ①强制性标准：是指那些必须强制执行的标准体系。强制性标准在我国目前的健康安全标准体系中占绝大多数。

②推荐性标准：由于我国各行各业的生产水平、经济条件、技术能力和人员素质等方面差异很大，当政府考虑有些标准在全国、全行业强制执行有困难时，就将此类标准作为推荐性执行标准推广实施。

3.《中华人民共和国刑法》中有关安全生产的罪名有 24 个，如题表 3-1。

题表 3-1　刑法与安全生产有关的 24 种罪名

刑法条文	罪　名	刑法条文	罪　名
第 115 条第 2 款	失火罪	第 133 条	交通肇事罪
	过失决水罪	第 134 条	重大责任事故罪
	过失爆炸罪	第 135 条	重大安全事故罪
	过失投放危险物质罪	第 136 条	危险物品肇事罪
	过失以危险方法危害公共安全罪	第 137 条	工程重大安全事故罪

刑法条文	罪　　名	刑法条文	罪　　名
第 119 条 第 2 款	过失损坏交通工具罪	第 138 条	教育设施重大安全事故罪
	过失损坏交通设施罪	第 139 条	消防责任事故罪
	过失损坏电力设备罪	第 140 条	生产、销售假劣产品罪
	过失损坏易燃易爆设备罪	第 146 条	生产、销售不符合安全标准产品罪
第 124 条 第 2 款	过失损坏广播电视设施、公用电信设施罪	第 244 条	强迫职工劳动罪
第 131 条	重大飞行事故罪	第 397 条	滥用职权罪、玩忽职守罪

4.

①生产安全事故控制目标。如杜绝死亡事故，杜绝经济损失超过 10 万元的事故，重伤事故率小于 0.6%，杜绝重大火灾、爆炸事故和一般事故频率控制指标。

②文明施工实现目标。按照《建筑施工安全检查标准》及工程所在地建管部门的要求，制定工程的具体目标。如合格、市优良、市样板、省优良等。

③安全管理工作目标。如特种作业持证上岗，设备的安全率及按照《建筑施工安全检查标准》检查工程的合格率。

④安全创优目标。按照《建筑施工安全检查标准》来确定不同工程的创优等级。如市优良、市样板、省优良等。

5. 根据《建筑施工企业安全生产管理机构设置及专职安全生产管理人员配备办法》（建质〔2008〕91 号）：

①宣传和贯彻国家有关安全生产法律法规和标准；

②编制并适时更新安全生产管理制度并监督实施；

③组织或参与企业生产安全事故应急救援预案的编制及演练；

④组织开展安全教育培训与交流；

⑤协调配备项目专职安全生产管理人员；

⑥制订企业安全生产检查计划并组织实施；

⑦监督在建项目安全生产费用的使用；

⑧参与危险性较大工程安全专项施工方案专家论证会；

⑨通报在建项目违规违章查处情况；

⑩组织开展安全生产评优评先表彰工作；

⑪建立企业在建项目安全生产管理档案；

⑫考核评价分包企业安全生产业绩及项目安全生产管理情况；

⑬参加生产安全事故的调查和处理工作；

⑭企业明确的其他安全生产管理职责。

6.

①查阅在建项目安全生产有关资料、核实有关情况；

②检查危险性较大工程安全专项施工方案落实情况；

③监督项目专职安全生产管理人员履责情况；

④监督作业人员安全防护用品的配备及使用情况；

⑤对发现的安全生产违章违规行为或安全隐患，有权当场予以纠正或作出处理决定；

⑥对不符合安全生产条件的设施、设备、器材，有权当场作出查封的处理决定；

⑦对施工现场存在的重大安全隐患有权越级报告或直接向建设主管部门报告；

⑧企业明确的其他安全生产管理职责。

7. 根据《特种作业人员安全技术培训考核管理规定》（安监总局令第 80 号，2015 年 5 月 29 日修正）中指出，直接从事特种作业的从业人员（特种作业，是指容易发生事故，对操作者本人、他人的安全健康及设备、设施的安全可能造成重大危害的作业。特种作业的范围由特种作业目录规定），建设部目录建筑施工（房屋建筑和市政工程施工）特种作业包括：建筑电工、建筑架子工、建筑起重信号工、建筑起重司索工、建筑起重机械司机、建筑起重机械安拆工、高处作业吊篮安拆工、爆破作业人员、垂直运输机械作业人员、焊工、厂内机动车辆驾驶、司炉工等。

8.

①审核批准分包单位的专项施工组织设计（方案）；

②提供或验证必要的安全物资、工具、设施、设备；

③确认从业人员的资格和专兼职安全生产管理人员的配备，对分包单位管理人员进行安全教育和安全交底，并督促检查分包单位对班组的安全教育和安全交底；

④对分包单位的施工过程进行指导、督促、检查和业绩评价，处理发现的问题，并与分包单位及时沟通。

9.

①安全设施所需材料：包括钢管、扣件、脚手板、配电设施，临边、洞口防护用具、登高设施等。

②设备：主要包括起重、挖掘、土方铲机、凿井、凿岩、钢筋混凝土、筑路、其他设备类。

③防护用品：包括安全网、安全帽、安全带、安全绳，防护镜、漏电保护器、防护鞋等。

10.

①基础、地下室深度和地质资料、保证土石方边坡稳定的措施；

②脚手架、吊篮、安全网、各类洞口防止人员坠落的技术措施；

③外用电梯、塔吊、物料提升机的拉结要求和防倒塌的措施；

④安全用电和机电防短路、防触电的措施；

⑤有毒、有害、易燃、易爆作业的技术措施；

⑥现场周围通行道路及居民防护隔离措施。

第四章

1. 【纠正方法】应讲清电动机具电源接头裸露存在的危险。作业前，应认真检查电动机具及电源，该维修的维修，防止隐患引发事故，对带病的电动机具不得使用。

2. 【纠正方法】应讲清楚：在机器未完全停止之前，不能进行修理工作。经常列举有关事故案例，讲清在机器完全停止之前进行修理工作，极有可能诱发事故，对违章操作者应及时纠正处罚。

3. 【纠正方法】应讲清楚：安装用钢板制作的防护罩，能有效地阻挡砂轮碎裂时的碎块，保护自己和其他人员的安全。因此，禁止使用没有防护罩的砂轮。对使用未安装防护罩的砂轮的职工应及时制止。

4.【纠正方法】应讲清楚：使用电动工具时戴绝缘手套，能有效地防止电弧灼伤或电击倍。在作业前进行严格检查，对不戴绝缘手套者不允许操作电动工具。

5.【纠正方法】应讲清让非起重工绑系绳扣存在的危险。在起吊作业中，严禁非起重工绑系绳扣。对非起重工绑系绳扣的，应及时制止并处罚。

6.【纠正方法】应讲清位于摆角范围内剪断障碍物存在的危险，严禁在摆角范围内剪断障碍物，对违章操作者，应及时进行纠正。必要时，把起重物落下剪断障碍物。

7.【纠正方法】在起吊作业中，严禁超载超重吊装，如发现超载超重吊装的现象，应立即纠正并严肃处理。

8.【纠正方法】在作业中，必须听从指挥，按要求操作，绝不能自以为是，盲目操作。

9.【纠正方法】教育职工：严禁非起重人员从事起重作业，非起重工对违章指挥行为应拒绝。司机对非起重人员从事起重作业应拒绝执行。

10.【纠正方法】指挥员在发出起吊信号之前，应检查吊物及周围是否危及个人和他人安全，严禁脚蹬吊物指挥起吊。对指挥人员的违章行为，任何人都有权纠正。

第五章

1.【纠正方法】消防器材平时储放生产厂房或仓库内，一旦着火时用以灭火。随意把灭火器材移作他用，会损坏它的性能；如果不归放原住，起火时手忙脚乱，找不到灭火器材灭火，会造成更大的损失。应经常检查消防器材是否妥善保管，如发现移作他用应立即整改。

2.【纠正方法】在工作场所存放汽油。煤油、酒精等易燃物品既会污染工作环境，还容易引起燃烧和爆炸。因此，禁止在工作场所存储易燃物品。

作业人员应准确估算领取的易燃物品。领取的易燃物品应在当班或一次性使用完；剩余的易燃物品应及时放回指定的储存地点。对随意在工作场所存放易燃物品的现象，一经发现必须严肃处理。

3.【纠正方法】随意拆除接地装置，一旦电气设备绝缘损坏引起外壳带电，如果人与之接触就会触电。因此，接地装置不能随意拆除，也不能对接地装置随意处理。对违反者应及时进行批评教育直至处罚。

4.【纠正方法】由于忽视检查，常使电气用具存有故障而无法察觉。比如，电线漏电、没有接地线、绝缘不良等，既有碍作业，又存在发生触电的危险。因此，绝不能忽视对电气用具的检查。使用前必须检查电线是否完好、有无可靠接地、绝缘是否良好、有无损坏，并应按规定装好漏电保护开关和地线，对不符合要求的不能使用。

5.【纠正方法】不熟悉使用方法的人员，不能擅自使用喷灯。发现有擅自使用喷灯的应立即劝止，防止发生意外。

6.【纠正方法】对易燃易爆物品不采取隔绝措施，即从事电火焊作业的危害性，在从事电火焊作业时必须办理相关工作票，对现场存有易燃易爆物品，采取可靠的隔离措施后方可作业。

7.【纠正方法】应教育监护人增强责任感，集中精力做好监护工作。对监护人不能分配其他工作，确保专人做好监护工作。

8.【纠正方法】用缠绕的方法进行接地的危害性，采用专门的线夹，把接地线固定在导体上。发现有缠绕接地线的现象，应立即纠正，并给予责任人批评教育或处罚。

9.【纠正方法】约时停用或恢复重合闸存在的危险性，严禁约时停用或恢复重合闸。带电作业结束时，向调度汇报后，并检查现场无人时，方能恢复重合闸。对约时停用或恢复重合闸的，应立即纠正，并给予责任者相应的处罚。

10.【纠正方法】应让职工懂得灭火器的不同性能和用途。扑灭电器设备火灾，只能使用干式或二氧化碳灭火器，不得使用泡沫灭火器。泡沫灭火器只能用于扑救油类设备起火。电器设备起火时，应沉着冷静，选取干式或二氧化碳灭火器灭火。

第六章

1.【纠正方法】选择悬挂安全带的物件，必须牢固可靠，班组职工应互相监护，认真检查，发现安全带悬挂不牢固时，应督促其摘下重新选择牢固可靠的地点。

2.【纠正方法】高处作业必须使用工具带，高处作业时把工具装在袋中，较大的工具还应用绳索挂在牢固的物件上。对高处作业不使用工具袋者，应严厉批评教育并予以处罚。

3.【纠正方法】应讲清使用吊篮工作时使用安全带的必要性。要把安全带拴在建筑物的可靠处所。对不使用安全带的工人，应劝其使用，否则，不许其在吊篮内工作。

4.【纠正方法】高处传运跳板必须用绳索系牢。发现运送跳板未系安全绳的，应立即纠正。

5.【纠正方法】从高处往下撤跳板，严禁坐在跳板的端头，必须有可靠的安全措施，还应扎好安全带。发现有违章作业的现象，应及时纠正，不带险情作业。

6.【纠正方法】在高处平台作业时，应一丝不苟地落实防护措施，树立牢固的安全意识，一举手一投足都要小心谨慎，以防万一。

7.【纠正方法】必须明确，使用吊篮必须征得有关领导许可。工作前，应扎好安全带，并认真检查吊篮的安全状况以确保万无一失。吊篮安全状态良好时，方可起升。

8.【纠正方法】卡凳放置混凝土地面上，应采取可靠的防滑措施。在作业开始前，班组长或监护人应对卡凳放置是否牢固做认真的检查。对未采取防滑措施的，不能工作。

9.【纠正方法】教育职工严守安全工作规程，孔洞盖板等安全设施不准随意移动，如工作需要移开孔洞盖板，必须专人监护，作业结束立即予以恢复。严禁从孔洞抛扔垃圾等物。

10.【纠正方法】在无可靠安全措施时，严禁在重物垂直下方作业。绑扎长细木脚手杆时绳扣应绑扎两点以上。两头直径不同的杆件，绳扣中心应靠近大头一侧，使小头先下，以防绳套脱开。系完绳扣后，要认真检查是否牢固，不合格的，应重新系好。

第七章

1.攀登水平支撑或撑杆存在的危险性，严禁攀登水平支撑或撑杆上下基坑。发现有攀登水平支撑或撑杆的，应立即制止。

2.应了解保持土方斜坡稳定的作用，杜绝在上面放置工具材料等。对在斜坡上放置工具材料的，应立即清除。

3.井（地）上人员绝对不要盲目下去救助，必须先向下送风，救助人员必须采取个人保护措施，并派人报告工地负责人及有关卫生管理部门，现场不具备抢救条件时，应及时拨打119、110或120求救。

4.①土的类别影响；②土的湿化程度影响，土内含水多，边坡容易失稳；③气候的影响使土质松软；④边坡上面附加荷载外力的影响。

5. 应从上而下分层进行，禁止采用挖空底脚的操作方法。在沟、坑边堆放泥土、材料至少要距边沿 1.2m 以上，高度不超过 1.5m。

6. ①基坑开挖放坡不够；②基坑边坡顶部超载或由于震动，造成滑坡；③施工方法不正确，开挖程序不对；④超标高开挖；⑤支撑设置或拆除不正确；⑥排水措施不力。

7. 应为 10m。

8. 自上而下开挖。

9. 人工挖掘土方，作业人员的横向间距应大于 2m，纵向间距应大于 3m。

10. 为确保土方施工安全，一般常用边坡护面的措施有覆盖法、拉网法、土袋压坡法三种。坑壁常用支撑形式有衬板式、悬臂式、拉锚式、锚杆式和斜撑式。

第八章

1.

①妇女负重作业：使女工腹压增高，当超过 20kg 时，会造成子宫下垂，停止负重后可恢复；当超过 40kg，并负重一段时间时，子宫周围支持组织会松弛，引起子宫脱垂。尤其是对孕期妇女甚至会造成流产。

②长时间定位作业：由于下肢回流受阻，可致盆腔充血。长时间定位作业也能引起腹压增高，导致月经不调，以至痛经。

③受毒性物质侵害的作业：一方面对妇女的造血系统及肝脏会造成损害；另一方面会对妇女的月经、生育、胎儿及哺乳儿产生多种损害或不利影响。另外，妇女的皮肤由于比较柔嫩，也易受刺激性毒物的侵害。

④有粉尘、紫（红）外线侵害的作业：主要对怀孕期、哺乳期妇女产生侵害，甚至影响胎儿或哺乳婴儿的健康。

2. 根据临床表现的轻重，中暑可分为先兆中暑、轻症中暑和重症中暑，而它们之间的关系是渐进的。

①先兆中暑症状：高温环境下，出现头痛、头晕、口渴、多汗、四肢无力发酸、注意力不集中、动作不协调等症状。体温正常或略有升高。

②轻症中暑症状：体温往往在 38 度以上。除头晕、口渴外往往有面色潮红、大量出汗、皮肤灼热等表现，或出现四肢湿冷、面色苍白、血压下降、脉搏增快等表现。

③重症中暑症状：是中暑中情况最严重的一种，如不及时救治将会危及生命。

a. 热痉挛：多发生于大量出汗及口渴，饮水多而盐分补充不足致血中氯化钠浓度急速明显降低时。这类中暑发生时肌肉会突然出现阵发性的痉挛的疼痛。

b. 热衰竭：这种中暑常常发生于老年人及一时未能适应高温的人。主要症状为头晕、头痛、心慌、口渴、恶心、呕吐、皮肤湿冷、血压下降、晕厥或神志模糊。此时的体温正常或稍微偏高。

c. 日射病：因为直接在烈日的曝晒下，强烈的日光穿透头部皮肤及颅骨引起脑细胞受损，进而造成脑组织的充血、水肿；由于受到伤害的主要是头部，所以，最开始出现的不适就是剧烈头痛、恶心呕吐、烦躁不安，继而可出现昏迷及抽搐。

d. 热射病：在高温环境中从事体力劳动的时间较长，身体产热过多，而散热不足，导致体温急剧升高。发病早期有大量冷汗，继而无汗、呼吸浅快、脉搏细速、躁动不安、神志模糊、血压下降，逐渐向昏迷伴四肢抽搐发展；严重者可产生脑水肿、肺水肿、心力衰竭等。

3.

①建筑材料、构件料具不按总平面图堆放。

②料堆的标准牌材料名称、品种、规格标注不全。

③材料堆放不整齐。

④未做到工完料清。

4.

①大部分施工现场地面未做硬化处理。

②无排水措施或排水不通畅。

③大部分工地施工的泥浆未做沉淀处理。

④工地未设置吸烟处，随意吸烟。

⑤温暖季节无绿化布置。

5.

①无消防措施制度或无灭火器材。

②灭火器材配备不合理。

③现场需用明火者无动火审批手续或无动火监护。

6.

①无厕所或厕所不符合卫生要求（未改水冲式厕所）。

②食堂卫生不达标。

③无淋浴室或淋浴室不符合要求。

④生活垃圾无处理措施。

7.

①对于低压触电事故，应立即切断电源或用有绝缘性能的木棍棒挑开和隔绝电流，如果触电者的衣服干燥，又没有紧缠住身上，可以用一只手抓住他的衣服，拉离带电体；但救护人不得接触触电者的皮肤，也不能抓他的鞋。

②对高压触电者，应立即通知有关部门停电，不能及时停电的，也可抛掷裸金属线，使线路短路接地，迫使保护装置动作，断开电源。注意抛掷金属线前，应将金属线的一端可靠接地，然后抛掷另一端。

8. 职业病防治法赋予劳动者8项权利：知情权，培训权，特殊保障权，检举、控告权，拒绝冒险作业，参与决策权，职业健康权，损害赔偿权。

9.

①施工现场出入口必须设置冲洗车辆的设施，车辆出场时必须清理干净，不得将泥沙带出现场；

②现场安装定时或手动开启的喷淋设备，在多风季节可有效控制扬尘污染；

③施工现场的土方应集中堆放，并采用薄质密目网对其进行整体覆盖，或撒种草种形成草皮，能有效防止扬尘；

④施工现场设封闭式垃圾站，并及时清运消纳；

⑤现场所使用的水泥、石膏粉等易飞扬的细粒散体材料，应采用封闭式库房存放。

10. 地泵应搭设封闭式机棚，并尽可能设置在远离居民区的一侧。

第九章

1.

①该项目的施工规范；

②该项目的安全技术操作规程；

③施工现场作业环境；

④劳动力的组织；

⑤国家强制性法律、法规；

⑥各项安全防护设施。

2.

①专项安全技术方案应力求细致、全面、具体。

②并根据需要进行必要的设计计算，对所引用的计算方法和数据，必须注明其来源和依据。所选用的力学模型，必须与实际构造或实际情况相符。

③为了便于方案的实施，方案中除应有详尽的文字说明外，还应有必要的构造详图。图示应清晰明了，标注齐全。

3.

①施工现场应使用人性化安全警示用语牌。

②警示用语牌应在施工现场的作业区、加工区、生活区等醒目位置设置。

③警示用语牌要符合统一规范，满足数量和警示要求。

④安全标志应针对作业危险部位悬挂，并绘制安全标志平面布置图，不得将安全标志不分部位、集中悬挂。

4. 工程项目贯标，施工企业内审，审核机构认证，安全监督站监督检查。

5.

①属"四新"项目的安全技术交底程序：公司技术部门——项目技术部门——工段长——班组长——施工人员；

②属重大危险源的安全技术交底程序：项目技术部门——工段长——班组长——施工人员；

③属一般项目的安全技术交底程序：安全管理部门——工段长——班组长——施工人员；

④属专项安全技术交底的程序：专业管理部门、技术部门——工段长——班组长——施工人员；

⑤实行总承包工程安全技术交底的程序：总承包公司——分承包公司——……。

6.

①实行逐级安全技术交底制度，纵向延伸到班组全体人员；

②交底必须具体、明确、针对性强；

③交底的内容应针对分部、分项工程施工中给作业人员带来的潜在危险因素和存在的问题；

④应将工程概况、施工方法、施工程序、安全技术措施等向工长、班组长交底；

⑤应优先采用新的安全技术措施；

⑥所有安全技术交底除口头交底外，还必须有书面交底，交底双方应履行签字手续，交底双方各持一套书面交底。

7. 制度明确项目经理、安全专职人员、特殊工种、待岗、换岗职工、新进单位从业人员安全教育培训要求。

8.

①安全资格上岗培训取证费用、安全员上岗培训取证费用、特种作业人员上岗培训取证费用、建筑施工安全检查标准和安全法培训学习取证费用等；

②开展"安全月"活动、召开现场会、应急预案的演练、组织参观学习先进单位、组织知识竞赛、文艺演出、订阅报刊杂志、制作展板等费用。

第十章

1. 为了查找工程、系统中各种设备设施、物料、工件、操作、管理和组织措施中的危险、有害因素，事先把检查对象加以分解，将大系统分割成若干小的子系统，以提问或打分的形式，将检查项目列表逐项检查，避免遗漏，这种表称为安全检查表。

2.

①检查电气施工方案是否审批，是否符合国家规范要求，临电系统是否按方案施工；

②施工现场是否执行"三相五线"制；

③是否执行了三级配电逐级保护，固定设备是否实行"一机一箱、一闸一漏"制；

④检查电箱内各种电器是否完整，接路是否正确，标识是否清晰；

⑤线路是否按规定敷设，有否破损现象；

⑥漏电保护器是否灵敏、可靠；

⑦接地系统和机座接地是否符合规范要求等。

3.

①发现人的不安全行为和物的不安全状态；

②通过检查增强各级领导和全体员工的安全责任意识；

③掌握安全生产的信息，为完善加强企业的安全管理提供依据。

4. 做好安全检查记录和事故隐患的整改、处置和复查。

①对检查中发现的违章指挥、违章作业行为，应立即制止，并责令其予以纠正；

②各级安全检查必须按文件规定进行，安全检查的结果必须形成文字记录，安全检查整改必须做到"三定"，即定人、定时间、定措施；

③必须按要求执行按期复查，复查合格后销案，复查也要形成文字记录。

5.

①找不出原因不放过；②本人和群众受不到教育不放过；③没有制定防范措施不放过；④事故责任者没有受到严肃处理不放过。

6. 属于定性安全评价方法的有安全检查表、专家现场询问观察法、因素图分析法、事故引发和发展分析、作业条件危险性评价法（格雷厄姆—金尼法或 LEC 法）、故障类型和影响分析、危险可操作性研究等。

7. 定量安全评价方法可以分为概率风险评价法、伤害（或破坏）范围评价法和危险指数评价法。

8. 选择安全评价方法应遵循充分性、适应性、系统性、针对性和合理性的原则。

9.

①能消除或减弱生产过程中产生的危险、危害；

②处置危险和有害物，并降低到国家规定的限值内；

③预防生产装置失灵和操作失误产生的危险、危害；

④能有效地预防重大事故和职业危害的发生；

⑤发生意外事故时，能为遇险人员提供自救和互救条件。

10.

①评价结论分析

a. 评价结果概述、归类、危险程度排序；

b. 对于评价结果可接受的项目还应进一步提出要重点防范的危险、危害性；

c. 对于评价结果不可接受的项目，要指出存在的问题，列出不可接受的充足理由；

d. 对受条件限制而遗留的问题提出改进方向和措施建议。

②评价结论

a. 评价对象是否符合国家安全生产法规、标准要求；

b. 评价对象在采取所要求的安全对策措施后达到的安全程度。

③持续改进方向

a. 提出保持现已达到安全水平的要求（加强安全检查、保持日常维护等）；

b. 进一步提高安全水平的建议（冗余配置安全设施、采用先进工艺、方法、设备）；

c. 其他建设性的建议和希望。

第十一章

1. 生产安全事故报告处理是安全管理的一项重要内容。其目的是防止事故扩大，减少与之有关的伤害和损失，吸取教训，防止同类事故的再次发生。

2.

①职工伤亡事故登记表；②职工死亡、重伤事故调查报告书；③现场调查纪录、图片、资料；④鉴定、勘察记录及试验报告；⑤物证、人证材料；⑥直接、间接经济损失材料；⑦伤者自述材料；⑧医疗部门的诊断过程其结果；⑨处分决定文件；⑩事故调查人的姓名、职务。

3.

①高处坠落、物件打击应急预案；②坍塌应急预案；③触电应急预案；④火灾、爆炸应急预案；⑤中毒、中暑应急预案；⑥重大机械设备事故应急预案。

4.

①发生高空坠落，物体打击事故时，依据伤病员的病情，首先应立即进行现场急救和监护，同时派人呼叫救护车，送医院进行抢救；

②保护事故现场及时向主责部门汇报；

③及时疏散人员，设置临时监护区，采取相应的措施避免事态的进一步扩大；

④依据《事故（事件）报告、调查和处理程序》进行事故（事件）的处理。

5.

①当发现有坍塌迹象时，发现人应立即招呼其他人员及时撤离坍塌区；

②若有施工人员被掩埋在坍塌土方之中，施救人员必须采取相应的措施，清理边坡上的荷载，然后再挖掘救人，以免产生二次坍塌，造成更大的损失；

③现场施救：依据伤病员的病情，首先应立即进行现场急救和监护，同时派人呼叫救护

车，送医院进行抢救。

6.

①当施工现场有人触电时，施救人员不要惊慌，不能直接用手拉、拖触电者，必须在确保切断电源的情况下进行抢救，或使用干燥的木棒使触电者脱离电源，同时拨打120急救电话；

②将触电者平放在干燥的木板上，解开衣领，肩背下垫一软物，张开触电者的嘴巴，清除口腔内的杂物，尽量保持呼吸道畅通；

③抢救者跪卧在伤员的一侧，一手紧捏伤员的鼻子，另一只手托在伤员的领后，将颈部上抬，头部充分后仰，使嘴巴张开；

④抢救者先深吸一口气然后用嘴巴贴紧触电者的嘴巴，连续、快速地向内吹气，同时观察触电者的胸部是否膨胀隆起，以确定是否有效；

⑤吹气停止后，抢救者应放松捏紧鼻孔的手，让气体从触电者的肺部排出，倾听呼气声，观察有无呼吸道梗死；

⑥如此反复而有节律的人工呼吸，直到救护车来到，将触电者送往医院抢救。

7.

①当施工现场发生火灾、爆炸事故时，应积极组织人员撤离火灾、爆炸区域并采取现场扑救工作，同时拨打"119"向消防部门报警；

②在消防部门到达之前，应立即切断电源，对易燃易爆品采取正确有效地隔离或转移，根据火场情况选择灭火器材（具）；

③若外脚手架上的安全网、竹笆、隔离层着火，应立即组织敏捷、强壮的人员在火苗上方拆出隔离带，阻止火苗继续燃烧，减少事故的损失；

④若火势太大无法扑灭时，应立即组织扑救人员撤退，避免因中毒、坍塌、坠落、触电、物体打击等二次事故的发生，造成不必要的伤亡；

⑤若发生爆炸事故，立即设立临时监护区疏散人员，并看是否有人员伤亡，若有人员伤亡，立即送往医院进行抢救。

参 考 文 献

[1] 罗云. 安全经济学. 北京：化学工业出版社，2004.

[2] 谢建民、肖备编著. 施工现场设施安全设计计算手册. 北京：建筑工业出版社，2007.

[3] 庄育智等主编. 安全科学技术词典. 北京：中国劳动出版社，1991.

[4] 北京达飞安全科技有限公司编. 安全知识问答. 北京：中国石化出版社，2002.

[5] 罗云，徐德蜀，金磊等. 安全文化百问百答. 北京：理工大学出版社，1995.

[6] 方东平，黄新宇编著. 工程建设安全管理. 北京：中国水利水电出版社，2001.

[7] 唐景山，丛惠珠，崔国璋编. 建筑安全技术. 北京：化学工业出版社，1993.

[8] 甘心孟，沈斐敏编著. 安全科学技术导论. 北京：气象出版社，2000.

[9] 冯肇瑞主编. 安全系统工程. 第 2 版. 北京：冶金工业出版社，1993.

[10] 蒋军成，郭振龙主编. 安全系统工程. 北京：化学工业出版社，2004.

[11] 张景林，崔国璋主编. 安全系统工程. 北京：煤炭工业出版社，2002.

[12] 肖爱民. 安全系统工程学. 北京：中国劳动出版社，1992.

[13] 沈裴敏编著. 安全系统工程理论与应用. 北京：煤炭工业出版社，2001.

[14] 吴宗之，高进东、魏利军编. 危险评价方法及其应用. 北京：冶金工业出版社，2001.

[15] 赖维铁编著. 人机工程学. 第 2 版. 武汉：华中科技大学出版社，1997.

[16] 刘东明、孙桂林主编. 安全人机工程学. 中国劳动出版社，1993.

[17] 欧阳文昭，廖可兵主编. 安全人机工程学. 北京：煤炭工业出版社，2002.

[18] 马江彬主编. 人机工程学及其应用. 北京：机械工业出版社，1993.

[19] 王熙元，吴静芳编著. 实用设计人机工程学. 上海：中国纺织大学出版社，2001.

[20] 任宏，兰定筠编著. 建设工程施工安全管理. 北京：中国建筑工业出版社，2005.

[21] 张仕廉，董勇，潘承仕编著. 建筑安全管理. 北京：中国建筑工业出版社，2005.

[22] 陆荣根主编. 施工现场分部分项工程安全技术. 上海：同济大学出版社，2002.

[23] 刘嘉福编著. 建筑施工安全技术. 北京：中国建筑工业出版社，2004.

[24] 李杰，周福来，徐化玉编著. 建筑施工安全技术. 北京：中国建筑工业出版社，1991.

[25] 筑龙网编著. 建筑施工安全技术与管理. 北京：中国电力出版社，2005.

[26] 武明霞主编. 建筑安全技术与管理. 北京：机械工业出版社，2006.

[27] 吴穹，许开立主编. 安全管理学. 北京：煤炭工业出版社，2002.

[28] 张梦欣，孙连捷. 安全科学技术百科全书. 北京：中国劳动社会保障出版社，2003.

[29] 李世蓉，兰定筠，罗刚编著. 建设工程施工安全控制. 北京：中国建筑工业出版社，2004.

[30] 《中华人民共和国宪法》2004 年 3 月 14 日第四次修正.

[31] 《中华人民共和国劳动法》主席令 8 届第 28 号，1995 年 1 月 1 日起施行.

[32] 《中华人民共和国安全生产法》主席令 12 届第 70 号，2014 年 12 月 1 日起施行.

[33] 《中华人民共和国职业病防治法》主席令 11 届 52 号，2011 年 12 月 31 日起施行.

[34] 《中华人民共和国工会法》(2001 年修正)主席令 9 届第 62 号，2001 年 10 月 27 日起施行.

[35] 《中华人民共和国建筑法》主席令 11 届第 46 号，2011 年 7 月 1 日起施行.

[36] 《中华人民共和国城乡规划法》主席令 10 届第 74 号，2008 年 1 月 1 日起施行.

[37] 《中华人民共和国刑法》(修正案九) 主席令 8 届第 83 号，2015 年 11 月 1 日起施行.

[38] 《中华人民共和国消防法》(修订 2008) 主席令 11 届第 6 号，2009 年 月 1 日起施行.

[39] 《中华人民共和国环境法保护》主席令第 22 号.

[40] 《中华人民共和国特种设备安全法》主席令 12 届第 4 号，2014 年 1 月 1 日起施行.

[41] 《安全生产许可证条例》国务院令第 397 号，2004 年 1 月 13 起施行，2014 年 7 月 29 日第二次修订.

[42] 《建设工程安全生产管理条例》国务院令第 393 号，2004 年 2 月 1 日起施行.

[43] 《生产安全事故报告和调查处理条例》国务院令第 493 号，2007 年 6 月 1 日起施行.

[44] 《国务院关于特大安全事故行政责任追究的规定》国务院令第 302 号，2001 年 4 月 21 日起施行.

[45] 《安全生产违法行为行政处罚办法》安全生产监督管理总局令第 15 号，2008 年 1 月 1 日起施行.

[46]　《生产安全事故报告和调查处理条例》罚款处罚暂行规定 安监总局令第 13 号，2007 年 7 月 12 日起施行，2011 年 9 月 1 日修改．

[47]　《特种设备安全监察条例》国务院令第 549 号，2009 年 1 月 24 日起施行．

[48]　《女职工劳动保护特别规定》国务院令第 619 号，2012 年 4 月 28 日起施行．

[49]　《禁止使用童工规定》国务院令第 364 号，2002 年 12 月 1 日起施行．

[50]　《工伤保险条例》（修订）国务院令第 586 号，2011 年 1 月 1 日起施行．

[51]　《建设工程质量管理条例》国务院令第 279 号，2000 年 1 月 30 日起施行．

[52]　《民用爆炸物品安全管理条例》（修订）国务院令第 466 号，2006 年 9 月 1 日起施行．

[53]　《行政法规制定程序条例》国务院令第 321 号，2002 年 1 月 1 日起施行．

[54]　《建筑业安全卫生公约》国际劳工组织大会第 167 号公约．

[55]　《建筑施工企业安全生产许可证管理规定》建设部令第 128 号，2004 年 7 月 5 日起施行．

[56]　《实施工程建设强制性标准监督规定》建设部令第 81 号，2000 年 8 月 25 日起施行．

[57]　《建筑工程施工许可管理办法》（修正）建设部令第 18 号，2014 年 10 月 25 日起施行．

[58]　《建筑业企业资质管理规定》建设部令第 22 号，2015 年 3 月 1 日起施行．

[59]　《建筑起重机械安全监督管理规定》建设部令第 166 号，2008 年 6 月 1 日起施行．

[60]　《建筑施工企业主要负责人、项目负责人和专职安全生产管理人员安全生产考核管理规定》住建部令第 17 号，2014 年 9 月 1 日起施行．

[61]　《危险性较大的分部分项工程安全管理办法》建质［2009］87 号，2009 年 5 月 13 日起施行．

[62]　《建筑施工企业安全生产管理机构设置及专职安全生产管理人员配备办法》建质［2008］91 号，2008 年 5 月 13 日起施行．

[63]　《建筑施工人员个人劳动保护用品使用管理暂行规定》建质［2007］255 号，2007 年 11 月 25 日起施行．

[64]　《建筑工程安全防护、文明施工措施费用及使用管理规定》建办［2005］89 号，2005 年 6 月 7 日起施行．

[65]　《用人单位劳动防护用品管理规范》安监总厅安健［2015］124 号，2015 年 12 月 29 日起施行．

[66]　《生产经营单位安全培训规定》（修正），安监总局令第 80 号，2015 年 5 月 29 日修正．

[67]　《特种作业人员安全技术培训考核管理规定》（修正），安监总局令第 80 号，2015 年 5 月 29 日修正．

[68]　《生产安全事故档案管理办法》安监总办［2008］202 号，2008 年 11 月 17 日起施行．

[69]　《安全生产监管档案管理规定》安监总办［2007］126 号，2007 年 7 月 1 日起施行．

[70]　《基本建设项目档案管理办法》安监总厅［2007］24 号，2007 年 3 月 9 日起施行．

[71]　《生产安全事故统计报表制度》（有效期 2 年）安监总统计［2014］103 号，2014 年 9 月 18 日起施行．

[72]　《企业安全生产风险抵押金管理暂行办法》财建［2006］369 号，2006 年 8 月 1 日起施行．

[73]　《劳动安全卫生检测检验机构资格认证办法》劳安令［1996］第 7 号，1997 年 1 月 1 日起施行．

[74]　《劳动安全卫生监察员管理办法》劳部发［1995］第 260 号，1995 年 6 月 20 日起施行．

[75]　《关于加强乡镇企业劳动保护工作的规定》劳人护［1987］23 号，1987 年 10 月 1 日起施行．

[76]　《建设项目（工程）职业安全卫生设施和技术措施验收办法》劳安字［1992］1 号，1992 年 1 月 13 日起施行．

[77]　《厂长、经理职业安全卫生管理资格认证规定》，中华人民共和国劳动部，1990 年 10 月 5 日起施行．

[78]　《装卸、搬运作业劳动条件的规定》中劳护字第 144 号，1956 年 7 月 24 日起试行．

[79]　《建设项目（工程）竣工验收办法》计建设［1990］1215 号，1990 年 9 月 11 日起施行．

[80]　《特种设备作业人员监督管理办法》（修改），质监总局第 140 号令，2011 年 7 月 1 日起施行．

[81]　《起重机械安全监察规定》质检总局令第 92 号，2007 年 6 月 1 日起施行．

[82]　《建设工程施工现场安全防护、场容卫生及消防保卫标准》DB11 945—2012．

[83]　《安全标志及其使用导则》GB 2894—2008．

[84]　《安全色》GB 2893—2008．

[85]　《安全带》GB 6095—2009．

[86]　《安全网》GB 5725—2009．

[87]　《安全防范工程技术规范》GB 50348—2004．

[88]　《高处作业吊篮》GB 19155—2003．

[89]　《高压线路蝶式绝缘子》GB 1390—2006．

[90] 《建设工程施工现场供用电安全规范》GB 50194—2014.

[91] 《建筑材料及制品燃烧性能分级》GB 8624—2006.

[92] 《建筑结构荷载规范》GB 50009—2012.

[93] 《建筑灭火器配置设计规范》GB 50140—2005.

[94] 《建筑设计防火规范》GB 50016—2006.

[95] 《建筑施工场界噪声排放标准》GB 12524—2011.

[96] 《建筑物防雷设计规范》GB 50057—2010.

[97] 《起重吊运指挥信号》GB 5082—1985.

[98] 《企业职工伤亡事故分类》GB 6441—86.

[99] 《企业职工伤亡事故经济损失统计标准》 GB 6721—86（2008 修订）.

[100] 《剩余电流动作保护装置安装和运行》GB 13955—2005.

[101] 《施工升降机》GB/T 10054—2005.

[102] 《施工升降机安全规程》GB 10055—2007.

[103] 《手持式电动工具的管理、使用、检查和维修安全技术规程》GB/T 3787—2006.

[104] 《塔式起重机安全规程》GB 5144—2006.

[105] 《体力劳动强度分级标准》GB 3869—1997.

[106] 《中国成年人人体尺寸》GB 10000—1988.

[107] 《危险化学品重大危险源》GB 18218—2009.

[108] 《重要用途钢丝绳》GB 8918—2006.

[109] 《座板式单人吊具悬吊作业安全技术规范》GB 23525—2009.

[110] 《环境管理体系 要求及使用指南》GB/T 24001—2004.

[111] 《起重机械安全规程》GB 6067.1—2010.

[112] 《高处作业分级》GB/T 3608—2008.

[113] 《建设工程文件归档整理规范》GB/T 50328—2014.

[114] 《建设工程项目管理规范》GB/T 50326—2006.

[115] 《建筑采光设计标准》GB/T 50033—2013.

[116] 《事故伤害损失工作日标准》GB/T 15499—1995.

[117] 《特低电压（ELV）限值》GB/T 3805—2008.

[118] 《职工工伤与职业病致残程度鉴定标准》GB/T 16180—2006.

[119] 《职业健康安全管理体系 要求》GB/T 28001—2011.

[120] 《职业健康安全管理体系 实施指南》GB/T 28002—2011.

[121] 《龙门架及井架物料提升机安全技术规程》JGJ 88—92.

[122] 《建筑施工土石方工程安全技术规范》JGJ 180—2009.

[123] 《建筑施工门式钢管脚手架安全技术规范》JGJ 128—2000.

[124] 《建筑施工扣件式钢管脚手架安全技术规范》JGJ 130—2011.

[125] 《建筑施工碗扣式钢管脚手架安全技术规范》JGJ 166—2008.

[126] 《建筑施工工具式脚手架安全技术规范》JGJ 202—2010.

[127] 《建筑施工模板安全技术规范》JGJ 162—2008.

[128] 《建筑施工高处作业安全技术规范》JGJ 80—2011.

[129] 《建筑机械使用安全技术规程》JGJ 33—2012.

[130] 《建筑物拆除工程安全技术规范》JGJ 147—2004.

[131] 《建筑施工塔式起重机安装、使用、拆卸安全技术规程》JGJ 196—2010.

[132] 《建筑施工升降机安装、使用、拆卸安全技术规程》JGJ 125—2010.

[133] 《建筑基坑支护技术规程》JGJ 120—2012.

[134] 《建筑施工安全检查标准》JGJ 59—2011.

[135] 《建设工程施工现场环境与卫生标准》JGJ 146—2013.

[136] 《施工现场临时用电安全技术规范》JGJ 46—2005.

［137］《湿陷性黄土地区建筑基坑工程安全技术规程》JGJ 167—2009.

［138］《液压滑动模板施工安全技术规程》JGJ 65—2013.

［139］《液压升降整体脚手架安全技术规程》JGJ 183—2009.

［140］《建筑起重机械安全评估技术规程》JGJ/T 189—2009.

［141］《施工企业安全生产评价标准》JGJ/T 77—2010.

［142］《塔式起重机混凝土基础工程技术规程》JGJ/T 187—2009.

［143］《安全评价通则》AQ 8001—2007.

［144］《安全预评价导则》AQ 8002—2007.

［145］《安全验收评价导则》AQ 8003—2007.

［146］《故障树分析程序》GB 7829—1987.

［147］《国家重大建设项目文件归档要求与档案整理规范》DA/T 28—2002.

［148］《防雷与接地装置》92DQ13.

［149］《建筑施工附着升降脚手架安全技术规程》DGJ 08—905—1999.

［150］《建设电子文件与电子档案管理规范》CJJ/T 117—2007.

［151］《工作场所有害因素职业接触限值》BGZ 2—2007.

［152］《生产经营单位安全生产事故应急预案编制导则》AQ/T 9002—2013.

［153］《悬挑脚手架安全技术规程》DG/TJ08—2002—2006.

［154］《建筑施工临时支撑结构技术规范》JGJ 300—2013.